高等职业本科院校自动化类专业规划教材
高等职业教育自动化类"十四五"应用型人才培养实用教材

电力电子技术

主　编　　朱继安　　王晶晶　　刘清德
副主编　　王瑞雪　　曾　炜

西南交通大学出版社
·成　都·

图书在版编目（CIP）数据

电力电子技术 / 朱继安，王晶晶，刘清德主编. —
成都：西南交通大学出版社，2023.5
　高等职业本科院校自动化类专业规划教材　高等职业
教育自动化类"十四五"应用型人才培养实用教材
　ISBN 978-7-5643-9314-4

　Ⅰ. ①电… Ⅱ. ①朱… ②王… ③刘… Ⅲ. ①电力电
子技术–高等职业教育–教材　Ⅳ. ①TM76

　中国国家版本馆 CIP 数据核字（2023）第 102242 号

高等职业本科院校自动化类专业规划教材
高等职业教育自动化类"十四五"应用型人才培养实用教材

Dianli Dianzi Jishu

电力电子技术

主　编／朱继安　王晶晶　刘清德　　　责任编辑／赵永铭
　　　　　　　　　　　　　　　　　　封面设计／何东琳设计工作室

西南交通大学出版社出版发行

（四川省成都市金牛区二环路北一段 111 号西南交通大学创新大厦 21 楼　610031）
发行部电话：028-87600564　　028-87600533
网址：http://www.xnjdcbs.com
印刷：四川煤田地质制图印务有限责任公司

成品尺寸　185 mm×260 mm
印张　23　　字数　560 千
版次　2023 年 5 月第 1 版　　印次　2023 年 5 月第 1 次

书号　ISBN 978-7-5643-9314-4
定价　68.00 元

近年来，电力电子技术已经渗透到国民经济各领域并得到了迅速的发展，相关企业和用户迫切需要大量具有一定理论基础和较高实践技能的工程技术人员。为适应社会和经济发展对电力电子技术应用型人才培养的需求，我们编写了本教材。

"电力电子技术"是电气工程及其自动化、工业自动化及其相关专业的一门重要的专业基础课，是后续专业课程的基础。本教材深入浅出地讲述了电力电子器件和电路变流技术的基本理论体系和分析方法，给出一定的例题和习题，使学习者比较容易地掌握知识要领。本教材结合大量实训仿真和实际应用的设计例子，理论和实践得到了较好的结合。

本教材共分 10 章，除绪言外，第 2 章主要介绍了功率二极管、晶闸管、IGBT和电力 MOSFET 等不可控、半可控和全控器件及其他新型功率半导体器件；第 3~8章着重分析了 DC-DC、AC-DC、DC-AC 和 AC-AC 四类基本变换电路的拓扑结构、基本工作原理、分析方法，给出大量实训仿真和实际工程设计例子，加强对理论知识理解和与实践活动的结合，还讨论了 PWM 控制技术和软开关技术，以适应当前电力电子技术的发展趋势；第 9 章介绍了电力电子器件驱动、缓冲、保护等电力电子器件的辅助电路，并系统性地介绍了电力电子变流电路的工程设计方法；第 10章介绍了电力电子技术在新能源发电、电力传输、电力系统、变频器与交直流调速系统等方面的应用。

本教材计划授课学时为 48~64 学时，可根据课程体系需要进行调整。本教材既可作为高等院校电气工程及其自动化等应用型专业的教材，也可作为从事电力电子技术应用领域工作人员的参考用书。

本教材由重庆机电职业技术大学朱继安、王晶晶、刘清德担任主编共同编写。其中，第6章和第8章由王晶晶编写，第2章和第9章由刘清德编写，其余章节由朱继安编写并统稿全书，王瑞雪和曾炜也做了大量工作，完成了教材课件的制作。尽管我们在教材特色的建设方面做了许多努力，但由于编者水平有限，教材中难免存在疏漏和不妥的地方，恳请相关教学单位和读者向编者（邮箱：jinsha80@163.com）提出宝贵意见，以便重印或再版时修订完善。

编　者

2023 年 2 月

CONTENTS 目 录

第 1 章

绪 论 1

1.1 概 述 1

1.2 电力电子技术的发展 2

1.3 电力电子技术的典型应用 4

1.4 课程性质与学习方法 5

第 2 章

电力电子器件 7

2.1 电力电子器件概述 7

2.2 不可控器件—— 电力二极管 10

2.3 半控型器件—— 晶闸管 13

2.4 全控型电力电子器件 23

本章小结 35

思考题与习题 35

第 3 章

直流-直流变换电路 37

3.1 直流-直流（DC-DC）变换电路的基本结构 37

3.2 非隔离 DC-DC 变换器 39

3.3 复合型 DC-DC 变换电路 63

3.4 隔离型斩波电路 65

3.5 DC-DC 变换电路的设计 80

3.6 电压反馈控制推挽变换电路仿真 83

3.7 全桥式隔离变换电路设计案例 86

3.8 实训项目—— 开关稳压电源调试 88

本章小结 96

思考题与习题 96

第4章 | 整流电路 99

4.1 整流电路概述 99

4.2 单相相控整流电路 100

4.3 三相相控整流电路 110

4.4 大功率相控整流电路 123

4.5 变压器漏感对整流电路的影响 128

4.6 电容滤波的不可控整流电路 133

4.7 整流电路的谐波与功率因数 135

4.8 有源逆变电路 141

4.9 相控整流电路设计案例 145

4.10 实训项目——整流电路调试 150

4.11 三相桥式相控整流电路仿真 158

本章小结 163

思考题与习题 163

第5章 | 逆变电路 165

5.1 逆变电路概述 165

5.2 电压型无源逆变电路 168

5.3 电流型逆变电路 174

5.4 多重逆变电路和多电平逆变电路 176

5.5 逆变电路仿真 186

5.6 无源逆变电路设计案例 189

5.7 实训项目——单相 SPWM 逆变电路调试 193

本章小结 202

思考题与习题 202

第6章 | 交流-交流变换技术 203

6.1 交流-交流变换电路概述 203

6.2 相控单相交流调压电路 205

6.3 三相交流调压电路 213

6.4 晶闸管交流开关和交流调功电路 221

6.5 相控式交流-交流变频电路 225

6.6　交-交变频电路的仿真 234

6.7　三相交流调压电路设计案例 236

6.8　实训项目——单相交流调压电路调试 238

本章小结 242

思考题与习题 242

第 7 章　PWM 控制技术 244

7.1　PWM 控制的基本原理 244

7.2　PWM 逆变电路及其控制技术 246

7.3　PWM 整流电路及其控制技术 261

本章小结 269

思考题与习题 269

第 8 章　软开关技术 271

8.1　软开关的基本概念 271

8.2　准谐振电路 276

8.3　零开关 PWM 电路 281

8.4　零转换 PWM 电路 286

本章小结 295

思考题与习题 295

第 9 章　电力电子器件辅助电路和变流器工程设计 297

9.1　电力电子器件的驱动电路 297

9.2　电力电子器件的保护 302

9.3　变流器工程设计 313

本章小结 324

思考题与习题 324

第 10 章　电力电子技术应用 326

10.1　电力传动方面的应用 326

10.2　电源方面的应用 331

10.3　新能源发电方面的应用 337

10.4　电力系统方面的应用 347

本章小结 357

参考文献 358

第 1 章

绪 论

1.1 概 述

电力电子技术是一门融合了电力技术、电子技术和控制技术的交叉学科，是使用电力电子器件、电路理论和控制技术对电能进行处理、控制和变换的技术。它既是电子学在强电或电工领域的一个分支，又是电工学在弱电或电子领域的一个分支，或者说是强弱电结合的学科。电力电子技术也称为电力电子学，或者功率电子学（Power Electronics）。

电力电子技术这一名词是 20 世纪 60 年代出现的，"电力电子学"和"电力电子技术"是分别从学术和工程技术这两个不同角度来称呼的。1974 年，美国的 W.Newll 用图 1-1 所示的倒三角形对电力电子学进行描述，认为电力电子学是由电力学、电子学和控制理论这三个学科交叉而形成的，这 观点已被全世界普遍接受。

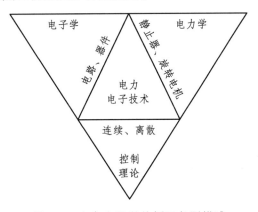

图 1-1 电力电子学的倒三角形描述

电力电子学与电子学的关系显而易见。电子技术包括信息电子技术和电力电子技术两个分支。通常所说的模拟电子技术和数字电子技术都属于信息电子技术，是以信息处理为主的电子技术，而电力电子技术主要用于电力变换。电子技术可分为电子器件和电子电路两大部分，其对应到电力电子技术分别为电力电子器件和电力电子电路。

电力电子技术主要由三个部分组成：电力电子器件、变换器和控制技术。其中，电力电子器件是电力电子技术的基础，变换器是电力电子技术的核心和主体，控制技术是不可或缺的组成部分。通常所用的电力有交流和直流两种，在实际使用过程中，往往需要进行电力变换。电力变换通常可以分为四大类：交流变直流（整流）、直流变交流（逆变）、直流变直流（斩波）、交流变交流（交流电力控制）。完成这些变换的装置称为变换器，进行上述变换的技术称为变流技术，其理论基础是电路理论。

在我国，电力电子与电力传动是电气工程的一个二级学科。图 1-2 所示用两个三角形对电气工程进行了描述。其中大三角形描述了电气工程一级学科和其他学科的关系，小三角形则描述了电气工程一级学科内各二级学科之间的关系。

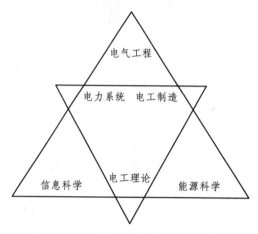

图 1-2 电气工程的双三角形描述

有人预言，电力电子技术和运动控制一起，将和计算机技术共同成为未来科学技术的两大支柱。通常把计算机的作用比作人脑，那么，可以把电力电子技术比作人的消化系统和循环系统，电力电子技术连同运动控制一起，相当于人的肌肉和四肢，使人能够运动和从事劳动。电力电子技术是电能变换技术，是把"粗电"变为"精电"的技术。能源是人类社会的永恒话题，电能是优质的能源。因此，电力电子技术作为一门崭新的技术，在 21 世纪仍将以迅猛的速度发展。

1.2 电力电子技术的发展

电力电子器件的发展对电力电子技术的发展起着决定性的作用，因此，电力电子技术的发展是以电力电子器件的发展为基础的。电力电子技术的发展史如图 1-3 所示。

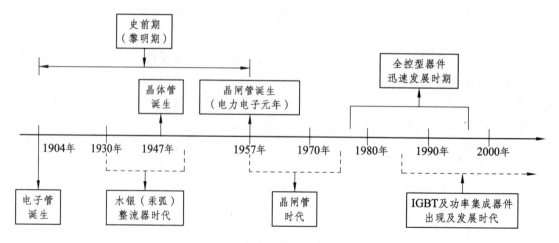

图 1-3 电力电子技术的发展史

一般认为，电力电子技术的诞生是以 1957 年美国通用电气公司研制出的第一个普通晶闸管为标志的。多年以来，电力电子技术的发展大体可以分为两个阶段：1957 年至 20 世纪 70 年代后期，称为传统电力电子技术阶段，在这个阶段，电力电子技术以半控型的晶闸管为主，变换器以相控整流器为主，控制电路以模拟电路为主；1980 年之后至今称为现代电力电子技术阶段，该阶段以全控型电力电子器件的使用和普及为标志，脉冲宽度调制（PWM）的变换器广泛使用，数字控制已逐渐取代了模拟电路。

1904 年出现了电子管，它能在真空中对电子流进行控制，并广泛应用于通信和无线电，从而开启了电子技术用于电力领域的先河。20 世纪 30—50 年代，水银整流器广泛应用于电化学工业、电气铁道直流变电以及轧钢用直流电动机的传动，甚至用于直流输电。这一时期，各种整流电路、逆变电路、周波变流电路的理论也已经发展成熟并广为应用。同时，在这时期也应用直流发电机组来实现变流。

1947 年，美国著名的贝尔实验室发明了晶体管，引起了电子技术的一场革命。最先用于电子领域的半导体器件是硅二极管。晶闸管出现后，由于其优越的电气性能和控制性能，使之很快就取代了水银整流器和旋转交流机组，并且其应用范围也迅速扩大。电力电子技术的概念和基础正是由于晶闸管及晶闸管变流技术的发展而确立的。在晶闸管诞生以后 20 年内，随着晶闸管的性能不断提高，晶闸管已经形成了从低电压、小电流到高电压、大电流的系列产品。同时研制出一系列晶闸管的派生器件，如快速晶闸管（FST）、逆导晶闸管（RCT）、双向晶闸管（TRIAC）、光控晶闸管（LTT）等器件，推动了各种电力变换器在电力工业、电化学、冶金、交通及矿山等行业的应用，形成了以晶闸管为核心的第一代电力电子器件，称为传统电力电子技术阶段。晶闸管是通过对其门极的控制能够使其导通而不能使其关断的器件，属于半控型器件。对晶闸管电路的控制方式主要是相位控制方式，简称为相控方式。晶闸管的关断通常依靠电网电压等外部条件来实现，这使得其应用受到了限制。

20 世纪 70 年代后期，以门极可关断晶闸管（GTO）、电力双极性晶体管（BJT）和电力场效应晶体管（PowerMOSFET）为代表的第二代全控型器件迅速发展。全控型器件的特点是通过对门极（基极、栅极）的控制既可使其导通又可使其关断。另外，这类型器件的开关速度普遍高于晶闸管，可用于开关频率较高的电路。全控型器件优越的特性使其逐渐取代了变流装置中的晶闸管，把电力电子技术推进到一个新的发展阶段。和晶闸管电路的相位控制方式相对应，采用全控型器件的电路的主要控制方式为脉冲宽度调制方式，即为斩波控制方式，简称为斩波方式，该方式在电力电子变流技术中占有十分重要的地位，它使电路的控制性能大大改善，使以前难以实现的功能得以实现，对电力电子技术的发展产生深远的影响。

20 世纪 80 年代，出现了以绝缘栅双极性晶体管（IGBT）为代表的第三代复合型场控半导体器件，IGBT 是 MOSFET 和 BJT 的复合，综合了两者的优点。另外还有静电感应式晶体管（SIT）、静电感应式晶闸管（SITH）、MOS 晶闸管（MCT）等。这些器件不仅有很高的开关频率，一般为几十到几百千赫，而且有更高的耐压性，电流容量大，可以构成大功率、高频的电力电子电路。

20 世纪 80 年代后期，电力半导体器件的发展趋势是模块化、集成化，按照电力电子电路的各种拓扑结构，将多个相同的电力半导体器件或不同的电力半导体器件封装在一个模块，这样可以缩小器件体积，降低成本，提高可靠性。现在已经出现了第四代电力电子器件—集成功率半导体器件（PIC），它将电力电子器件与驱动电路、控制电路及保护电路集成在一块芯片上，开辟了电力电子器件智能化的方向，应用前景广阔。目前经常使用的智能化功率模块（IPM），除了集成功率器件和驱动电路以外，还集成了过电压、过电流和过热等故障检测电路，并可将监测信号传送至CPU，以保护IPM自身不受损害。

新型电力电子器件呈现出许多优势，它使得电力电子技术的发展发生了突变，进入现代电力电子技术阶段。现代电力电子技术的主要特点是：全控化、集成化、高频化、高效率化、变换器小型化、电源变换绿色化，供电电网的供电质量、电力电子器件的容量和性能显著提高。

1.3　电力电子技术的典型应用

经过几十年的发展，电力电子技术已经广泛应用到了许多应用领域中。电力系统、交通运输、国防军事、工业、能源、通信系统、计算机系统、新能源系统以及家用电器等无不渗透着电力电子技术的新成果。

1. 电力系统

在电力系统中，发电机的直流励磁和交流励磁系统是由电力电子装置控制的，可以达到节能和提高电力系统稳定性的目的。晶闸管控制电抗器（TCR）、静止无功补偿器（SVG）、有源电力滤波器（APF）、动态电压恢复器（DVR）等电力电子装置大量用于电力系统的无功补偿或谐波抑制，有效减少了传统变换器形成的电网公害，提高了电网功率因数，抑制了电网谐波，防止了电网电压瞬时跌落、闪变，有效地改善了电力系统中电能的质量。

采用变换器实现电能的交流-直流、直流-交流的变换和传输技术在高压直流输电系统中得到了广泛的应用，直流输电在长距离、大容量输电时有很大的优势，其送电端的整流和受电端的逆变都采用晶闸管变流装置，而轻型直流输电则主要采用全控型的IGBT器件。电力电子技术与现代控制技术的柔性交流输电（FACTS）技术，也是依靠电力电子装置才得以实现的，可以大幅度提高电力系统的稳定性。

太阳能、风能等作为清洁能源和可再生能源，具有很大的发展空间，但因受环境条件的制约，发出的电能质量较差。利用变换器进行能量存储和变换，可以有效地改善电能质量，同时，可以将以上的新能源与电力系统联网向用户输送电能。

2. 交通运输

电气化铁道中广泛采用电力电子技术，电气机车中的直流电机采用整流装置供电，交流机车采用变频装置供电。例如，直流斩波器广泛应用于铁道车辆。磁悬浮列车中电力电子技术更是一项关键技术，新型环保绿色电动汽车正在积极发展中。传统燃油汽车是靠汽油引擎而发展起来的机械装置，它排出大量的二氧化碳和其他废气，严重污染了环境。而新型电动车的电机是以蓄电池中的电能为能源，靠电力电子装置进行电力变换和驱动控制，其蓄电池的充电也离不开电力电子技术。飞机、船舶需要各种不同功能要求的电源，因此航空、航海都离不开电力电子技术。

3. 电动机调速系统

工业中大量应用各种交、直流电动机。其中，直流电动机具有良好的调速动态性能，为其供电的可控整流电源或者直流斩波电源都是电力电子装置。近年来，由于电力电子器件和变频技术的迅速发展，特别是直接转矩和矢量控制系统的应用，使得交流电动机的调速性能可与直流电动机相媲美，因此，交流调速技术得到了广泛应用，并且逐渐占据主导地位。在各行各业中，风机、水泵多用异步电动机拖动，其用电量占我国工业用电的 50%以上，占全国用电量的 30%左右。控制风量或水流量，传统是利用控制风门或节流阀，而电动机的转速不变，由于风门或节流阀转角的减小，增大了流体的阻力，因此功率消耗变化甚小，结果造成在小风量或小水流时电能的浪费。我国的风机、水泵全面采用变频调速后，每年节电可达数百亿千瓦·时。家用电器中的空调采用变频调速技术后，可节电 30%以上。

4. 电子装置所用电源

各种电子装置一般都需要由不同电压等级和不同性能的直流电源供电。大功率直流电源在电解和电镀设备中被广泛应用，近年来，整流焊机由于采用高频逆变，体积和能量都有明显减小，既节能又便于使用。开关电源在办公自动化设备、计算机设备、电子产品、通信电源、工业测控、电子仪器与仪表中被广泛采用，由于采用了高频技术，大大减小了电源体积、重量和开关损耗，同时可以得到高精度稳压稳流电源。例如，通信设备中的程控交换机所用电源以前用晶闸管整流电源，现在已改为采用全控型器件的高频开关电源。广泛应用于计算机机房、医院、科研实验等重要用电场所的不间断电源（UPS）实际就是典型的电力电子装置。

5. 家用电器

电力电子照明电源体积小、发光效率高、可节约大量能源，正在逐步取代传统的白炽灯和荧光灯。空调、电视机、音响设备、洗衣机、电冰箱、微波炉等电器也应用了电力电子技术。

总之，电力电子技术是目前发展较为迅速的一门学科，是高新技术产业发展的主要基础技术之一，是传统产业改造的重要手段。可以预言，随着各学科新理论、新技术的发展，电力电子技术的应用具有十分广泛的前景。

1.4 课程性质与学习方法

"电力电子技术"是一门专业基础性质很强且与生产应用实际紧密联系的课程，是高等学校自动化、电气工程及其自动化、新能源科学与工程和机电一体化等专业学生必须掌握的一门主干课程，也是后学课程"电力拖动及自动化控制系统"的专业基础课。它还自成体系，是一门独立性、实用性、综合性很强的专业课，直接应用在实际生产中。

学习本课程时，要着重于物理概念与基本分析方法的学习，理论联系实际，尽量做到器件、电路、应用三者结合。在学习过程中，要特别注意电路的波形与相位分析，抓住电力电子器件在电路中导通与截止的变化过程，从波形分析中进一步理解电路的工作情况，同时要注意培养读图和分析能力，掌握器件计算、测量、调整以及故障分析等方面的实践能力。

　　本课程涉及"电路基础""电子技术"等课程的相关知识，学习时需要复习相关课程并能综合应用所学知识。通过本课程的学习，学生应该了解电力电子学科最新发展，具有分析和解决电力电子学科的复杂工程问题的能力，具有一定的工程素养和创新精神，具备相关电气节能技术、电气安全意识和治理电力电子公害的技术，了解电力电子技术在我国国民经济发展中的重要作用，具有为我国电气工程的发展而钻研和奋斗的伟大理想。

第 2 章
电力电子器件

 知识目标

● 理解电力电子器件的概念和特征。
● 掌握不可控器件、半可控器件和全控型器件的基本概念和电力电子电路的基本分析方法。
● 掌握功率二极管、晶闸管、IGBT 和 PowerMOSFET 器件的基本特性及参数。
● 掌握平均值和有效值的意义和计算方法。

技能目标

● 能够利用主要功率开关管的特性和参数分析电力电子电路及其应用。

素养目标

● 培养良好的信息保密意识、成本意识、奉献意识等职业意识。
● 培养良好的沟通表达能力、团队协作精神、爱岗敬业的职业道德、吃苦耐劳的意志品质、自我约束的控制能力等社会能力。
● 培养再学习能力、查找资料能力、良好的计算机应用能力、较严密的逻辑思维能力、制定完成工作任务的策略能力等方法能力。

电力电子技术的发展基于各种电力电子器件的产生和发展，电力电子器件是电力电子电路的基础。掌握各种常用电力电子器件的特性和正确使用方法是学好电力电子技术的基础。本章分别介绍了各种常用电力电子器件的工作原理、基本特性、主要参数、选择方法等方面的问题。

2.1 电力电子器件概述

2.1.1 电力电子器件的概念和特征

在电气设备或电力系统中，直接承担电能的变换或者控制任务的电路称为主电路。电力电子器件是指可以直接用于主电路中，实现电能变换或控制的电子器件。同处理信息的电子器件一样，广义上电力电子器件也可以分为电真空器件和半导体器件两大类。但是，自从晶闸管诞生以来，除在功率很高（如微波）的大功率高频电源中还使用电真空器件外，基于半导体材料的电力电子器件已逐步取代了以前的汞弧整流器、闸流管等电真空器件，发展成为电能变换和控制领域的主力。因此，目前所说的电力电子器件专指电力半导体器件。与普通半导体器件一样，当前电力半导体器件所采用的主要原材料仍然是单晶硅。

由于电力电子器件直接用于处理电路的主电路，它同处理信息的电子器件相比，一般具有以下特征：

（1）电力电子器件所能处理电功率的大小，也就是其能承受电压和电流的能力，是其重要的参数。所能处理电功率的能力小至毫瓦级，大至兆瓦级，一般都远大于处理信息的电子器件。

（2）因为电力电子器件处理电功率的能力较大，所以为了减少本身的损耗，提高效率，电力电子器件一般都工作在开关状态。导通时（通态）阻抗很小，接近于短路，管压降接近于零，而电流由外电路决定；阻断时（断态）阻抗很大，接近于断路，电流几乎为零，管压降由外电路决定。这与普通晶体管的饱和和截止状态一样。因而，电力电子器件的动态特性（也称为开关特性）和参数也是电力电子器件特性很重要的一个方面。与电子技术中不同的是，在模拟电路中，电子器件一般工作在线性放大状态，数字电路中的电子器件虽然一般也工作在开关状态，但其目的是利用开关状态表示不同的信息。正因为如此，也常将一个电力电子器件或者其外特性像一个开关的几个电力电子器件的组合称为电力电子开关，在实际电路分析中常用理想开关来代替电力电子器件。

（3）在实际应用中，电力电子器件往往需要由信息电子电路来进行控制。由于电力电子器件所处理的电功率较大，普通的信息电子电路信号一般不能直接控制电力电子器件的导通或关断，需要一定的中间电路对这些控制信号进行适当的放大，这就是所谓的电力电子器件的驱动电路。

（4）电力电子器件在由通态转为断态（关断过程）或者由断态转为通态（开通过程）的转换过程中产生的损耗，分别称其为关断损耗或开通损耗，统称为开关损耗。尽管电力电子器件只工作在开关状态，但电力电子器件自身的功率损耗通常远大于信息电子器件。为了保证器件不会因损耗散发的热量过大导致器件温度过高而损坏，不仅在器件封装上比较讲究散热设计，而且在其工作时还需要安装专门的散热器。这是因为电力电子器件在导通或关断状态下，并不是真正的短路或断路，导通时器件上有一定的通态压降，阻断时器件上也有微小的断态漏极电流流过，尽管它们的数值都很小，但分别与数值较大的通态电流或断态电压相作用，就形成了不可忽略的通态损耗和断态损耗。对某些器件来讲，驱动电路向其注入的驱动功率也是造成器件发热的原因之一。

2.1.2　电力电子器件组成的应用系统

在实际应用中，以电力电子器件为核心的主电路与控制电路、驱动电路和检测电路构成一个完整的系统。由信息电子电路组成的控制电路按照主电路的工作要求产生控制信号，通过驱动电路将其放大，然后去控制主电路中电力电子器件的导通或关断。在要求较高的电力电子系统中，需要检测主电路或应用现场的工作信号，系统根据这些信号和系统的工作要求来设定新的控制信号。因此，系统需要设置检测电路。通常情况下，人们往往将检测电路、驱动电路这些主电路以外的电路都归为控制电路，这样就可将电力电子系统简单分为主电路和控制电路。主电路中的电压和电流都比较大，而控制电路中的元器件只能承受较小的电压和电流，因此在主电路和控制电路连接的路径上（如驱动电路与主电路的连接处，检测电路与主电路的连接处），一般都需要做电气隔离处理，常用的手段有光-电转换、磁-电转换等。此外，由于主电路中往往存在着尖峰过电压和过电流，而电力电子器件与普通电子器件相比，虽然可以承受较高的电压和较大的电流，但仍属于半导体器件，过电压和过电流的能力较差。因此，在主电路和控制电路中尚需设置一些附加的保护电路，以保证电力电子器件和整个电力电子系统能够正常可靠地运行。

2.1.3　电力电子器件的分类

如果按照电力电子器件能够被控制信号所控制的程度，可以将电力电子器件分为以下三类：

（1）不可控器件：不能用控制信号来控制其通、断的电力电子器件，即电力二极管（Power Diode）。这种器件只有二个端子，其基本特性与信息电子电路中的普通二极管的特性一样，器件的导通和关断完全由其所在的主电路中承受的电压和电流决定，不需要控制电路，也不需要驱动电路。

（2）半控型器件：通过控制信号可以控制其导通而不能控制其关断的电力电子器件。这类器件主要是指晶闸管（Thyristor），其代表的器件是普通晶闸管（Sillicon Controlled Rectifier，SCR），还有派生器件，如快速晶闸管（Fast Switching Thyristor，FST）、逆导晶闸管（Reverse Conducting Thyristor，RCT）和光控晶闸管（Lght Triggered Thyristor，LTT）等。这类器件的导通可以控制，但器件的关断完全由其所在主电路中承受的电压和电流来决定。

（3）全控型器件：通过控制信号既可以控制其导通，又可以控制其关断的电力电子器件，又称为自关断器件。这类器件是当前电力电子技术中发展最快的一类器件，其品种很多，目前最常见的有电力晶体管（Giant Transistor，GTR）、门极可关断晶闸管（Gate Turn Off Thyristor，GTO）、电力场效应晶体管（Power MOSFET）、绝缘栅双极性晶体管（Insulated Gate Bipolar Transistor，IGBT）、静电感应晶体管（Static Induction Transistor，SIT）、静电感应晶闸管（Static Induction Thyristor，SITH）等。

如果按照加在电力电子器件控制端和公共端之间的驱动电路信号的性质，又可以将电力电子器件分为电流驱动型和电压驱动型两类。通过从控制端注入或抽出电流来控制的导通或关断器件称为电流驱动型电力电子器件，或电流控制型电力电子器件。如果仅通过在控制端和公共端之间施加一定的电压信号就可以控制导通或关断的器件称为电压驱动型电力电子器件，或者电压控制型电力电子器件。电压控制型器件实际是在控制极上施加电压，使器件的两个主电路电极之间产生可控的电场，通过电场来改变流过器件的电流大小和通断状态，所以电压驱动型器件又称为场控器件，或者称为场效应器件。

对电力电子器件的分类方法除了以上介绍的两种分类方法以外，还有很多不同分类方法，这里就不再赘述。

2.2 不可控器件——电力二极管

电力二极管（Power Diode）也称为半导体整流器（Semiconductor Rectifier，SR），属于不可控电力电子器件，是 20 世纪最早获得广泛应用的电力电子器件。它虽然是不可控器件，但其结构和原理简单，工作可靠，所以，直到现在电力二极管仍然大量应用于电气设备中，特别是快恢复二极管和肖特基二极管，在中、高频整流和逆变，以及低压高频整流电路中具有不可替代的地位。

2.2.1 电力二极管的结构及其工作原理

电力二极管的基本结构和工作原理与信息电子电路中的二极管是一样的，都是以半导体 PN 结为基础。电力二极管实际上是由一个面积较大的 PN 结，两端引线以及封装外壳组成的，它的外形、结构和电气图形符号如图 2-1 所示。

（a）外形   （b）结构   （c）电气图形符号

图 2-1　电力二极管

PN 结具有单向导电性。当给它外加正向电压（P 极加正、N 极加负）时，有从 P 到 N 的正向电流流过，此时，PN 结表现为低电阻，电力二极管的压降维持在 1V 左右，称为正向导通状态。当给 PN 结施加反向电压（P 极加负、N 极加正）时，只有极小的反向漏电流流过 PN 结，此时 PN 结表现为高电阻的特性，称为反向截止状态。

这就是 PN 结的单向导电性，二极管的基本工作原理就是利用 PN 结的这一特性。

PN 结具有一定的反向耐压能力，但是，当施加的反向电压过大时，反向电流将会急剧增大，从而破坏 PN 结反向截止状态，这种现象称为反向击穿。发生反向击穿时，只要外电路采取适当的措施，将反向电流限制在一定范围内，当反向电压降低后 PN 结仍可恢复原来的状态。但如果反向电流未被限制住，使得反向电流和反向电压的乘积超过了 PN 结所能承受的耗散功率，二极管就会因大量的热量散发不出去而导致 PN 结结温快速上升，直至过热而烧毁，这种现象称为热击穿。

因为电力二极管正向导通时流过的电流很大，所以额外载流子的注入水平较高，而且其引线和焊接电阻的压降都将受到明显的影响；再加上其承受的电流变化率 di/dt 较大，因而其引线和器件自身的电感效应也会受到较大的影响。此外，为了提高器件的反向耐压特性，其掺杂浓度较低，这也造成器件的正向压降较大。以上这些特性都是信息电子电路中的普通二极管所不具备的。

2.2.2　电力二极管的基本特性与参数

1. 电力二极管的伏安特性

电力二极管的静特性即伏安特性如图 2-2 所示。当外加电压大于二极管的门槛电压 U_{TO} 时，正向电流开始迅速增加，二极管即开始导通。正向导通时其管压降仅为 1V 左右，且不随电流的大小而变化。当电力二极管承受反向电压时，只有很小的反向漏电流 I_{RR} 流过，二极管处于反向截止状态。但是，当反向电压增大到 U_B 时，PN 结内产生击穿，反向电流急剧增大，这将导致二极管发生击穿损坏。

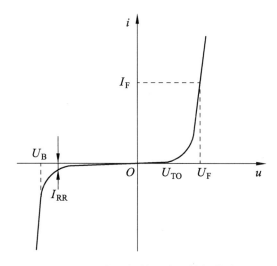

图 2-2　电力二极管的伏安特性曲线

2. 电力二极管的开关特性

电力二极管工作状态转换时的特性称为开关特性或者称为动特性。因为结电容的存在，电力二极管在零偏置（外加电压为零）、正向偏置和反向偏置这三种状态之间转换的时候，必然要经历一个过渡过程。在这些过渡过程中，PN 结的一些区域需要一定的时间来调整其带电状态，因而其电压-电流关系不能用图 2-2 所示的伏安特性曲线来描述，而是由一组随时间变化的曲线来描述，这样的曲线能反映电力二极管的动态特性。这个概念虽然由电力二极管推导而出，但可以推广至其他各种电力电子器件。

电力二极管由正向偏置的通态转换为反向偏置的断态过程中电压、电流的波形如图 2-3（a）所示。当原来处于正向导通的电力二极管外加的电压在 t_F 时刻突然从正向变为反向时，正向电流 I_F 开始下降，到 t_0 时刻，流过二极管的电流降为 0，此时 PN 结两侧尚有大量的少子存在，器件并没有恢复反向阻断能力，直到 t_1 时刻 PN 结内存储的少子才被抽尽，此时反向电流达到了最大值 I_{RP}。t_1 时刻后二极管开始恢复反向阻断能力，反向恢复电流迅速减小。外电路中电感产生的高感应电动势使器件承受很高的反向电压 U_{RP}。当电流降到基本为零的 t_2 时刻，二极管两端的反向电压才上升到电压 U_R，此刻，电力二极管完全恢复了反向阻断能力，其中：延迟时间 $t_d = t_1 - t_0$，下降时间 $t_f = t_2 - t_1$，电力二极管的反向恢复时间 $t_{rr} = t_d + t_f$。

电力二极管由零偏置转换为正向偏置的通态过程的电压、电流的波形如图 2-3（b）所示。可以看出：在这一动态过程中，电力二极管的正向电压也会出现一个峰值电压 U_{FP}（几伏至几十伏）。经过一段时间才接近稳态值 U_F（1 V 左右）。上述时间称为正向恢复时间。

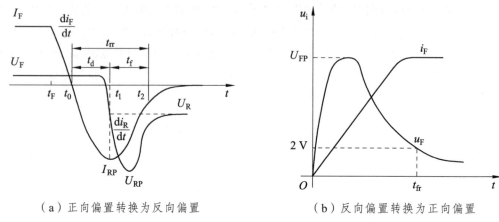

（a）正向偏置转换为反向偏置　　　　　　（b）反向偏置转换为正向偏置

图 2-3　电力二极管的开关过程波形

3. 电力二极管的分类

电力二极管的应用范围很广，种类也很多，常见的主要有以下几种类型。

（1）普通二极管：普通二极管又称为整流二极管（Rectifier Diode），常用于开关频率在 1 kHz 以下的整流电路中，其反向恢复时间在 2~10 μs，额定电流可达数千安培，额定电压可达数千伏。

（2）快恢复二极管：反向恢复时间在 5μs 以下的称为快恢复二极管（Fast Recovery Diode，FRD）。快恢复二极管从性能上可分为快速恢复二极管和超快速恢复二极管。前者反向恢复时间为数百纳秒或更长，后者的反向恢复时间则在 100 ns 以下，多用于高频整流和逆变电路。

（3）肖特基二极管：反向恢复时间为 10~40 ns，反向耐压在 200 V 以下。多用于高频小功率整流或高频控制电路。

4. 电力二极管的主要性能参数

部分常用电力二极管的主要性能参数如表 2-1 所示。

（1）额定正向平均电流 $I_{F(AV)}$：器件长期运行在规定管壳温度和散热条件下，允许流过的最大工频正弦半波电流的平均值。应用中应按照流过二极管实际波形电流与工频正弦半波平均电流的热效应相等（即有效值相等）的原则，来选取电力二极管的额定电流，并应预留一定的裕量。

（2）反向重复峰值电压 U_{RRM}：指器件能重复施加的反向最高峰值电压（额定电压）。此电压通常为击穿电压的 2/3。使用中通常按照电路中电力二极管可能承受的反向峰值电压的两倍来选定此项参数。

（3）正向压降 $U_{F,}$：指规定条件下，流过稳定的额定电流时，器件两端的正向平均电压（又称为管压降）。

表 2-1　部分常用电力二极管的主要性能参数

型号	额定正向平均电流 I_F/A	反向重复峰值电压 U_{RRM}/V	反向电流 I_R	正向平均电压 U_F/V	反向恢复时间 t_{rr}	备注
ZP1~4000	1~4 000	50~5 000	1~40 mA			
ZK3~2000	3~2 000	100~4 000	1~40 mA	0.4~1	<10 μs	
10DF4	1	400		1.2	<100 ns	
31DF2	3	200		0.98	<35 ns	
30BF80	3	800		1.7	<100 ns	
50WF40F	5.5	400		1.1	<40 ns	
10CTF30	10	300		1.25	<45 ns	
25JPF40	25	400		1.25	<60 ns	
HFA90NH40	90	400		1.3	<140 ns	模块结构
HFA180MD60D	180	600		105	<140 ns	模块结构
HFA75MC40C	75	400		1.3		模块结构
MR876 快恢复功率二极管 （MOTOROLA）	50	600	50 μA	1.4	<400 ns	
MUR10020CT 超快恢复功率二极管 （MOTOROLA）	50	200	25 μA	1.1	<50 ns	
MBR30045CT 肖特基功率二极管 （MOTOROLA）	150 （单只）	45	0.8 mA	0.78	≈0	

（4）反向漏电流 I_{RR}：指器件对应于反向重复峰值电压时的反向电流。

（5）最高工作温度 T_{JM}：指器件中的 PN 结在不至于损坏的前提下所能承受的最高平均温度。T_{JM} 通常在 125～175 ℃ 范围内。

2.3　半控型器件——晶闸管

晶闸管（Thyristor）是晶体闸流管的简称，普通晶闸管又称作可控硅整流器（Silicon Controlled Rectifier，SCR），是一种具有开关作用的大功率半导体器件。1956 年美国贝尔实验室（Bell Laboratories）发明了晶闸管技术，1957 年美国通用电气公司（General Electric Company）成功地开发出了世界上第一只晶闸管，并于 1958 年使其商业化。由于其在开通时刻可以控制，而且各方面的性能均明显优于以前的汞弧整流器，一面世立即受到了普遍的欢迎，从此开辟了电力电子技术迅速发展和广泛应用的崭新时代，也有人将此称之为是继晶体管发明和应用之后的又一次电子技术革命。发展到 20 世纪 80 年代，晶闸管的地位开始被各种性能更好的全控型器件所替代，但是，由于晶闸管所能承受的电压和电流容量仍然是目前电力电子器件中最高的，而且工作稳定、可靠，因此在大容量或超大容量的应用领域仍然具有不可替代的地位。

晶闸管这个名称往往专指普通晶闸管（SCR），但随着电力电子技术的发展晶闸管还应包括许多类型的派生器件，包括快速晶闸管（FST）、双向晶闸管（TRIAC）、逆导晶闸管（RCT）和光控晶闸管（LTT）等。在本书中所提及的晶闸管都是指普通晶闸管。

2.3.1 晶闸管的结构及工作原理

晶闸管从 20 世纪 60 年代开始生产、使用以来，发展到现在已成为电力电子器件中品种最多、数量最大的一类，由于它耐压高（目前可以达到 4 500 A/6 500 V）、电流容量大以及开通的可控性，已被广泛应用于可控整流、逆变、交流调压、直流变换等领域，成为低频（200 Hz 以下）、大功率变流装置中的主要器件。

1. 晶闸管的结构

晶闸管是具有 4 层 PNPN 结构、3 端引出线的器件，3 端引出线分别是阳极 A、阴极 K 和门极 G（或称为栅极），其原理结构和电气符号如图 2-4 所示。目前国内外所生产的晶闸管，其外形封装形式可分为小电流塑封式、小电流螺旋式、大电流螺旋式和大电流平板式（额定电流在 200 A 以上）。

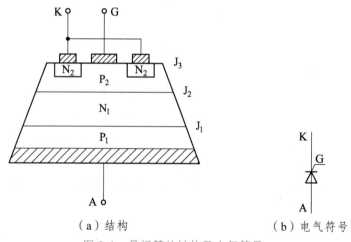

（a）结构　　　　　　　　　（b）电气符号

图 2-4　晶闸管的结构及电气符号

2. 晶闸管的工作原理

为了弄清晶闸管的工作原理，可通过以下实验来说明晶闸管的导通原理，实验电路如图 2-5 所示。

在如图 2-5 所示电路中，阳极电源 U_A（一般选 3~6 V）和门极电源 U_G（一般选 1.5~3 V）通过双刀双掷开关 S_1、S_2 分别以正向或反向作用于晶闸管的相应电极，分析电路的工作状态，得到结果如下：

（1）晶闸管阳极与阴极间加正向电压 U_A，控制极电压 U_G 不接入，灯泡不亮，说明晶闸管不导通（截止状态）。

（2）在 U_A 正向的情况下，加入控制极正向电压 U_G，这时灯亮，说明晶闸管导通，导通后晶闸管的管压降约为 1 V（导通状态）。

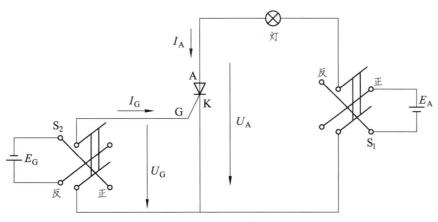

图 2-5　晶闸管的实验电路

（3）晶闸管导通后，去掉控制极电压 U_G（将图 2-5 中的开关 S_2 断开），灯仍然亮（导通状态）。可见晶闸管一旦导通后，控制极就失去了控制作用。

（4）在晶闸管的阳极与阴极间加反向电压时，无论控制极加不加电压，灯都不亮，晶闸管处于关断状态（截止状态）。

通过上述实验可以总结出晶闸管导通必须同时具备的两个条件（充分必要条件）：

（1）晶闸管阳极与阴极间加足够的正向电压。

（2）控制极加适当的正向电压，作为晶闸管导通的触发信号（实际应用中，控制极通常加触发脉冲信号）。

晶闸管为什么会有以上导通和关断的特性，这与晶闸管内部发生的物理过程有关。

晶闸管由四层硅半导体（P_1、N_1、P_2、N_2）组成，由此形成了三个 PN 结，即结 J_1（P_1N_1）、结 J_2（N_1P_2）、结 J_3（P_2N_2），并分别从 P_1、N_2 及 P_2 端引出三个电极，即阳极 A、阴极 K 和门极（控制极）G，如图 2-6（a）所示。晶闸管在工作过程中，阳极 A 和阴极 K 与电源和负载相连组成晶闸管的主电路，晶闸管的门极 G 和阴极 K 与控制晶闸管的触发电路相连，组成晶闸管的控制回路，其工作电路如图 2-6（b）所示，可看成是两个互补的晶体管 V_1（P_1-N_1-P_2）和 V_2（N_1-P_2-N_2）组成的等效电路。其中 α_1、α_2 分别为 V_1、V_2 的共基极电流放大倍数。

如果在晶闸管的阳极 A 加上正电压、阴极 K 加上负电压、外电路在门极加上正电压，即向门极注入驱动电流 i_G，则在图 2-6（b）所示电路中相当于 i_G 流入晶体管 V_2 的基极 i_{B2}，产生 V_2 的集电极电流 i_{C2}，而 i_{C2} 又成为晶体管 V_1 的基极电流 i_{B1}，经放大后产生了 V_1 的集电极电流 i_{C1} 又进一步增大了 V_2 的基极电流 i_{B2}，如此形成强烈的正反馈，V_1 和 V_2 进入了完全饱和状态，即晶闸管正向导通。此时，如果撤掉外电路注入门极的电流 i_G，晶闸管由于内部已形成了强烈的正反馈，仍然会维持导通状态。此时，若要使晶闸管关断，可以撤掉在晶闸管阳极 A 所施加的正向电压；或者向阳极 A 施加反压；或者设法使流过晶闸管的电流降低到接近于零的某一数值以下（此电流值称为维持电流 I_H）。所以，对门极施加电压使其导通的这一过程称为触发，产生注入门极的触发电流 i_G 的电路称为门极触发电路。正是由于通过门极可以控制晶闸管的开通，而通过门极不能控制晶闸管的关断，晶闸管才被称为半控型器件。

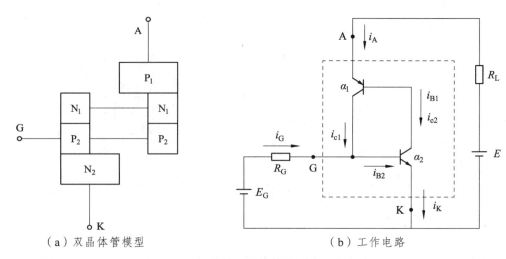

（a）双晶体管模型　　　　　　　（b）工作电路

图 2-6　晶闸管的双晶体管模型和工作电路

上述正反馈过程如 2-7 所示。

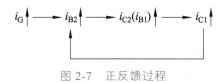

图 2-7　正反馈过程

2.3.2　晶闸管的基本特性与主要特性参数

1. 晶闸管的伏安特性

晶闸管阳极、阴极之间的电压 U_A 与阳极电流 I_A 的关系，称为晶闸管的伏安特性。晶闸管的典型伏安特性如图 2-8 所示，其中包括了正向特性（第一象限）和反向特性（第三象限）两部分。图中各物理量的定义如下：

U_{DRM}、U_{RRM}——正、反向断态重复峰值电压。

U_{DSM}、U_{RSM}——正、反向断态不重复峰值电压（$U_{DRM}=0.8U_{DSM}$、$U_{RRM}=0.8U_{RSM}$）。

U_{BO}——正向转折电压。

U_{RO}——反向转折电压。

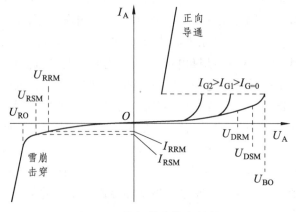

图 2-8　晶闸管的伏安特性

（1）正向特性

晶闸管的正向特性又有阻断状态和导通状态两种状态。在正向阻断状态下，即 $U_A<U_{DSM}$，晶闸管的伏安特性是一组随门极电流 I_G 的增加而不同的曲线。当门极电流 $I_G=0$ 时，逐渐增大阳极电压 U_A，只有很小的正向漏电流，晶闸管处于正向阻断状态；随着阳极电压的增加，当达到正向转折电压 U_{BO} 时，漏电流突然急剧增大，晶闸管由正向阻断状态突变为正向导通状态。这种门极注入电流为零，只依靠增大阳极电压而强迫晶闸管导通的方式称为"硬开通"，多次"硬开通"会使晶闸管损坏，所以通常在使用中不允许这样做。

另一种导通方式为：随着门极电流 I_G 的增大，晶闸管的正向转折电压 U_{BO} 迅速下降，当 I_G 足够大时，晶闸管的正向转折电压变得很小，可以看成与普通二极管一样，一旦加上正向阳极电压，晶闸管就导通了。晶闸管正向导通状态的伏安特性与普通二极管的正向特性极其相似，即当流过较大的阳极电流时，晶闸管的正向压降很小。

当晶闸管正向导通后，要使晶闸管恢复阻断状态，只有逐步减小阳极电流 I_A，当阳极电流 I_A 下降到维持电流 I_H 以下时，晶闸管便由正向导通状态变为正向阻断状态。

（2）反向特性

晶闸管的反向特性与一般二极管的反向特性极其相似。在正常情况下，当晶闸管承受反向阳极电压时，晶闸管总是处于阻断状态，只有很小的反向漏电流流过。当反向电压增加到一定数值（U_{RSM}）时，反向漏电流会突然增加，如再继续增大反向阳极电压到 U_{RO} 时，将会导致晶闸管反向击穿，有可能造成晶闸管的永久性损坏。

2. 门极伏安特性

晶闸管的门极和阴极间有一个 PN 结 J_3（见图 2-4），它的伏安特性称为门极伏安特性，如图 2-9 所示。由于实际产品的门极伏安特性的分散性很大，常以一条典型的极限高阻门极伏安特性 QG 和一条低阻门极伏安特性 QD 之间的区域来代表所有器件的伏安特性，称为门极伏安特性区域。其中，$QABCQ$ 为不可靠触发区，$ADEFGCBA$ 为可靠触发区，是由门极正向峰值电压 I_{FGM}、允许的瞬时最大功率 P_{GM} 和正向峰值电压 U_{FGM} 划定的区域。PG 为门极允许的最

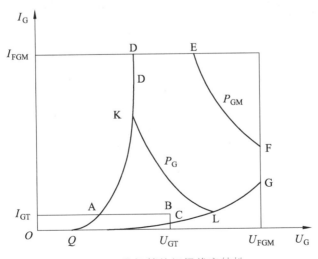

图 2-9　晶闸管的门极伏安特性

大平均功率。晶闸管的门极电压和电流应该在可靠触发区，门极平均功率损耗不应该超过门极允许的最大平均功率。

3．开关特性

晶闸管开关过程的波形如图 2-10 所示。

（1）导通特性

晶闸管的导通不是瞬间完成的，导通时阳极和阴极两端的电压有一个下降过程，而阳极电流的上升也需要一个过程。第一段对应时间为延迟时间 t_d，对应着阳极电流 i_A 上升到 $0.1I_A$ 所需时间，也对应着从 $(\alpha_1+\alpha_2)<1$ 到等于 1 的过程，此时 J_2 结仍为反偏，晶闸管的电流不大。第二段对应时间为上升时间 t_r，对应着阳极电流由 $0.1I_A$ 上升到 $0.9I_A$ 所需时间，此时靠近门极的局部区域已经导通，相应的 J_2 结已由反偏转化为正偏，电流迅速增加。通常定义器件的导通时间 t_{on} 为延迟时间 t_d 与上升时间 t_r 之和，即

$$t_{on} = t_d + t_r \tag{2-1}$$

普通晶闸管的导通时间为几微秒。

（2）关断特性

电源电压反向后，从正向电流降为零起到能重新施加正向电压为止定义为器件的电路换向关断时间 t_{off}。通常定义器件的关断时间 t_{off} 为反向阻断恢复时间 t_{rr} 与正向阻断恢复时间 t_{gr} 之和，即

$$t_{off} = t_{rr} + t_{gr} \tag{2-2}$$

普通晶闸管的关断时间为几十至几百微秒。

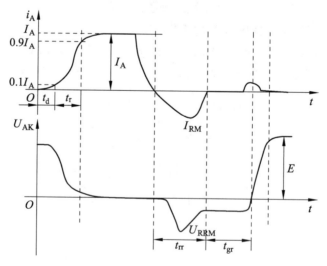

图 2-10　晶闸管开关过程的波形

4．晶闸管的主要特性参数

（1）额定电压 U_{TN}

断态重复峰值电压 U_{DRM} 是指门极断路、额定结温时允许重复加在器件上的正向电压最大

值，反向复峰值电压 U_{DRM} 是指门极断路、额定结温时允许重复加在器件上的反向电压最大值，晶闸管铭牌标注的是额定电压 U_{TN} 通常取 U_{DRM} 与 U_{RRM} 中较小的数值。选用晶闸管时，电压选择应取 2~3 倍的安全裕量。

（2）额定电流 $I_{T(AV)}$

晶闸管的额定电流用通态平均电流来表示。通态平均电流是在环境温度为+40 ℃和器件规定的冷却条件下，器件在电阻性负载的单相工频正弦半波电路中，晶闸管全导通（导通角 ≥170°），结温稳定且不超过额定结温时所允许的最大平均电流，用 $I_{T(AV)}$ 来表示。

根据额定电流的定义，设该正弦半波电流的峰值为 I_m，则额定电流（平均电流）为

$$I_{T(AV)} = \frac{1}{\pi} \int_0^\pi \sin \omega t \mathrm{d}(\omega t) = \frac{I_m}{\pi} \tag{2-3}$$

额定电流有效值为

$$I_T = \sqrt{\frac{\int_0^\pi (\sin \omega t)^2 \mathrm{d}(\omega t)}{2\pi}} = \frac{I_m}{2} \tag{2-4}$$

然而，在实际使用中，流过晶闸管的电流波形、导通角并不是一定的，各种含有直流分量的电流波形都有一个不同的电流平均值（一个周期内波形面积的平均值），也都有一个电流有效值（均方根值）。因此，将电流波形的有效值与平均值之比定义为这个电流的波形系数，用 K_f 来表示，即

$$K_f = \frac{电流有效值}{电流平均值} = I_T/I_{T(AV)} \tag{2-5}$$

根据式（2-3）、式（2-4）和式（2-5）可以求出正弦半波电流的波形系数，即

$$K_f = I_T/I_{T(AV)} = \frac{\pi}{2} = 1.57$$

这说明额定电流 $I_{T(AV)}$=100 A 的晶闸管，其额定的电流有效值为 $I_T=K_f I_{T(AV)}$=157 A。

流过晶闸管的电流波形不同，其波形系数也不同。在实际应用中，首先要根据器件的额定电流（通态平均值）求出器件允许流过电流的最大有效值。不论流过晶闸管的电流波形如何，只要流过器件的实际电流最大有效值小于或等于器件的额定有效值，且散热及冷却在规定的条件下，器件管芯的发热就能限制在安全范围以内。另外，由于晶闸管仍然属于半导体器件，其电流的过载能力比一般的电动机、电器要小得多，在选用晶闸管时，在实际计算出最大电流值后，电流选择应取 1.5~2 倍的安全裕量，这种选择同样适用于晶闸管的派生器件。

（3）门极触发电流 I_{GT}、门极触发电压 U_{GT}

在室温下，在晶闸管的阳极和阴极之间加上 6 V 的正向电压时，能使晶闸管由阻断状态转为完全导通状态所必须的最小门极电流，称为门极触发电流 I_{GT}。对应门极触发电流的门极电压，称为门极触发电压 U_{GT}。在实际应用中，为使触发电路适用于所有型号的晶闸管，触发电路输送给门极的电压和电流应适当地大于所规定 I_{GT} 的和 U_{GT} 上限，但不应超过其峰值 I_{FGM} 和 U_{FGM}。门极平均功率和峰值功率也不应超过门极允许的最大平均功率 P_G 和瞬时最大功率 P_{GM}。

（4）浪涌电流

浪涌电流是晶闸管所允许的半周期内使结温超过额度结温的不重复正向过载电流。该值比晶闸管的额度电流要大得多，实际上它体现了晶闸管抗短路冲击电流的能力，可用来设计保护电路。

（5）维持电流 I_H 和擎住电流 I_L

在室温下且门极开路时，晶闸管中的电流从较大的通态电流开始下降，当降至刚好能保持导通时所需的最小阳极电流称为维持电流 I_H。维持电流 I_H 一般约为几十毫安，同时维持电流与器件的容量、结温等因数有关，结温愈高，维持电流愈小。维持电流大的晶闸管容易关断。通常在晶闸管的铭牌上标明的 I_H 为常温下的实测值。

在晶闸管的门极加上触发电压，当元件从阻断状态刚转为导通状态时撤掉触发电压，此时晶闸管要保持继续导通所需要的最小阳极电流，称为擎住电流 I_L。对于同一个晶闸管而言，擎住电流 I_L 要比维持电流 I_H 大 2~4 倍。

（6）通态电流临界上升率 di/dt

晶闸管在规定条件下，由门极触发晶闸管使其导通时，晶闸管能够承受而不导致损害的通态电流的最大上升率，称为通态电流临界上升率 di/dt，即晶闸管所允许的最大电流上升率应小于此值。在晶闸管导通时，如果电流上升过快，会使门极电流密度过大，从而造成局部过热而使晶闸管损坏。

（7）断态电压临界上升率 du/dt

晶闸管在额定结温和门极断路条件下，不导致器件从断态转入通态的最大电压上升率，实际的电压上升率应小于此临界值。过大的断态电压上升率会使晶闸管误导通。

（8）通态电压

晶闸管通以规定数倍额度通态平均电流时的瞬态峰值电压。从减少功耗和发热的观点出发，应该选择通态电压较小的晶闸管。

2.3.3　晶闸管的型号

根据国产晶闸管的型号命名（JB1144—75 部颁发标准），普通晶闸管的型号及其含义如图2-11 所示。

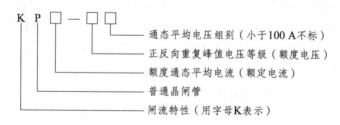

图 2-11　普通晶闸管的型号及其含义

例如，KP800-12D 表示额定正向平均电流为 800 A，额定电压为 1 200 V，管压降为 0.7 V 的普通型晶闸管。

2.3.4　晶闸管管脚及好坏判断

1. 判别管脚

万用表 R×1k 挡或 R×100 挡，利用 G-K 极间的一个 PN 结特性判别阴极和控制极，剩余的即为阳极。

2. 判别好坏

控制极 G 和阴极 K 之间是一个 PN 结，正常情况是正向电阻较小、反向接近无穷大。阳极 A 与控制极 G 及阴极 K 之间为 PN 结反向串联。测量正反向电阻，正常时均应接近无穷大。反之，管子已坏。

2.3.5　晶闸管的派生器件

1. 快速晶闸管

快速晶闸管（FST）的关断时间 ≤50 μs，常在较高频率（400 Hz）的整流、逆变和变频电路中使用。它的基本结构和伏安特性与普通晶闸管相同，与普通晶闸管的最大区别是关断时间较短。关断电压与阳极电压有关，关断时间为 25~50 μs。

2. 双向晶闸管

双向晶闸管（Bidrection Thyristor）不论从结构还是特性方面来说，都可以把它看成一对反向并联的普通晶闸管。双向晶闸管有 2 个主电极 T_1 和 T_2，一个门极 G，使主电极的正、反两个方向均可用交流或直流电流触发导通。通常采用在门极 G 和主电极 T_2 间加触发脉冲方式触发双向晶闸管，其等效电路和电气符号如图 2-12（a）、（b）所示。双向晶闸管在第 1 和第 3 象限有对称的伏安特性，如图 2-12（c）所示。

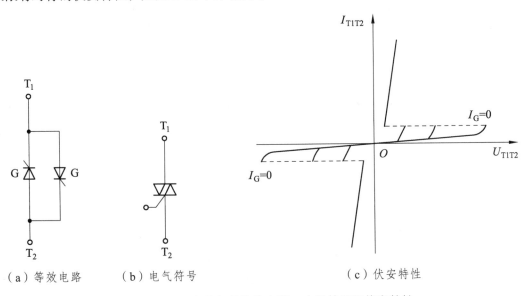

（a）等效电路　　　（b）电气符号　　　　　　　　（c）伏安特性

图 2-12　双向晶闸管等效电路、电气符号和伏安特性

3. 逆导晶闸管

逆导晶闸管（Reverse Conducting Thyristor，RCT）是将晶闸管和整流管制作在同一管芯上的集成元件，等效电路和伏安特性如图 2-13 所示。

由于逆导晶闸管等效于普通晶闸管和功率二极管的反并联，因此具有开关管数量少，装置体积小、质量轻、价格低和配线简单的优点。但也因晶闸管和整流管制作在同一管芯上，故它只能应用于某些场合。

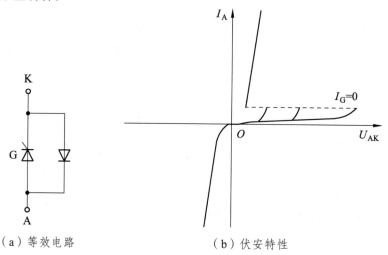

（a）等效电路　　　　　　　（b）伏安特性

图 2-13　逆导晶闸管的等效电路和伏安特性

4. 光控晶闸管

光控晶闸管（Light Activated Thyristor）是利用一定波长的光照信号控制的开关管。其结构也是 4 层 $P_1N_1P_2N_2$ 构成的，电气符号和等效电路如图 2-14（a）、（b）所示。

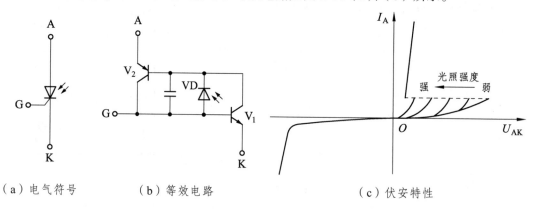

（a）电气符号　　　　　（b）等效电路　　　　　　（c）伏安特性

图 2-14　光控晶闸管的电气符号、等效电路和伏安特性

小功率光控晶闸管只有 2 个电极（阳极 A 和阴极 K），大功率光控晶闸管除有阳极和阴极外，还带有光缆，光缆上装有作为触发光源的发光二极管或半导体激光器。

光控晶闸管可等效成 $P_1N_1P_2$ 和 $N_1P_2N_2$ 两个晶体管。中间的 N_1P_2 部分为 2 个晶体管共有，这一部分相当于一个发光二极管。在没有光照的情况下，光电二极管处于截止状态，V_1 和 V_2

两个晶体管都没有基极电流，整个电路无电流流过，光电二极管处于阻断状态。当光信号照射到光电二极管上时，光电二极管导通，有电流 i_{VD} 流入 V_1 的基极，经放大后 V_1 的集电极电流又流入了 V_2 的基极，再经 V_2 放大后其集电极电流又流入 V_1 的基极，构成正反馈过程，光控晶闸管一旦导通后，即使无光照也不会自行阻断，只有当器件上的阳极电流降为零或加反向电压时才能阻断。光控晶闸管的伏安特性如图 2-14（c）所示，光照强度不同，其转折电压不同，转折电压随光照强度的增大而降低。

光控晶闸管的参数与普通晶闸管类同，只是触发参数特殊，与光功率与光谱范围有关。

2.4　全控型电力电子器件

晶闸管通过控制信号可以控制其导通，但无法控制其关断，因此，称之为半控型器件；通过控制信号既可以控制其导通，又可以控制其关断的电力电子器件称为全控型器件。这类器件品种很多，目前常见的有门极可关断晶闸管（Gate Turn-Off Thyristor，GTO）、电力晶体管（Gate Transistor，GTR）、电力场效应晶体管（Power MOSFET）、结缘栅双极型晶体管（IGBT）等。

根据器件内部载流子参与导电的种类不同，全控型器件又可分为单极型、双极型和复合型三类。器件内部只有一种载流子参与导电的称为单极型，如 Power MOSFET、SIT 等；器件内部有电子和空穴两种载流子导电的称为双极型器件，如 GTR、GTO、SITH 等；由双极型器件与单极型器件复合而成的新型器件称为复合型器件，如 IGBT 等。

2.4.1　门极可关断晶闸管

门极可关断晶闸管（GTO）具有普通晶闸管的全部优点，如耐压高、电流大等，同时又是全控型器件，即在门极正脉冲电流触发器件导通，在负脉冲电流触发器件关断。因此，GTO 被广泛应用于电力机车的逆变、大功率远程直流送电、电网动态无功补偿和大功率直流斩波调速等场合。

1. GTO 的结构和工作原理

门极可关断晶闸管（GTO）是与普通晶闸管相似，具有 4 层 PNPN 三端结构。GTO 外部引出三个电极分别是阴极（K）、阳极（A）和门极（G）。GTO 的结构和电气符号如图 2-15 所示。

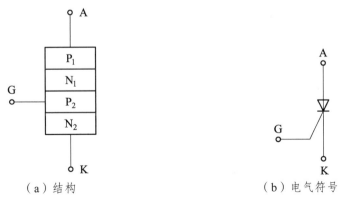

（a）结构　　　　　　　　　　　（b）电气符号

图 2-15　GTO 的结构和电气符号

GTO 与普通晶闸管的区别主要有：

（1）GTO 是一种多元的功率集成器件，内部包含数十个甚至数百个共阳极的小 GTO 单元，这些小 GTO 单元的阴极和门极在器件内部并联在一起。这种特殊结构使每个 GTO 的阴极面积很小，门极和阴极间的距离大为缩短，使得 P_2 基极的横向电阻很小，从而使门极抽出较大的电流成为可能，这是为了便于实现门极控制关断所采取的特殊设计。

（2）GTO 也可等效成双晶体管模型，如图 2-16（a）所示。其中 α_1 和 α_2 分别为 $P_1N_1P_2$ 和 $N_1P_2N_2$ 的共基极电流增益（共基极放大倍数），α_1 比 α_2 小。GTO 导通后，回路增益 $\alpha_1+\alpha_2$ 略大于 1，而普通晶闸管导通后的回路 $\alpha_1+\alpha_2$ 增益常为 1.15 左右。因此，GTO 处于临界饱和状态，这为门极负脉冲关断 GTO 提供了有利条件。

2. GTO 的特性

（1）伏安特性

GTO 的伏安特性如图 2-16（b）所示。在 GTO 承受正向电压时，GTO 门极加正向触发电压和电流，GTO 导通；当 GTO 门极加反向触发电压和电流足够大时，GTO 关断。当外加电压超过正向转折电压 U_{BO} 时，GTO 也会导通，此时不会破坏 GTO 的性能，但是，GTO 正常工作时应由门极触发导通。当外加电压超过反向击穿电压 U_{RO} 之后，则发生雪崩击穿，造成 GTO 破坏。

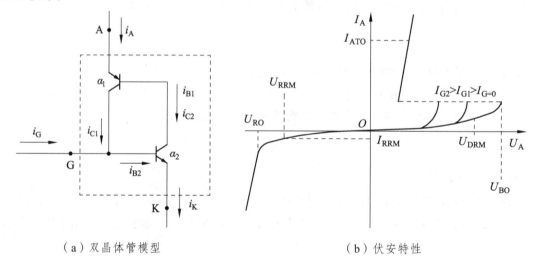

（a）双晶体管模型　　　　　　　　　　　　　（b）伏安特性

图 2-16　GTO 的双晶体管模型和伏安特性

（2）开关特性

GTO 开关过程的波形如图 2-17 所示。

① 导通特性。

当 $u_{AK} > 0$ 时，门极注入一定电流时，GTO 的导通过程与普通晶闸管相似，为双晶体管模型的正反馈过程，阳极电流大于擎住电流之后，GTO 临界饱和导通。导通时间 t_{on} 由延迟时间 t_d 和上升时间 t_r 组成，GTO 的延迟时间一般为 1~2 μs，上升时间随着阳极电流的增大而增大。

② 关断特性。

GTO 在通态时，在门极加足够大的 $-i_G$ 时，相当于将 i_{B2} 的电流抽出，i_{C2} 随之减小，又使 i_{C1} 减小，这是一个正反馈过程。当 i_{C1} 和 i_{C2} 的减小使 $\alpha_1+\alpha_2 < 1$ 时，等效晶体管 $P_1N_1P_2$ 和 $N_1P_2N_2$ 退出饱和，GTO 不满足维持导通条件，阳极电流 i_A 下降到零而关断。

整个关断过程由储存时间 t_s、下降时间 t_f、尾部时间 t_t 组成。t_s 对应着从门极加入负脉冲电流开始到阳极电流 i_A 开始下降到 $0.9I_A$ 的时间。在这段时间内，i_A 几乎不变。t_f 对应着 i_A 迅速下降，u_{AK} 不断上升和门极反电压开始建立的过程。在这段时间内，GTO 开始退出饱和。t_t 则是指 i_A 降到极小值时开始，直到达到维持电流为止的时间。在这段时间内，仍有残存的载流子被抽出，但是 u_{AK} 已为正，因此如果有过高的 du/dt，将使 GTO 重新导通，造成 GTO 关断失败。

GTO 的储存时间随着阴极电流的增大而增大，下降时间一般为 2 μs。

GTO 关断时的瞬时功耗较大，因此必须设计适当的缓冲电路。

综上所述，GTO 和普通晶闸管有着相同的 4 层 PNPN 三端结构，GTO 在承受正向电压时实现门极关断的原因一是多元结构，二是其内部参数。

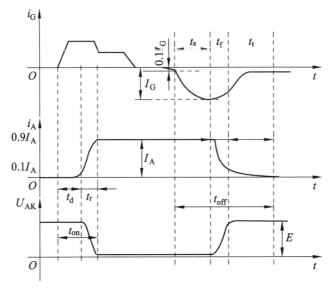

图 2-17　GTO 开关过程的波形

3. GTO 的参数

GTO 的许多参数都和普通晶闸管相应的参数意义相同，这里只简单介绍一些意义不同的参数。

（1）最大可关断阳极电流 I_{ATO}：这是一个用来标称 GTO 额定电流的参数，但与普通晶闸管用通态平均电流作为额定电流是不同的。

（2）电流关断增益 β_{off}：是最大可关断阳极电流与门极负脉冲电流最大值 I_{GM} 之比，即

$$\beta_{off} = \frac{I_{ATO}}{I_{GM}} \tag{2-6}$$

GTO 的电流关断增益 β_{off} 一般很小，只有 5 左右，因此关断驱动回路必须提供很大的电流，这是 GTO 的一个主要缺点。例如，一个 1 000 A 的 GTO，需要控制关断时，门极负脉冲电流的峰值将达 200 A，这是一个相当大的数值。

另外需要指出的是，不少 GTO 都设计成逆导型，类似于逆导晶闸管。当需要承受反向电压时，应和电力二极管串联使用。

2.4.2 电力晶体管

电力晶体管（Giant Transistor，GTR）又称为巨型晶体管，是一种双极型大功率高耐压晶体管，因此，在有的技术文献中也将其称为 BJT。在电力电子技术的范围内，GTR 与 BJT 这两个名称是等效的。它具有自关断能力、控制方便、开关时间短、高频特性好、价格低廉等优点。目前 GTR 的容量已达 400 A/1 200 V、1 000 A/400 V，工作频率可达 5 kHz，因此被广泛应用于不间断电源、中频电源和交/直流电机调速等电力变流装置中。

1. 电力晶体管的结构和工作原理

电力晶体管是由三层半导体（两个 PN 结）组成，NPN 三层扩散台面型结构是单管 GTR 的典型结构，如图 2-18（a）所示。图中掺杂浓度高的 N$^+$区称为 GTR 的发射区，E 为发射极；基区是一个厚度在几微米至几十微米之间的 P 型半导体层薄层，B 为基极；集电区是 N 型半导体，C 为集电极。图 2-18（b）所示为 GTR 的电气符号。为了提高 GTR 的耐压能力，在集电区中设置了轻掺杂的 N$^-$区。

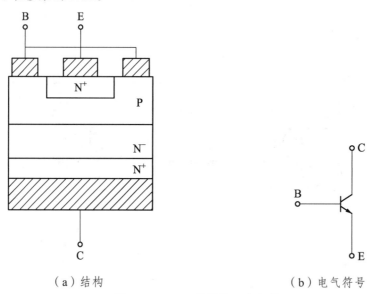

（a）结构　　　　　　　　　　　　　（b）电气符号

图 2-18　GTR 的结构及电气符号

2. 电力晶体管的特性

（1）输入特性

GTR 的输入特性表示基射电压 U_{BE} 和基极电流 I_B 的关系。当基射电压大于 0.7 V 时，PN 结开始导通，有基极电流。输入特性曲线如图 2-19（a）所示。

（2）输出特性

GTR 的输出特性表示在一定的基极电流 I_B 下，集电极电压 U_{CE} 与集电极电流 I_C 的关系曲线称为输出特性曲线，如图 2-19（b）所示，GTR 的输出特性与小功率晶体管的特性相似。从图中可以看出，随着 I_B 从小到大的变化，GTR 经过截止区（又称为阻断区）、线性放大区、准饱和区和深饱和区四个区域。在截止区 $I_B<0$（或 $I_B=0$），GTR 承受高电压，且只有很小的穿透电流流过，类似于开关的断态；在线性放大区 $I_C = \beta I_B$，工作在开关状态的 GTR 应避免工作在线性放大区，以防止功率过大损坏 GTR；随着 I_B 的增大，GTR 进入准饱和区，I_C 与 I_B 之间不再呈线性关系，曲线开始弯曲；在深饱和区 I_B 变化时 I_C 不再改变，此时管压降 U_{CES} 很小，类似于开关的通态。

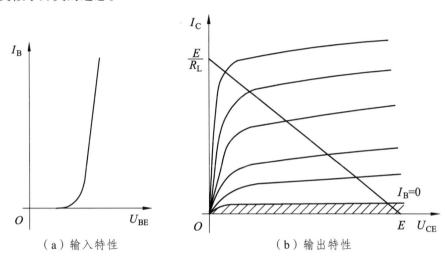

（a）输入特性　　　　　　　　　　（b）输出特性

图 2-19　GTR 的输入特性和输出特性

由于 GTR 已经被 IGBT 替代，其安全工作区和主要参数等内容在此不再赘述。

2.4.3　电力场效应晶体管

电力场效应晶体管（Power Metal Oxide Semiconductor Field Effect Transistor）简称为电力 MOSFET（Power MOSFET），它是对功率较小的 MOSFET 的工艺结构进行了改进，在功率上有所突破的单极型半导体器件，属于单极性电压控制型器件，具有输入阻抗高、驱动功率小、开关速度快、控制线路简单、工作频率高（可达 1 MHz）、不存在二次击穿问题、安全工作区宽等特点。但其电压和电流容量较小，目前一般电力 MOSFET 产品设计的耐压能力都在 1 000 V 以下，故其在高频中小功率电力电子装置中得到广泛应用。

1. 电力 MOSFET 的结构与工作原理

（1）电力 MOSEFT 的结构

电力 MOSFET 有多种结构，按导电沟道可分为 N 沟道和 P 沟道。当栅极电压为零时，漏源极之间就存在导电沟道的称为耗尽型。栅极电压大为零时，漏源极之间才存在导电沟道的称为增强型。在 MOSFET 中只有一种载流子（N 沟道时是电子，P 沟道时是空穴），由于电子的迁移率比空穴高 3 倍左右，从减小导通电阻、增大导通电流方面考虑，一般选用 N 沟道器件。N 沟道 VDMOS 的结构和电气符号如图 2-20（a）、（b）所示。图 2-20（c）所示为 P 沟道增强型电力 MOSFET 的电气符号。电力 MOSFET 有 3 个电极：漏极 D、源极 S 和栅极 G。

电力 MOSFET 也是多元集成结构，即一个器件由多个 MOSFET 组成。由电力技术基础可知，功率较小的电力 MOSFET 的栅极 G、源极 S 和漏极 D 位于芯片的同一侧，导电沟道平行于芯片表面，是横向导电器件，这种结构限制了它的电流容量。电力 MOSFET 采取两次扩散工艺，并将漏极 D 移到芯片的另一侧表面上，使从漏极到源极的电流垂直于芯片表面流过，这样有利于减小芯片面积和提高电流密度。这种采用垂直导电结构的 MOSFET 称为 VMOSFET（Vrtical MOSFET）。目前电力 MOSFET 大多采用垂直导电结构，这大大提高了器件的耐压和耐电流能力。按垂直导电结构的差异，电力 MOSFET 又分为利用 V 型槽实现垂直导电的 VVMOSFET（Vrtical V-groove MOSFET）和具有垂直导电双扩散 MOS 结构的 VDMOSFET（Vrtical Double-diffused MOSFET）。这里主要以 VDMOS 器件为例进行讨论。

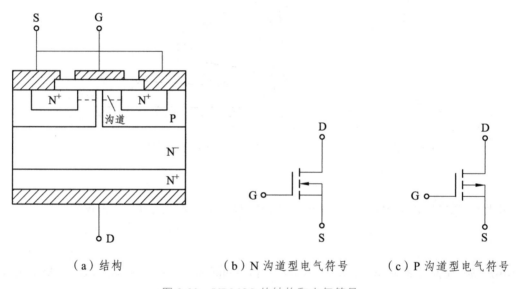

（a）结构　　　　　　　　（b）N 沟道型电气符号　　　　　（c）P 沟道型电气符号

图 2-20　VDMOS 的结构和电气符号

（2）电力 MOSFET 的工作原理

当漏极接电源正极，源极接电源负极，栅源极之间电压为零或为负时，P 型区和 N^- 型漂移区之间的 PN 结反向，漏源极之间无电流流过。如果在栅极和源极间施加正向电压 U_{GS}，由于栅极是绝缘的，不会有电流。由于栅极的正电压所形成的电场的感应作用，却会将其下面的 P 型区中的少数载流子电子吸引到栅极下面的 P 型区表面。当 U_{GS} 大于某一电压值 U_T 时，栅极下面的 P 型区表面的电子浓度将超过空穴浓度，使 P 型反型成 N 型，沟通了漏极和源极。此时，若在漏源极之间施加正向电压，则电子将从源极横向穿过沟道，然后垂直（即纵向）流向漏极，形成漏极电流 I_D。电压 U_T 称为开启电压，U_{GS} 超过 U_T 越多，导电能力就越强，漏极电流 I_D 也越大。

电力 MOSFET 的多元结构使每个 MOSFET 元的沟道长度大为缩短，而且使所有 MOSFET

元的沟道并联，这势必使沟道电阻大幅度减小，从而使得在同样的额定结温下，器件的通态电流大大提高。此外，沟道长度的缩短，使载流子的渡越时间减小；沟道的并联，允许更多的载流子同时渡越，使器件的开通时间缩短，工作频率得以提高，器件性能得以改善。

2. 电力 MOSFET 的主要特性

（1）输出特性

输出特性也称为漏源特性。它以栅源电压 U_{GS} 为参变量，反映漏极电流 I_D 与漏源极电压 U_{DS} 间的曲线关系。如图 2-21 所示，输出特性可分为三个区域：可调电阻区Ⅰ、恒流区Ⅱ和雪崩区Ⅲ。

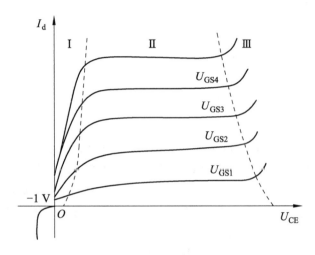

图 2-21　电力 MOSFET 的输出特性

当电力 MOSFET 作为开关器件使用时，工作在可调电阻区Ⅰ。此时，当 U_{GS} 一定时，漏极电流 I_D 与漏源极电压 U_{DS} 呈线性关系；当电力 MOSFET 用于线性放大时，工作在恒流区Ⅱ，此时当 U_{GS} 一定时，漏极电流 I_D 近似为常数；电力 MOSFET 在正常使用时，应避免工作在雪崩区，否则会使器件损坏。

值得注意的是：电力 MOSFET 在漏源极之间存在一个寄生的反并联二极管，所以电力 MOSFET 无反向阻断能力，应用时如果漏源极之间必须承受反压，则电力 MOSFET 的电路中应串入快速二极管。

（2）转移特性

转移特性指在输出特性曲线的饱和区内，在一定的漏源极电压 U_{DS} 作用下，电力 MOSFET 的栅源电压 U_{GS} 与漏极电流 I_D 之间的关系，如图 2-21 所示图中 $U_{GS(th)}$ 称为开启电压又称为阈值电压。当栅源电压 U_{GS} 小于开启电压 $U_{GS(th)}$ 时，电力 MOSFET 处于截止状态；当栅源电压 U_{GS} 大于开启电压 $U_{GS(th)}$ 时，电力 MOSFET 处于导通状态。定义跨导 g_m 表示转移特性的斜率，即

$$g_m = \frac{\Delta I_D}{\Delta U_{GS}} \tag{2-7}$$

它相当于功率晶体管 GTR 中的电流增益。该特性表征电力 MOSFET 栅源电压 U_{GS} 对漏极电流 I_D 的控制能力。

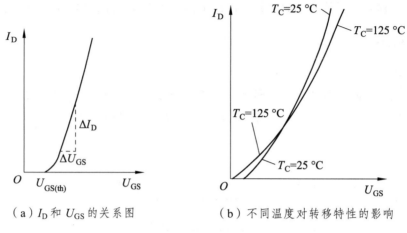

（a）I_D 和 U_{GS} 的关系图　　　　（b）不同温度对转移特性的影响

图 2-22　电力 MOSFET 的转移特性

（3）开关特性

图 2-23 所示为测试电力 MOSFET 的开关特性。图中 U_P 为栅极控制电压信号源，R_S 为信号源内阻，R_G 为栅极电阻，R_L 为漏极负载电阻，R_F 为检测漏极电流的电阻。信号源产生阶跃脉冲电压，当其前沿到来时，输入电容 C_{in}（$C_{in}=C_{GS}+C_{GD}$）充电，栅极电压 U_{GS} 按指数曲线上升，如图 2-23（b）所示。当 U_{GS} 上升到开启电压 U_T 时，开始出现漏极电流 I_D，从 U_P 前沿到 I_D 出现的这段时间称为开通延迟时间 t_d，之后 I_D 随 U_{GS} 的增大而上升，U_{GS} 从 U_T 上升到使 I_D 达到稳态值所用的时间称为上升时间 t_r。开通时间 $t_{on}=t_d+t_r$。

当信号源脉冲电压 U_P 下降到零时，电容 C_{in} 通过信号源内阻 R_S 和栅极电阻 R_G 开始放电，U_{GS} 按指数规律下降，当下降到 U_{GSP} 时，I_D 才开始减小，这段时间称为延迟关断时间 t_S。此后，C_{in} 继续放电，U_{GS} 从 U_{GSP} 继续下降，I_D 减小，到 $U_P<U_T$ 时沟道消失，I_D 下降到零，这段时间称为下降时间 t_f。关断时间 t_{off} 为延迟关断时间 t_s 和下降时间 t_f 之和，即 $t_{off}=t_s+t_f$。

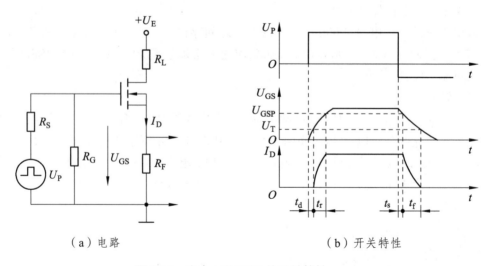

（a）电路　　　　　　　（b）开关特性

图 2-23　电力 MOSFET 的开关特性

由以上分析可知，电力 MOSFET 的开关时间与输入电容 C_{in} 的充放电时间常数有很大的关系。使用时，C_{in} 大小无法改变，但可以改变信号源内阻 R_S 值，从而缩短时间常数，提高开关速度。电力 MOSFET 的工作频率可达 100 kHz 以上。尽管电力 MOSFET 的栅极绝缘，且为电压控制器件，但在开关状态，驱动信号要给 C_{in} 提供充电电流，因此需要驱动电路提供一定的功率。开关频率越高，驱动功率越大。

3. 电力 MOSFET 的主要参数

（1）漏源极击穿电压 BU_{DS}：漏源极击穿电压 BU_{DS} 决定了电力 MOSFET 工作电压的提高，使用时应注意结温的影响，结温每升高 100 ℃，BU_{DS} 约增加 10%。这与双极型器件 SCR 及 GTR 等随结温升高而耐压降低的特性恰好相反。

（2）漏极连续电流 I_D 和漏极峰值电流 I_{DM}：在器件内部温度不超过最高工作温度时，电力 MOSFET 允许通过的最大漏极连续电流和脉冲电流称为漏极连续电流 I_D 和漏极峰值电流 I_{DM}。它们是电力 MOSFET 的电流额定参数。

（3）栅源击穿电压 BU_{GS}：造成栅源极之间绝缘层被击穿的电压称为栅源击穿电压 BU_{GS}。栅源极之间绝缘层很薄，BU_{GS} 大于 20 V 时就会发生绝缘层击穿。

以上三项参数使用时应注意留有充分裕量。

（4）极间电容：电力 MOSFET 极间电容包括 C_{GS}、C_{GD} 和 C_{DS}，其中 C_{GS} 为栅源电容；C_{GD} 是栅漏电容，是由器件结构中的绝缘层形成的；C_{DS} 是漏源电容，是由 PN 结形成的。

器件生产厂家通常给出输入电容 C_{in}、输出电容 C_{out} 和 C_f，它们与各极间电容的关系表达式为

$$C_{in}= C_{GS}+C_{GD} \tag{2-8}$$

$$C_{out}= C_{DS}+C_{CD} \tag{2-9}$$

$$C_f = C_{GD} \tag{2-10}$$

以上电容的数值均与漏极电压 U_{DS} 有关，U_{DS} 越高，极间电容就越小。当 $U_{DS}>25$ V 时，各电容值趋于恒定。

电力 MOSFET 不存在二次击穿问题，这是它的一大优点。漏源间的耐压、漏极最大允许电流和最大耗散功率决定了电力 MOSFET 的安全工作区。在实际使用中，应注意留有适当的裕量。

2.4.4　绝缘栅双极型晶体管

绝缘栅双极型晶体管（Insulated-Gate Bipolar Transistor，IGBT），因为它的等效结构具有晶体管模式，　所以称为绝缘栅双极型晶体管。IGBT 于 1982 年开始研制，1986 年投入生产，是当前发展最快而且最有前途的一种混合型器件。目前 IGBT 的产品已经系列化，其最大电流容量达 1 800 A，最高电压等级达 4 500 V，工作频率达 50 kHz。IGBT 综合了 MOSFET 和 GTR 的优点，其导通电阻是同一耐压规格 MOSFET 的 1/10，开关时间是同容量 GTR 的 1/10。因此，在电机拖动控制、中频电源、各种开关电源以及其他高速低耗的中、小功率领域，IG-BT

大有取代 GTR 和 MOSFET 的趋势。

1. IGBT 的结构和工作原理

IGBT 的结构、电气符号和等效电路如图 2-24 所示。从图中可见，有一个区域是 MOSFET，另一个区域是双极型晶体管，因此，IGBT 相当于一个由 MOSFET 驱动的厚基区 BJT。从图中还可以看到，在集电极和发射极之间存在着一个寄生晶体管。由于 IGBT 的低掺杂 N 漂移区较宽，因此可以阻断很高的反向电压。

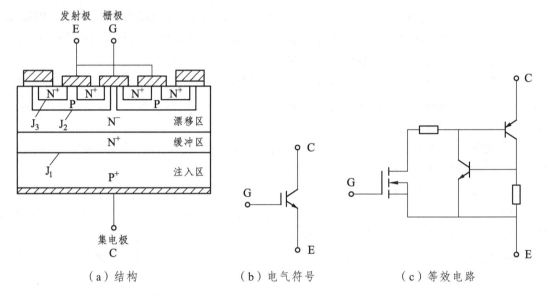

（a）结构　　　　　（b）电气符号　　　　　（c）等效电路

图 2-24　IGBT 的结构、电气符号和等效电路

在实际电路中，IGBT 的集电极 C 接电源正极，发射极 E 接电源负极，它的导通和关断由栅极电压来控制。当栅极加上正电压时，VD-MOSFET 内形成导电沟道，为 PNP 型 GTR 提供基极电流，则 IGBT 导通。此时，从 P^+ 区注入到 N^- 区的空穴（少子）对 N^- 区进行导电调制，减少了 N^- 区的电阻，因此 IGBT 的通态压降低；在栅极上加负电压时 VD-MOSFET 的导电沟道消失，GTR 的基极电流被切断，则 IGBT 被关断。很显然 IGBT 的导通原理和 VD-MOSFET 相同。

2. IGBT 的基本特性与参数

（1）IGBT 的基本特性

ICBT 的伏安特性（又称为静态输出特性），如图 2-25（a）所示，它反映在一定的栅极-发射极电压 U_{GE} 下，器件的输出端电压（集电极-发射极电压）U_{CE} 与电流 I_C 的关系。从图中可知 U_{GE} 越高，I_C 越大。与 GTR 一样，IGBT 的伏安特性也分为截止区、有源放大区、饱和区和击穿区。值得注意的是：IGBT 承受反向电压的能力很差，其反向阻断电压 U_{BM} 只有几十伏，因此，大大限制了它在高反压场合的应用。

图 2-25（b）是 IGBT 的转移特性曲线。当 $U_{GE} > U_{GE(TH)}$ 时，IGBT 开通，其输出电流 I_C 与驱动电压 U_{CE} 基本呈线性关系。当 $U_{GE} < U_{GE(TH)}$ 时，IGBT 关断。在实际应用中 $U_{GE(TH)}$ 随

温度的升高会略有下降，温度每升高 1 ℃，其值下降 5 mV 左右。在 25 ℃时，$U_{GE(TH)}$ 的值一般为 2~6 V。

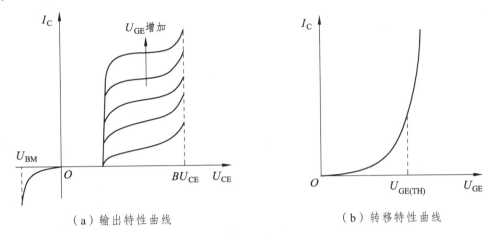

（a）输出特性曲线　　　　　　　　　　（b）转移特性曲线

图 2-25　IGBT 的基本特性曲线

（2）IGBT 的主要参数

①集电极-射极击穿电压 U_{CES}：IGBT 的最高工作电压，它取决于 IGBT 内部的 PNP 晶体管所能承受的击穿电压的大小。击穿电压的大小与结温呈正温度系数关系，其值大约为 0.63 V/℃，即温度每升高 1 ℃，则击穿电压 UCES 随之升高 0.63 V。

②开启电压 $U_{CE(TH)}$：IGBT 导通所需的最低栅极—射极电压，即转移特性与横坐标的交点所对应的电压。$U_{CE(TH)}$ 具有负温度系数，其值大约为 5 mV/℃。在 25 ℃时，IGBT 的开启电压一般为 2~6 V。由于 IGBT 的驱动原理与 MOSFET 基本相同，应将最大栅极—射极电压限制在 20 V 以内，其最佳值一般取 15 V 左右。

③通态压降 $U_{CE(ON)}$：指 IGBT 处于导通状态时集电极—射极间的导通压降。它决定了 IGBT 的通态损耗，此值越小，管子的功率损耗越小。日本富士公司的 IGBT 模块的 $U_{CE(ON)}$ 值约为 2.5~3.5 V。

④集电极连续电流 I_C 和峰值电流 I_{CM}：IGBT 集电极允许流过的最大连续电流 I_C 为 IGBT 的额定电流。I_C 的大小主要取决于结温的限制。为了防止电流锁定效应的出现，IGBT 也规定了最大集电极峰值电流 I_{CM}。一般情况下峰值电流为额定电流的 2 倍左右。

2.4.5　其他新型电力电子器件

1. MOS 控制晶闸管

MOS 控制晶闸管（MOS Controlled Thyristor，MCT）是将 MOSFET 与晶闸管组合而成的复合型器件。MCT 将 MOSFET 的高输入阻抗、低驱动功率、快速的开关过程和晶闸管的高电压大电流、低导通压降等特点结合起来，也是 Bi-MOS 器件的一种。一个 MCT 器件由数以万计的 MCT 元组成，每个元的组成为：一个 PNPN 晶闸管、一个控制该晶闸管开通的 MOSFET 和一个控制该晶闸管关断的 MOSFET。

MCT 具有高电压、大电流、高载流密度、低通态压降的特点。MCT 的通态压降只有 GTR

的 1/3 左右，硅片的单位面积上连续电流密度在各种器件中是最高的。另外，MCT 可承受极高的 di/dt 和 du/dt，使得其保护电路可以得到简化。MCT 的开关速度超过 GTR，开关损耗也较小。总之，MCT 曾一度被认为是一种最有发展前途的电力电子器件。因此，20 世纪 80 年代以来一度成为研究的热点。但经过多年的努力，其关键技术问题仍没有大的突破，电压和电流容量都远未达到预期的数值，未能投入大规模的实际应用，而其竞争对手 IGBT 却得到了快速发展，所以，目前从事 MCT 研究的人员和机构不是很多。

2. 静电感应晶体管

静电感应晶体管（Static Induction Transistor，SIT）诞生于 1970 年，实际上是一种结型场效应晶体管。是将用于信息处理的小功率 SIT 器件的横向导电结构改为垂直导电结构后制成大功率 SIT 器件。SIT 是一种多子导电器件，其工作频率与电力 MOSFET 相当，甚至超过电力 MOSFET，而功率容量也比电力 MOSFET 大，因而适用于高频大功率场合，目前已在雷达通信设备、超声波功率放大、脉冲功率放大和高频感应加热等专业领域获得了较多的应用。

但是 SIT 在栅极不加任何信号时是导通的，在栅极加负偏压时关断，这种器件被称为正常导通型器件，使用不太方便。此外，SIT 通态电阻较大，使得通态损耗较大，因而 SIT 目前还未能在电力电子设备中得到广泛应用。

3. 静电感应晶闸管

静电感应晶闸管（Static Induction Thyristor，SITH）诞生于 1972 年，是在 SIT 的漏极层上附加一层与漏极层导电类型不同的发射极层而得到的。因为其工作原理也与 SIT 类似，门极和阳极电压均能通过电场控制阳极电流，因此 SITH 又被称为场控晶闸管（Field Controlled Thyristor，FCT）。由于比 SIT 多了一个具有少子注入功能的 PN 结，因而 SITH 是两种载流子导电的双极型器件，具有电导调制效应，通态压降低、通流能力强，且很多特性与 GTO 类似，但开关速度比 GTO 高得多，属于大容量的快速器件。

SITH 一般也是正常导通型，但也有正常关断型。此外，其制造工艺比 GTO 复杂得多，电流关断增益较小，因而其应用范围还有待拓展。

4. 集成门极换流晶闸管

集成门极换流晶闸管（Integrated Gate-Commutated Thyristor，IGCT）也称为门极换流晶闸管（Gate-Commutated Thyristor，GCT），是 20 世纪 90 年代后期出现的新型电力电子器件。IGCT 是将 IGBT 与 GTO 的优点结合起来，其容量与 CTO 相当，但开关速度比 GTO 快 10 倍，而且可以省去应用 GTO 时庞大而复杂的缓冲电路。IGCT 的主要缺点是所需的驱动功率仍然很大。目前，IGCT 正在与 IGBT 以及其他新型器件进行激烈竞争，试图最终取代 GTO 在大功率应用场合的地位。

5. 功率模块与功率集成电路

自 20 世纪 80 年代中后期开始，在电力电子器件研制和开发中的一个共同的趋势就是模块化。正如前面提到的，按照典型电力电子电路所需要的拓扑结构，将多个相同的电力电子器件或多个相互配合使用的不同电力电子器件封装在一个模块中，可以缩小装置体积，降低成本，提高可靠性，更重要的是，对于工作频率较高的电路来说，这可以大大减小线路电感，从而降低对保护和缓冲电路的要求。这种模块称为功率模块（Power Module），有时也可按照主要器件的名称命名，如 IGBT 模块（IGBT Module）。

更进一步，如果将电力电子器件与逻辑、控制、保护、传感、检测、自诊断等信息电子电路制作在同一芯片上，则称为功率集成电路（Power Integrated Circuit，PIC）。与功率集成电路类似的还有许多名称，但实际上只是各自有所侧重。高压集成电路（High Voltage IC，HVIC）一般指横向高压器件与逻辑或模拟控制电路的单片集成；智能功率集成电路（Smart Power IC，SPIC）一般指纵向功率器件与逻辑或模拟控制电路的单片集成；而智能功率模块（Intelligent Power Module，IPM）一般是指 IGBT 及其辅助器件与其保护和驱动电路的集成封装模块，也称智能 IGBT（Intelligent IGBT）。

高、低压电路之间的绝缘问题以及器件温升、散热问题的有效处理，一度是功率集成电路的主要技术难点。因此，以前功率集成电路的研究和开发精力主要放在中小功率应用场合，如家用电器、办公设备电源、汽车电器等等。而智能功率模块只将保护和驱动电路与 IGBT 器件封装在一起，在一定程度上回避了这两个问题，因而最近几年获得了迅速发展。目前最新的智能功率模块产品已用于高速子弹列车牵引等大功率场合。功率集成电路实现了电能和信息的集成，成为机电一体化的理想接口，具有广阔的应用前景。

本章小结

电力电子器件是电力电子技术及其电路的基础，广泛应用于电力传动、电源、交通运输和电力系统，特别是在电动汽车、光伏和风能发电等新能源方面得到大量应用并涌现出许多新型电力电子器件，如碳化硅（SiC）等，其性能指标到达了新的高度。

本章重点学习以下内容：

（1）电力电子器件的概念和特征。

（2）不可控器件、半可控器件和全控型器件的基本概念和电力电子电路的基本分析方法。

（3）功率二极管、晶闸管、IGBT 和 PowerMOSFET 器件的基本特性及参数，开关管的开通和关断过程及其时间。

（4）平均值和有效值的意义、计算方法和开关管额定参数的选择。

通过本章的学习，能够利用主要功率开关管的特性和参数分析电力电子电路并能应用于实践中。

思考题与习题

1. 按受控程度，电力电子器件分为哪几类器件？其主要区别是什么？

2. 电力电子器件导通时，流过它的电流大小取决于什么？电力电子器件关断时，承受的电压大小取决于什么？

3. 电力电子器件工作时都有哪些损耗？

4. 为什么电力二极管所承受的电压和电流要比信息电子电路中的二极管大得多？

5. 晶闸管的额定电流是怎么定义的？请推导工频正弦半波电流的有效值与平均值之间的关系。

6. 额定电流为 20 A 的晶闸管能否承受长期通过 30 A 的直流电流而不过热，为什么？

7. 单相正弦交流电源电压有效值为 220 V，晶闸管与阻性负载串联，请计算晶闸管实际承受的最大正反向电压。若考虑晶闸管的安全裕量，其额定电压应如何选择？

8. 晶闸管承受正向阳极，门极开路，它会导通吗？若真的导通了，会是什么原因？

9. 图 2-26 所示阴影部分为晶闸管处于通态区间的电流波形，各波形的电流最大值均为 I_m，请计算各波形的电流平均值 I_d 和电流有效值 I。

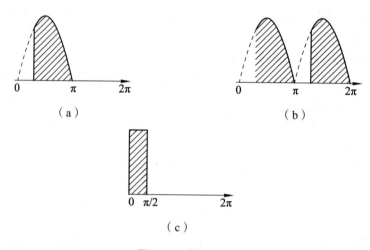

图 2-26　题 9 图

10. 一个 150 A 的晶闸管，分别流过图 2-25（a）、（b）、（c）所示波形的周期性电流，若不考虑安全裕量，各波形所允许的电流平均值是多少？相应的电流最大值是多少？

第 3 章
直流-直流变换电路

知识目标

- 了解 DC-DC 变换器基本电路结构和变流分析。
- 掌握 DC-DC 变换器中电感伏秒平衡特性和电容安秒平衡特性等定量分析手段。
- 了解电流连续与电流断续临界条件。
- 了解多象限 DC-DC 变换器的结构特点和变流分析。
- 掌握隔离型直流变换器分类、工作原理及其特点。
- 掌握电力电子电路仿真实践及电路设计。
- 掌握开关电源的调试方法。

技能目标

- 能够应用定量分析手段分析计算各类 DC-DC 电路，能够设计和仿真各类 DC-DC 电路及其应用。

素养目标

- 培养崇尚劳动、热爱劳动、辛勤劳动、诚实劳动的劳动精神。
- 培养执着专注、精益求精、一丝不苟、追求卓越的工匠精神。
- 培养吃苦耐劳的工作精神和严谨求实的工作态度，积极动手拆装操作。

3.1 直流-直流（DC-DC）变换电路的基本结构

工程中，把开关管按一定规律调制且无变压器隔离的 DC-DC 变换器或输入输出频率相同的 AC-AC 变换器统称为斩波器（Chopper）。直流斩波器多以全控型电力电子器件作为其电路中的开关器件。

3.1.1 直流斩波器的基本工作原理

最基本的直流斩波器电路及其输出电压波形如图 3-1 所示，图 3-1（a）中 S 为接在直流输入电源和负载之间的理想开关，负载为阻性负载 R，E 为输入直流电压，U_o 为输出电压平均值。当开关 S 闭合时，负载 R 上的电压为 E；当开关断开时，负载 R 上的电压为 0 V。

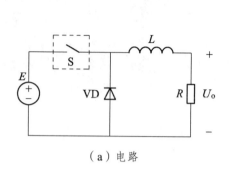

（a）电路

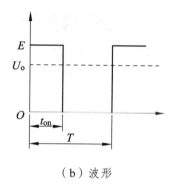

（b）波形

图 3-1　基本斩波电路及工作波形

图 3-1（b）给出输出电压波形，从输出电压波形可以得到斩波电路的输出电压平均值为

$$U_o = \frac{1}{T}\int_0^{t_{on}} E\mathrm{d}t = \frac{t_{on}}{T}E = DE \tag{3-1}$$

式中，时间 $t_{on}+t_{off}=T$ 称为斩波电路的工作周期，开关导通时间 t_{on} 与工作周期 T 之比 $D=t_{on}/T$ 称为占空比，$0 \leqslant D \leqslant 1$。从式（3-1）可知，改变开关 S 的导通时间 t_{on}，就能改变占空比 D，也能调节电路输出电压 U_o 的大小。

由于这种变换是将恒定的直流电压"斩"成断续的方波电压输出，所以将实现这一功能的电路称为直流斩波电路。图 3-2 示意出不同占空比的输出电压波形。

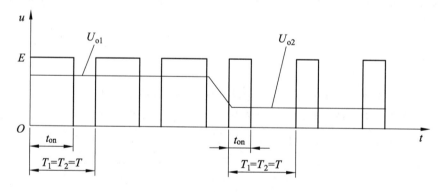

图 3-2·不同占空比输出电压波形

3.1.2　直流斩波电路的基本控制方式

斩波电路的输出电压是斩波导通时间 t_{on} 与斩波工作周期 T 的函数，无论是改变导通时间 t_{on}，还是改变斩波工作周期 T，都能改变斩波输出电压。斩波电路通常有以下三种控制方式：

（1）定频调宽控制法。此法保持斩波工作周期 T 不变，即斩波频率不变，改变导通时间 t_{on}，即改变占空比，即可改变斩波电路的输出电压，此法又称为脉冲宽度调制 PWM。

（2）定宽调频控制法。此法保持导通时间 t_{on} 不变，改变斩波工作周期 T，得到不同的占空比，得到不同的输出电压，即通过调节斩波工作频率控制斩波输出电压。

（3）调频调宽混合调制法。该法通过既改变工作周期又改变导通时间的方法来控制输出电压。

目前普遍采用的是脉冲宽度调制法 PWM，因为调频调制控制方式容易产生谐波干扰且频率变化的谐波滤波器设计比较困难。

3.1.3　直流斩波电路中电感、电容基本特性

分析直流斩波电路定量关系的基础是电感电压的伏秒特性和电容电流的安秒特性。

1. 电感电压的伏秒平衡特性

稳态条件下，理想的开关变换电路中的电感电压必然周期性地重复，由于每个开关周期中电感储能为零，其电压、电流等变量按开关周期严格重复，由此有

$$i_L(t) = i_L(t+T)$$

式中，T 为开关周期。

电感两端电压在一个开关周期内的平均值 U_L 为

$$U_L = \frac{1}{T}\int_0^T u_L(t)\mathrm{d}t = \frac{1}{T}\int_0^T L\frac{\mathrm{d}i_L(t)}{\mathrm{d}t}\mathrm{d}t = \frac{1}{T}\int_0^T L\mathrm{d}i_L(t) = \frac{L}{T}[i_L(T) - i_L(0)] = 0$$

因此，每个开关周期中的电感电压 u_L 的积分恒为零，即

$$U_L = \frac{1}{T}\int_0^T u_L(t)\mathrm{d}t = \frac{1}{T}\left[\int_0^{t_{on}} u_L(t)\mathrm{d}t + \int_{t_{on}}^T u_L(t)\mathrm{d}t\right] = 0$$

即电感电压的伏秒平衡特性为

$$\int_0^{t_{on}} u_L(t)\mathrm{d}t + \int_{t_{on}}^T u_L(t)\mathrm{d}t = 0 \tag{3-2}$$

2. 电容电流的安秒平衡特性

同样地，稳态条件下，理想的开关变换电路中的电容电流必然周期性地重复，由于每个开关周期中电容储能为零，并且电容电流周期性保持不变，因此，每个开关周期中的电容电流 i_C 的积分恒为零，即电容电流的安秒平衡特性为

$$\int_0^{t_{on}} i_C(t)\mathrm{d}t + \int_{t_{on}}^T i_C(t)\mathrm{d}t = 0 \tag{3-3}$$

3.2　非隔离 DC-DC 变换器

3.2.1　降压斩波电路（Buck）

Buck 是一种对输入电压进行降压变换的直流斩波电路，图 3-3（a）所示为其电路原理。图中，V 为主开关器件，常使用全控型器件，如 IGBT 或电力 MOSFET。若使用晶闸管，需

设置使晶闸管关断的电路。电感 L 为储能元件，在 V 断开时，为负载提供电能。VD 为续流二极管，在开关 V 关断时为电感中的电流提供续流通道。电容 C 与负载 R_L 并联，其作用是维持输出电压平稳。图 3-3（b）所示为 V 导通等效电路，图 3-3（c）所示为电感电流连续 V 关断时的等效电路，图 3-3（d）所示为电感电流断续 V 关断时的等效电路。图 3-4 给出了 Buck 变换器的主要工作波形。

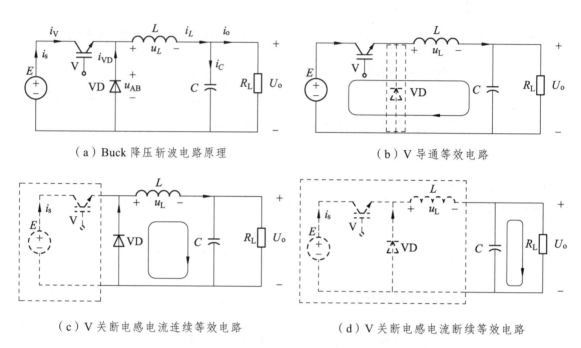

（a）Buck 降压斩波电路原理　　　　　　　　　　　（b）V 导通等效电路

（c）V 关断电感电流连续等效电路　　　　　　　　（d）V 关断电感电流断续等效电路

图 3-3　Buck 降压斩波电路原理及等效电路

电力电子电路的分析基于开关器件处于导通和关断两种开关状态，采取的是分段线性分析方法。依此方法，工作原理分析如下：

（1）t_{on} 时段（$t_0 \sim t_1$）。

此时段等效电路如图 3-3（b）所示。t_0 时刻，开关 V 导通。此时，电感 L 有电流流过并进行储能，电感电压 u_L 为左正右负，阻止电感电流的增加，二极管 VD 反向偏置关断，电感两端呈现正电压 $u_L = E - U_o$，在该电压作用下，电感电流 i_L 线性增长。同时，电源向电容充电，并给负载 R_L 供电，产生负载电流 i_o。到 t_1 时，关断 V，电路进入 t_{off} 时段。

（2）t_{off} 时段（$t_1 \sim t_2$）。

在电感电流连续工作模式下，此时段等效电路如图 3-3（c）所示。开关 V 在 t_1 时刻关断，电感 L 释放能量，电感电压 u_L 为左负右正，阻止电感电流的减小，续流二极管 VD 导通，电感两端呈现负电压 $u_L = -U_o$。电感 L 通过续流二极管 VD 续流，释放能量，并给负载 R 供电，电感电流 i_L 下降。由于电感 L 的电感量较大，电感电流下降缓慢，直到 t_2 时刻，开关 V 再次导通，电感电流转为上升，下一个工作周期开始，电感电流连续。

在电感电流断续的工作模式下，等效电路如图 3-3（d）所示。到时刻 t_2，还没有再次开通 V 之前，电感电流 i_L 就下降到零，二极管 VD 因 i_{VD} 低于其维持电流而截止。$i_L = i_{VD} = 0$ 的状态一直保持到 t_3 时刻，V 再次开通进入下一个工作周期为止。

电路处于稳定状态时，由电感电压的伏秒平衡特性，在一个工作周期内有

$$\int_0^T u_L(t)\mathrm{d}t = \int_0^{t_{on}} u_L(t)\mathrm{d}t + \int_{t_{on}}^T u_L(t)\mathrm{d}t = 0, \quad 即\ (E - U_o)t_{on} - U_o t_{off} = 0$$

式中，E 为输入端电源电压；U_o 为输出电压平均值；t_{on} 为开关 V 导通时间，在此时段 $u_L = E - U_o$；t_{off} 为开关 V 关断时间，在此时段 $u_L = -U_o$；开关周期 $T = t_{on} + t_{off}$。

由此可得

$$\frac{U_o}{E} = \frac{t_{on}}{T} = D \tag{3-4}$$

式中，D 为占空比且 $0 \leqslant D \leqslant 1$，所以称为降压型斩波电路。

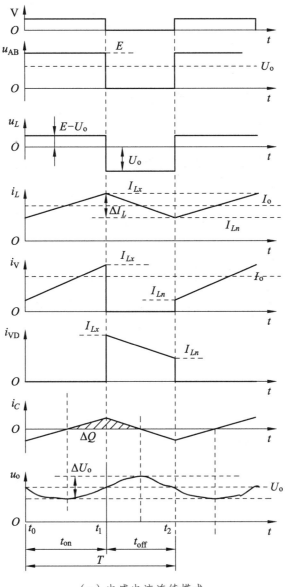

（a）电感电流连续模式

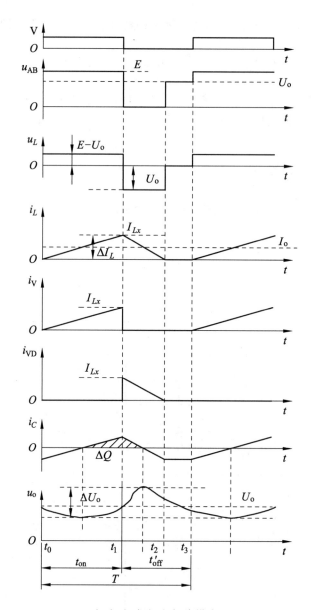

（b）电感电流断续模式

图 3-4　Buck 降压斩波电路工作波形

忽略开关管等的损耗，电路输入功率与输出功率相等则有

$$EI_S = U_o I_o \tag{3-5}$$

式中，I_S 为电源电流平均值；I_o 为负载电流平均值。

结合式（3-4）和式（3-5）有 $EI_S = U_o I_o = EDI_o$
也得

$$\frac{I_o}{I_S} = \frac{1}{D} \tag{3-6}$$

根据电感电流是否连续，该电路存在电感电流连续和电感电流断续两种工作模式。

1. 电感电流连续工作模式

由图 3-4（a）可知，在 t_{on} 时段，i_L 从 I_{Ln} 增长到 I_{Lx}，$u_L = E - U_o$。根据电磁原理，总有 $u_L = L di/dt$。在 t_{on} 时段，就有如下表述

$$u_L = E - U_o = L\frac{I_{Lx} - I_{Ln}}{t_{on}} = L\frac{\Delta I_L}{t_{on}}$$

$$t_{on} = \frac{L\Delta I_L}{E - U_o} \tag{3-7}$$

式中，$\Delta I_L = I_{Lx} - I_{Ln}$ 为在 t_{on} 时段电感电流变化量；U_o 为输出电压平均值。

在 t_{off} 时段，电感电流 i_L 从 I_{Lx} 下降到 I_{Ln}，电感电压，$u_L = -U_o$，则有

$$-U_o = -L\frac{|\Delta I_L|}{t_{off}}$$

$$t_{off} = L\frac{\Delta I_L}{U_o} \tag{3-8}$$

由此有

$$T = t_{on} + t_{off} = \frac{LE\Delta I_L}{U_o(E - U_o)} \tag{3-9}$$

$$\Delta I_L = \frac{TU_o(E - U_o)}{LE} = \frac{TED(1-D)}{L} \tag{3-10}$$

式中，ΔI_L 为电感电流峰-峰值，最大值为 I_{Lx}，最小值为 I_{Ln}。电感电流在一个工作周期内的平均值与负载电流 I_o 相等，即

$$I_o = \frac{I_{Lx} + I_{Ln}}{2} \tag{3-11}$$

根据式（3-10）和式（3-11）结合 $\Delta I_L = I_{Lx} - I_{Ln}$ 有

$$I_{Ln} = I_o - \frac{TDE(1-D)}{2L} \tag{3-12}$$

如果在 t_2 时，t_{off} 时段结束时，电感电流刚好减小到零，这种电路工作模式称为电感电流临界连续模式，此时，$I_{Ln} = 0$。由式（3-12）可得维持电感电流临界连续的电感量 L_c 为

$$L_c \geqslant \frac{TDE(1-D)}{2I_{oC}} \tag{3-13}$$

式中，I_{oC} 为电感电流临界连续时的负载电流平均值为

$$I_{oC} = \frac{ETD(1-D)}{2L_C} \tag{3-14}$$

由此可知，占空比、电感量、开关频率和负载电流平均值是影响电感电流是否连续的四个因数，假定工作频率和占空比固定，负载电流平均值一定情况下，由式（3-13）确定保证电感电流连续的最小电感量；在电感量一定的情况下，由式（3-14）确定保证电感电流连续的最小负载平均电流。低于这些最小值，就进入电感电流断续工作模式。

2. 电感电流断续工作模式

由于电感量过小或负载过轻导致电感电流出现断续，这种工作模式的特点就是 $I_{Ln}=0$。在这种工作模式下，在开关管 S 导通期间，电感电流从零开始增长，其增长值为

$$\Delta I_L = I_{Lx} - I_{Ln} = I_{Lx} = \frac{E - U_o}{L} t_{on} \tag{3-15}$$

在开关管 S 关断后，电感电流线性下降，到 $t_2 = t_{on} + t'_{off}$ 时刻电感电流下降到零，则

$$\Delta i_L = I_{Lx} = \frac{U_o}{L} t'_{off} \tag{3-16}$$

设 $D' = \dfrac{t'_{off}}{T}$，有 $I_2 = \dfrac{U_o}{L} t'_{off} = \dfrac{U_o}{L} T D'$。由式（3-15）和式（3-16）可得

$$D' = \frac{E - U_o}{U_o} D \tag{3-17}$$

在电感电流断续情况下，仍然有电感电流一个工作周期内的平均值与负载电流平均值相等。由图 3-4（b）输入输出能量（面积）相等可得 $I_o T = \dfrac{1}{2} I_{Lx}(t_{on} + t'_{off})$，进一步可得

$$I_o = \frac{1}{2} I_{Lx}(D + D') \tag{3-18}$$

将式（3-16）和式（3-17）代入式（3-18），整理可得

$$U_o = \frac{E^2}{\dfrac{2LI_o}{D^2 T} + E} \tag{3-19}$$

式（3-19）说明，在电感电流断续工作模式，输出电压 U_o 不仅与占空比 D 有关，还与负载电流 I_o 有关，即与负载轻重有关。

3. 电源输出纹波

如图 3-4（b）所示，在电容 C 容量有限情况下，直流输出电压存在纹波分量。假定电感电流 i_L 中所有纹波分量流过电容器，而其平均分量流过负载电阻。当 $I_L < I_o$ 时，电容 C 对负载放电；当 $I_L > I_o$ 时，电容 C 被充电。根据电容安秒特性，在一个工作周期内流过电容电流平均值为零，在半工作周期内电容充电或放电的电荷量可用阴影面积来表示，即

$$\Delta Q = \frac{1}{2}(t_{\text{on}} + t_{\text{off}})\frac{\Delta I_C}{2} = \frac{1}{2}(t_{\text{on}}/2 + t_{\text{off}}/2)\frac{\Delta I_L}{2} = \frac{T\Delta I_L}{8} \tag{3-20}$$

因为纹波电压峰峰值 ΔU_{o} 为 $\Delta U_{\text{o}} = \dfrac{\Delta Q}{C} = \dfrac{T\Delta I_L}{8C}$，结合电感电流连续工作模式下式（3-10）有

$$\Delta U_{\text{o}} = \frac{T\Delta I_L}{8C} = \frac{T^2 U_{\text{o}}(E - U_{\text{o}})}{8LCE} = \frac{T^2 ED(1-D)}{8LC} = \frac{T^2 U_{\text{o}}(1-D)}{8LC} \tag{3-21}$$

所以电感电流连续工作模式下的输出电压纹波为

$$\frac{\Delta U_{\text{o}}}{U_{\text{o}}} = \frac{T^2(1-D)}{8LC} = \frac{(1-D)}{8LCf^2} = \frac{\pi^2}{2}(1-D)\left(\frac{f_{\text{c}}}{f}\right)^2 \tag{3-22}$$

式中，f 为电路开关频率；$f_{\text{c}} = \dfrac{1}{2\pi\sqrt{LC}}$ 为电路固有频率。

由此说明通过选择适当的 L、C 值，当满足 $f_{\text{c}} \ll f$ 时，输出电压纹波很小，且与负载无关。

例 3-1　如图 3-4 所示 Buck 电路中，输入电源为 30 V±10%，输出电压为 18 V，最大输出功率为 150 W，最小输出功率为 10 W，开关管的工作频率为 40 kHz，求

① 占空比的变化范围；

② 保证整个工作周期内电感电流连续的最小电感量；

③ 当输出纹波电压为 100 mV 时的滤波电容大小。

解：

① 由题意有 $E_{\max} = 30(1+10\%) = 33(\text{V})$，$E_{\min} = 30(1-10\%) = 27(\text{V})$，则有

$$D_{\max} = \frac{U_{\text{o}}}{E_{\min}} = 18/27 = 0.67, \quad D_{\min} = \frac{U_{\text{o}}}{E_{\max}} = 18/33 = 0.55$$

即占空比范围为 0.55~0.67。

② 由题意，只要使输出功率为最小 10 W，占空比为最小 $D_{\min} = 0.55$ 时电感电流临界连续，就能保证整个工作周期电感电流连续。由式（3-13）可得电感电流临界连续电感量为

$$L_{\text{c}} \geqslant \frac{TDE(1-D)}{2I_{oC}} = \frac{DE(1-D)}{2fI_{oC}} = \frac{U_{\text{o}}ED(1-D)}{2fU_{\text{o}}I_{oC}}$$

$$= \frac{U_{\text{o}}ED(1-D)}{2fP_{\text{o}}} = \frac{18 \times 30 \times 0.55(1-0.55)}{2 \times 40 \times 10^3 \times 10} = 167.1(\mu\text{H})$$

③ 由式（3-21）可得纹波电压对应最小占空比的电容值为

$$C \geqslant \frac{U_{\text{o}}(1-D)}{8f^2 L\Delta U_{\text{o}}} = \frac{18(1-0.55)}{8 \times (40 \times 10^3)^2 \times 167.1 \times 10^{-6} \times 0.1} = 33.8(\mu\text{F})$$

实际中，按电容产品规格，电容值可取 47 μF。

3.2.2 升压斩波电路（Boost）

直流输出电压的平均值高于输入电压平均值的斩波变换电路称为升压斩波电路，又称为 Boost 电路。图 3-5（a）所示为 Boost 电路结构，由图可知，Boost 升压斩波电路与 Buck 降压斩波电路在结构上的开关管 V、二极管 VD 和电感 L 有对偶性，电感 L 在输入端，是储能升压电感。图 3-5（b）所示为 V 导通等效电路，图 3-5（c）所示为电感电流连续 V 关断时的等效电路，图 3-5（d）所示为电感电流断续 V 关断时的等效电路。图 3-6 给出了 Boost 变换器的主要工作波形。

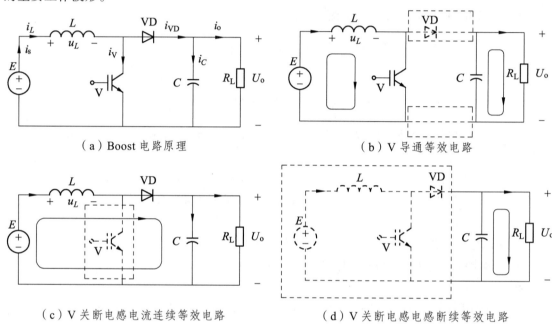

（a）Boost 电路原理　　　　　　　　　（b）V 导通等效电路

（c）V 关断电感电流连续等效电路　　　　（d）V 关断电感电感断续等效电路

图 3-5　Boost 升压斩波电路原理及等效电路

Boost 的工作过程如下：

（1）t_{on} 时段（$t_0 \sim t_1$）。

此时段的等效电路如图 3-5（b）所示。在 t_0 时刻，开关管 V 导通，二极管反向偏置而截止，电源向电感 L 提供能量，电感储能，电感电压为正，即左正右负，$u_L = E$，电感电流逐渐增大到 t_1 时刻开关管 V 关断时的最大值 I_{Lx}，同时，电容 C 向负载 R_L 提供能量。

（2）t_{off} 时段（$t_1 \sim t_2$）。

此时段的等效电路如图 3-5（c）所示。在 t_1 时刻，开关管 V 关断。由于电感电流不能突变，在电感中将产生感应电动势阻止电感电流 i_L 的减小，该感应电动势表现为电感电压左负右正，二极管 VD 导通，电感中存储的能量通过二极管 VD 向电容充电，也向负载释放存储的能量。该时段，电感电流 i_L 从 I_{Lx} 线性减小到 I_{Ln}。该时段，回路电压方程为

$$E - u_L - U_o = 0，则 u_L = E - U_o$$

根据式（3-2）电感伏秒特性有

$$\int_0^{t_{on}} u_L(t)\mathrm{d}t + \int_{t_{on}}^{T} u_L(t)\mathrm{d}t = 0$$

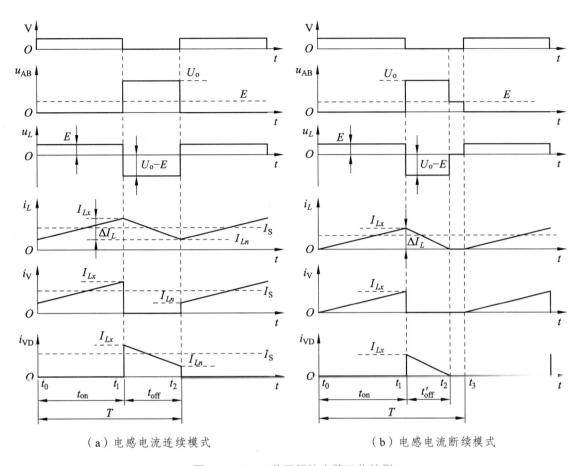

（a）电感电流连续模式　　　　　　　　（b）电感电流断续模式

图 3-6　Boost 升压斩波电路工作波形

则有

$$Et_{\text{on}} + (E - U_{\text{o}})t_{\text{off}} = Et_{\text{on}} - (U_{\text{o}} - E)t_{\text{off}} = 0 \tag{3-23}$$

进一步有升压斩波电路输出电压与输入电压之间的关系为

$$U_{\text{o}} = \frac{t_{\text{on}} + t_{\text{off}}}{t_{\text{off}}} E = \frac{T}{t_{\text{off}}} E = \frac{1}{1 - D} E \tag{3-24}$$

由于占空比 D 的取值范围为 0~1，根据公式（3-24）有负载上的输出电压 U_{o} 将高于电路输入电压 E，所以将该变换电路称为升压斩波电路。如果 D 趋向与 1，即占空比很大时，有输出电压 $U_{\text{o}} \to \infty$，这是因为此时电感中存储能量时间长，存储的能量很多，释放能量的时间短，释放的能量少造成的。应该尽量避免这种情况的出现。

设定升压比 $\beta = \dfrac{t_{\text{off}}}{T}$，则有 $D + \beta = \dfrac{t_{\text{on}}}{T} + \dfrac{t_{\text{off}}}{T} = 1$。也有

$$U_{\text{o}} = \frac{1}{\beta} E = \frac{1}{1 - D} E \tag{3-25}$$

忽略开关管等的开关损耗，在理想状态下，电路的输出功率等于输入功率，即

$$U_{\text{o}} I_{\text{o}} = E I_{\text{S}}$$

$$I_o = \frac{U_o}{R} = \frac{E}{\beta R} \tag{3-26}$$

结合式（3-25）得电源输出电流 I_s 和负载电流 I_o 的关系式为

$$I_s = \frac{I_o}{1-D} = \frac{U_o}{E} I_o = \frac{E}{\beta^2 R} \tag{3-27}$$

根据电感电流是否连续，该电路同样存在电感电流连续和电感电流断续两种工作模式。

1. 电感电流连续工作模式

根据电磁原理，总有 $u_L = L\dfrac{\mathrm{d}i}{\mathrm{d}t}$。

在 t_{on} 时段，有

$$t_{on} = \frac{L}{U_L} \Delta I_L = \frac{L}{E} \Delta I_L \tag{3-28}$$

在 t_{off} 时段，有

$$t_{off} = \frac{L}{U_o - E} \Delta I_L \tag{3-29}$$

一个工作周期有

$$T = t_{on} + t_{off} = \frac{L}{E} \Delta I_L + \frac{L}{U_o - E} \Delta I_L = \frac{LU_o}{E(U_o - E)} \Delta I_L \tag{3-30}$$

结合式（3-24），进一步有

$$\Delta I_L = \frac{E(U_o - E)}{fLU_o} = \frac{ED}{fL} \tag{3-31}$$

式中，$\Delta I_L = I_{Lx} - I_{Ln}$ 为电感电流峰峰值。

电感电流平均值与输出电流平均值总是相等的，则有

$$I_o = \frac{I_{Lx} + I_{Ln}}{2} = \frac{\Delta I_L + 2I_{Ln}}{2} \rightarrow I_{Ln} = I_o - \frac{\Delta I_L}{2} = I_o - \frac{DE}{2fL} \tag{3-32}$$

当电感电流处于临界连续时，$I_{Ln} = 0$，则有电感电流临界连续的最小电感量 L 为

$$L_C \geqslant \frac{DE}{2fI_{oC}} \tag{3-33}$$

电感电流临界连续时的负载电流平均值 I_{oC} 为

$$I_{oC} \geqslant \frac{DE}{2fL_C} \tag{3-34}$$

由此可知，占空比、输入电压、电感量、开关频率和负载电流平均值是影响电感电流是否连续的五个因数，假定工作频率、占空比和输入电压固定，负载电流平均值一定情况下，由式（3-33）确定保证电感电流连续的最小电感量；在电感量一定的情况下，由式（3-34）确

定保证电感电流连续的最小负载平均电流。低于这些最小值，就进入电感电流断续工作模式。

实际的判断准则为，当实际负载电流 $I_o > I_{oC}$ 时，电感电流连续；当 $I_o = I_{oC}$ 时，电感电流临界连续；当 $I_o < I_{oC}$ 时，电感电流断续。

2. 电感电流断续工作模式

开关管 V 导通时，二极管 VD 反向偏置截止，电感电流从零增长到 I_{Lx}。开关管 V 关断后，二极管 VD 导通，电源和电感共同向负载供电，同时还向电容充电，电感电流从 I_{Lx} 下降到零，二极管 VD 的电流低于其维持电流而自然关断。在接下来的时间里，电感电流 i_L 保持为零，因通道断开，电源也无法向负载供电，负载靠存储在电容的能量维持工作，如图 3-5（d）所示，直到开关管再次被开通，进入下一个工作周期，电感电流又开始从零向 I_{Lx} 增长。

在 t_{on} 时段，有

$$\Delta I_L = I_{Lx} = \frac{E}{L} t_{on} \tag{3-35}$$

在开关管 V 关断后，电感电流开始下降，到 $t_2 = t_{on} + t'_{off}$ 时刻电感电流 i_L 下降到零。
可参考图 3-5（c）所示为电流连续开关管 V 关断时等效电路。
有

$$\Delta I_L = \frac{U_o - E}{L} t'_{off} \tag{3-36}$$

设 $D' = \dfrac{t'_{off}}{T}$，结合式（3-35）和式（3-36）有

$$D' = \frac{E}{U_o - E} D \tag{3-37}$$

对于 Boost 变换电路，升压二极管 VD 的电流 i_{VD} 等于滤波电容电流 i_C 和负载电流 I_o 之和。稳态时，一个开关周期内 i_C 的平均值为零。因此负载电流 I_o 等于电流 i_{VD} 的平均值 I_{VD}。由图 3-6（b）所示有

$$I_o = I_{VD} = \frac{1}{2} I_{Lx} t'_{off} \frac{1}{T} = \frac{1}{2} I_{Lx} D' \tag{3-38}$$

将式（3-35）和式（3-37）代入式（3-38）有

$$U_o = \frac{D^2 T}{2LI_o} E^2 + E \tag{3-39}$$

例 3-2　Boost 变换电路如图 3-5 所示。输入电压为 30 V±10%，输出电压为 48 V，输出功率为 800 W，电路效率为 95%，若电感 L 的等效电阻 $r = 0.06\ \Omega$。求

①最大占空比。

②如果要求输出电压为 100 V，是否可行？为什么？

解：

①据题意，考虑效率 η，输入功率与输出功率的关系为

$$\eta EI_{\mathrm{S}} = P_{\mathrm{o}}$$

由式（3-25）$U_{\mathrm{o}} = \dfrac{1}{1-D}U_{\mathrm{h}} = \dfrac{E-rI_{\mathrm{S}}}{1-D}$ 得

$$D = 1 - \frac{E - rI_{\mathrm{S}}}{U_{\mathrm{o}}} = \frac{U_{\mathrm{o}} - E + r\dfrac{P_{\mathrm{o}}}{\eta E}}{U_{\mathrm{o}}}$$

式中，U_{h} 为考虑电感等效电阻后的输入电压。

当输入电压 E 取最小值时，D 为最大值，即

$$E_{\min} = 30(1 - 10\%) = 27(\mathrm{V})$$

$$D_{\max} = \frac{U_{\mathrm{o}} - E + r\dfrac{P_{\mathrm{o}}}{\eta E}}{U_{\mathrm{o}}} = \frac{48 - 27 + 0.06 \times \dfrac{800}{0.95 \times 27}}{48} = 0.476$$

②如果输出为 100 V，此时的占空比为

$$D_{\max} = \frac{U_{\mathrm{o}} - E + r\dfrac{P_{\mathrm{o}}}{\eta E}}{U_{\mathrm{o}}} = \frac{100 - 27 + 0.06 \times \dfrac{800}{0.95 \times 27}}{100} = 0.749$$

D 值满足 $0 \leqslant D_{\max} < 1$ 的变化范围，说明该电路可以输出 100 V 的电压。

3.2.3　升降压斩波电路（Buck-Boost）

升降压斩波电路又称为 Buck-Boost 变换器，图 3-7（a）所示为 Buck-Boost 斩波电路原理，图 3-7（b）所示为 V 导通等效电路，图 3-7（c）所示为电感电流连续 V 关断时的等效电路，图 3-7（d）所示为电感电流断续 V 关断时的等效电路。图 3-8 给出了 Buck-Boost 变换器的主要工作波形。电路的特点是输出电压 U_{o} 可以大于（升压）输入电压 E，也可以小于（降压）输入电压 E；输出电压与输入电压极性相反，即输入电压极性为上正下负，输出电压的极性为上负下正。

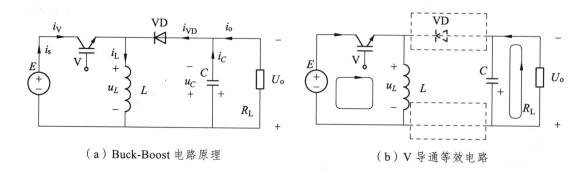

（a）Buck-Boost 电路原理　　　　　　　　　　（b）V 导通等效电路

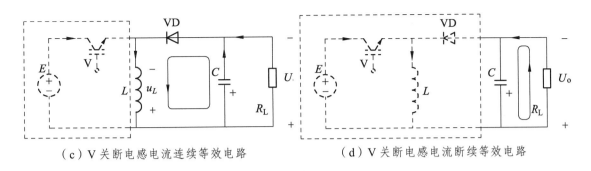

（c）V 关断电感电流连续等效电路　　　　　　（d）V 关断电感电流断续等效电路

图 3-7　Buck-Boost 斩波电路原理及等效电路

稳态时，电路的工作过程为：

（1）t_{on} 时段（$t_0 \sim t_1$）。

此时段的等效电路如图 3-7（b）所示。t_0 时刻，开关管 V 导通。电源对电感 L 供电，电感进行储能，电感电压为上正下负，电感电压 $u_L = E$，电感电流 i_L 从最小值 I_{Ln} 线性增加至最大值 I_{Lx} 到 t_1 时刻开关管 V 关断为止，二极管 VD 偏置负压而截止，同时电容向负载放电供能。

此时有

$$t_{on} - \frac{L}{E}\Delta I_L \qquad\qquad (3\text{-}40)$$

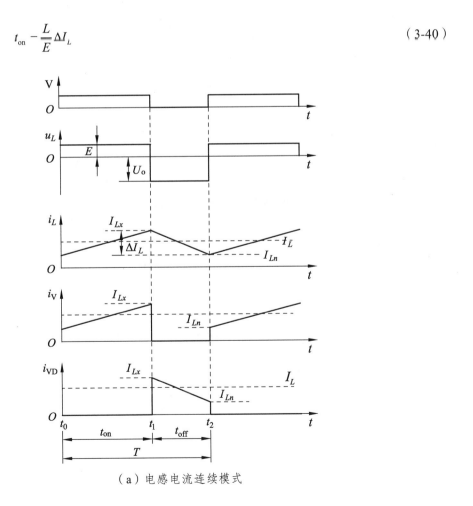

（a）电感电流连续模式

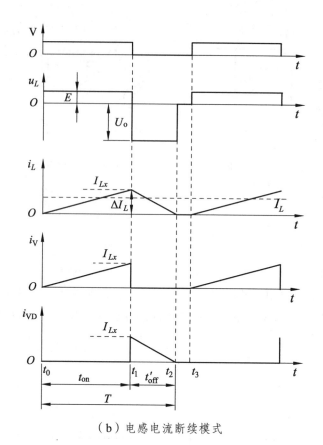

（b）电感电流断续模式

图 3-8　Buck-Boost 变换电路工作波形

（2）t_{off} 时段（$t_1 \sim t_2$）。

此时段的等效电路如图 3-7（c）所示。在 t_1 时刻，开关管 V 关断，阻止电流变化的电感感应电动势使电感电压为负，即电感电压为上负下正，当感应电动势大小高于输出电压时，二极管正向偏置而导通。此时储能的电感开始相电容 C 和负载 R_L 放电释放电能，电感电压 $u_L = -U_o$，电感电流 i_L 从最大值 I_{Lx} 线性下降至最小值 I_{Ln} 到 t_2 时刻开关管 V 再次导通进入下一个开关周期为止。

此时段有

$$t_{\text{off}} = -\frac{L}{U_o}\Delta I_L \tag{3-41}$$

根据式（3-2）所示的电感的伏秒特性，一个工作周期内的，电感电压平均值为零，即

$$\int_0^T u_L(t)\mathrm{d}t = \int_0^{t_{\text{on}}} u_L(t)\mathrm{d}t + \int_{t_{\text{on}}}^T u_L(t)\mathrm{d}t = Et_{\text{on}} + (-U_o)t_{\text{off}} = 0$$

$$U_o = -\frac{t_{\text{on}}}{t_{\text{off}}}E = -\frac{t_{\text{on}}}{T - t_{\text{on}}}E = -\frac{D}{1-D}E \tag{3-42}$$

由式（3-42）可知，改变占空比 D 可以改变电路输出电压大小且输出电压可以低于或高于输入电压。当 $0.5 < D < 1$ 时，输出电压高于输入电压，为升压斩波电路；当 $0 \leqslant D < 0.5$ 时，输

出电压低于输入电压，为降压斩波电路。

根据电感电流是否连续，该电路同样存在电感电流连续和电感电流断续两种工作模式。

1. 电感电流连续

电感电流连续时，Buck-Boost 变换器工作分为两个时段，即上述的 t_{on} 时段和 t_{off} 时段。若在整个工作周期内电感电流 i_L 都不为零，就为电感电流连续工作模式。

由式（3-40）和式（3-41）有

$$T = t_{on} + t_{off} = \frac{L(U_o - E)}{U_o E} \Delta I_L \tag{3-43}$$

$$\Delta I_L = \frac{TU_o E}{L(U_o - E)} = \frac{ED}{fL} \tag{3-44}$$

电感电流临界连续时，$I_{Ln} = 0$，则有

$$I_{Lx} - I_{Ln} = \Delta I_L = I_{Lx} = \frac{ED}{fL_C} = \frac{U_o(1-D)}{fL_C} \tag{3-45}$$

式中，L_C 为电感电流临界连续的临界电感量。

忽略开关管等损耗，可以认为在 t_{on} 时段电感中存储的电能全部在 t_{off} 时段送给了负载，即

$$\frac{1}{2} L_C I_{Lx}^2 f = I_{oC} U_o \tag{3-46}$$

将式（3-45）代入式（3-46）整理得临界电感量 L_C 为

$$L_C \geqslant \frac{D(1-D)}{2fI_{oC}} E \tag{3-47}$$

式中，I_{oC} 为电感电流临界连续时的负载平均电流值。

由式（3-47）可知，临界电感量 L_C 与临界负载平均电流 I_{oC}、输入电压 U_i、开关频率 f 及占空比 D 有关。开关频率 f 越高，负载 I_{oC} 越大，越容易实现电感电流连续状态。

2. 电感电流断续

电感电流断续情况下的工作过程如下：

（1）t_{on} 时段（$t_0 \sim t_1$）。

此时段的等效电路图如图 3-7（c）所示。在 t_0 时刻，开关管 V 导通，二极管 VD 截止，负载由电容放电提供能量，电感储能，电感电流 i_L 从零开始上升至 I_{Lx} 到时刻 t_1 开关管 V 关断为止，电感电压 $u_L = E$，有

$$\Delta i_L = I_{Lx} = \frac{E}{L} t_{on} \tag{3-48}$$

（2）t_{off} 时段（$t_1 \sim t_3$）。

此时段的等效电路图如图 3-7（c）所示。在 t_1 时刻，开关管 V 关断，二极管 VD 导通，

电感释放电能给负载并对电容充电，电感电流 i_L 从 I_{Lx} 线性下降至零，电感电压 $u_L = -U_o$，电感电流下降到零的时刻为 $t_2 = t_{on} + t'_{off}$。此后，二极管 VD 因流过的电流低于其维持电流而自然关断，如图 3-7（d）所示。该时段，开关管 V 和二极管 VD 均截止，电感电流 i_L 和电感电压 u_L 一直保持为零直到 t_3 时刻开关管 V 再次被开通进入下一个工作周期为止。

此时段有

$$\Delta i_L = -\frac{U_o}{L} t'_{off} \tag{3-49}$$

设 $D' = \dfrac{t'_{off}}{T}$，由式（3-48）和式（3-49）有

$$U_o = -\frac{D}{D'} E \tag{3-50}$$

$$I_o = \frac{D'}{D} I_i \tag{3-51}$$

3.2.3　Cuk 变换电路

前述的几种斩波变换电路都存在输出端和输入端含有较大的纹波，尤其是在电流断续的情况下，电路输入输出端的电流是脉动的，这说明信号中含有大量的谐波。谐波降低电路效率，大电流的高次谐波还会产生辐射，干扰周围的电子设备，使其不能正常工作。为此，库克先生发明了一种克服上述缺点的 Cuk 变换电路，又称为库克变换电路。

前面介绍了 Buck-Boost 降升压变换电路，Cuk 变换电路受此启发，在其基础上构造出 Boost-Buck 升降压变换，实际就是把 Boost 和 Buck 前后交换了位置，同时，其输入回路和输出回路均设有电感，有效降低了电流脉动。其拓扑结构如图 3-9（a）所示，

图 3-9（b）所示为 V 导通等效电路，图 3-9（c）所示为二极管电流连续 V 关断时的等效电路，图 3-9（d）所示为二极管电流断续 V 关断时的等效电路。图 3-10 给出了 Cuk 变换器的主要工作波形。

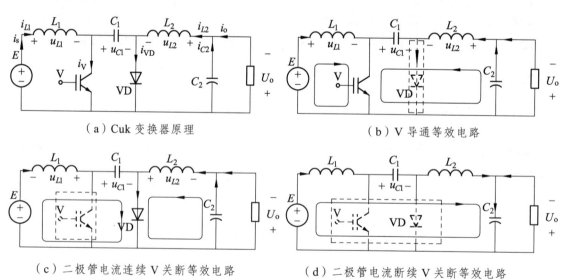

（a）Cuk 变换器原理　　　　　　　　　　（b）V 导通等效电路

（c）二极管电流连续 V 关断等效电路　　　（d）二极管电流断续 V 关断等效电路

图 3-9　Cuk 变换原理及其等效电路

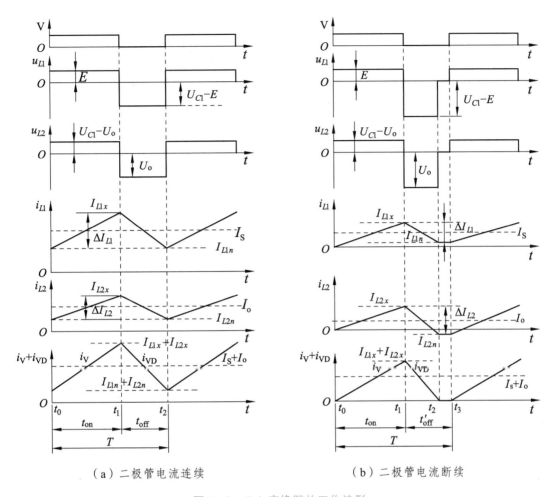

图 3-10 Cuk 变换器的工作波形

　　如图 3-9（a）所示，V 为主开关管，L_1 和 L_2 为储能电感，VD 为快恢复二极管，C_1 为传送能量的耦合电容，C_2 为滤波电容。这种电路的主要特点是电路输入输出端均设有电感，正是因为这两个储能电流滤波电感，降低了输入输出电流纹波，输出电压平稳，降低了对外部滤波器的要求。另外，与 Buck-Boost 变换电路一样，其输出电压极性与输入电压极性相反。

　　Cuk 变换电路也存在电流连续和断续两种工作模式，但这里的电流不是指的电感电流，而是流过二极管 VD 的电流。

　　如同前述变换电路的分析方法一样，主要内容和步骤归纳如下：

　　①给出主开关导通和关断工况下的等效电路，求出相关电感两端的电感电压表达式或者电容两端的电容电流表达式；

　　②利用电感的伏秒平衡特性或电容安秒平衡特性，列出相等的开关管导通时段正伏秒面积和开关管关断时段负伏秒面积；

　　③推导出与占空比、工作周期、输入电压、电感电容等相关的输出电压表达式；

　　④利用输入功率与输出功率接近相等的能量守恒定律，得到输出电流表达式等。

　　照此分析 Cuk 变换电路工作原理：

（1） t_{on} 时段（ $t_0 \sim t_1$ ）。

如图 3-9（b）所示为 t_{on} 时段等效电路。在 t_0 时刻，开关管 V 导通，输入电源 E 向电感 L_1 输送电能，电感 L_1 两端电压为 E，极性为左正右负，电感 L_1 电流 i_{L1} 线性上升直至最大值 I_{L1x} 到时刻 t_1 开关管 V 关断为止；电容 C_1 上的电压使二极管 VD 反向偏置而截止；同时，在 t_{off} 时段储能在 C_1 中的能量通过开关管 V 向负载和 C_2、L_2 释放，负载得到反极性电压，在此时段，流过开关管 V 的电流为 $i_{L1} + i_{L2}$ ；电感 L_2 两端的电压 $u_{L2} = U_{C1} - U_o$，电感 L_2 的电流也线性上升到 I_{L2x}，如图 3-10（a）所示。

（2） t_{off} 时段（ $t_1 \sim t_3$ ）。

如图 3-9（c）所示为 t_{off} 时段等效电路。在 t_1 时刻，开关管 V 关断，电感 L_1 中的感应电动势 u_{L1} 改变方向，极性为左负右正，当 $E + u_{L1} > u_{C1}$ 后，二极管 VD 正偏导通，电感 L_1 电流 i_{L1} 流经电容 C_1 和二极管 VD，E 与电感 L_1 的感应电动势 $u_{L1} = -L_1 di_{L1}/dt$ 串联相加共同向电容 C_1 充电蓄能；电感 L_2 的电流 i_{L2} 也流经二极管 VD 将 L_2 中的磁能转换成电能向负载释放；此时段，电感 L_1 两端的电压 $u_{L1} = U_{C1} - E$，电感 L_2 两端的电压 $u_{L2} = U_o$。

在 t_{off} 时段，电感 L_1 和电感 L_2 都是释放能量，它们的电流 i_{L1} 和电流 i_{L2} 是线性下降的，如果在开关管再次导通之前的 t_2 时刻，$i_{L1} + i_{L2}$ 就已经下降到零，这时，二极管因其电流低于其维持电流而自然关断并一直保持关断状态至开关管在时刻 t_3 再次导通开启新的工作周期为止，这种工作模式就是 Cuk 变换电路的二极管电流断续工作模式，其等效电路如图 3-9（d）所示，其工作波形如 3-10（b）所示；如果 $i_{L1} + i_{L2}$ 下降到零时刚好开关管导通启动新工作周期，这种工况称为临界二极管电流连续模式；如果 $i_{L1} + i_{L2}$ 还没有下降到零，开关管就导通开启新工作周期时，这种工作模式就是二极管电流连续工作模式，这时两电感电流分别下降到 I_{L1n} 和 I_{L2n}，工作波形如图 3-10（a）所示。

1. 二极管电流连续工作模式

上述可知，在整个工作周期 $T = t_{on} + t_{off}$ 中，电容 C_1 完成能量从电路输入端向电路输出端传递的工作，只要 L_1、L_2 和 C_1 容量足够大，就可以保证输入、输出电流平稳。忽略元件损耗，电容 C_1 上的电压 u_{C1} 基本保持不变，而电感 L_1 和 L_2 上的电压在一个工作周期内的平均值为零。即有如下的伏秒平衡特性关系

电感 L_1 伏秒平衡特性：

$$U_i t_{on} = (U_{C1} - E) t_{off} \tag{3-52}$$

电感 L_2 伏秒平衡特性：

$$(U_{C1} - U_o) t_{on} = U_o t_{off} \tag{3-53}$$

联立解式（3-52）和式（3-53）有

$$\begin{aligned} U_o &= \frac{D}{1-D} E \\ U_{C1} &= E + U_o \end{aligned} \tag{3-54}$$

忽略变换器相关损耗，其输入功率与输出功率相等，即 $EI_s = U_o I_o$，则有

$$\frac{I_\text{S}}{I_\text{o}} = \frac{U_\text{o}}{E} = \frac{D}{1-D} \tag{3-55}$$

根据电容安秒特性，在稳态时，一个工作周期内，电容 C_2 的平均电流为零，则电感 L_2 的平均电流 I_{L2} 与负载平均电流 I_o 相等，即

$$I_{L2} = I_\text{o} \tag{3-56}$$

电感 L_1 的平均电流 I_{L1} 与输入电流平均值 I_S 相等，结合式（3-55）即有

$$I_{L1} = \frac{D}{1-D} I_\text{o} \tag{3-57}$$

2. 二极管电流断续工作模式

由式（3-56）和式（3-57）可知，两只电感电流的平均值与输出电流 I_o 成正比。如图 3-10（a）所示，当 I_o 减小时，电感电流 i_{L1} 和 i_{L2} 的波形也向下移动。当 I_o 减小到某个值时，i_{L2} 的最小值 I_{L2n} 为零，但 i_{L1} 的最小值 I_{L1n} 还未到零，这时流过二极管 VD 的电流 $i_{\text{VD}} = i_{L1} + i_{L2}$ 仍然不为零，电路仍然处于电流连续工作模式。进一步减小 I_o，使 I_{L2n} 为负值，致使 $i_{\text{VD}} = i_{L1} + i_{L2} = 0$ 时，而开关管 V 刚好导通启动下一个工作周期，这时电路就处于临界电流连续工作模式（也归于电流连续工作模式）。i_{L2} 有负值，说明其流向反向了。

若进一步减小 I_o，使 t_{VD} 在再次导通开关管 V 的时刻 t_2 之前减为零，二极管 VD 将因 i_{VD} 小于其维持电流而截止。之后，电感电流 i_{L1} 和 i_{L2} 保持不变，其值分别为 I_{L1n} 和 I_{L2n}。由于使 $i_{\text{VD}} = i_{L1} + i_{L2} = 0$ 的 I_{L1n} 为正，I_{L2n} 为负，但 I_{L1n} 和 I_{L2n} 并不一定为零，所以形成在 E、L_1、C_1、L_2、C_2 和负载之间的环流。

稳态工作时，电感 L_1 的电压平均值为零，电流断续工作模式下有

$$E t_\text{on} = (U_{C1} - E) t'_\text{off} = U_\text{o} D' T \tag{3-58}$$

式中，$U_{C1} = E + U_\text{o}$；t'_off 为二极管从其最大值下降到零的时间，且设 $D' = \dfrac{t'_\text{off}}{T}$，则有

$$\frac{U_\text{o}}{E} = \frac{D}{D'} \tag{3-59}$$

在 t_on 时段，电感电流 i_{L1} 和 i_{L2} 增加量有

$$\begin{aligned} \Delta I_{L1} &= \frac{E}{L_1} t_\text{on} \\[2mm] \Delta I_{L2} &= \frac{E}{L_2} t_\text{on} \end{aligned} \tag{3-60}$$

设电感 L_2 电流有正有负，电感 L_1 电流为正，有 $I_{L1n} = -I_{L2n} = I_{Ln}$

i_{L1} 和 i_{L2} 的平均值分别为 I_{L1} 和 I_{L2} 为

$$\begin{aligned} I_{L1} &= \frac{1}{2} \Delta I_{L1}(D + D') + I_{Ln} = I_\text{S} \\[2mm] I_{L2} &= \frac{1}{2} \Delta I_{L2}(D + D') - I_{Ln} = I_\text{o} \end{aligned} \tag{3-61}$$

忽略变换器相关损耗，其输入功率与输出功率相等，即 $EI_s = U_o I_o$，结合式（3-59）则有

$$I_s = \frac{U_o}{E} I_o = \frac{D}{D'} I_o \qquad (3\text{-}62)$$

将式（3-60）和式（3-62）代入式（3-61）可得

$$I_{Ln} = \frac{DL_1 - D'L_2}{L_1 + L_2} \frac{I_o}{D'} \qquad (3\text{-}63)$$

由式（3-63）可知，当 $DL_1 = D'L_2$ 时，$I_{Ln} = 0$，电流断续时，回路中无环流；$DL_1 > D'L_2$ 时，回路中的环流方向与假设的一致；$DL_1 < D'L_2$ 时，回路中的环流方向与假设的相反。

将式（3-61）上下相加并与式（3-59）、式（3-60）、式（3-62）结合得

$$U_o = \frac{(L_1 + L_2)D^2 T}{2L_1 L_2 I_o} E^2 \qquad (3\text{-}64)$$

由式（3-64）可知，电流断续时，Cuk 变换器的输出电压 U_o 与输入电压 E、占空比 D 和负载电流 I_o 都有关系。

3.2.4 Zeta 变换电路

Buck-Boost 变换器和 Cuk 变换器均可实现升降压功能，但其输出电压极性与输入电压极性相反，而在大部分功率变换场合，都需要输出电压极性与输入电压极性相同，Zeta 变换电路就是完成这种功能而设计的，即 Zeta 变换电路的输出电压极性与输入电压极性相同。它是在 Buck 变换电路基础的进化。

图 3-11（a）给出了 Zeta 变换电路的工作原理，图 3-11（b）所示为 V 导通等效电路，图 3-11（c）所示为二极管电流连续 V 关断时的等效电路，图 3-11（d）所示为二极管电流断续 V 关断时的等效电路。图 3-12 给出了 Zeta 变换器的主要工作波形。

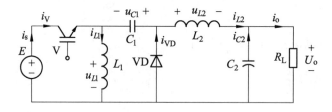

（a）Zeta 变换电路原理

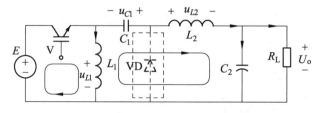

（b）V 导通等效电路

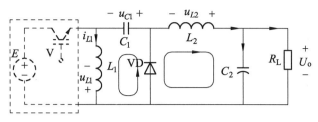

（c）V 关断二极管电流连续等效电路

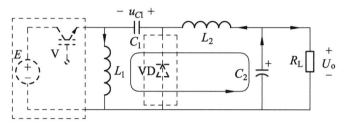

（d）V 关断二极管电流断续等效电路

图 3-11　Zeta 变换电路原理及等效电路

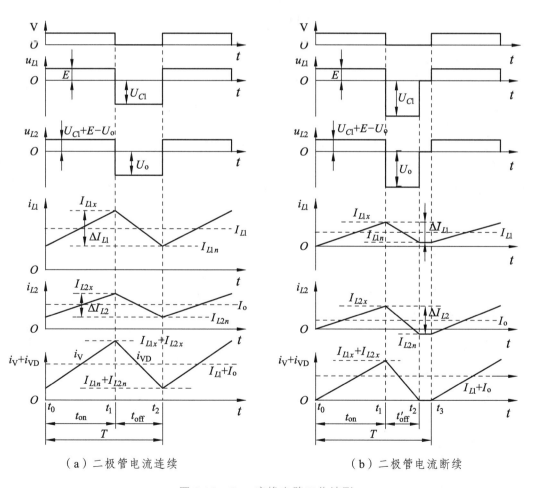

（a）二极管电流连续　　　　　　　　　　　（b）二极管电流断续

图 3-12　Zeta 变换电路工作波形

电路稳态时，在 t_{on} 时段，开关管 V 导通，二极管 VD 反偏截止，电源 E 一方面为电感 L_1 提供电能，电感 L_1 储能；另一方面，电源 E 和电容 C_1 经电感 L_2 向负载供电，同时向电容 C_2 充电，其等效电路如图 3.11（b）所示。在 t_{off} 时段，开关管 V 关断，二极管 VD 导通，一方面 L_1、C_1 和 VD 构成振荡回路，电感 L_1 向电容 C_1 充电，将电感 L_1 在 t_{on} 时段存储的能量转移到电容 C_1；另一方面，经负载 R 和二极管续流，电感 L_2 向负载供电，其等效电路如图 3-11（c）所示。由此可知，Zeta 斩波变换电路的输出电压极性与输入电压极性相同，都是上正下负，同时输入回路和输出回路均设有电感，能够有效对输入输出电流纹波进行平滑滤波，保证输入电流和输出电流的连续性。

根据开关管 V 导通时的等效电路和开关管关断时的等效电路，依据电感伏秒特性，可以得到如下的 Zeta 变换器输出电压与输入电压的关系，即

$$U_o = \frac{D}{1-D}E \qquad\qquad (3-65)$$

3.2.5　Sepic 斩波变换电路

Sepic 斩波变换电路与 Zeta 斩波变换电路一样，也是一种升降压变换电路并且它的输出电压极性与其输入电压极性也是相同的，Sepic 变换电路与 Zeta 变换电路的区别在于 Sepic 变换电路是在 Boost 基础上的进化，而 Zeta 变换电路是在 Buck 基础上的进化。

图 3-13（a）所示为 Sepic 变换电路的工作原理图，图 3-13（b）所示为 V 导通等效电路，图 3-13（c）所示为二极管电流连续 V 关断时的等效电路，图 3-13（d）所示为二极管电流断续 V 关断时的等效电路。图 3-14 给出了 Zeta 变换器的主要工作波形。

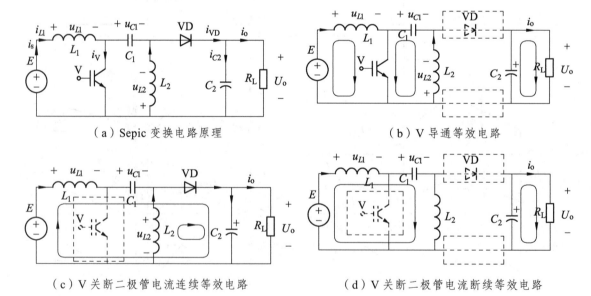

（a）Sepic 变换电路原理　　　　　　　　（b）V 导通等效电路

（c）V 关断二极管电流连续等效电路　　　　（d）V 关断二极管电流断续等效电路

图 3-13　Sepic 变换电路原理及其等效电路

Sepic 变换器的工作过程如下：

（1）t_{on} 时段（$t_0 \sim t_1$）。

开关管 V 导通，电路进入 t_{on} 时段，t_{on} 时段的等效电路如图 3-13（b）所示。此时，电源 E

向电感 L_1 供电，电感 L_1 储能，电容 C_1 电压极性为左正右负，通过开关管 V 向电感 L_2 提供能量，电感 L_2 储能。由于电容 C_2 的存在，使二极管反偏截止。此时，电容 C_2 向负载供电。

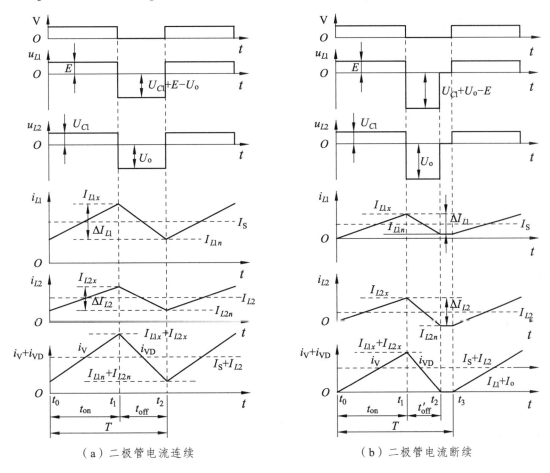

图 3-14　Sepic 变换器主要工作波形

（2）t_{off} 时段（$t_1 \sim t_2$）。

开关管 V 关断，电路进入 t_{off} 时段，t_{off} 时段的等效电路如图 3-13（c）所示。此时，电源 E、电感 L_1 向电容 C_1 充电，使电容 C_1 电压极性为左正右负，以保证电容 C_1 能在 t_{on} 时段向电感 L_2 转移能量；同时，电源 E、电感 L_1 和电感 L_2 构成两个并联支路向负载供电，并向电容 C_2 充电，所以电容 C_2 电压极性为上正下负，输出电压极性与输入电压极性相同，均为上正下负。

由图 3-13 可知，其输入回路存在电感 L_1，该电感使输入电流纹波降低。

与 Cuk 电路分析方法相同，可得 Sepic 变换器输出电压与输入电压的关系如下：

$$U_o = \frac{D}{1-D}E \qquad\qquad (3\text{-}66)$$

本章节分析了六种非隔离斩波变换电路，图 3-15 给出了六种斩波变换器的拓扑结构，通过该图，可以全面理解六种斩波电路的异同和特点。表 3-1 给出了六种非隔离斩波变换器的对比。

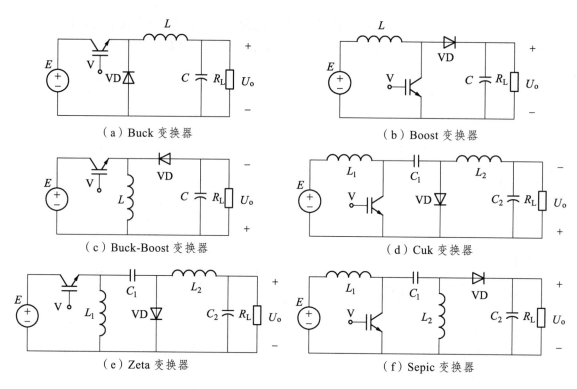

图 3-15　六种非隔离型斩波变换器的电路拓扑结构

表 3-1　六种非隔离斩波变换器电路的比较

电路	特　　点	输出电压公式	应用领域
Buck	只能降压，输出与输入同相，输入电流脉动大，输出电流脉动小，结构简单	$U_o = DE$	直流电机调速和开关电源
Boost	只能升压，输出与输入同相，输入电流脉动小，输出电流脉动大，不能空载运行，结构简单	$U_o = \dfrac{1}{1-D}E$	开关电源和功率因数校正
Buck-Boost	能降压能升压，输出与输入反相，输入、输出电流脉动较大，不能空载运行，结构简单	$U_o = \dfrac{D}{1-D}E$	开关稳压电源
Cuk	能降压能升压，输出与输入反相，输入、输出电流脉动小，不能空载运行，结构复杂	$U_o = \dfrac{D}{1-D}E$	对输入输出纹波要求较高的反激开关稳压电源
Zeta	能降压能升压，输出与输入同相，输入电流脉动大，输出电流脉动小，不能空载运行，结构复杂	$U_o = \dfrac{D}{1-D}E$	对输出纹波要求较高的升降压型开关稳压电源
Sepic	能降压能升压，输出与输入同相，输入电流脉动小，输出电流脉动大，不能空载运行，结构复杂。	$U_o = \dfrac{D}{1-D}E$	升压型功率因数校正电路

3.3　复合型 DC-DC 变换电路

在前面介绍的斩波电路中，能量是单向传输的。在很多应用场合，要求能量传输可双向进行，例如直流电动汽车或电力机车，其内的直流电机经常需要正转和反转，电动运行和回馈制动运行等。这就要求为直流电机供电的直流斩波电路中能量应该双向传输，即电压和电流都能反向。将基本的斩波电路结合起来可以满足这样的功能要求。

将基本的降压型（Buck）变换电路和升压型（Boost）变换电路组合可以构成半桥型（两象限）和全桥型（四象限）DC-DC 变换电路。

3.3.1　两象限 DC-DC 变换电路

直流负载有电阻性负载、电感性负载和反电动势负载三种。当斩波电路的负载为直流电机时，该负载就是反电动势负载。该直流电机既要工作在电动状态又要工作在回馈制动状态，在回馈制动状态时需要将电机的动能转换为电能并回馈给电源。

将降压型直流斩波变换电路（Buck）与升压型直流斩波变换电路（Boost）组合在一起可构成电流可逆的斩波电路，当拖动直流电机时，其电枢电流可正可负，但电压极性保持不变，因此，直流电机工作在第一和第二象限。

由 Buck 和 Boost 组成的两象限 DC-DC 变换电路原理如图 3-16 所示。图中，E_m 为直流电动机的电枢反电动势；L_a、R_a 为电路中的等效电感和电阻，通常电抗 ωL_a 较大，R_a 较小；V_1 和 V_2 为全控型开关器件，E 为直流电源。当 V_2 完全关断，V_1 周期性通断时，V_1 和 V_2 就构成一个 Buck 变换电路。当 V_1 完全关断，V_2 周期性通断时，V_1 和 V_2 就构成一个 Boost 变换电路。

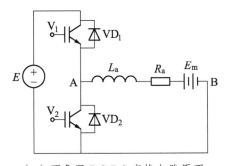

（a）两象限 DC-DC 变换电路原理

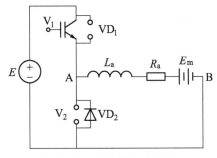

（b）降压型变换电路原理

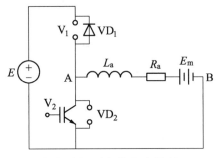

（c）升压型变换电路原理

图 3-16　两象限 DC-DC 变换电路

若 V_2 完全关断，如图 3-16（b）所示，V_1 周期性地通断。V_1 导通时，二极管 VD_2 截止，电路进入 t_{on} 时段，$U_A = E$，只要 $E > E_m$，则 i_{AB} 上升；V_1 关断时，二极管 VD_2 导通，电路进入 t_{off} 时段，经二极管 VD_2 续流，i_{AB} 下降，$U_{AB} = 0$。在一个工作周期，u_{AB} 的平均值 $U_{AB} = DE$，i_{AB} 的平均值 I_{AB} 为正值，即 I_{AB} 从 A 点流入负载。改变占空比 D 的大小就可以改变 U_{AB} 和 I_{AB} 的大小，进而调节直流电机的转速和转矩。由于这时变换电路的输出电压 U_{AB} 为正值，输出电流 I_{AB} 也为正值，所以这时的变换电路工作在第一象限，电机处于正转电动状态。

若 V_1 完全关断，如图 3-16（c）所示，V_2 周期性地通断。V_2 导通时，VD_1 截止，电路进入 t_{on} 时段，$u_{AB} = 0$，i_{AB} 的方向是流向 A 点，其绝对值 $|i_{AB}|$ 上升。V_2 关断时，VD_1 导通，电路进入 t_{off} 时段，$u_{AB} = E$，经二极管 VD_1 续流，i_{AB} 下降。这时，I_{AB} 反向为负值，U_{AB} 仍然为正值，电路工作在第二象限，电机处于正转制动回馈状态。

3.3.2　四象限 DC-DC 变换电路

电流可逆斩波电路可使电动机的电枢电流反向，实现电机的两象限运行。但为电机提供的电压极性是单向的。当要求电机正反转且能电动和制动回馈时，必须把两个可逆斩波电路进一步组合起来，分别向电机提供正向和反向电压，构成桥式可逆斩波电路，使电机能在四象限运行，图 3-17 给出四象限 DC-DC 桥式变换电路。

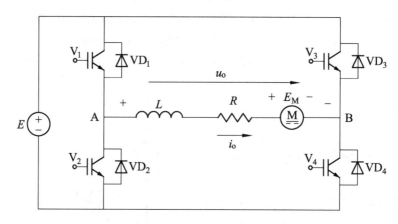

图 3-17　四象限 DC-DC 桥式可逆变换电路

桥式可逆斩波电路的 4 个桥臂相当于 4 个开关，对 4 个开关管的控制可采用以下的斩波控制。

若保持 V_4 恒导通，V_3 截止，使 V_1、V_2 按 PWM 控制方式交替导通，则该电路等效为如图 3-16（a）所示的两象限半桥电流可逆斩波电路，使电机在一、二象限工作，即正转电动状态和正转制动回馈状态。

如果保持 V_2 导通，V_1 关断，使 V_3、V_4 按 PWM 控制方式交替导通，则该电路等效为另一组半桥电流可逆斩波电路，向电动机提供负向电压，其中 V_3 和 VD_3 构成降压斩波电路，使电动机工作在第三象限，即反转电动状态，而 V_4 和 VD_4 构成升压斩波电路，使电动机工作在第四象限，即反转制动回馈状态状态。

3.4 隔离型斩波电路

在基本的 Buck、Boost 及 Cuk 等直流变换电路引入隔离变压器，可以使电源与负载之间实现电气隔离，提高变换器运行的安全可靠性和电磁兼容性。另外，选取合适的变压器变比还可以匹配电源电压 E 与负载所需的输出电压 U_o，即使 E 与 U_o 相差比较大，也能使直流变换器的占空比 D 数值适中而不至于接近 1 或者是零。此外，引入变压器还可能设置多个二次绕组，输出几个电压大小不同的直流电压。

开关管导通时电源将能量直接传送至负载的变换器称为正激变换器；开关管导通时电源将电能转换成磁能存储在电感中，当开关管关断时，再将磁能变为电能传送给负载，这种变换器称为反激变换器。

带隔离变压器的直流变换器主要用于电子仪器的电源部分、电力电子系统或装置的控制电源、计算机电源、通信电源及电力操作电源等领域，带隔离变压器的多管直流变换器常用于大功率场合。

3.4.1 正激式变换器

在 Buck 变换器基础上，引入隔离变压器，就得到的正激式变换器拓扑结构，如图 3-18 所示为带磁芯复位的正激式变换器电路原理及其等效电路。

电路图中标出了相关电压名称及其正负极性和相关电流的名称及其方向，所标极性和方向代表其正的极性和正的方向。等效电路图中标注的是当下实际的极性和方向，如果等效电路图中的极性和方向与电路图的极性和方向相同，则仍然为正，如果与电路图中的极性和方向相反，则变为负。这是标注电压极性和电流方向的规则，在本书是通用的。

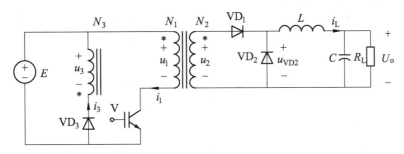

（a）带磁芯复位的正激变换电路原理

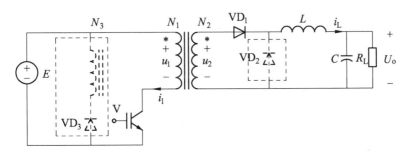

（b）V 导通时的等效电路

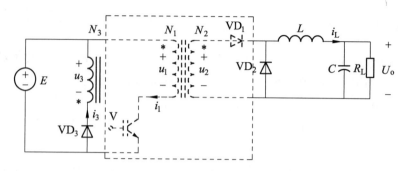

（c）V关断，进行磁复位等效电路

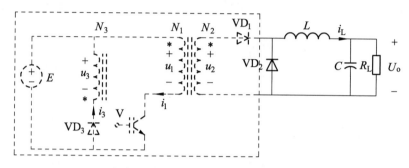

（d）V关断，完成磁复位等效电路

图 3-18　带磁芯复位正激式变换器电路原理及其等效电路

图中 V 为开关管，VD_1 为整流二极管，VD_2、VD_3 是续流二极管，T 为变压器。变压器 T 具有三个绕组，除一般的原边 N_1 和副边 N_2 绕组外，它还有一个磁复位绕组 N_3，由磁复位绕组 N_3 和续流二极管 VD_3 构成磁复位电路，它的任务是在每个开关周期结束前将隔离变压器的磁通减小到零，以防止隔离变压器磁饱和，减小的磁通能量将回馈给输入端电源。

在一个开关周期中，正激式变换器经历了三个时段，如图 3-18（b）、（c）、（d）图给出了三个时段的等效电路。图 3-19 给出了正激变换电路的工作波形。在下面的分析中，假设开关管 V 和二极管均为理想器件，变压器、电感、电容均为理想元件，输出滤波电容 C_2 足够大，其输出电压纹波很小，可以忽略不计。分析中，应将等效电路图和工作波形图结合起来理解。

（1）时段 1（$t_0 \sim t_1$）。

此时段的等效电路如图 3-18（b）所示，为 t_{on} 时段。在 t_0 时刻开关管 V 导通，输入电压 E 加在变压器 T 的原边绕组 N_1 上，有 $u_1 = E$。该电压使变压器磁芯被磁化，其磁通 ϕ 从零开始线性增加。同时变压器的励磁电流 I_m 也从零开始线性增大。副边绕组上的电压为

$$u_2 = \frac{N_2}{N_1} u_1 = \frac{N_2}{N_1} E \tag{3-66}$$

此时段电源给滤波电感 L 充磁并为负载供电，电感 L 储能。此时段的时长为 $t_1 - t_0 = t_{on}$。

（2）时段 2（$t_1 \sim t_2$）。

此时段的等效电路如图 3-18（c）所示，为 t_{off} 时段。在 t_1 时刻，关断开关管 V，变压器磁通复位绕组 N_3 中感应电压的极性为"*"端为"负"，使续流二极管 VD_3 导通。此时，变压器励磁电流转移到磁通复位绕组 N_3，并经过续流二极管 VD_3 回馈由磁能转变而来的电能到输入

电源。复位绕组上的电压 $u_3 = -E$ ，变压器磁芯去磁，其磁通线性减小，复位绕组电流 i_3 也线性减小。在 t_2 时刻，变压器磁通减小到零，复位绕组电流 i_3 也线性减小到零。在此时段，副边绕组电压为

$$u_2 = \frac{N_2}{N_3} u_3 = -\frac{N_2}{N_3} E \tag{3-67}$$

此时段时长为 $t_{rst} = t_2 - t_1$ ，并有

$$t_{off} > t_{rst} = \frac{N_3}{N_1} t_{on} \tag{3-68}$$

开关管 V 处于关断状态的时间必须大于 t_{rst} ，以保证开关管 V 下次导通前复位绕组电流 i_3（含励磁电流）降到零，使变压器磁芯可靠复位。

由于副边绕组电压为负，整流二极管 VD_1 截止，滤波电感电流 i_L 通过续流二极管 VD_2 续流，滤波电流 i_L 线性减小。由于复位绕组 N_3 的存在，开关管 V 关断后承受的最大反偏电压为 $(1 + N_1 / N_3)E$ 。

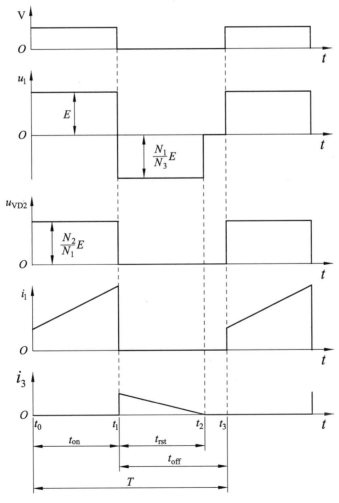

图 3-19　正激变换电路的工作波形

此时段，输出滤波电感 L 通过续流二极管 VD_2 为负载供电，其电流 i_L 不断减小。

（3）静音时段（$t_2 \sim t_3$）。

此时段的等效电路如图 3-18（d）所示。到 t_2 时刻，变压器磁通减小到零并保持为零，复位绕组的电流 i_3 也减小到零并保持为零，变压器各绕组的电压归零，进入变压器无电静音时段，为新的开关周期做好准备。输出滤波电感 L 通过续流二极管 VD_2 为负载供电，在输出滤波电感电流连续的情况下，在开关管 V 导通前电感电流 i_L 应不为零。

3.4.2 反激式变换器

在 Buck-Boost 变换器基础上，引入隔离变压器，就得到的反激式变换器拓扑结构，如图 3-20 所示为典型的反激式变换器电路及其等效电路。图中，V 为开关管，TR 为隔离变压器，VD 为高频二极管，C 为滤波电容，R_L 为负载。

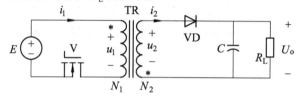

（a）反激变换电路电路原理

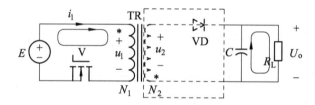

（b）V 导通等效电路

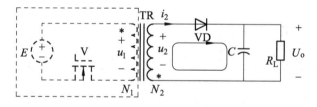

（c）V 关断电流连续等效电路

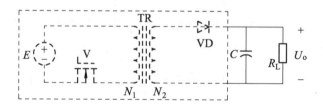

（d）V 关断电流断续等效电路

图 3-20　反激式变换器电路原理及其等效电路

和 Buck-Boost 变换器一样，反激变换器也有电流连续和电流断续两种工作模式，但其含义不同。反激变换器中的隔离变压器实际上是一种耦合电感,对于反激变换器,电流连续是指变压器的原边绕组和副边绕组的合成安匝在一个开关周期内不为零,而电流断续是指合成安匝在开关管 V 关断期间有一段时间为零。图 3-21 给出了反激变换器的工作波形。

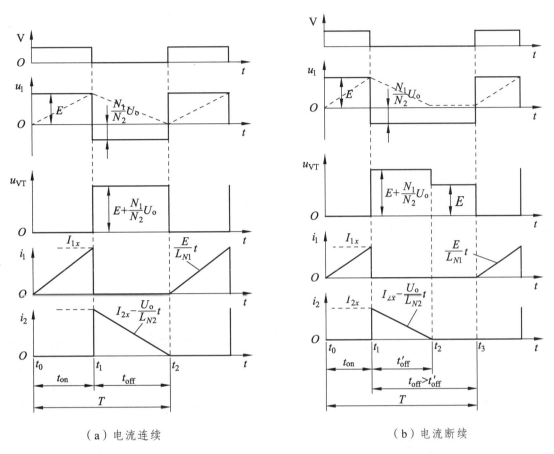

（a）电流连续　　　　　　　　　　　　（b）电流断续

图 3-21　反激变换器工作波形

在一个开关周期中,反激式变换器经历了二个时段,如图 3-20 给出二个时段的等效电路。在下面的分析中,假设开关管 V 和二极管均为理想器件,变压器、电感、电容均为理想元件,输出滤波电容 C_1 足够大,其输出电压纹波很小,可以忽略不计。分析中,应将等效电路和工作波形结合起来理解。

（1）t_{on} 时段（$t_0 \sim t_1$）。

此时段的等效电路如图 3-20（b）所示,在 t_0 时刻,开关管 V 导通,输入电压 E 加在变压器 T 的原边绕组 N_1 上,有 $u_1 = E$。此时副边相当于开路,只有原边工作,这时原边相当于一个电感,其电流 i_1 线性增加直到开关管关断为止。

此时段,变压器磁通也线性增加,时段磁通增加量为

$$\Delta\phi(+) = \frac{E}{N_1}t_{on} \tag{3-69}$$

二极管 VD 反偏截止,电容 C 向负载放电并提供电能。此时段的时长为 $t_1 - t_0 = t_{on}$。

（2）t_{off} 时段（ $t_1 \sim t_2$ ）。

此时段的等效电路如图 3-20（c）所示，在 t_1 时刻，关断开关管 V，变压器原边开路，副边的感应电动势反向，其极性为"*"为负，二极管 VD 导通，存储在变压器中的磁能转换成电能后通过二极管 VD 向电容 C 充电并向负载供电。此时，只有副边工作，副边绕组相当于一个电感，副边绕组上的电压为输出电压 U_o，其电流 i_2 从最大值线性下降，有

$$u_2 = L_{N2} \frac{di_2}{dt} = U_o \qquad (3\text{-}70)$$

此时段，变压器磁芯去磁，磁通线性减小直到开关管再次导通，进入下一个开关周期。在此时段，磁通变化量为

$$\Delta\phi(-) = \frac{U_o}{N_2} t_{off} \qquad (3\text{-}71)$$

稳态下，开关管 V 导通时的变压器磁通的增加量 $\Delta\phi(+)$ 和开关管 V 截止时变压器磁通的减小量 $\Delta\phi(-)$ 相等，由式（3-69）和式（3-71）得到

$$U_o = \frac{N_2}{N_1} \frac{D}{1-D} E \qquad (3\text{-}72)$$

3.4.3 推挽变换器

推挽变换器实际是两个正激变换器组合而成，这两个正激变换器的工作相位相反，在每个工作周期，两个开关管交替导通和关断，在各自导通的半个周期内，分别将能量传递给负载，所以称为推挽变换器。推挽变换器将两个正激变换器的两个变压器共用一副磁芯，可以省去复位绕组，并且变成变压器双向磁化，解决了变压器磁饱和问题。图 3-22 给出推挽变换器电路及其等效电路。

在一个开关周期，推挽变换器有 4 个开关时段，各开关状态的等效电路如图 3-22(b)、(c)、(d) 所示。

在下面的分析中，假设开关管 V 和二极管均为理想器件，变压器、电感、电容均为理想元件，输出滤波电容 C_1 足够大，其输出电压纹波很小，可以忽略不计。分析中，应将等效电路和工作波形结合起来理解。图 3-23 给出了推挽变换器工作波形。

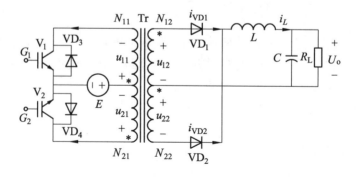

（a）推挽变换电路原理

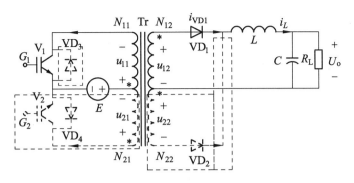

（b）V_1 导通 V_2 关断的等效电路

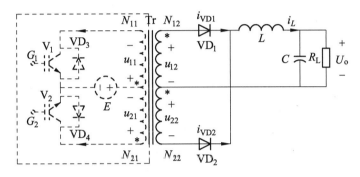

（c）两只开关管均关断的等效电路

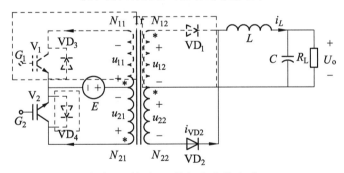

（d）V_2 导通 V_1 关断的等效电路

图 3-22 推挽变换器电路及其等效电路

（1）开关时段 1（$t_0 \sim t_1$）。

开关时段 1 的等效电路如图 3-22（b）所示，这一时段时长为 t_{on1}。在时刻 t_0，开关管 V_1 导通，开关管 V_2 截止，二极管 VD_1 导通，二极管 VD_2 和 VD_3 截止。输入电压 E 加到原边绕组 N_{11} 上，变压器磁芯被磁化，变压器励磁电流 I_m 从 $-I_{mmax}$ 线性增加至 $+I_{mmax}$ 至 V_1 关断为止。此时副边绕组 N_{12} 的电压为

$$u_{12} = \frac{N_{12}}{N_{11}} E = \frac{E}{K} \tag{3-73}$$

式中，$K = \dfrac{N_{11}}{N_{12}}$ 称为原副边绕组匝比。

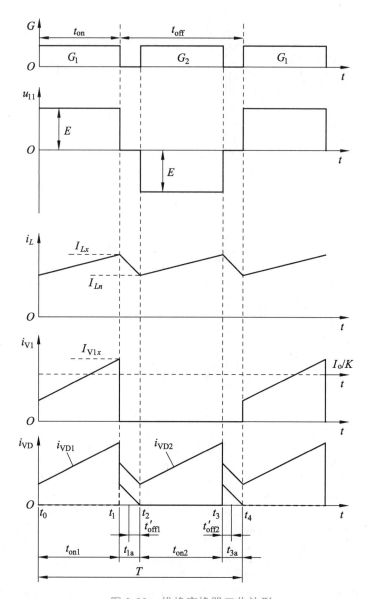

图 3-23　推挽变换器工作波形

（2）开关时段 2（ $t_1 \sim t_2$ ）。

开关时段 2 的等效电路如图 3-22（c）所示，这个时段包括了剩余磁能释放时长 t'_{off1} 。在时刻 t_1 ，开关管 V_1 截止，电路首先进入剩余磁能释放子时段（时长 t'_{off1} ），二极管 VD_2 和 VD_3 导通用作剩余磁能的释放通道，剩余磁能释放完毕后，VD_3 因流过电流低于其维持电流而截止，同时 VD_1 导通。滤波电感电流 i_L 经二极管 VD_2 和 VD_1 向负载释放能量，加在滤波电感上的电压为 $-U_o$ ，滤波电感电流 i_L 线性下降。

（3）开关时段 3（ $t_2 \sim t_3$ ）。

开关时段 3 的等效电路如图 3-22（d）所示，在时刻 t_2 ，开关管 V_2 导通，工作情况与开关时段 1 类似，参照上述。

（4）开关时段 4（$t_3 \sim t_4$）。

开关时段 4 的等效电路如图 3-22（c）所示，这个时段包括了剩余磁能释放时长 t'_{off2}。在时刻 t_3，开关管 V_2 截止，电路首先进入剩余磁能释放子时段（时长 t'_{off2}），二极管 VD_1 和 VD_4 导通用作剩余磁能的释放通道，剩余磁能释放完毕后，VD_4 因流过电流低于其维持电流而截止，同时 VD_2 导通。滤波电感电路 i_L 经二极管 VD_1 和 VD_2 向负载释放能量，加在滤波电感上的电压为 $-U_o$，滤波电感电流 i_L 线性下降。

在滤波电感 L 的电流连续时，输出电压为

$$U_o = \frac{N_2}{N_1} \frac{2t_{\text{on}}}{T} E \qquad (3\text{-}74)$$

式中，$T = t_{\text{on}} + t_{\text{off}}$ 为工作周期；t_{on} 为一个开关管导通时间；占空比 $D = \dfrac{t_{\text{on}}}{T}$

在滤波电感电流断续时，输出电压 U_o 将高于电流连续时的计算值，并随负载减小而升高，在空载时的极限情况有

$$U_o = \frac{N_2}{N_1} E \qquad (3\text{-}75)$$

推挽变换电路的输入电源电压直接加在高频变压器 T 上，只用两个开关管就能获得较大的输出功率，两个开关管的射极相连，两组基极驱动电路无需彼此绝缘，驱动电路比较简单。

3.4.4　半桥变换器

如果将两个单管正激变换器在输入侧串联，在变压器副边整流后并联在一起共用输出电感电容滤波器就成了半桥变换器。半桥变换器两个单管正激变换器交错控制，变压器共用一副磁芯实现正反双向磁化，解决磁饱和问题，省去磁化复位绕组，并且相对于推挽变换器，半桥变换器的开关管电压应力降低了一半。如图 3-24 所示为半桥变换电路原理及其等效电路。半桥变换电路由开关管 V_1 和 V_2，二极管 $VD_1 \sim VD_4$，输入电容 C_{d1} 和 C_{d2} 和高频变压器等组成。如图 3-25 所示为半桥变换器工作波形。

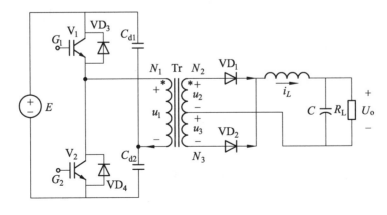

（a）半桥变换电路原理

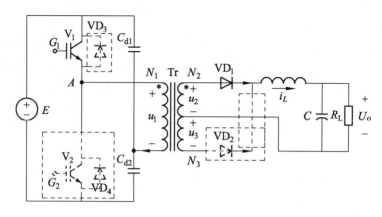

（b）V₁导通 V₂关断的等效电路

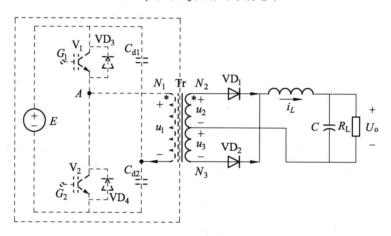

（c）两只开关管均关断的等效电路

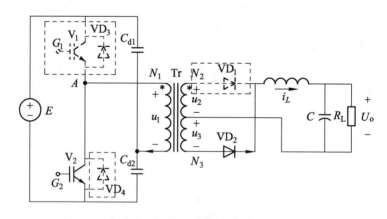

（d）V₂导通 V₁关断的等效电路

图 3-24　半桥变换电路原理及其等效电路

　　在一个开关周期中，半桥变换器有四种开关时段，电感 L 电流连续时的工作波形如图 3-25 所示。在下面的分析中，假设开关管 V 和二极管为理想器件，变压器、电感、电容均为理想元件，分压电容 C_{d1} 和 C_{d2} 足够大且相等，即 $C_{d1} = C_{d2} = C$，其电压均分输入电压，即 $U_{Cd1} = U_{Cd2} = E/2$，输出滤波电容足够大，输出电压纹波很小，可以忽略不计。分析中，应将等效电路和工作波形结合起来理解。半桥电路在不同开关时段下的等效电路如图 3-24 所示。

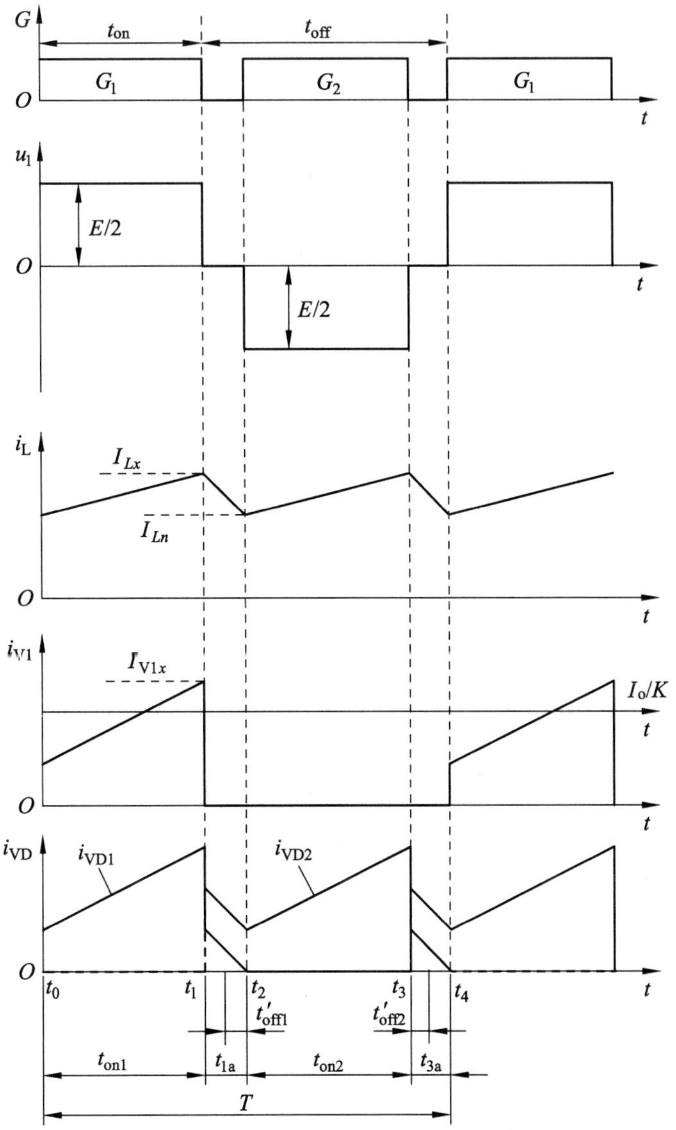

图 3-25　半桥变换器工作波形

（1）开关时段 1（$t_0 \sim t_1$）。

开关时段 1 的等效电路如图 3-24（b）所示。在时刻 t_0，开关管 V_1 导通，开关管 V_2 截止，二极管 VD_1 导通，二极管 VD_2 和 VD_3 截止。输入电压 E 加到原边绕组 N_1 上，变压器磁芯被磁化。此时副边绕组 N_2 的电压为

$$u_2 = \frac{N_2}{N_1}\frac{E}{2} = \frac{E}{2K} \tag{3-76}$$

式中，$K = \dfrac{N_1}{N_2}$ 称为原副边绕组匝比。

（2）开关时段 2（ $t_1 \sim t_2$ ）。

开关时段 2 的等效电路如图 3-24（c）所示，在时刻 t_1 ，开关管 V_1 关断，整流二极管 VD_2 和续流二极管 VD_3 导通，首先去除剩余磁能，同时给负载供电。此时，滤波电感电路 i_L 经续流二极管 VD_2 向负载释放能量，加在滤波电感上的电压为 $-U_o$ ，滤波电感电流 i_L 线性下降。

（3）开关时段 3（ $t_2 \sim t_3$ ）。

开关时段 3 的等效电路如图 3-24（d）所示，在时刻 t_2 ，开关管 V_2 导通，工作情况与开关时段 1 类似，参照上述。

（4）开关时段 4（ $t_3 \sim t_4$ ）。

开关时段 4 的等效电路如图 3-24（c）所示，在时刻 t_3 ，开关管 V_2 截止，工作情况与开关时段 2 类似，参照上述。

根据以上分析，开关管 V_1 或 V_2 导通时，滤波电感电流线性上升；两个开关管都截止时滤波电感电流线性下降； A 点的电位在开关管 V_1 和 V_2 交替导通中将在 $E/2$ 的电位上以波幅 $\pm\Delta U$ 上下波动，改变占空比，可以改变变压器副边整流电压平均值，即改变输出电压 U_o ；为了防止两个开关管同时导通形成短路，每个开关管占空比不能大于 50%并留有死区，这个死区就是开关时段 2 和开关时段 4 所占的时间段。

在滤波电感 L 的电流连续时，输出电压为

$$U_o = \frac{N_2}{N_1} \frac{2t_{on}}{T} E \tag{3-77}$$

式中， $T = t_{on} + t_{off}$ 为工作周期； t_{on} 为一个开关管导通时间；占空比 $D = \dfrac{t_{on}}{T}$ 。

在滤波电感电流断续时，输出电压 U_o 将高于电流连续时的计算值，并随负载减小而升高，在空载时的极限情况有

$$U_o = \frac{N_2}{N_1} \frac{E}{2} \tag{3-78}$$

半桥变换电路有以下特点。

（1）在前半个周期内，流过高频变压器的电流与在后半个周期内流过的电流大小相等，方向相反，变压器的磁芯工作在 B-H 磁滞回线的两端，磁心得到充分利用。

（2）在一个开关管导通时，处于截止状态的另一个开关管承受的电压为输入电压。

（3）由于电容 C_{d1} 、 C_{d2} 的充放电作用可以抑制由于开关管 V_1 和 V_2 导通时间长短不同造成的磁心偏磁现象。

（4）施加在高频变压器上的电压只是输入电压的一半，当需要得到与推挽变换器或全桥变换器相同的输出功率，开关管必须流过两倍的电流。半桥变换器是通过降低电压和增大电流来实现大功率输出的。另外，半桥变换器开关管的驱动信号需要彼此绝缘隔离。

3.4.5　全桥变换器

将半桥变换器中的电容 C_{d1} 、 C_{d2} 换成两只开关管，并配上适当的驱动电路，就可组成全桥变换电路，如图 3-26 所示。一组开关管 V_1 和 V_4 同步通断，另一组开关管 V_2 和 V_3 同步通断，

但两组开关管通断互为反相，即某一组导通，另外一组就关断，两组开关管交替通断。

在下面的分析中，假设开关管 V 和二极管均为理想器件，变压器、电感、电容均为理想元件，输出滤波电容足够大，输出电压纹波很小，可以忽略不计。分析中，应将等效电路和工作波形结合起来理解。全桥电路在不同开关模式下的等效电路如图 3-26 所示。

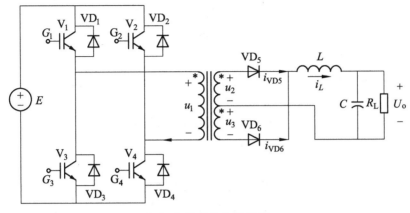

（a）全桥变换电路原理

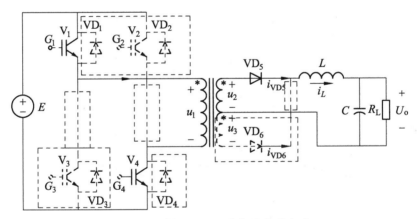

（b）V₁/V₄ 导通 V₂/V₃ 关断的等效电路

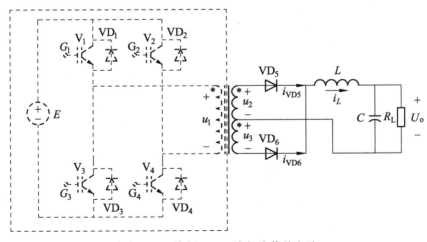

（c）V₁/V₄ 关断 V₂/V₃ 关断的等效电路

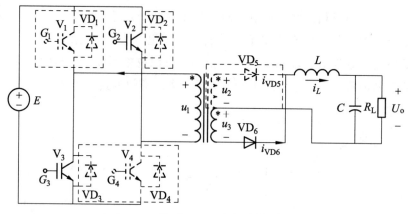

（d）V_2/V_3 导通 V_1/V_4 关断的等效电路

图 3-26　全桥变换电路及其等效电路

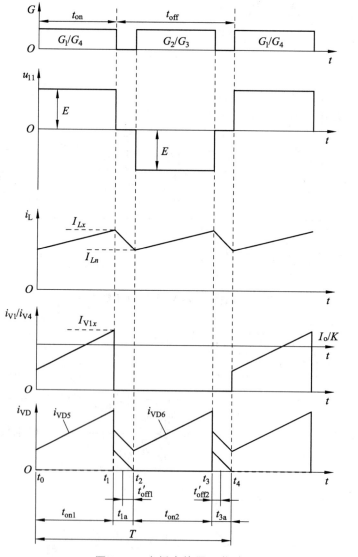

图 3-27　全桥变换器工作波形

（1）开关时段 1（$t_0 \sim t_1$）。

开关时段 1 的等效电路如图 3-26（b）所示。在时刻 t_0，开关管 V_1 和 V_4 导通，开关管 V_2 和 V_3 截止，二极管 VD_5 导通，二极管 VD_6 和反并联二极管 $VD_1 \sim VD_4$ 截止。输入电压 E 加到原边绕组 N_1 上，变压器磁芯被磁化。此时副边绕组 N_2 的电压为

$$u_2 = \frac{N_2}{N_1} U_i = \frac{U_i}{K} \qquad (3\text{-}79)$$

式中，$K = \dfrac{N_1}{N_2}$ 称为原副边绕组匝比。

（2）开关时段 2（$t_1 \sim t_2$）。

开关时段 2 的等效电路如图 3-26（c）所示，在时刻 t_1，四只开关管 $V_1 \sim V_4$ 均关断，整流二极管 VD_6 导通，首先，在 t'_{off} 子时段内释放剩余磁能，释放完毕后，VD_5 导通。VD_5 和 VD_6 为电感 L 向负载提供电能提供通道。此时，加在滤波电感上的电压为 $-U_o$，滤波电感电流 i_L 线性下降。

（3）开关时段 3（$t_2 \sim t_3$）。

开关时段 3 的等效电路如图 3-26（d）所示，在时刻 t_2，开关管 V_2 和 V_3 导通，工作情况与开关时段 1 类似，参照上述。

（4）开关时段 4（$t_3 \sim t_4$）。

开关时段 4 的等效电路如图 3-26（c）所示，在时刻 t_3，四只开关管 $V_1 \sim V_4$ 均关断，工作情况与开关时段 2 类似，参照上述。

为了防止两组开关管同时导通形成短路，每组开关管占空比不能大于 50% 并留有死区，这个死区就是开关时段 2 和开关时段 4 所占的时间段。

在滤波电感 L 的电流连续时，输出电压为

$$U_o = \frac{N_2}{N_1} \frac{2t_{on}}{T} E \qquad (3\text{-}80)$$

式中，$T = t_{on} + t_{off}$ 为工作周期；t_{on} 为一个开关管导通时间；占空比 $D = \dfrac{t_{on}}{T}$。

在滤波电感电流断续时，输出电压 U_o 将高于电流连续时的计算值，并随负载减小而升高，在空载时的极限情况有

$$U_o = \frac{N_2}{N_1} E \qquad (3\text{-}81)$$

需要注意的是，如果两组开关管导通时间不对称，变压器原边交流电源中会含有直流分量，该直流可能造成磁路饱和。全桥电路有关避免电压直流分量的参数，可在一次回路串接电容，阻断直流分量。

3.4.6　隔离式 Buck 类变换器的比较

单管正激变换器、推挽变换器、半桥变换器、全桥变换器等都是在 Buck 变换电路基础上的变形，所以把它们称为 Buck 类变换器。这些电路在开关管电压应力、开关管电流应力、变

压器匝比、整流电压脉动频率、占空比、成本等方面各有优势，表 3-2 列出各种 Buck 类变换电路的特点。

表 3-2　隔离型 Buck 类变换电路特点

隔　离 变换器	开关管 电压应力	开关管 电流应力	变压器 匝比	开关管 数量	副边电压 脉动频率	最　大 占空比
单管正激变换器	$2E$	I_o / K	K	1	f	0.5
推挽变换器	$2E$	$I_o / 2K$	$2K$	2	$2f$	1
半桥变换器	E	I_o / K	K	2	$2f$	1
全桥变换器	E	$I_o / 2K$	$2K$	4	$2f$	1

3.5　DC-DC 变换电路的设计

DC-DC 变换技术的主要应用领域是开关电源，因此本节讲述隔离型直流斩波电路的设计。直流斩波电路的设计主要包括电路形式选择、开关工作频率、功率器件类型及其额定参数的确定、变压器和电感参数计算以及输出滤波器的设计等。

3.5.1　电路形式选择

电路形式的选择主要依据输出功率的大小和输出电压的高低进行选择。如果输出功率较大，宜选择带隔离的全桥变换电路，以提高变换电路运行的安全可靠性和电磁兼容性；如果输出功率较小，宜选择单管或半桥式变换电路；对大功率输出，有时可以选择中、小功率变换电路进行并联供电的方式。

3.5.2　开关工作频率

开关频率越高，所需要的滤波电感、滤波电容和脉冲变压器体积越小，然而，相应的开关器件损耗越大，对开关器件的开关速度要求越高，干扰抑制也越复杂。此外，不同类型的器件有不同适应的频带，通常 IGBT 适应频带在 20~40 kHz，小功率 MOSFET 开关频率在 50 kHz 以上，而功率 MOSFET 的容量不高，目前最高水平在 1 000 V/30 A。因此，开关工作频率应根据输出功率要求和市场器件供应情况等多种因素综合确定。

3.5.3　功率器件选型与额定参数确定

根据输出功率要求与电路开关工作频率，可基本选定功率器件类型。选定器件类型后，就应该根据器件特点、电路形式与输入输出指标确定功率器件的额定参数。

3.5.4　磁性元件设计

磁性元件包括电感、变压器等。磁性元件设计是电路设计的主要内容。

1. 电感设计

直流斩波电路中的电感通常用于直流滤波。电感设计应根据电路工作要求确定流过电感的平均电流及允许的纹波大小，同时还应考虑电感铜损大小。根据电路形式和电流纹波大小可以确定电感量的大小。对电感温升的限制决定允许的电感铜损大小。导线截面积越大，导线电阻越小，铜损也越小。因此，温升和成本决定铜损，铜损决定线圈导线截面积或线圈电流密度的选择范围。

电感平均电流、电感量和线圈电流密度确定后，还应该选择磁芯和计算电感绕组匝数、气隙体积等参数。

2. 变压器设计

本章的变压器是高频变压器，与第 4 章所述的工频变压器选择矽钢片为铁心材料不同，高频变压器铁芯材料一定要选择铁氧体材料。变压器设计包括变比、磁芯材料及磁芯形式、绕组匝数及导线规格等参数的计算和选型。满足所有要求的设计过程是复杂的，这里仅考虑满足以下两条：

（1）变比的确定应使得输入电压降到最低的情况下仍然能得到必要的最大输出电压。

（2）当输入电压和占空比最大时，磁芯不会饱和。对反激变换电路，还应符合提供最大输出功率对一次侧线圈电感量最大值的限制。

设变压器磁芯的最大磁感应强度为 B_m，磁芯截面积为 S，绕线窗口面积为 W。变压器一次侧由方波电压激励，方波频率为 f，一次侧最大电压幅值为 U_{1max}，最小电压幅值为 U_{1min}，最大电流为 I_{1max}，匝数为 N_1，一、二次绕组电流密度为 J，二次绕组最小电压幅值为 U_{2min}，最大电流为 I_{2max}，匝数为 N_2，则变比 K 为

$$K = \frac{N_1}{N_2} = \frac{U_{1min}}{U_{2min}} = \frac{D_{max}U_{1min}}{U_o + U_{XS}} \tag{3-82}$$

一次侧绕组匝数为

$$N_1 = \frac{U_{1max}D_{max}}{4B_m Sf} \tag{3-83}$$

式中，D_{max} 为最大占空比；U_{XS} 为二次侧整流二极管及线路压降之和。

假定窗口面积被充分利用，则有

$$WS = \frac{P}{2kfJB_m}\frac{U_{1max}}{U_{1min}} \tag{3-84}$$

式中，k 为窗口利用系数；P 为变压器最大输出功率。

变压器的设计是：选择或制作磁芯，使其实际窗口面积与磁芯截面积之积略大于式（3-84）给出的计算值，一、二次绕组匝数可由式（3-83）确定，最后应对变压器功耗、温升、励磁电流等进行核算，验证设计是否符合要求。

3.5.5　滤波器参数计算和选择

对直流斩波电路，如果希望负载两端主要为直流分量，尽量少的交流分量，则应在电路输出端与负载之间连接 LC 滤波电路。

根据斩波电路输出端电压中交流分量各次谐波的幅值、、频率的大小及负载端允许的直流电压纹波，计算所需的滤波电路 L、C 参数。

图 3-28 中，u_o 为输出端电压；u_L 为负载端电压；串联滤波电感为 L_o；并联滤波电容为 C_o。当负载为纯电阻 R 时，滤波器传递函数为

$$\frac{u_L}{u_o}(s) = \frac{\dfrac{R\dfrac{1}{sC_o}}{R+\dfrac{1}{sC_o}}}{sL_o+\dfrac{R\dfrac{1}{sC_o}}{R+\dfrac{1}{sC_o}}} = \frac{1}{\dfrac{s^2}{\omega_o^2}+2\delta\dfrac{s}{\omega_o}+1} \tag{3-85}$$

式中，$L_o C_o$ 滤波器的角频率 $\omega_o = \dfrac{1}{\sqrt{L_o C_o}}$；阻尼系数 $\delta = \dfrac{1}{2}\dfrac{\omega_o L_o}{R} = \dfrac{\sqrt{L_o/C_o}}{2R}$。

式（3-85）中 s 用 $j\omega$ 代替有

$$\frac{u_L}{u_o}(j\omega) = \frac{1}{-\dfrac{\omega^2}{\omega_o^2}+2j\delta\dfrac{\omega}{\omega_o}+1} \tag{3-86}$$

假设相对频率为

$$\varepsilon = \frac{\omega}{\omega_o} = \sqrt{\frac{\omega L_o}{1/\omega C_o}} \tag{3-87}$$

则有

$$\frac{u_L}{u_o} = \frac{1}{-\varepsilon^2+2j\delta\varepsilon+1} \tag{3-88}$$

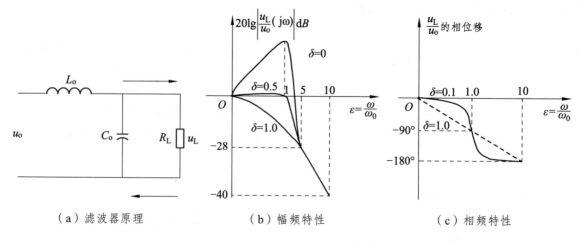

（a）滤波器原理   （b）幅频特性   （c）相频特性

图 3-28　LC 滤波器电路及特性

图 3-28（b）所示为 LC 滤波器的幅频特性，该图是按式（3-88）画出的对数衰减特性曲线，这种 LC 滤波器称为低通滤波器。

设计 LC 滤波器时，应根据输出电压中最低次谐波的频率 ω、输出电压 u_o 的大小负载电压 u_L 的大小，确定滤波器的衰减系数 u_L / u_o，由式（3-87）和式（3-88）确定 LC 滤波器的谐振频率 ω_o，再由 $\omega_o = 1/\sqrt{L_oC_o}$ 确定乘积 L_oC_o。

L_o 和 C_o 的选择还应考虑以下方面的影响：

（1）串联电感 L_o 的基波压降，即负载电流在电感 L_o 上的基波电压使负载基波电压发生的变化。

（2）并联电容 C_o 中的基波电流与负载电流相加改变了直流斩波电路的输出电流。

L_o 取值大，其基波压降也大，对负载稳压不利；C_o 取值大，其吸取的基波电流也大，可能加重直流斩波电路的电流负担。两者应该综合考虑。

3.6　电压反馈控制推挽变换电路仿真

电力电子仿真技术在电力电子技术学习和研究中的作用越来越重要，也有很多电力电子仿真软件得到应用，例如 PSIM、MATLAB、PSpice、Saber 等。其中 PSIM 是面向电力电子领域的轻量型专业仿真软件，具有仿真速度快、用户界面友好、使用简单，占用资源少等特点。PSIM 提供了丰富的电力电子元件模型和一些常用的算法模块，可以积木式快速构建电力电子变换电路系统级仿真模型。下面以电压反馈控制推挽变换电路仿真为例进行说明。

如图 3-29 所示为隔离型推挽 DC-DC 变换主电路，图中，变换电路电源为 100 V，经隔离型推挽电路 DC-DC 变换输出 48 V 电源，变换电路经 LC 滤波后为负载供电。

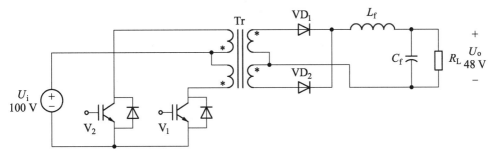

图 3-29　隔离型推挽 DC-DC 变换主电路

仿真的项目：

（1）负载变化对输出电压稳定性的影响。

（2）输入电压变化对输出电压稳定性的影响。

（3）负载变化对输出电压纹波的影响。。

（4）输入电压变化对输出电压纹波的影响。

如图 3-30 所示为隔离型推挽 DC-DC 变换电路仿真模型。由图可知，通过阶跃信号源 VSTEP1 在 0.04 s 时刻将 40 V 电压叠加到输入电源电压上，模仿输入电源电压变化的情景；通过阶跃电源 VSTEP2 在 0.06 s 时刻并联一个电阻到负载上，负载增加一倍，模仿负载变化的情景；根据输入电源电压与输出电源电压的电压值范围选择变压器变比为（1.5~2）：1；输出电压经增益为 0.1 的电压传感器检测后，与电压参考值 4.8 V 进行比较，并经具有消除静差功能的 PI 运算和积分限幅处理后与 50 kHz 的锯齿波比较，最后得到触发开关管 V₁ 和 V₂ 的控制信号，完成推挽变换控制，得到希望的 48 V 电压输出。为了观察运行中各点电量的变化情况，可以设置电压表、电流表等，在仿真观察窗可以观察到这些电压和电流变化曲线。

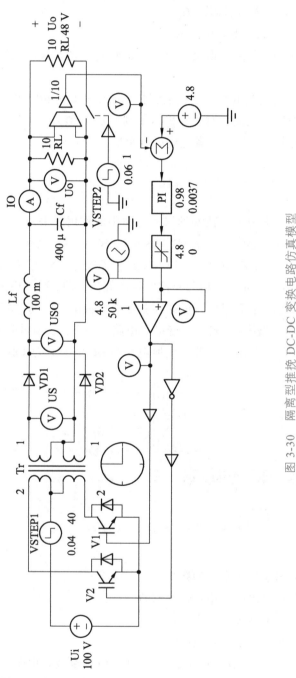

图 3-30　隔离型推挽 DC-DC 变换电路仿真模型

　　如图 3-31 所示为输入电源电压为 100 V，负载为 10 Ω 阻性负载的推挽 DC-DC 变换电路仿真结果。

　　输出电压纹波±2 V，较大。

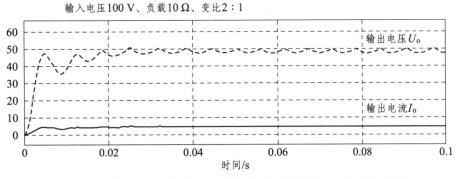

图 3-31　输入 100 V 负载 10Ω 仿真输出电压和输出电流变化曲线

如图 3-32 所示为输入电源电压在 0.06 s 时刻叠加 40 V 的阶跃电压，即此刻起电源电压为 140 V 后负载仍然是 10 Ω 的推挽变换输出电压和输出电流曲线。显示的输出电压曲线 U_o 表明，在 0.06 s 叠加 40 V 阶跃信号后（A 点），输出电压 U_o 有一短暂时间（0.002 s）首先超过 50 V 再迅速调节到 48 V，不存在超调情况，并且纹波迅速下降，到 0.07 s 时刻后纹波<0.1 V，基本可以忽略不计，输出电压稳定在 48 V。说明电源电压对输出电压的纹波影响较大，这也与变压器匝比有关，本案中匝比为 2∶1。将匝比改为 3∶2 后，不叠加 40 V 阶跃电压情况下的仿真曲线如图 3-33 所示，图中可知，改变匝比后，输出电压纹波也得到较大的降低（<0.15 V），这是因为匝比改变后能得到较人的副边电压，相当于增加了输入电源电压，所以输出电压纹波也降低了。

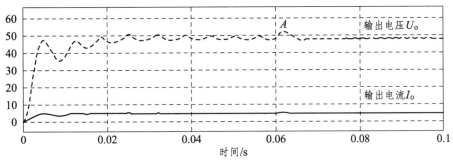

图 3-32　改变输入电压对输出电压纹波的影响

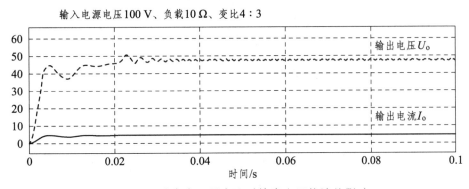

图 3-33　改变变压器变比对输出电压纹波的影响

在 0.06 s 改变负载容量，从 10 Ω 降到 5 Ω，得到如图 3-34 所示的输出电压和输出电流曲线，由此可知，负载容量增大（B 点）后，输出电压首先降到 42 V，然后振荡调节回 48 V，响应比图 3-32 慢；负载容量增大一倍，输出电流也增大一倍，输出电压保持不变；输出电压纹波随负载的增加而增大。

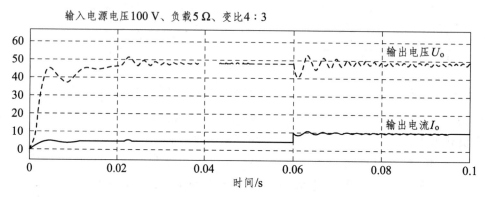

图 3-34　负载变化对输出电压和输出电流的影响

3.7　全桥式隔离变换电路设计案例

某设备需要一个直流稳压电源，稳压电源的输出电压 $U_o = 48\text{ V}$，最大输出电流 $I_o = 10\text{ A}$；输出电压纹波峰峰值不超过 0.3 V；输出电流为 3 A 时，二次侧电感电流连续；采用 PWM 控制方式，最大占空比 $D_{max} = 0.88$；设直流输入范围为 245~350 V。请设计满足上述要求的全桥式隔离变换电路的主要参数。

解：

因输出功率不大，可选 MOSFET 作为开关器件，并选其工作频率 $f = 50\text{ kHz}$，其电路原理如图 3-35 所示。

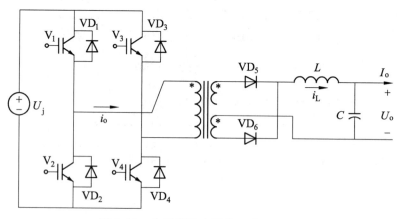

图 3-35　全桥隔离变换稳压电源原理

假设开关器件的导通压降及一次侧线路压降之和为 5 V，则输入电压最小值 $E_{min} = 240\text{ V}$，最大值 $E_{max} = 345\text{ V}$。再设二次侧器件压降和线路压降之和 $U_{XS} = 3\text{ V}$。

1. 变压器设计

当输入电压最小值为 240 V 时，占空比应该为最大。设此时二次侧电压为 U_2 ，有

$$D_{\max}U_2 - U_{XS} = U_o = 48 \text{ V}$$

则　　　　　　　　$U_2 = (U_o + U_{XS}) / D_{\max} = (48+3)/0.88 = 58 （V）$

因此，变压器变比　　　　　$K = 240 / 58 = 4.14$

变压器的最大输出功率　　　　　$P = (U_o + U_{XS})I_o = (48+3) \times 10 = 510 \text{ W}$ 。

变压器采用 H7C1 铁氧体材料，其最大磁感应强度 $B_m = 0.3 \text{ T}$ ，一、二次绕组电流密度为 $J = 2.5 \times 10^6 \text{ A/m}^2$ ，根据式（3-84）有变压器窗口面积与磁芯截面积之积为

$$WS = \frac{P}{2kfJB_m}\frac{U_{1\max}}{U_{1\min}} = \frac{510}{2 \times 0.33 \times 50\ 000 \times 2.5 \times 10^6 \times 0.3}\frac{345}{240} = 2.97 \times 10^{-8} \text{ m}^4$$

式中，窗口利用系数 $k = 0.33$ 。查有关磁性材料数据手册得，PQ40/40 磁芯的 WS 值为 $5.41 \times 10^{-8} \text{ m}^4$ ，大于上述计算值，因此可选 PQ40/40 磁芯作为变压器的磁芯。

根据式（3-83）一次绕组匝数为

$$N_1 = \frac{U_{1\max}D_{\max}}{4B_m S f} = \frac{345 \times 0.88}{4 \times 0.3 \times 1.74 \times 10^{-4} \times 50\ 000} \approx 29$$

式中，S 为 PQ40/40 磁芯的截面积，查相关磁性材料技术手册得其 $S = 1.74 \times 10^{-4} \text{ m}^2$ 。

二次绕组匝数为

$$N_2 = N_1 / K = 7$$

2. 二次侧滤波电感电容计算

推挽变换电路、半桥变电路和全桥变换电路均是从 Buck 变换电路演变而来，从输出滤波器的角度来说，只是它们的脉动频率为 Buck 电路输出电压电流脉动频率的两倍，滤波器其他的计算依据仍然可按 Buck 变换电路的公式。

据题意输出电压为 $U_o = 48 \text{ V}$ ，二次侧电感电流连续的最小输出电流为 $I_{o\min} = 3 \text{ A}$ ，则

$$R_{L\max} = U_o / I_{o\min} = 48/3 = 16（\Omega）$$

当变压器原边电压最大时，对稳定的输出电压而言，相应的占空比最小，得

$$D_{\min} = \frac{K(U_o + U_{XS})}{E_{\max}} = \frac{4.14 \times (48+3)}{345} = 0.612$$

根据式（3-13） $L_C \geqslant \dfrac{TED(1-D)}{2I_{oC}} = \dfrac{ED(1-D)}{2fI_{oC}}$ ，考虑到全桥变换电路的脉动频率快一倍，为保证临界输出电流 $I_{oC} = 3 \text{ A}$ 时电感电流临界连续的电感量为

$$L_0 \geqslant \frac{D(1-D)E}{4fI_{oC}} = \frac{D_{\min}(1-D_{\min})E_{\max}}{4fI_{oC}} = \frac{0.612 \times 0.388 \times 345}{4 \times 50 \times 10^3 \times 3} = 0.136（\text{mH}）$$

可取 $L = 1\,\mathrm{mH}$。

当变压器一次侧电压取最大值时，占空比取最小值，此时的纹波最大。

根据式（3-21）Buck 变换电路纹波峰峰值为

$$\Delta U_{\mathrm{o}} = \frac{T^2 ED(1-D)}{8LC} = \frac{ED(1-D)}{8LCf^2}$$

相应的桥式变换电路最大输出电压纹波峰峰值为

$$\Delta U_{\mathrm{omax}} = \frac{E_{\max} D_{\min}(1-D_{\min})}{8L_{\min}C_{\min}(2f)^2} = \frac{E_{\max} D_{\min}(1-D_{\min})}{32L_{\min}C_{\min}f^2} = 0.3\,(\mathrm{V})$$

所以，满足走道纹波要求的最小电容值为

$$C_{\min} \geqslant \frac{E_{\max} D_{\min}(1-D_{\min})}{32L_{\min}f^2\Delta U_{\mathrm{omax}}} = \frac{345 \times 0.612 \times 0.388}{32 \times 0.136 \times 10^{-3} \times (5 \times 10^4)^2 \times 0.3} = 7.53\,(\mu\mathrm{F})$$

取电容值 $C = 10\,\mu\mathrm{F}$。

3.8 实训项目——开关稳压电源调试

1. 前言

本实训项目所涉及推挽式开关稳压电源主电路如图 3-36 所示，图中，有 V_1、V_2、Tr 构成隔离式推挽 DC-DC 变换器，稳压二极管 5820 保护 MOSFET 功率场管的栅极，浪涌保护 TVS 管 P4KE150A 保护 MOSFET 功率场管的漏极，两只场管还配置了 RCD 吸能保护电路。稳压三极管 TL431 和光电耦合器 P817 等构成隔离型开关电源输出电压反馈电路，通过调节电位器 R_{P1} 可设定输出电压平均值。该电路组成 JDT02-3 推挽式开关稳压电源实验板的主体。

如图 3-37 所示为推挽式开关稳压电源的控制电路，图中，由 5G3525PWM 控制集成电路接收输出反馈信号 u_{f} 并与自带的 2.5V 参考电压比较放大去控制 PWM 波的占空比，当输出电压低于设定值时，占空比增大，当输出电压高于设定值时，占空比减小，从而自动调节输出电压大小。输出电压设定值由 JDT02-3 板上的电位器 R_{P1} 设定。以此电路制作的实验板代号为 JDT05-1

2. 实验目的

（1）熟悉典型开关电源主电路的结构、元器件和工作原理。
（2）了解 PWM 控制与驱动电路原理。
（3）了解反馈控制对电源稳定性的影响。

3. 实验内容

（1）控制与驱动电路的测试。
（2）主电路开环特性的测试。
（3）主电路闭环特性的测试。

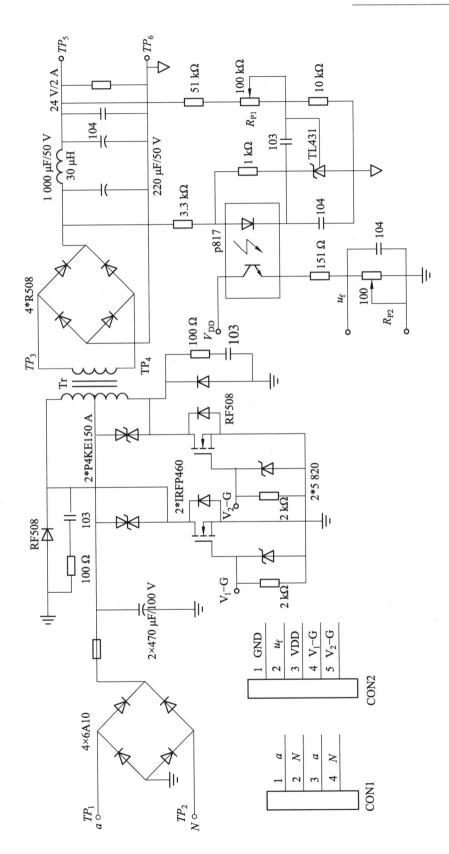

图 3-36　推挽式开关稳压电源主电路（JDT02-3 实验板）

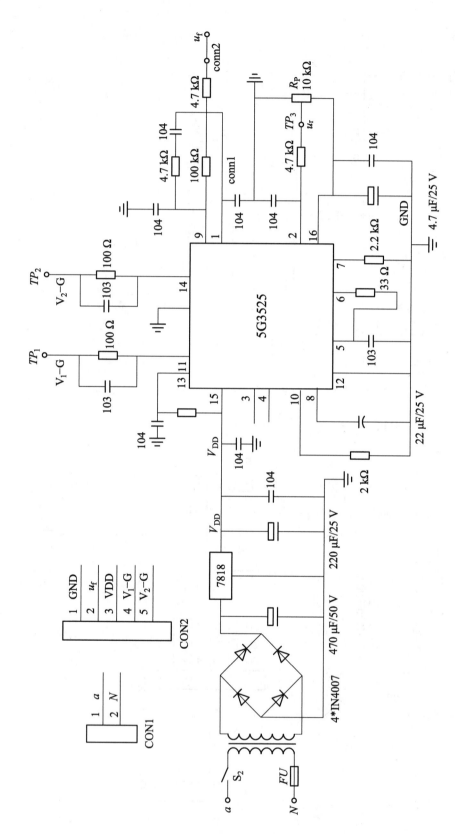

图 3-37 推挽式开关稳压电源的控制电路（JDT05-1 实验板）

4. 实验所需器件及附件

推挽式开关稳压电源所需器件及附件表 3-3 所示。

表 3-3 推挽式开关稳压电源所需器件及附件

序号	器件及附件	备 注
1	JDT01 电源控制屏	
2	JDT02-3 推挽式开关稳压电源主电路实验板	
3	JDT05-1 开关电源直驱控制电路板	
4	JDL10-1 阻性负载实验板	
5	单相自耦调压器	自备
6	双综示波器	自备
7	万用表	自备

5. 实验电路

如图 3-38 所示为推挽式开关稳压电源调试实验电路接线。

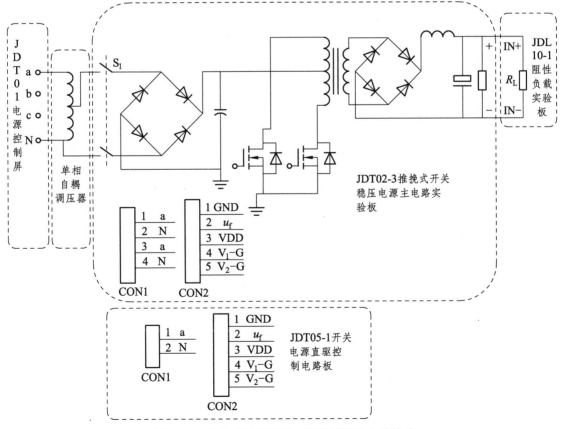

图 3-38 推挽式开关稳压电源调试实验电路接线

6. 实验方法

（1）控制与驱动电路测试。

① 准备。

a. 断开 JDT01 电源控制屏的电源开关，按图 3-38 将电源控制屏与自耦调压器用导线正确连接；按图 3-38 将自耦调压器与 JDT02-3 板用导线正确连接；按图 3-38 将 JDT05-1 板的 con1 和 con2 连接器与 JDT02-3 板对应的 con1 和 con2 连接器正确连接；按图 3-42 分别将 JDL10-1 阻性负载实验板上的 IN+ 和 IN-端与 JDT02-3 板上的 O+ 和 O-端用导线正确连接。

b. 连线检测无误后，先合上 JDT01 电源控制屏的电源开关，再合上 JDT02-3 板上的电源开关 S_1，最后合上 JDT05-1 板上的电源开关 S_2。

② 实验并记录。

a. 将 JDT05-1 板上的 conn1 连接器短接，即将 5G3525 的 1 脚和 9 脚短接，将 JDT05-1 板上的 conn2 连接器断开，使电源处于开环状态。

b. 调节 JDT05-1 板上的电位器 R_P，示波器观察 JDT05-1 板上代表 5G3525 管脚 11 和管脚 14 信号的 TP_1 和 TP_2 两点的波形并用万用表直流挡检测代表 U_r 的检测点 TP_3 的电压，调定 $U_r = 2.0\text{ V}$，记录代表 OUTA（管脚 11）和 OUTB（管脚 14）的 TP_1 和 TP_2 两点的波形填在表 3-4 中并将有关参数记录在表 3-4 中。

表 3-4 管脚 PWM 波形和参数

5G3525 管脚	波形	幅值/V	频率/Hz	占空比
JDT05-1 板 TP_1 观测点，管脚 11（OUTA）	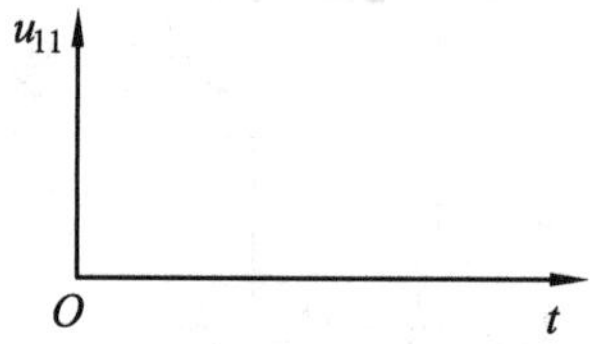 u_{11} 对 t 坐标图			
JDT05-1 板 TP_2 观测点，管脚 14（OUTB）	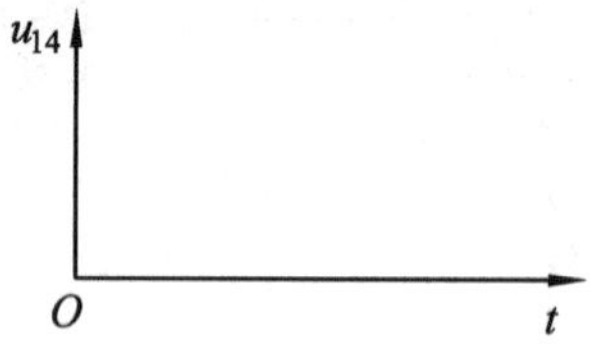 u_{14} 对 t 坐标图			

c. 用双综示波器的两个探头同时观测 JDT05-1 板上 TP_1 和 TP_2 两点波形，调节 JDT05-1 板上的电位器 R_P，改变 U_r，观测 JDT05-1 板上 TP_1 和 TP_2 两点 PWM 波形，记录其占空比在表 3-5 中，并找出占空比随 U_r 的变化规律。

d. 测试完毕后，先关断 JDT05-1 板上的电源开关 S_2，再关断 JDT02-3 板上的电源开关 S_1，最后关断 JDT01 电源控制屏的电源开关。

表 3-5　占空比、输出电压与设定电压 U_r 的关系

U_r/V	1.0	1.5	2.0	2.5	3.0
占空比					
输出电压 U_o/V					

（2）主电路开环特性测试。

①准备。

按本实训的（1）中方法进行实验准备。其中，JDL10-1 板上的 IN+端与 JDT02-3 板上的 O+端通过串接电流表连接。

②实验并记录。

a. 调节自耦调压器至 85%，用示波器观测 JDT02-3 板上代表电源输出电压的 TP_5 和 TP_6 间的波形和纹波。

b. 电源负载特性（开环）测试。调稳 $U_r = 2.0$ V 并保持自耦调压器刻度，均匀改变 JDL10-1 板上的电位器（滑线变阻器）阻值，测量 JDT02-3 板上的 TP_5 和 TP_6 间电压、纹波和电流，返算电阻值，记录数据在表 3-6 中。

c. 电源输入电压对输出电压的影响（开环）测试。保持负载不变并调稳 $U_r = 2.0$ V，用万用表测量代表输入电压 U_i 的 JDT02-3 板上 TP_1 和 TP_2 间电压，改变自耦调压器的刻度使 U_i 至表 3-7 中的数值，测量 JDT02-3 板上的 TP_5 和 TP_6 间电压、纹波和电流，记录数据在表 3-7 中。

d. 实验完毕后，调节自耦调压器回零位。

（3）主电路闭环特性测试。

①准备。

按本实训的（1）中方法进行实验准备。其中，JDL10-1 板上的 IN+端与 JDT02-3 板上的 O+端通过串接电流表连接。

②实验并记录。

a. 断开 JDT05-1 板上的 conn1 连接器，将 JDT05-1 板上的 conn2 连接器连通，并调节 JDT05-1 板上的电位器 R_P 至 $U_r = 2.5$V，使电源处于输出电压闭环调节模式。

b. 输出电压设定测试。调节 JDT02-3 板上的电位器 R_{P1}，测量 JDT02-3 板上的 TP_5 和 TP_6 间电压，用双综示波器的两个探头同时观测 JDT05-1 板上 TP_1 和 TP_2 两点波形，调节 JDT02-3 板上的电位器 R_{P1}，观测 JDT05-1 板上 TP_1 和 TP_2 两点 PWM 波形，记录其占空比于表 3-8 中，并找出占空比随 U_o 的变化规律。记录输出电压最大值和最小值，最后调节输出电压 $U_o = 24$V。

c. 电源负载特性测试。自耦调压器调稳 85%，均匀调节 JDL10-1 板上的电位器阻值，测量 JDT02-3 板上的 TP_5 和 TP_6 间电压、纹波和电流，细调电位器并返算电位器阻值，记录数据在表 3-6 闭环栏中。

d. 电源输入电压对输出电压的影响测试。保持负载 50%不变，用万用表测量代表输入电压 U_i 的 JDT02-3 板上 TP_1 和 TP_2 间电压，改变自耦调压器的刻度使 U_i 至表 3-7 中的数值，测量 JDT02-3 板上的 TP_5 和 TP_6 间电压、纹波和电流，记录数据在表 3-7 闭环栏中。

e. 实验完毕后，调节自耦调压器回零位。先关断 JDT05-1 板上的电源开关 S_2，再关断

JDT02-3 板上的电源开关 S_1，最后关断 JDT01 电源控制屏的电源开关。

表 3-6　电源负载特性测试

R/Ω					
开环 U_o/V					
开环纹波/mV					
开环 I_o/A					
R/Ω					
闭环 U_o/V					
闭环纹波/mV					
闭环 I_o/A					

表 3-7　电源输入电压对输出电压的影响测试

U_i/V	100	120	140	160	180	200	220	240	250
开环 U_o/V									
开环纹波/mV									
开环 I_o/A									
闭环 U_o/V									
闭环纹波/mV									
闭环 I_o/A									

表 3-8　闭环控制管脚 PWM 波形和参数

5G3525 管脚	波　形	幅值/V	频率/Hz	占空比	输出电压最小值	输出电压最大值
JDT05-1 板 TP_1 观测点，管脚 11（OUTA）	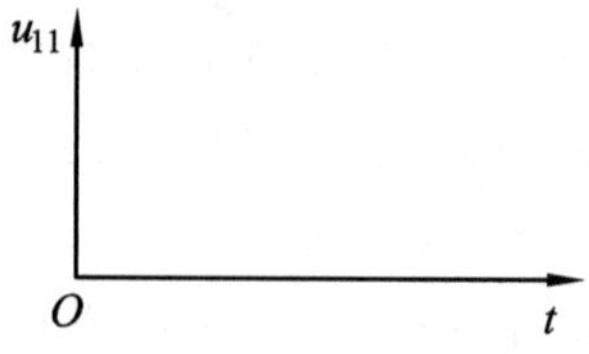					
JDT05-1 板 TP_2 观测点，管脚 14（OUTB）	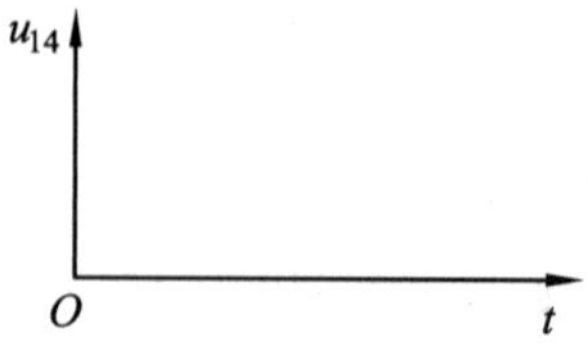					

7. 实验报告

（1）整理实验数据和记录的波形。

（2）分析开环与闭环时负载变化对电源输出电压和纹波的影响。

（3）分析开环与闭环时输入电压变化对电源输出电压和纹波的影响。

（4）对推挽开关稳压电源性能测试的总结。

8. 操作考核评分

表 3-9　操作考核评分表

学号			姓名		小组		
任务编号		3-1	任务名称		开关电源调试		
模块		序号	考核点（95分）		分值标准	得分	备注
1	开关电源工作原理	1	各类隔离开关电源的比较		5		
		2	推挽式开关电源的优缺点		5		
		3	推挽式开关电源的拓扑结构		5		
		4	开关电路输出电压反馈电路的设计计算		10		
		5	PWM 控制集成电路 5G3525 工作原理		5		
		6	5G3525 工作频率计算和选择		5		
2	接线及工具操作	7	理解电路接线图并完成接线		5		
		8	正确操作各个电源开关		5		
		9	正确使用万用表		5		
		10	正确使用示波器		10		
		11	理解执行安全操作规则		5		
3	波形读取和特性实验数据处理	12	正确读取 PWM 输出波形		5		
		13	正确读取或计算占空比		5		
		14	完成开环特性实验		10		
		15	完成闭环特性实验		10		
4	互评		小组互评（5分）				
5	总分		合计总分				
学生签字			考评签字				
互评签字			考评时间				

本章小结

DC-DC 变换器是指能将一定幅值的直流输入电压（或电流）变换成另一幅值的直流输出电压（或电流）的电力电子装置，主要用于直流电压变换（降压、升压、升降压）、开关稳压电源、直流电机驱动等场合。

DC-DC 变换电路包括直接直流变换电路和间接直流变换电路。直接直流变换电路也称为直流斩波电路，其输入和输出之间没有电气隔离。直接直流变换电路包括六种基本斩波电路、六种复合斩波电路及多相多重斩波电路，其中最基本的是 Buck 降压斩波电路和 Boost 升压斩波电路。这两种斩波电路是本章学习的核心，也是学习其他斩波电路的基础，必须掌握。

间接直流变换电路也称隔离直流变换电路，是目前广泛应用于电子设备的直流开关电源，是电力电子领域的热点。常见的隔离直流变换电路可分为单端电路和双端电路，单端电路的隔离变压器的励磁电流是单方向的，双端电路的隔离变压器的励磁电流是双向的。单端电路包括正激和反激两大类；双端电路包括全桥、半桥和推挽三类。

本章重点学习以下内容：

（1）DC-DC 变换器基本电路结构的基本思路和换流分析。

（2）DC-DC 变换器中电感伏秒平衡特性和电容安秒平衡特性等定量分析手段。

（3）电流连续与电流断续临界条件。

（4）多象限 DC-DC 变换器 DC-DC 变换器的结构特点和变流分析。

（5）隔离直流变换器分类、工作原理及其特点。

（6）电力电子电路仿真实践及电路设计。

通过本章的学习要求掌握各种变换电路的基本工作原理和应用场合，具有分析设计变换电路的能力和掌握电路仿真手段。

思考题与习题

1. 简述伏秒平衡特性和安秒平衡特性并分析推动 Buck 变换电路输出电压与输入电压的关系式。

2. 请用伏秒平衡特性和安秒特性分析 Cuk 变换电路的输出/输入关系。

3. Boost 变换器为什么不宜在占空比为 1 附近工作？

4. Buck-Boost 变换器与 Cuk 变换器有什么区别？

5. 试分析 Cuk 直流变换电路中电感电容元件的作用。

6. 请解释 Cuk 变换器电容 C_1 的电压 U_{C1} 等于电源电压 E 与负载电压 U_o 之和。

7. 为什么需要隔离型 DC-DC 变换器？

8. 单端正激变换器和反激变换器的区别。

9. 请画出全桥隔离变压器的电路拓扑并分析其变压器原边、开关管两端的电压波形和流过原边的电流波形。

10. Buck 变换电路电感电流连续与 Cuk 变换电路电感电流连续的含义是否相同？

11. 如图 3-39 所示的桥式可逆斩波电路，若需使电动机工作于反转电动状态，试分析此时电路的工作情况并绘制相应的标明电流流向的电流流通路径。

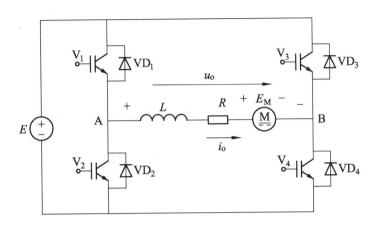

图 3-39　题 11 图

12. 如图 3-40 所示为理想 Buck 变换器，已知 E=100 V，开关频率 f=20 kHz，占空比 D=0.6。试计算在电流连续工作模式下的：

①输出电压；

②电感电流的最大值和最小值；

③开关管和二极管的最大电流；

④开关管和二极管承受的最大电压。

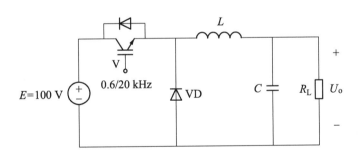

图 3-40　题 12 图

13. Buck 变换器中的开关管具有最小有效导通时间是 40 μs，直流电源额定值为 200 V，斩波频率为 1 kHz，请问该电路的最小输出电压是多少？当变换电路的电阻负载 R =2 Ω，请问平均输入电流是多少？

14. 如图 3-41 所示的 Buck 变换电路中，已知 E=100 V，L=1 mH，R=0.5 Ω，E_m=8 V，采用 PWM 调制，开关频率 f=50 kHz，t_{on} =10 μs 时，计算输出电压平均值 U_o，输出平均电流 I_o，输出电流的最大值和最小值并判断负载电流是否连续？

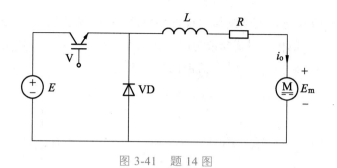

图 3-41 题 14 图

15. 请绘制 Sepic 斩波电路原理图并推导电路输入电压和输出电压关系。

第 4 章

整流电路

4.1 整流电路概述

AC-DC 整流电路主要利用电力电子器件的单向导通特性将交流电变换为直流电。整流电路有多种类型，主要分类有：

根据主电路开关器件分为不控整流电路（又称为二极管整流电路）、半可控整流电路（晶闸管半可控整流电路）和全控（全控型开关器件）整流电路。

根据电路结构分为半波整流电路和全波整流电路。

根据交流输入相数分为单相整流电路、三相整流电路和多相整流电路。

根据整流电路输出电压方向、电流方向及功率流向可分为单象限整流电路、两象限整流电路和四象限整流电路。

根据控制方式分为不控整流电路、相控整流电路和斩波控制整流电路（又称为 PWM 整流电路）。

电能主要以交流电能存在，所有直流用电设备几乎都要用到整流电路，如直流电动机、电镀装置、电解装置、同步发电机励磁控制电路、通信系统电源等。风力发电机的并网逆变器、高压直流输电、蓄电池充电装置、变频器等都要用到整流电路。整流电路是四种变流电路中应用最为广泛的变流电路，在电力电子变流技术中占有重要地位。

电力电子电路的分析基于开关器件处于导通和关断两种开关状态，采取的是分段线性分析方法。在电力电子电路分析方法的基础上，整流电路的分析方法加强了对工作波形的分析，即根据交流电源的电压波形、电力电子器件的通断状态和负载的性质，分析电路中各点的电压、电流波形，从而分析计算各电量的等效及其与移相控制角的关系，确定电力电子器件的额定电压和额定电流。对于一个实际的整流电路，可通过检测电路中各点电压、电流的波形，判断电路的工作是否正常。通过对有关波形的分析可以找出导致异常的原因。波形分析法十分重要，需要掌握其精髓。

4.2 单相相控整流电路

典型的单相相控整流电路有单相半波相控整流电路（一只晶闸管）、单相全波相控整流电路（2 只晶闸管），单相桥式整流电路（4 只晶闸管）和单相桥式半控整流电路（2 只晶闸管和 2 只二极管），其中，单相半波相控整流电路结构最简单。本节首先通过分析该电路，介绍整流电路的分析方法，研究电阻性负载、电感性负载时的工作特性，引入触发角和导通角等概念。在此基础上，讨论其他几种单相相控整流电路。

4.2.1 单相半波相控整流电路

1. 阻性负载

在工业用电设备中，有很多用电设备呈现电阻特性，如电阻炉、电解电镀装置等。电阻性负载的特点是其电流与电压成比例，二者波形相同。

如图 4-1（a）所示为单相半波可控整流电路。图中，T 为变压器，起电压变换和隔离作用，其一次侧电压为 u_1，当交流电源为电网时，u_1 为 220V 工频交流电，$u_1 = 220\sqrt{2}\sin\omega t$ $= 220\sqrt{2}\sin 2\pi f t = 220\sqrt{2}\sin 2 \times 3.14 \times 50t = 220\sqrt{2}\sin 314t$（V）。

整流变压器二次侧电压为 u_2，其波形如图 4-1（b）所示，$u_2 = U_2\sqrt{2}\sin 314t$（V），其有效值 U_2 的大小根据直流输出电压的需要确定。整流电路各电量的大小几乎都与 U_2 有关。如图 4-1（a）和图 4-1（b）所示，在 u_2 的正半周，晶闸管 VT 承受正向阳极电压，可触发导通，所以，在正半周施加触发脉冲，可得到如图 4-1（d）所示的电压波形。

假设晶闸管为理想器件，其导通时的管压降为零，其关断时的漏电流也为零。如图 4-1（d）所示可知，晶闸管 VT 导通时，负载电压 $u_d = u_2$；晶闸管 VT 关断时，$u_d = 0$。由于是电阻性负载，所以，整流输出电流 i_d 为

$$i_d = \frac{u_d}{R} \tag{4-1}$$

由式（4-1）可知，i_d 的波形与 u_d 的波形相同。

在 $\omega t = \pi$ 时刻，u_2 下降到零，则 $u_d = 0$，$i_d = 0$，因流过晶闸管 VT 的电流低于其维持电流，晶闸管 VT 自然关断。整流输出电压 u_d、整流电流 i_d 和晶闸管两端电压 u_{VT} 的波形如图 4-1（d）～（f）所示。

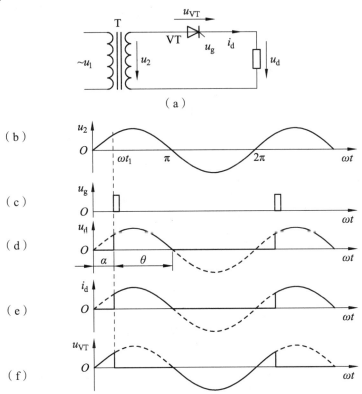

图 4-1　带阻性负载单相半波整流电路及工作波形

图 4-1（d）可知，整流输出电压 u_d 为极性不变但瞬时值变化的脉动直流，其波形只在 u_2 的正半周出现，所以称为半波整流。由于 u_d 在一个电源周期中只脉动一次，该电路又称为单脉波整流电路。

从晶闸管开始承受正向电压起，到施加触发脉冲为止的电角度称为触发延迟角，用 α 表示，也称为触发角或控制角。晶闸管在一个周期处于导通状态的电角度称为导通角，用 θ 表示，单相半波可控整流电路带阻性负载时，$\theta = \pi - \alpha$。

由图 4-1（d）可知，直流输出电压平均值为

$$\begin{aligned} U_d &= \frac{1}{2\pi} \int_0^{2\pi} u_d d(\omega t) = \frac{1}{2\pi} \int_\alpha^\pi \sqrt{2} U_2 \sin d(\omega t) \\ &= \frac{\sqrt{2} U_2}{2\pi}(1 + \cos\alpha) = 0.45 U_2 \frac{(1 + \cos\alpha)}{2} \end{aligned} \tag{4-2}$$

$\alpha = 0$ 时，整流输出电压平均值为最大，用 U_{d0} 表示，$U_d = U_{d0} = 0.45 U_2$。随着 α 的增大，U_d

减小，当 $\alpha = \pi$ 时，$U_d = 0$。由此可见，调节触发角 α 即可调节输出电压 U_d 的大小。因触发角变化使 $U_d = 0$ 的 α 角称为触发角移相范围。该电路触发角移相范围为 $0° \sim 180°$。这种通过控制触发脉冲的相位来控制直流输出电压大小的方式称为相位控制，简称为相控方式。

2. 阻感负载

一些工业用电设备，既有电阻特性，也有电感特性，如各种电动机，其励磁绕组就兼有电阻和电感特性，这种负载称为阻感负载。带阻感负载单相半波整流电路如图 4-2（a）所示。根据电路原理，图 4-2（a）所示有

$$u_d = L\frac{\mathrm{d}i_d}{\mathrm{d}t} + i_d R \tag{4-3}$$

式中，$L\dfrac{\mathrm{d}i_d}{\mathrm{d}t}$ 为电感两端的电压，其方向与 i_d 相同。

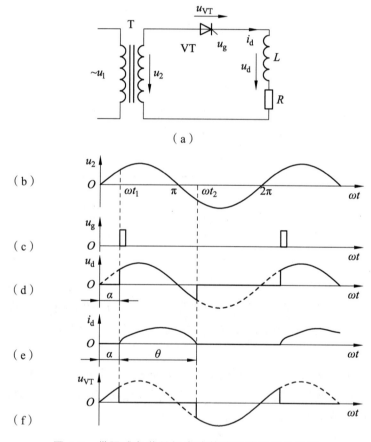

图 4-2　带阻感负载单相半波整流电路及工作波形

由式（4-3）可知，阻感负载的电压与电流不成比例关系，i_d 和 u_d 的波形也不相同。

电感是储能元件，它存储磁场能量，大小为 $\dfrac{1}{2}Li_d^2$，i_d 为流过电感的电流大小，能量不能突变，所以电感中的电流不能突变。电感具有阻碍电流变化的作用，当电感中的电流增加时，

电感两端电压极性如图 4-3（a）所示，为上正下负；当电感中的电流减少时，电感两端电压极性如图 4-3（b）所示，为上负下正。

（a）i_d 增大，储能时　　　　　　　　　（b）i_d 减小，卸能时

图 4-3　电流变化时电感两端电压极性示意

由图 4-2 可知，带阻感负载单相半波整流电路与带电阻负载单相半波整流电路不同之处在于整流输出电流的波形不同，如图 4-2（e）所示，在晶闸管开始导通时，负载电流从零逐渐增加，电感存储磁能，交流电源提供电感储能和电阻消耗的能量，能量从整流电路的交流侧向直流侧传递，如图 4-4（a）所示。当 $\omega t = \pi$ 时，$u_d = u_2 = 0$，但 $i_d \neq 0$，且 i_d 不能突变，i_d 不会马上降为零，这时，晶闸管 VT 继续导通，使得直流输出电压 u_d 出现负值，如图 4-2（d）所示。在 $\omega t > \pi$，$u_2 < 0$ 期间，能量由整流电路的直流侧向交流侧传递，如图 4-4（b）所示。

（a）$u_d > 0$，$i_d > 0$　　　　　　　　　（b）$u_d < 0$，$i_d < 0$

图 4-4　整流电路阻感负载时能量流向

电感将所存储的磁能释放，提供给交流电源和负载电阻，负载电流减小，电感两端电压如图 4-5 所示，晶闸管两端的电压、负载电阻电压、交流电源电压都由电感电压提供并平衡，即回路电压和为零。

$$L\frac{di_d}{dt} - i_d R + u_2 = 0 \rightarrow L\frac{di_d}{dt} = i_d R - u_2$$

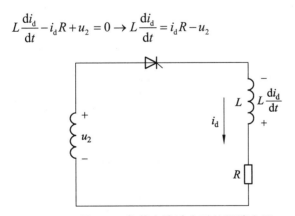

图 4-5　负载电流减小时的回路电压

当负载电流 i_d 减小到零低于晶闸管 VT 维持电流后，晶闸管 VT 自然关断。

由图 4-2（e）可知，带阻感负载单相半波整流电路的晶闸管导通角 $\theta > \pi - \alpha$。下面介绍导通角 θ 的定量计算方法。

在晶闸管 VT 导通期间并且电感两端电压参考方向与整流输出电流方向一致时有

$$\sqrt{2}U_2\sin\omega t = L\frac{\mathrm{d}i_\mathrm{d}}{\mathrm{d}t} + i_\mathrm{d}R \qquad (4\text{-}4)$$

式（4-4）所示一阶线性微分方程的初始条件是：$\omega t = \alpha$ 时，$i_\mathrm{d} = 0$。由此解得

$$i_\mathrm{d} = -\frac{\sqrt{2}U_2}{Z}\sin(\alpha-\varphi)\mathrm{e}^{-\frac{R}{\omega L}(\omega t-\alpha)} + \frac{\sqrt{2}U_2}{Z}\sin(\omega t-\varphi) \qquad (4\text{-}5)$$

式中，负载阻抗 $Z = \sqrt{R^2 + (\omega L)^2}$，负载阻抗角 $\varphi = \arctan\dfrac{\omega L}{R}$。

当 $\omega t = \alpha + \theta$ 时，$i_\mathrm{d} = 0$，代入式（4-5）整理得

$$\sin(\alpha-\varphi)\mathrm{e}^{-\frac{\theta}{\tan\varphi}} = \sin(\theta+\alpha-\varphi) \qquad (4\text{-}6)$$

当 α 和 φ 已知时，由式（4-6）可求出 θ。

导通角 θ 的变化规律是：

负载阻抗角 φ 一定时，控制角 α 越大，导通角 θ 越小。晶闸管导通时间晚使电感在 u_2 正半周储能少，在 u_2 的负半周就会很快将存储的能量释放完毕。

控制角 α 一定时，负载阻抗角 φ 越大，导通角 θ 越大。这是由于电感 L 相对较大，存储能量就多，释放能量的时间就会延长。

阻感负载使整流输出电压出现负值，平均电压下降，平均电流也会下降。如图 4-6（a）所示在整流电路的负载两端并联一个续流二极管 VD 能够解决这个问题。

与没有续流二极管相比，在 u_2 的正半周，两者的工作情况相同。当 u_2 下降过零进入负半周时，续流二极管导通，u_d 被二极管钳位为零。此时，为负值的 u_2 通过续流二极管 VD 使晶闸管 VT 反偏而关断。电感 L 存储的能量保证了电流 i_d 在 $L-R-\mathrm{VD}$ 的回路中流通。u_d 波形如图 4-6（d）所示，由于续流二极管的作用，使 u_d 不再有负值，这与电阻负载时的基本相同。但与电阻负载相比，i_d 的波形是有区别的。若 L 足够大，$\omega L \gg R$，即负载为电感负载，在 VT 关断期间，VD 可持续导通，i_d 连续，且 i_d 波形接近一条水平线，如图 4-6（e）所示。在一个周期内，$\omega t = \alpha \sim \pi$ 期间，VT 导通，其导通角为 $\pi-\alpha$，这时 i_d 流过晶闸管 VT，晶闸管电流 i_VT 的波形如图 4-6（f）所示。其余时间，i_d 流过续流二极管 VD，续流二极管的电流波形如图 4-6（c）所示，续流二极管 VD 的导通角为 $\pi+\alpha$。

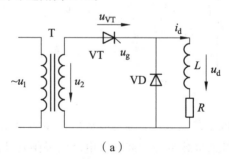

（a）

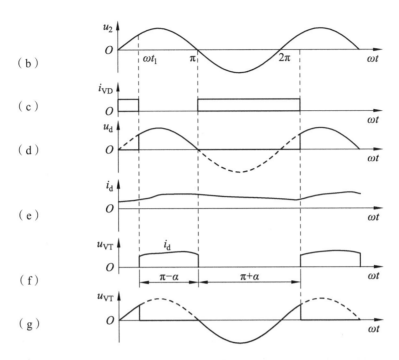

图 4-6　阻感负载加续流二极管单相半波整流电路及工作波形

单相半波整流电路的特点是结构简单，但输出脉动大，变压器二次电流 u_2 中含有直流分量，造成变压器铁心的直流磁化。为使变压器磁心不饱和，需增大铁心截面积，从而增大了设备容量。但实际上很少应用此种电路。分析单相半波整流电路的目的是利用其结构简单的特点，建立起整流电路的基本概念。

4.2.2　单相桥式相控整流电路

1. 阻性负载

单相桥式相控整流电路带阻性负载的电路如图 4-7（a）所示，其等效的 H 形电路如图 4-7（b）所示。

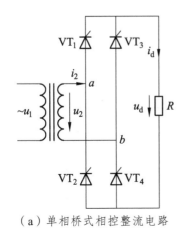

（a）单相桥式相控整流电路

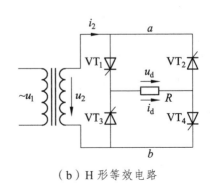

（b）H 形等效电路

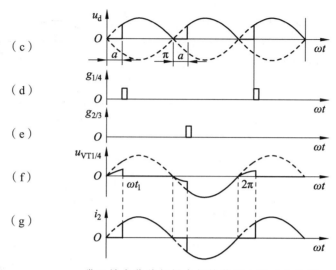

带阻性负载单相桥式相控整流电路工作波形

图 4-7　带阻性负载单相桥式相控整流电路及工作波形

由图 4-7（b）可知，在 u_2 的正半周，VT_1 和 VT_4 承受正向电压，可触发导通；在 u_2 的负半周，VT_2 和 VT_3 承受正向电压，可触发导通。由此得单相桥式相控整流电路的控制规律是：在 u_2 的正半周，VT_1 和 VT_4 触发导通；在 u_2 的负半周，VT_2 和 VT_3 触发导通。两组触发信号相位上相差 180°。图 4-8 给出了 u_2 处在正、负半周时的等效电路。

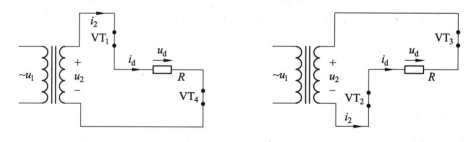

（a）$u_2>0$，VT_1/VT_4 导通，VT_2/VT_3 关断　　　（b）$u_2<0$，VT_2/VT_3 导通，VT_1/VT_4 关断

图 4-8　u_2 处在正、负半周时的等效电路

由图 4-8 可知，在 u_2 的正半周，$u_2 >0, u_d = u_2$；在 u_2 的负半周，$u_2 <0, u_d = -u_2$。整流电路的交流侧，u_2 和 i_2 正负交替，而在整流电路的直流侧，电流 i_d 是单方向的。通过整流桥两组开关的交替导通，将正负交替的交流电变换成单方向的直流电。

由于是阻性负载，电压与电流成比例，当 u_2 下降到零时，$u_d = i_d = 0$，晶闸管关断。晶闸管的导通角与带阻性负载的单相半波整流电路相同，$\theta = \pi - \alpha$，控制角 α 的移相范围也相同，均为 0°~180°。

如图 4-7（f）所示为晶闸管 VT_1、VT_4 端电压波形。以 VT_1 为例，当 VT_1 导通时，$u_{VT1} = 0$；当 VT_2、VT_3 导通时，$u_{VT1} = u_2$；当全部晶闸管 $VT_1 \sim VT_4$ 都关断时，$u_{VT1} = u_2 / 2$。图 4-7（g）所示为变压器二次侧电流 i_2 波形。

2. 阻感负载

如图 4-9 所示为带阻感负载单相桥式相控整流电路及工作波形。

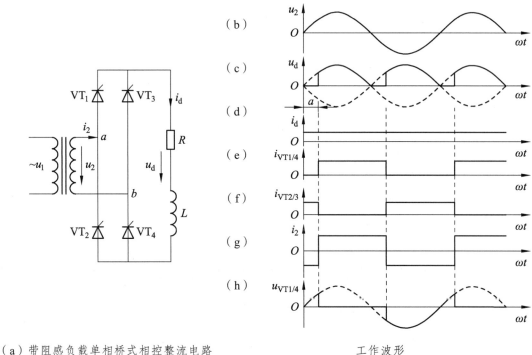

（a）带阻感负载单相桥式相控整流电路　　　　　　　工作波形

图 4-9　带阻感负载单相桥式相控整流电路及工作波形

　　单相桥式相控整流电路带阻感负载时的运行规律与单相桥式相控整流电路带电阻负载时的相同，即整流桥 4 个晶闸管分成两组，VT_1 和 VT_4 一组，VT_2 和 VT_3 一组，分别在 u_2 处在正、负半周时触发导通。u_2 处在正、负半周时的等效电路如图 4-8 所示。

　　与带阻性负载不同的是，由于电感的存在，使整流输出电流不能突变，且整流输出电流 i_d 不与直流输出电压 u_d 成比例，当变压器二次侧电压 u_2 下降过零时，直流输出电压 $u_d = u_2 = 0$，但整流输出电流 i_d 仍然不等于零，晶闸管电流也不为零，使得原先导通的晶闸管继续导通，直流输出电压 u_2 出现负值，晶闸管导通角 $\theta > \pi - \alpha$。这时，晶闸管导通角 θ 的大小与控制角 α 和负载阻抗角 φ 有关。根据式（4-7），对带阻感负载的单相半波整流电路，当电感较大，即负载阻抗角 φ 较大时，可使 $\theta > \pi$。但带阻感负载单相桥式整流电路的控制规律使每组晶闸管的导通角只能是 180°。

　　假设 VT_1、VT_4 在 u_2 的正半周触发导通，控制角 $\alpha > 0$，电感 L 相对较大使 $\theta > \pi$，即在 u_2 进入负半周时仍然导通，按该电路控制规律，在 180° 之后的控制角 α 时刻，VT_2、VT_3 接到触发脉冲，并且此时 VT_2、VT_3 承受正向电压，因此，VT_2、VT_3 将导通。VT_2、VT_3 导通将使 VT_1、VT_4 承受负向电压，即 VT_1、VT_4 反向偏置而被强迫关断。整流输出电流 i_d 从原来导通的 VT_1、VT_4 转移到后来导通的 VT_2、VT_3 中，这个过程称为换流或换相。VT_2、VT_3 导通后，直流输出电压 $u_d = -u_2$。同样，在 VT_2、VT_3 触发导通 180° 时，VT_1、VT_4 接收到触发脉冲而导通，VT_2、VT_3 反偏而被强制关断。带阻感负载单相桥式整流电路的工作波形如图 4-9（b）~（h）所示，其中在假设 L 为足够大的条件下整流输出电流 i_d 被平滑成了一条直线，基本没有脉动。

3. 单相桥式相控整流电路数值计算

（1）整流输出电压平均值。如图 4-7（c）所示，带阻性负载单相桥式整流电路的直流输出电压平均值为

$$U_d = \frac{1}{\pi}\int_{\alpha}^{\pi} \sqrt{2}U_2 \sin \omega t \mathrm{d}(\omega t) = 0.9U_2 \frac{1+\cos\alpha}{2} \tag{4-7}$$

控制角 α 的移相范围为 $0°\sim180°$。

如图 4-9（c）所示，带阻感负载单相桥式整流电路的直流输出电压平均值为

$$U_d = \frac{1}{\pi}\int_{\alpha}^{\pi+\alpha} \sqrt{2}U_2 \sin \omega t \mathrm{d}(\omega t) = 0.9U_2 \cos\alpha \tag{4-8}$$

当控制角 $\alpha = 90°$时，$U_d = 0.9U_2 \cos\frac{\pi}{2} = 0$，所以，控制角 α 的移相范围为 $0°\sim90°$。

（2）整流输出电流有效值。

$$I_{drms} = I_{2rms} = \sqrt{\frac{1}{\pi}\int_{\alpha}^{\pi}\left(\frac{\sqrt{2}U_2}{R}\sin\omega t\right)^2 \mathrm{d}(\omega t)} = \frac{U_2}{R}\sqrt{\frac{1}{2\pi}\sin 2\alpha + \frac{\pi-\alpha}{\pi}} \tag{4-9}$$

（3）整流输出电流平均值。无论带的是阻性负载还是阻感负载，整流输出电流平均值均为

$$I_d = \frac{U_d}{R} \tag{4-10}$$

（4）晶闸管电流有效值。

$$I_{VTrms} = \sqrt{\frac{1}{2\pi}\int_{\alpha}^{\pi}\left(\frac{\sqrt{2}U_2}{R}\sin\omega t\right)^2 \mathrm{d}(\omega t)} = \frac{U_2}{\sqrt{2}R}\sqrt{\frac{1}{2\pi}\sin 2\alpha + \frac{\pi-\alpha}{\pi}} = \frac{I_{drms}}{\sqrt{2}} \tag{4-11}$$

（5）晶闸管电流平均值。

由于晶闸管 VT_1、VT_4 和 VT_2、VT_3 在一个周期内轮流导通，所以流过晶闸管的电流平均值 I_{dVT} 为整流输出电流平均值 I_d 的一半，即

$$I_{dVT} = I_d / 2 \tag{4-12}$$

（6）晶闸管承受的最高电压。无论是带阻性负载还是阻感负载，晶闸管承受的最高电压都是 $\sqrt{2}U_2$。

4. 带反电动势-阻性负载的单相桥式相控整流电路工作情况

当负载为蓄电池、直流电动机电枢绕组等时，负载可以看成一个直流电压源，对于整流电路，就相当于带了一个反电动势负载，如图 4-10（a）所示。

当忽略主电路各部分的电感时，只有在 u_2 瞬时值的绝对值大于反电动势时，才能使晶闸管承受正向偏压，才可能导通。晶闸管导通之后，才有 $u_d = u_2$，$i_d = \frac{u_d - E}{R}$，直到 $|u_2| \leqslant E$，i_d 下

降到零使晶闸管关断为止，此后，$u_d = E$。与阻性负载时相比，晶闸管提前了电角度 δ 开始停止供电，如图 4-10（b）所示，δ 称为停止导通角。

$$\delta = \arcsin \frac{E}{\sqrt{2}U_2} \tag{4-13}$$

在 α 角相同时，带反电动势负载的单相桥式整流电路输出电压比带电阻负载大。

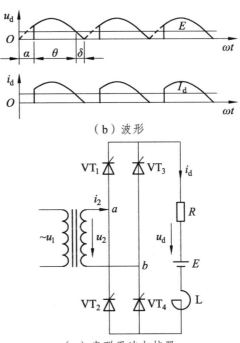

（b）波形

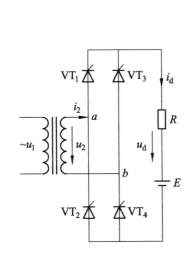

（a）带反动势-电阻负载单相桥式整流电路　　　　（c）串联平波电抗器

图 4-10　带反电动势-电阻负载的单相桥式整流电路

如图 4-10（b）可知，i_d 波形在一个周期内有部分时间为零的情况，这种情况称为电流断续。与此对应，i_d 不出现零的情况时称为电流连续。当 $\alpha < \delta$ 时，触发脉冲到来时，晶闸管仍然承受负向电压，不能导通。为了使晶闸管可靠导通，要求触发脉冲要有足够的宽度，以保证当 $\omega t \geqslant \delta$ 晶闸管开始承受正向电压后，触发脉冲仍然存在，即要求电路最小控制角为 δ。

电流断续对于直流电动机负载来说将造成机械特性变软的问题。由于导通角 θ 小，当要求一定的平均电流时，电流峰值大，电流有效值比平均值大很多。较大的电流峰值使直流电动机石墨滑环换向时容易产生电火花，并且，较大的电流有效值要求晶闸管的额定电流大，整流变压器的容量也大。

为了解决这个问题，通常是给反电动势负载串联一个平波电抗器，如图 4-10（c）所示。只要电感 L 足够大就可使电流连续。电流 i_d 连续的情况下，整流输出电压 u_d、输出电流 i_d 的波形与阻感负载电流连续时的波形相同，直流输出电压平均值 U_d 的计算公式也相同，整流输出电流平均值为

$$I_d = \frac{U_d - E}{R} \tag{4-14}$$

针对直流电动机在低速轻载运行时电流 i_d 连续的平波电抗器临界电感量 L_C 为

$$L_C = \frac{2\sqrt{2}U_2}{\pi\omega I_{d\min}} \tag{4-15}$$

式中，$I_{d\min}$ 为整流输出电流临界连续时的平均值，单位为 A；L_C 为主电路总电感量，单位为 H。

表 4-1 列出单相可控整流电路在不同负载时的主要电量关系。

表 4-1　单相可控整流电路在不同负载时的主要电量关系

主电路形式		单相半波	单相全波	单相半桥	单相全桥
阻性负载时整流输出电压		$0.45U_2\dfrac{1+\cos\alpha}{2}$	$0.9U_2\dfrac{1+\cos\alpha}{2}$	$0.9U_2\dfrac{1+\cos\alpha}{2}$	$0.9U_2\dfrac{1+\cos\alpha}{2}$
大电感负载时整流输出电压		接近零	$0.9U_2\cos\alpha$	$0.9U_2\dfrac{1+\cos\alpha}{2}$	$0.9U_2\cos\alpha$
脉动频率		f	$2f$	$2f$	$2f$
元件承受的最大电压		$\sqrt{2}U_2$	$2\sqrt{2}U_2$	$\sqrt{2}U_2$	$\sqrt{2}U_2$
移相范围	阻性负载或感性负载	$0\sim\pi$	$0\sim\pi$	$0\sim\pi$	$0\sim\pi$
	大电感负载	—	$0\sim\pi/2$	$0\sim\pi$	$0\sim\pi/2$
最大导通角		π	π	π	π
特点及使用场合		1个晶闸管，简单，用于要求不高的小电流负载	2个晶闸管，用于低压小电流场合	2个晶闸管，用于不需要逆变的小电流场合	4个晶闸管，可用于需要逆变的小功率场合

4.3　三相相控整流电路

大容量变流装置采用三相整流电路，小容量变流装置要求直流输出电压脉动小，容易滤波时，也采用三相整流电路。应用最为广泛的三相可控整流电路是三相桥式全控整流电路，如高压直流输电系统中的换流阀、直流可逆拖动系统中的变流器、大容量变流装置、电动机变频调速中的变流器等等，其基本整流电路都采取三相桥式整流电路。三相桥式整流电路的基础是三相半波整流电路，三相桥式整流电路是由两个三相半波整流电路串联组成。

4.3.1　三相半波相控整流电路

1. 阻性负载

三相半波整流电路带阻性负载电路如图 4-11（a）所示。整流变压器 T 的一次侧接成三角形，以防止整流电路产生的零序（3k 次谐波）谐波电流注入电网；其二次侧接成星形，这样，可得到三相电源中性线。三个晶闸管分别接入 a、b、c 三相电源，它们的阴极连接在一起，称为共阴极接法。

电力变压器 T 的二次电压为三相对称电压，如图 4-11（b）所示。

$$\begin{cases} u_a = \sqrt{2}U_2 \sin \omega t \\ u_b = \sqrt{2}U_2 \sin(\omega t - 120°) \\ u_c = \sqrt{2}U_2 \sin(\omega t + 120°) \end{cases} \quad (4\text{-}16)$$

由于三相半波整流电路的对称性及三相交流电压的对称性，决定了三相半波整流电路工作的对称性。其对称性表现为：在每个工作周期中，a、b、c 三相整流晶闸管 VT_1、VT_2、VT_3 依次交替导通，各工作 1/3 周期。

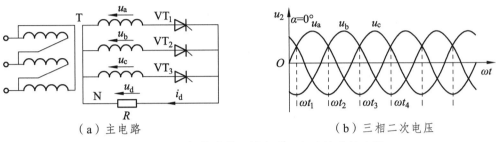

(a) 主电路 　　　　　　　　　 (b) 三相二次电压

图 4-11　共阴极接法带阻性负载三相半波整流电路

如果将图 4-11（a）中的晶闸管 VT_1、VT_2、VT_3 均换成对应的阳极方向相同的二极管 VD_1、VD_2、VD_3，则在图 4-11（b）所示的三相相电压相交时刻 ωt_1、ωt_2、ωt_3、ωt_4 将发生 VD_3 和 VD_1、VD_1 和 VD_2、VD_2 和 VD_3、VD_3 和 VD_1 之间的二极管换相，即电流由一个二极管向另一个二极管转移，将这些相交时刻称为自然换相点。自然换相点是各相晶闸管能触发导通的最早时刻，将其作为计算各晶闸管触发角 α 的起点，即在该时刻，$\alpha = 0$。要改变控制角只能在此基础上增大它，即沿时间坐标轴向右移动。

由图 4-11（b）可知，在自然换相点 ωt_1 后，a 相电压最高，当有其他晶闸管导通情况下，a 相晶闸管 VT_1 开始承受正向阳极电压，可以触发导通；而在 ωt_2 后，b 相电压最高，VT_2 可以触发导通；在 ωt_3 后，c 相电压最高，VT_3 可以触发导通。因此，自然换相点是各相晶闸管能触发导通的最早时刻。

由图 4-11（a）可知，当三只晶闸管都不导通时，直流输出电压 $u_d = 0$，晶闸管阳极和阴极两端的电压为

$$u_{VT} = u_x \quad (4\text{-}17)$$

其中，u_x 为晶闸管所在相的相电压。

当有一个晶闸管导通时，由图 4-12（a）所示等效电路可知，所关注的晶闸管两端电压 u_{VT} 为其所在相相电压 u_x 与导通相的相电压 u_y 之差，即

$$u_{VT} = u_x - u_y \quad (4\text{-}18)$$

直流输出电压为导通相相电压，即

$$u_d = u_y \quad (4\text{-}19)$$

由此，设在自然换相点 ωt_1 时刻之前 VT_3 已经导通，如图 4-12（b）所示，输出电压 $u_d = u_c$，则晶闸管 VT_1 两端电压为 $u_{VT1} = u_a - u_c$。在自然换相点 ωt_1 时刻之后，u_{VT1} 开始大于零，如果在自然换相点 ωt_1 时刻之后对 VT_1 施加触发脉冲，VT_1 将导通。VT_1 导通后，晶闸管 VT_3 两端电压 $u_{VT3} = u_c - u_a < 0$，晶闸管 VT_3 反偏将被强制立即关断，负载电流将从晶闸管 VT_3 转移到 VT_1，

完成换相，直流输出电压变成 $u_d = u_a$。VT_1 到 VT_2 的换相、VT_2 到 VT_3 的换相与上述 VT_3 到 VT_1 的换相道理相同。

共阴极接法带电阻负载三相半波可控整流电路，在控制角 $\alpha = 0°$ 时的工作波形如图 4-13 所示；在控制角 $\alpha = 30°$ 时的工作波形如图 4-14 所示；在控制角 $\alpha = 60°$ 时的工作波形如图 4-15 所示。

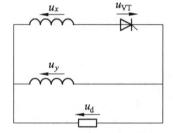
（a）有一个晶闸管导通时的等效电路

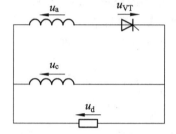
（b）晶闸管 VT_3 导通时的等效电路

图 4-12　一个晶闸管导通时的等效电路

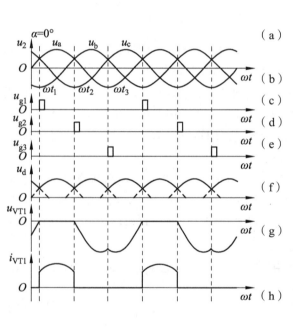

图 4-13　带阻性负载三相半波整流电路
　　　　　$\alpha = 0°$ 时的工作波形

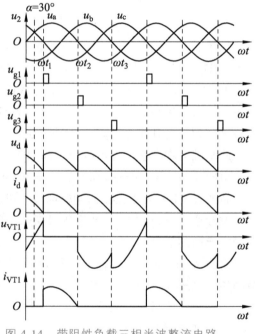

图 4-14　带阻性负载三相半波整流电路
　　　　　$\alpha = 30°$ 时的工作波形

图 4-14（a）给出整流电路交流侧对称的三相电压，由控制和驱动电路给出的触发脉冲如图 4-14（b）~（d）所示，三个晶闸管触发脉冲 u_{g1}、u_{g2}、u_{g3} 依次间隔 120°，在自然换相点后 30° 开始出现。按照三相半波整流电路的控制规律，直流输出电压 u_d 波形如图 4-14（e）所示。由于是电阻负载，有 $i_d = u_d / R$，所以整流输出电流 i_d 的波形与整流输出电压 u_d 相同，如图 4-14（f）所示，i_d 开始出现零值。VT_1 仅在其导通的 1/3 周期内有电流通过，其他时间电流为零，所以流过开关管 VT_1 电流 i_{VT1} 的波形如图 4-14（h）所示。晶闸管 VT_1 两端的电压波形如图 4-14（g）所示，其依据是，当 VT_1 导通时，$u_{VT1} = 0$；当 VT_2 导通时，$u_{VT1} = u_a - u_b$；当 VT_3 导通时，$u_{VT1} = u_a - u_c$。

当控制角 $\alpha > 30°$，例如控制角 $\alpha = 60°$ 时，各电量波形如图 4-15 所示。由图 4-15（c）可知，当导通相的相电压下降过零时，由于 $i_d = u_d / R = 0$，导通的晶闸管因其电流低于维持电流而自然关断，整流输出电流为零直到下一个晶闸管的触发脉冲开通下一相晶闸管为止。对电阻负载，i_d 波形与 u_d 波形相同，所以从图 4-14（e）u_d 波形可知整流输出电流是断续的。控制角 $\alpha = 30°$ 是整流输出电流连续的临界点。

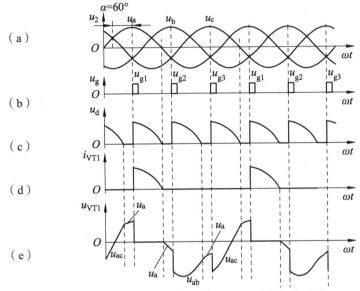

（a）
（b）
（c）
（d）
（e）

图 4-15　带阻性负载三相半波整流电路 $\alpha = 60°$ 时的工作波形

当三个晶闸管都不导通时，晶闸管两端电压为其所在相的相电压，如图 4-15（e）可知，晶闸管 VT_1 两端电压 u_{VT1} 有四种取值，除 u_{ab}、u_{ac}、0 外还有 u_a。由图 4-15（e）还可知，当控制角 $\alpha = 150°$ 时，晶闸管两端电压为零，不能导通。所以带电阻负载三相半波相控整流电路的控制角移相范围为 $0° \sim 150°$。

另外，带电阻负载三相半波相控整流电路晶闸管承受的最大反向阳极电压为线电压幅值，即为

$$U_{RM} = \sqrt{3} \times \sqrt{2} U_2 = \sqrt{6} U_2 \qquad (4-20)$$

晶闸管承受的最大正向阳极电压为相电压电压幅值，即

$$U_{FM} = \sqrt{2} U_2 \qquad (4-21)$$

2. 阻感负载

带阻感负载的三相半波相控整流电路如图 4-16 所示。

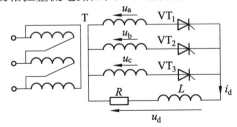

图 4-16　共阴极接法带阻感负载三相半波整流电路

其工作原理与电阻负载基本相同，即：

（1）在一个工作周期内，每个晶闸管工作 1/3 周期。

（2）自然换相点是控制角的起点，三相触发脉冲间隔 120°。

（3）直流输出电压为导通相相电压，即直流输出电压由三相的相电压组成。

（4）晶闸管两端电压为其所在相的相电压与导通相的相电压之差，即为该两相间的线电压。

它们的不同之处在于，由于电感的存在，整流输出电流 i_d 与输出电压 u_d 不成比例，两者的波形不同，并且输出电流 i_d 不能突变，当导通相的相电压下降过零时，电流不为零，原来导通的晶闸管会继续导通，使整流输出电压 u_d 出现负值直到下一相的晶闸管触发导通，才发生换流。例如，a 相晶闸管 VT_1 在直流输出电压 u_d 出现负值的时候仍然导通直到 b 相的晶闸管 VT_2 触发导通向负载供电；同时 VT_2 导通后，向 VT_1 施加反向电压强迫晶闸管 VT_1 关断。随着触发角 α 继续增大，u_d 波形中负值部分越来越多直到触发角 $\alpha = 90°$ 时，u_d 波形中，正值部分和负值部分相等时，此时 u_d 的平均值 $U_d = 0$，所以带阻感负载三相半波相控整流电路的移相范围为 0°~90°，如图 4-17 所示。

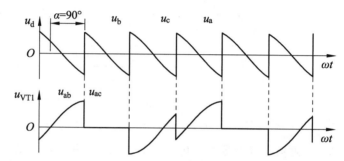

图 4-17　带阻感负载三相半波整流电路 $\alpha = 90°$ 时的工作波形

控制角 $\alpha = 30°$ 是整流输出电压是否出现负值的临界点，当控制角 $\alpha \leq 30°$ 时，整流输出电压 u_d 不会出现负值；当控制角 $\alpha > 30°$ 时，u_d 就会出现负值，如图 4-17 所示为 $\alpha = 60°$ 时的各电量波形。

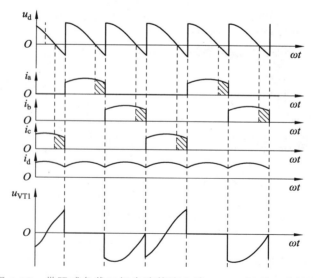

图 4-18　带阻感负载三相半波整流电路 $\alpha = 60°$ 时的工作波形

3. 数值计算

针对三相半波整流电路，带电阻负载时 $\alpha \leqslant 30°$、带阻感负载时 $\alpha \leqslant 90°$ 的情况下，整流输出电流都是连续的，整流输出电压平均值为

$$U_d = \frac{1}{\frac{2\pi}{3}} \int_{\frac{\pi}{6}+\alpha}^{\frac{5\pi}{6}+\alpha} \sqrt{2}U_2 \sin \omega t \, d(\omega t) = \frac{3\sqrt{6}}{2\pi} U_2 \cos \alpha = 1.17 U_2 \cos \alpha \qquad (4\text{-}22)$$

带阻感负载，在触发角 α 的移相范围内，整流输出电流都是连续的。

带电阻负载，当 $30° < \alpha \leqslant 150°$ 时，整流输出电流断续，整流输出电压平均值为

$$\begin{aligned} U_d &= \frac{1}{\frac{2\pi}{3}} \int_{\frac{\pi}{6}+\alpha}^{\pi} \sqrt{2}U_2 \sin \omega t \, d(\omega t) \\ &= \frac{3\sqrt{2}}{2\pi} U_2 \left[1 + \cos \alpha \left(\frac{\pi}{6} + \alpha \right) \right] = 0.675 U_2 \left[1 + \cos \alpha \left(\frac{\pi}{6} + \alpha \right) \right] \end{aligned} \qquad (4\text{-}23)$$

无论何种负载，无论整流输出电流连续与否，整流输出电流平均值均为

$$I_d = \frac{U_d}{R} \qquad (4\text{-}24)$$

流过每个晶闸管电流的平均值为

$$I_{VT} = \frac{1}{3} I_d \qquad (4\text{-}25)$$

变压器二次侧电流即晶闸管电流的有效值为

$$I_{VTrms} = \frac{1}{\sqrt{3}} I_d = 0.577 I_d \qquad (4\text{-}26)$$

由此可求出晶闸管选型额定电流为

$$I_{VT(AV)} = \alpha_V \frac{I_{VTrms}}{1.57} \qquad (4\text{-}27)$$

式中，α_V 为安全系数，一般取 1.5~2。

由式（4-22）可知，在整流输出电流连续的条件下 U_d / U_2 与触发角 α 的余弦成比例关系，如图 4-19 所示。如负载中的电感量不是很大，则在 $\alpha > 30°$ 后，与电感量足够大的情况比较，u_d 中负的部分会减少，整流输出电压平均值 U_d 略为增加。

图 4-19 中的曲线 2 表示的电感负载相当于阻感负载中负载电感足够大或无穷大的假设，这时，就如同图 4-9 所示中，整流输出电流成为一条直线。实际工况中，大部分负载是介于曲线 1 和曲线 2 之间的阻感负载，由图 4-18 所示，输出电流 i_d 有一定的脉动，与图 4-9 中的输出电流有些不同，这是电路工作的实际情况。因为负载中的电感电感量不可能也没必要非常大，通常加装和负载串联的一个平波电抗器使负载电流连续即可。

三相半波整流电路的主要缺点是其变压器二次电流中存在直流分量，可能造成变压器磁芯饱和，因此其应用较少。

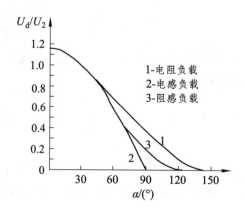

图 4-19 三相半波整流电路 U_d/U_2 与 α 的关系

例 4-1 三相半波整流电路,阻感负载, $U_2 = 120\text{ V}$, $R = 1.2\ \Omega$, $L = 150\text{ mH}$,触发角 $\alpha = 60°$ 。请计算整流输出电压平均值 U_d ,整流输出电流平均值 I_d ,晶体管平均电流 I_{VT} ,晶体管选型额定电流 $I_{VT(AV)}$ 。

解:负载工频感抗为 $\omega L = 2 \times 3.14 \times 50 \times 0.15 = 47.1\ \Omega >> R = 1.2\ \Omega$,能够保证整流输出电流连续。

由式(4-22)得整流输出电压平均值 $U_d = 1.17 U_2 \cos\alpha = 1.17 \times 120 \times \cos 60° = 70.2\ (\text{V})$

由式(4-24)得整流输出电流平均值 $I_d = \dfrac{U_d}{R} = 70.2/1.2 = 58.5\ (\text{A})$

由式(4-25)得晶闸管平均电流 $I_{VT} = \dfrac{1}{3} I_d = 19.5\ (\text{A})$

由式(4-26)得 $I_{VTrms} = \dfrac{1}{\sqrt{3}} I_d = 0.577 I_d = 0.577 \times 58.5 = 33.75\ (\text{A})$

由式(4-27)得晶闸管选型额定电流 $I_{VT(AV)} = \alpha_V \dfrac{I_{VTrms}}{1.57} = (1.5\sim2) \times 33.75/1.57 = 43\ (\text{A})$

由式(4-20)得晶闸管选型额定电压 $U_{RM} = (2\sim3)\sqrt{6} U_2 = 587.8\text{ V} \sim 881.7\text{ V}$

根据计算出来的晶闸管额定电流和额定电压数据,再结合器件手册,上靠器件型号的规格标称数据,最后选择具体的器件型号。

4.3.2 三相桥式相控整流电路

三相桥式相控整流电路是目前广泛应用的整流电路,其原理电路如图 4-20 所示,三相桥式相控整流电路是由 VT_1 、 VT_3 、 VT_5 组成共阴极三相半波相控整流电路和由 VT_4 、 VT_6 、 VT_2 组成的共阳极三相半波相控整流电路串联构成。

在三相桥式相控整流电路中,每个晶闸管的工作特性与其在三相半波相控整流电路中的工作特性相同,即:

每个工作周期中,共阴极组晶闸管 VT_1 、 VT_3 、 VT_5 均轮流导通 120°,并且总是自然换相点后阳极所接交流电压值最大的那个晶闸管触发导通。

每个工作周期中,共阳极组晶闸管 VT_4 、 VT_6 、 VT_2 均轮流导通 120°,并且总是自然换相点后阴极所接交流电压值最负的那个晶闸管触发导通。

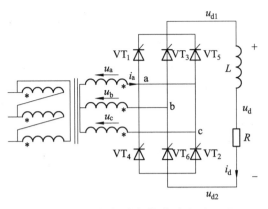

图 4-20　三相桥式相控整流电路原理

任意时刻，共阴极组晶闸管导通的相与共阳极组晶闸管导通的相一定不能是同一相。

因此，任意时刻共阳极组和共阴极组中各有一个晶闸管处于导通状态，施加于负载上的电压为某一线电压，即共阴极组某相导通的晶闸管在负载一端点 d_1 产生的电压 u_{d1} 与该导通晶闸管对应的相电压 u_{y1} 相等，共阳极组某相导通的晶闸管在负载另一端 d_2 产生的电压 u_{d2} 与该导通晶闸管对应的相电压 u_{y2} 相等，有

$$u_d = u_{d1} - u_{d2} = u_{y1} - u_{y2} \tag{4-28}$$

共阴极组晶闸管导通相与共阳极组晶闸管导通相是非同相的，两个非同相的相电压之差就是线电压。

1. 阻性负载

如图 4-21 给出了带电阻负载三相桥式相控整流电路的工作波形。对电阻负载，触发角 $\alpha = 0°$ 时，各晶闸管均在自然换相点换相，这时晶闸管的换相行为与二极管换相相当。由图 4-21 可知，各自然换相点既是变压器二次绕组相电压交点，也是变压器二次侧线电压的交点。

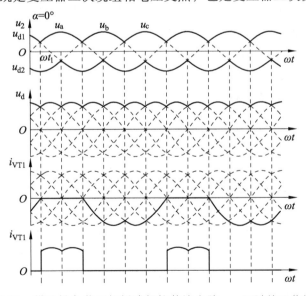

图 4-21　带阻性负载三相桥式相控整流电路 $\alpha = 0°$ 时的工作波形

为了说明各晶闸管的工作情况，将波形中的周期均分为六个时段，每个时段为 $60°$，如图 4-21 所示的 I~VI 段，每时段导通的晶闸管及整流输出电压如表 4-2 所示，这种时段分析的方法是电力电子电路的主要分析方法。由该表可知，三相桥式相控整流电路的六个晶闸管的导通顺序为 $VT_1 - VT_2 - VT_3 - VT_4 - VT_5 - VT_6 - VT_1$。

表 4-2 带阻性负载三相桥式相控整流电路 $\alpha = 0$ 时的工作状态表

时 段	I	II	III	IV	V	VI
共阴极组导通晶闸管	VT_1	VT_1	VT_3	VT_3	VT_5	VT_5
共阳极组导通晶闸管	VT_6	VT_2	VT_2	VT_4	VT_4	VT_6
整流输出电压 u_d	$\begin{pmatrix} u_{d1} = u_a \\ u_{d2} = u_b \end{pmatrix}$	$u_a - u_c = u_{ac}$ $\begin{pmatrix} u_{d1} = u_a \\ u_{d2} = u_c \end{pmatrix}$	$u_b - u_c = u_{bc}$ $\begin{pmatrix} u_{d1} = u_b \\ u_{d2} = u_c \end{pmatrix}$	$u_b - u_a = u_{ba}$ $\begin{pmatrix} u_{d1} = u_b \\ u_{d2} = u_a \end{pmatrix}$	$u_c - u_a = u_{ca}$ $\begin{pmatrix} u_{d1} = u_c \\ u_{d2} = u_a \end{pmatrix}$	$u_c - u_b = u_{cb}$ $\begin{pmatrix} u_{d1} = u_c \\ u_{d2} = u_b \end{pmatrix}$

由表 4-2 可知：

（1）每一时刻均需两个晶闸管导通，形成向负载供电的回路，其中一个晶闸管是共阴极组的，另一个是共阳极组的，并且两个晶闸管不能是同一相的晶闸管。

（2）对触发脉冲的要求是六个晶闸管的脉冲按 $VT_1 - VT_2 - VT_3 - VT_4 - VT_5 - VT_6 - VT_1$ 的顺序发出，相邻触发脉冲的相位相差 $60°$；共阴极组的 VT_1、VT_3、VT_5 的脉冲相位差 $120°$，共阳极组的 VT_4、VT_6、VT_2 的触发脉冲相位差 $120°$；同一相的上下两个桥臂 VT_1 和 VT_4、VT_3 和 VT_6、VT_5 和 VT_2 触发脉冲相位差 $180°$，即同一相两个桥臂上的晶闸管不同时导通。

（3）整流输出电压 u_d 一个工作周期脉动六次，每次脉动的波形相同，所以称为六脉波整流电路。

（4）在整流电路合闸启动过程中或电流断续时，为确保电路的正常工作，需保证同时导通的两个晶闸管均有触发脉冲。采取的措施一种是脉冲宽度大于 $60°$，称为宽脉冲触发；另一种是在触发某个晶闸管的同时，给前一个晶闸管补发一个脉冲，即双脉冲代替宽脉冲，两个脉冲的前沿相位相差 $60°$，两个脉冲的宽度为 $20°~30°$，这种方式称为双脉冲触发方式。多因数比较下，常用的也是这种双脉冲触发方式。

（5）触发角 $\alpha = 0$ 时，晶闸管承受的电压波形如图 4-21 所示。图中给出的 VT_1 两端电压 u_{VT1} 波形与三相半波相控整流电路波形图 4-13 中的 u_{VT1} 电压波形相同，晶闸管承受的最大正、反向电压也相同，分别为 $\sqrt{6}U_2$ 和 $\sqrt{2}U_2$，见式（4-20）和式（4-21）。

随着触发角 α 的改变，电路工作情况也会发生变化，但工作情况分析方法均可遵循表 4-2 给出的六时段分析方法并且每时段对应开通的两个晶闸管也相同。图 4-22 所示为触发角 $\alpha = 30°$ 的电路波形；图 4-23 所示为触发角 $\alpha = 60°$ 的电路波形；图 4-24 所示为触发角 $\alpha = 90°$ 的电路波形。

如图 4-22 所示为 $\alpha = 30°$ 的电路波形。与图 4-21 中 $\alpha = 0°$ 时的情况比较，一个工作周期中，u_d 波形仍然由六段线电压组成，每一段导通晶闸管的编号等仍然符合表 4-1 所示的规律。区别在于，晶闸管起始导通时刻延迟了 $30°$，组成 u_d 的每一段线电压波形也发生了相应的变化，u_d 平均值降低。图中给出了变压器二次侧 a 相电流 i_a 的波形，该波形的特点是，在 VT_1 处于通态的 120°时段内，i_a 为正值，i_a 波形的形状与 u_d 的相同，在 VT_4 处于通态的 120°时段内，i_a 波形的形状仍然与 u_d 波形的形状相同，但 i_a 为负值。

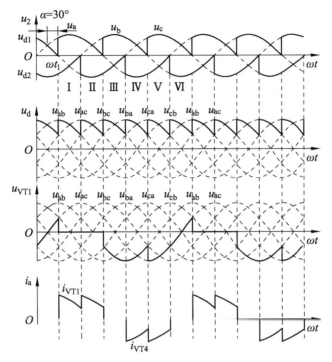

图 4-22　带阻性负载三相桥式相控整流电路 $\alpha = 30°$ 时的工作波形

如图 4-23 所示为 $\alpha = 60°$ 的电路波形。与图 4-22 中 $\alpha = 30°$ 时的情况相似，只是波形继续后移并且 u_d 出现零值，但整流输出电流仍然连续。

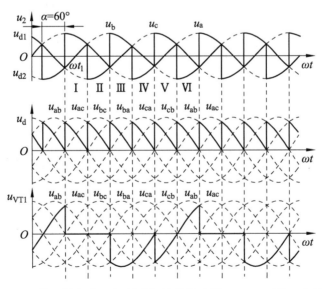

图 4-23　带阻性负载三相桥式相控整流电路 $\alpha = 60°$ 时的工作波形

但 $\alpha > 60°$ 后，如 $\alpha = 90°$ 带电阻负载三相桥式相控整流电路的工作波形如图 4-24 所示，此时 u_d 波形每 60°就有 30°为零，一旦 u_d 为零，电阻负载的 i_d 降到零，流过晶闸管的电流也降到零从而自然关断相应的晶闸管。图 4-24 还给出变压器二次侧电流 i_a 的波形。

如果触发角 α 继续增大到 120°，直流输出电压 u_d 的波形全部为零，其平均值也为零，说明带电阻负载三相桥式相控整流电路的移相范围为 0°~120°。

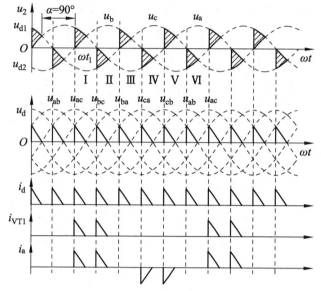

图 4-24　带阻性负载三相桥式相控整流电路 $\alpha = 90°$ 时的工作波形

2. 阻感负载

三相桥式相控整流电路大多用于向阻感负载和反电动势负载供电的场合，例如用于直流电动机这样的反电动势负载供电。如图 4-25 给出了带阻感负载三相桥式相控整流电路 $\alpha = 0°$ 时的工作波形，如图 4-26 给出了带阻感负载三相桥式相控整流电路 $\alpha = 30°$ 时的工作波形。

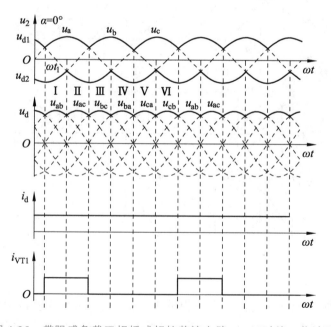

图 4-25　带阻感负载三相桥式相控整流电路 $\alpha = 0°$ 时的工作波形

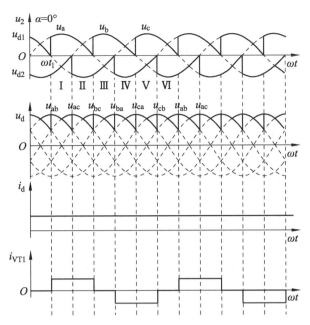

图 4-26　带阻感负载三相桥式相控整流电路 α = 30°时的工作波形

对带阻感负载三相桥式相控整流电路，当 α≤60°时，u_d 波形连续，电路的工作波形与带阻性负载三相桥式相控整流电路 α≤60°时的工作波形相同，各晶闸管的通断情况、整流输出电压波形、晶闸管承受的电压波形也基本一样。不同的是，电阻负载的整流输出电流波形与整流输出电压波形相同，而阻感负载，由于电感的储能作用，使得整流输出电流波形变得平直，当电感足够大时，整流输出电流波形成了一根水平直线。

当 α>60°时，阻感负载时的电路工作情况与阻性负载时的不一样，阻性负载时的整流输出电压波形因反偏强迫关断之前导通的晶闸管，所以不会出现负值的部分；阻感负载时，由于电感 L 的作用，u_d 波形会出现负值的部分，如图 4-27 所示的 u_d 波形。若电感足够大，u_d 中正负面积基本相等，u_d 的平均值为零，所以带阻感负载时，三相全桥相控整流电路的移相范围为 0°~90°。

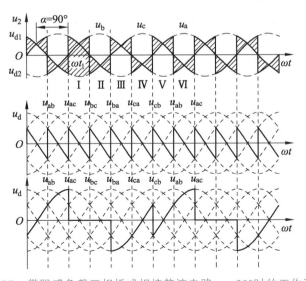

图 4-27　带阻感负载三相桥式相控整流电路 α = 90°时的工作波形

3. 反电动势负载

三相全桥相控整流电路带反电动势负载时，通常要在直流侧串联一个平波电抗器，以保证负载电流连续，因此电路的工作情况与带阻感负载时相似，电路中各处电压电流波形相同，仅在计算 I_d 有所不同，带反电动势负载时的 I_d 为

$$I_d = \frac{U_d - E_m}{R} \tag{4-29}$$

式中，E_m 为反电动势电压。

三相全桥相控整流电路带反电动势负载时，保证负载电流 i_d 连续的电感量为

$$L \geqslant 0.693 \times 10^{-3} \frac{U_{2rms}}{I_{dmin}} \tag{4-30}$$

式中，L 为回路总电感量，包括平波电抗器电感、电枢电感、变压器漏感等，单位为 H；U_{2rms} 为变压器二次侧相电压有效值，单位为 V；I_{dmin} 为最小负载电流，单位为 A，通常取电动机额定电流的 5%~10%。

4. 数值计算

带电阻负载三相桥式相控整流电路 $\alpha \leqslant 60°$、带阻感负载三相桥式相控整流电路 $\alpha \leqslant 90°$ 时，整流输出电流是连续的，整流输出电压平均值为

$$U_d = \frac{1}{\frac{\pi}{3}} \int_{\frac{\pi}{3}+\alpha}^{\frac{2\pi}{3}+\alpha} \sqrt{6} U_2 \sin \omega t \mathrm{d}(\omega t) = 2.34 U_2 \cos \alpha \tag{4-31}$$

带电阻负载三相全桥相控整流电路 $60° < \alpha \leqslant 120°$ 时，整流输出电流断续，此时的整流输出电压平均值为

$$U_d = \frac{3}{\pi} \int_{\frac{\pi}{3}+\alpha}^{\pi} \sqrt{6} U_2 \sin \omega t \mathrm{d}(\omega t) = 2.34 U_2 \left[1 + \cos\left(\frac{\pi}{3} + \alpha\right) \right] \tag{4-32}$$

无论何种负载，无论整流输出电流连续与否，整流输出电流平均值均为

$$I_d = \frac{U_d}{R} \tag{4-33}$$

流过每个晶闸管电流的平均值为

$$I_{VT} = \frac{1}{3} I_d \tag{4-34}$$

晶闸管电流的有效值为

$$I_{VTrms} = \frac{I_d}{\sqrt{3}} = 0.577 I_d \tag{4-35}$$

变压器二次侧电流为

$$I_{2rms} = \sqrt{\frac{2}{3}} I_d = 0.816 I_d \tag{4-36}$$

由此可求出晶闸管选型额定电流为

$$I_{\mathrm{VT(AV)}} = \alpha_{\mathrm{V}} \frac{I_{\mathrm{VTrms}}}{1.57} \qquad\qquad (4\text{-}37)$$

式中，α_{V} 为安全系数，一般取 1.5~2。

4.4　大功率相控整流电路

在实际工作中，有些设备需要低电压大电流可控直流电源，这些电源电压只有几十伏，但电流高达几千至几万安。如果采取三相全桥相控整流电路，每相需要十几个晶闸管并联才能满足这么大的电流要求，将使得元件的均流、保护等工作复杂化。前述可知，三相桥式相控整流电路是由两个三相半波电路串联而成，适于高电压小电流的场合。对于低压大电流负载，可采用两组三相半波相控整流电路并联，使每组电路只承担负载电流的一半，同时对变压器二次侧采用适当的连接方式以便消除直流磁化，这里介绍大功率带平衡电抗器的双反星形相控整流电路。

4.4.1　带平衡电抗器的双反星形相控整流电路

如图 4-28 所示为带平衡电抗器的双反星形相控整流电路原理和波形。电路中整流变压器一次绕组为三角形连接，两个二次绕组 a_1、b_1、c_1 和 a_2、b_2、c_2 均为星形连接，但接到晶闸管的两二次绕组的同名端相反，是两个相反的星形，所以称为双反星形。在两个中点之间接有平衡电抗器 L_{p}。所谓平衡电抗器就是一个带中心抽头的铁心线圈，抽头两侧的绕组匝数相等，即两边的电感相等，$L_{\mathrm{P1}} = L_{\mathrm{P2}}$。在任一边线圈中流过交变电流，在 L_{P1} 和 L_{P2} 中均有大小相同、方向相反的感应电动势产生。平衡电抗器类似于变压器漏感。

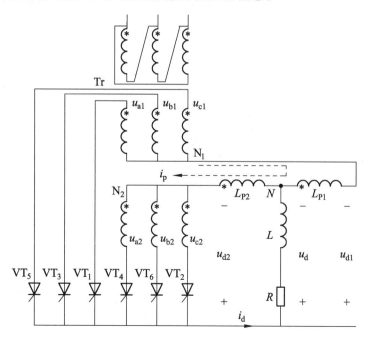

（a）带平衡电抗器的双反星形相控整流电路原理

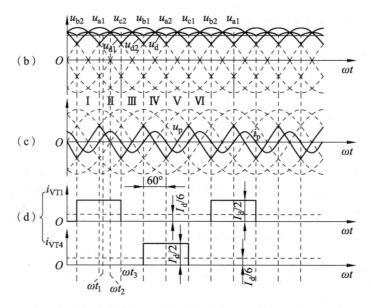

（b）带平衡电抗器的双反星形相控整流电路电压电流波形

图 4-28 带平衡电抗器的双反星形相控整流电路原理和波形

整流变压器二次侧绕组 a_1 和 a_2、b_1 和 b_2、c_1 和 c_2 分别绕在同一铁心上，匝数相同，极性相反。同一铁心上两绕组的电压相位差为 $180°$，两个绕组的电流相位差也为 $180°$，对铁心磁化方向相反，这样就解决了铁心直流磁化问题。如图 4-28（d）所示，由于两组三相半波电路并联，每组只提供负载电流的一半为 $I_d / 2$，每组每相晶闸管的平均电流就只有 $I_d / 6$。

双反星形电路中并联的两组三相半波电路输出的整流电压相位差 $60°$，在同一触发角触发导通下，两组电路输出电压平均值相等，但瞬时值不等，靠平衡电抗器的作用补偿了两组输出电压 u_{d1} 和 u_{d2} 的瞬时电位差，可以使两组晶闸管同时导通，向负载供电。

图 4-29 给出在 ωt_1 时刻的等效电路。在此时刻，由图 4-28（b）可知 u_{a1} 最高，因此，a_1 相的晶闸管 VT_1 触发导通，电流通路如图 4-29 中左边回路所示。VT_1 导通后，流经负载支路及平衡电抗器左半部分绕组的电流增加，在该绕组中感应出电动势 $u_p / 2$，其极性为 N 端为正，N_1 端为负，以阻止该绕组中的电流增加。由于平衡电抗器的右半部分绕组与左半部分绕组匝数相同并且绕在同一铁心上，所以右半部分绕组也感应出相同的电动势 $u_p / 2$，其极性为：N_2 端为正，N 端为负。这样，N_2 端电位高于 N_1 端电位，相当于抬升了晶闸管 VT_4、VT_6、VT_2 的阳极电位，因此，晶闸管 VT_4、VT_6、VT_2 都可能导通。由图 4-28（b）可知，在 ωt_1 时刻，u_{c2} 最接近 u_{a1}，一旦 $u_{c2} + u_p - u_{a1} > 0$，则 VT_2 承受正压而触发导通，即 VT_1 和 VT_2 同时导通，如图 4-29 所示。

到了 ωt_2 时刻，由图 4-28（b）可知 $u_{c2} = u_{a1}$，$u_p = 0$，此后，$u_{c1} > u_{a2}$，流经 VT_1 的电流减小，流经 VT_2 的电流增加，平衡电抗器上的感应电动势的极性与上述极性相反，这时，$u_{a1} + u_p / 2 = u_{c2} - u_p / 2$，$VT_1$ 和 VT_2 继续导通，直到 ωt_3 时刻，$u_{b1} > u_{a1}$，晶闸管 VT_3 触发导通，晶闸管 VT_1 反偏强制关断为止。这时，电流从 VT_1 换流到 VT_3，此后 VT_2 和 VT_3 同时导通，继续向负载供电。

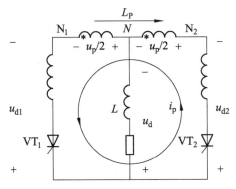

图 4-29　ωt_1 时刻等效电路

由以上分析可知，由于平衡电抗器的作用，补偿了两组输出 u_{d1} 和 u_{d2} 的瞬时电位差，从而使两组晶闸管同时导通，实现两个三相半波整流电路并联。

从图 4-29 的左边回路来看，整流电路输出电压为

$$u_d = u_{d1} - u_p / 2 \tag{4-38}$$

从图 4-29 的右边回路来看，整流电路输出电压为

$$u_d = u_{d2} + u_p / 2 \tag{4-39}$$

从而有

$$u_d = (u_{d1} + u_{d2}) / 2 \tag{4-40}$$

$$u_p = u_{d1} - u_{d2} \tag{4-41}$$

由图 4-28（b）可知，u_{d1} 和 u_{d2} 瞬时值不相等，始终存在电压 u_p 加在平衡电抗器两端，将在平衡电抗器和两组整流变压器间产生环流 i_p，如图 4-28（c）和图 4-29 所示，此环流不流过负载。

4.4.2　两组三相桥式整流电路并联组成的 12 脉波相控整流电路

大功率整流电路在电机调速、电化学加工等工业领域中得到了广泛的应用，但其非线性和时变性给电网带来了污染，产生了大量的谐波。多脉波整流技术是解决大功率整流电路谐波污染的有效措施。在一个周期内，整流装置输出电压的脉波数越多，则它的谐波阶次越高，谐波幅值越小，滤除谐波的代价越小，整流特性越好。当负载更大且要求电压脉动小时，可采用两个三相桥式整流电路输出端并联，构成 12 脉波相控整流电路。

如图 4-30（a）给出了 12 脉波相控整流电路原理。它由两组三相全桥整流电路经平衡电抗器并联而成。三相全桥相控整流电路的输出电压是 6 脉波整流电压，为了得到 12 脉波输出电压，需要两组三相交流电源，且两组电源相位差 30°。为此，整流变压器采用三相三绕组变压器，一次绕组采用 Y 连接；二次绕组 a_1、b_1、c_1 采用 Y 连接，其每相匝数为 N_2；二次绕组 a_2、b_2、c_2 采用 △ 连接，其每相匝数为 $\sqrt{3}N_2$，这样变压器两个二次绕组的线电压数值相等。

1#桥的 A、O 端所接的是变压器绕组 a_1、b_1 相的线电压，2#桥的 B、O 端所接的是变压器二次绕组 a_2 的相电压，因此 1#、2#桥所接的是两个相位差 30°、大小相等的三相电压。

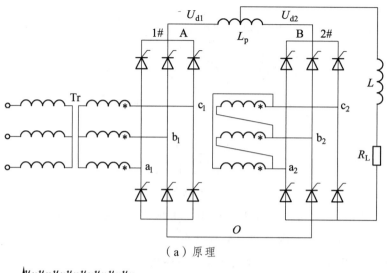

（a）原理

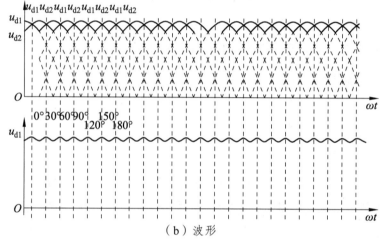

（b）波形

图 4-30　12 脉波相控整流电路原理及波形

当 $\alpha = 0$ 时，1#桥和 2#桥输出的分别是两个波形相同、相位差 30° 的 6 脉波整流电压 u_{d1} 和 u_{d2}，如图 4-30（b）所示。在时段 1 内，$u_{d1} \leqslant u_{d2}$；在时段 2 内，$u_{d1} > u_{d2}$。若无平衡电抗器 L_p，任何时候都只有一组桥工作并提供全部负载电流。加上平衡电抗器后，任何时刻都有 $u_p = u_{d1} - u_{d2}$，在平衡电抗器两个绕组上各压降 $u_p/2$，使 u_{d1}、u_{d2} 达到平衡，两个桥同时工作，共同承担负载电流。这样，每个整流时间及变压器二次绕组的导通时间增加一倍，而整流桥的输出电流为负载电流的一半，这为大电流负载供电创造了条件。

12 脉波相控整流电路一个工作周期内输出 12 个波头，脉动减小，不仅减少了交流输入电流的谐波，同时减少了输出电压中的谐波幅值。由两组三相桥式整流电路并联的 12 脉波相控整流电路输出电压平均值与一组三相桥的整流电压平均值相等，适合于大电流应用。

4.4.3　两组三相桥式整流电路串联的 12 脉波相控整流电路

如图 4-31（a）所示为 12 脉波串联整流电路的工作原理，其中 1#桥和 2#桥的输出串联。整流变压器二次绕组 a_1、b_1、c_1 和 a_2、b_2、c_2 分别采样 Y 连接和 △ 连接，构成 30° 相位差的两组电压，而△连接的变压器二次绕组相电压为 Y 连接的二次绕组相电压的 $\sqrt{3}$ 倍，当变压器一次绕组和两组二次绕组的匝数比 $1:1:\sqrt{3}$ 时，二次侧两绕组的线电压数值相等。

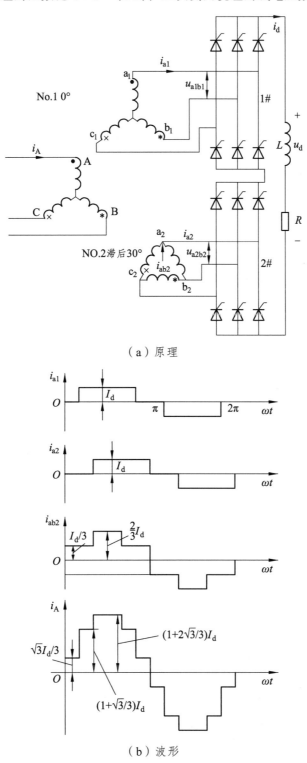

（a）原理

（b）波形

图 4-31　串联 12 脉波相控整流电路原理及波形

图 4-31（b）中，i_{a1}、i_{a2} 分别为 1#桥和 2#桥 A 相线电流，i'_{a1} 和 1#桥和 $i'_{ab2'}$ 为 2#桥电流折算到变压器一次侧电流，且有 $i_A = i'_{a1} + i'_{ab2}$。

从整流电路的连接可知，两组整流桥电流输出电压是相加关系，输出电压是一组整流电路的 2 倍，输出电流没有增加。图 4-31（b）给出了 12 相整流电路变压器一次电流波形。

A 相一次侧输入电流为

$$
\begin{aligned}
i_A = \frac{4\sqrt{3}}{\pi} I_d [&\sin(\omega t) + \frac{1}{11}\sin(11\omega t) + \frac{1}{13}\sin(13\omega t) + \\
&\frac{1}{23}\sin(23\omega t) + \frac{1}{25}\sin(25\omega t)]
\end{aligned} \tag{4-42}
$$

由此可知，网侧电流含有 $12k\pm1$ 次谐波。

将两组整流桥的输出电压串联起来向负载供电，称为串联多重结构，适用于要求高电压、高供电质量的负载。

4.4.4 三相整流电路电量关系

常见三相相控整流电路在不同负载下的电量关系如表 4-3 所示。

表 4-3　三相相控整流电路在不同负载下的电量关系

主电路		三相半波	三相全桥	带平衡电抗器双反星形
$\alpha = 0°$输出电压 U_{do}		$1.17U_2$	$2.34U_2$	$1.17U_2$
阻性负载或阻感负载加续流二极管 $u_{BO'}$		$0 \leqslant \alpha \leqslant \pi/6$：$U_{do}\cos\alpha$ $\pi/6 < \alpha \leqslant 5\pi/6$： $0.577U_{do}[1+\cos(\alpha+\pi/6)]$	$0 \leqslant \alpha \leqslant \pi/3$：$U_{do}\cos\alpha$ $\pi/3 < \alpha \leqslant 2\pi/3$： $U_{do}[1+\cos(\alpha+\pi/3)]$	$0 \leqslant \alpha \leqslant \pi/3$：$U_{do}\cos\alpha$ $\pi/3 < \alpha \leqslant 2\pi/3$： $U_{do}[1+\cos(\alpha+\pi/3)]$
阻感负载 U_d		$U_{do}\cos\alpha$	$U_{do}\cos\alpha$	$U_{do}\cos\alpha$
脉动频率		$3f$	$6f$	$6f$
元件承受最大电压		$\sqrt{6}U_2$	$\sqrt{6}U_2$	$\sqrt{6}U_2$
移相范围	阻性负载或阻感负载加续流二极管	$0 \sim 5\pi/6$	$0 \sim 2\pi/3$	$0 \sim 2\pi/3$
	阻感负载	$0 \sim \pi/2$	$0 \sim \pi/2$	$0 \sim \pi/2$
最大导通角		$2\pi/3$	$2\pi/3$	$2\pi/3$
特点与适用场合		变压器存在直流分量，用在功率不大的场合	各项指标好，用于电压控制要求高或需要逆变的场合	在相同 I_d 情况下，元件电流应力最低，适于低压大电流场合

4.5　变压器漏感对整流电路的影响

整流变压器存在漏磁电感，又称为漏感，漏感与其他电感一样，会对电流的变化产生阻碍作用。如图 4-24、图 4-25 所示晶闸管中的电流和整流变压器二次侧电流,其变化都是瞬间完成的,即整流电路的换相是在瞬间完成的。整流变压器实际存在漏感使得换相过程不能瞬间完成,这是变压器漏感对整流电路最主要的影响。下面以三相半波相控整流电路为例,分析变压器的换相过程,并计算有关电量。

整流变压器的分布漏感用一个集中参数 L_B 来表示,并将其折算到变压器二次侧。考虑变压器漏感时的三相半波相控整流电路如图 4-32 所示,负载为阻感负载并假设负载电感足够大使整流输出电流可认为是一条水平直线,其大小为 I_d。

以 a 相晶闸管 VT_1 和 b 相晶闸管 VT_2 的换相过程为例进行分析。VT_1 导通时流过负载电流 I_d,VT_2 触发导通后,变压器漏感的作用使 VT_1 中的电流由 I_d 逐渐降至零,而 VT_2 中的电流由零逐渐增大到 I_d,此过程的等效电路如图 4-33 所示。

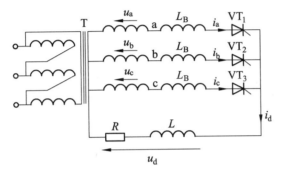

图 4-32　考虑变压器漏感时的三相半波相控整流电路

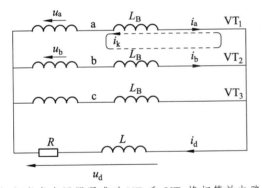

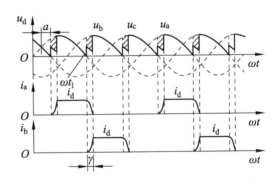

（a）考虑变压器漏感时 VT_1 和 VT_2 换相等效电路　　（b）考虑变压器漏感时 VT_1 和 VT_2 换相波形

图 4-33　考虑变压器漏感时 VT_1 和 VT_2 换相过程的等效电路和工作波形

如图 4-33 可知,在时刻 ωt_1 之前,VT_1 导通,到时刻 ωt_1,VT_2 触发导通。此时,由于 a 相、b 相均有漏感,使 i_a 和 i_b 不能突变,VT_1 继续导通,出现 VT_1 和 VT_2 同时导通的状态。此时,a 相和 b 相被短路并形成由相间压差 $u_b - u_a$ 产生环流 i_k,有

$$u_b - u_a = 2L_B \frac{di_k}{dt} \tag{4-43}$$

$i_k = i_b$ 从零不断增大,$i_a = I_d - i_k$ 从 I_d 不断减小,直到 $i_k = I_d$。此时 $i_a = I_d - i_k = 0$,VT_1 自然关断,完成换相过程。如图 4-33（b）所示,换相过程这段时间对应的电角度称为换相重叠角,用 γ 来表示。

在上述换相过程中，整流输出电压的瞬时值为

$$u_d = u_a + L_B \frac{di_k}{dt} = u_b - L_B \frac{di_k}{dt} = \frac{u_a + u_b}{2} \qquad (4\text{-}44)$$

式中，a 相漏感的作用是阻止 i_a 减小，即 a 相漏感的电压极性为左负右正，与相电压 u_a 同方向，所以漏感电动势为+号；b 相漏感的作用是阻止 i_b 增加，即 b 相漏感的电压极性为左正右负，与相电压 u_a 反方向，所以漏感电动势为−号。

由式（4-44）可知，电路输出电压为两个晶闸管所在相电压的平均值，由此可得换相期间 u_d 的波形如图 4-33（b）所示。与不考虑变压器漏感时相比，整流输出电压 u_d 少了阴影部分一块，整流输出电压平均值 U_d 有所降低，降低的部分称为换相压降，用 ΔU_d 表示。

如图 4-33（b）所示，有

$$\Delta U_d = \frac{1}{2\pi/3} \int_{\frac{5\pi}{6}+\alpha}^{\frac{5\pi}{6}+\alpha+\gamma} (u_b - u_d) d(\omega t) = \frac{3}{2\pi} \int_{\frac{5\pi}{6}+\alpha}^{\frac{5\pi}{6}+\alpha+\gamma} \left[u_b - \left(u_b - L_B \frac{di_k}{dt} \right) \right] d(\omega t)$$
$$= \frac{3}{2\pi} \int_{\frac{5\pi}{6}+\alpha}^{\frac{5\pi}{6}+\alpha+\gamma} L_B \frac{di_k}{dt} d(\omega t) = \frac{3}{2\pi} \int_{\frac{5\pi}{6}+\alpha}^{\frac{5\pi}{6}+\alpha+\gamma} \omega L_B di_k = \frac{3 X_B I_d}{2\pi} \qquad (4\text{-}45)$$

式中，X_B 为折算到变压器二次侧的漏抗。

由式（4-45）可得

$$di_k = \frac{u_b - u_a}{2L_B} dt = \frac{1}{2L_B} \sqrt{6} U_2 \sin\left(\omega t - \frac{5\pi}{6} \right) dt$$
$$= \frac{1}{2X_B} \sqrt{6} U_2 \sin\left(\omega t - \frac{5\pi}{6} \right) d(\omega t)$$

得

$$i_k = \int_{\frac{5\pi}{6}+\alpha}^{\omega t} \frac{\sqrt{6} U_2}{2 X_B} \sin\left(\omega t - \frac{5\pi}{6} \right) d(\omega t) = \frac{\sqrt{6} U_2}{2 X_B} \left[\cos\alpha - \cos\left(\omega t - \frac{5\pi}{6} \right) \right] \qquad (4\text{-}46)$$

由图 4-33（b）可知，当 a 相和 b 相换相结束时，$\omega t = \frac{5\pi}{6} + \alpha + \gamma, i_k = I_d$，所以有

$$I_d = \frac{\sqrt{6} U_2}{2 X_B} [\cos\alpha - \cos(\alpha + \gamma)] \qquad (4\text{-}47)$$

即有

$$\cos\alpha - \cos(\alpha + \gamma) = \frac{2 X_B I_d}{\sqrt{6} U_2} \qquad (4\text{-}48)$$

由式（4-48）可计算三相半波相控整流电路的换相重叠角 γ。

由式（4-45）和式（4-48）可知，影响 ΔU_d 和 γ 的因数和作用效果是 I_d 越大，ΔU_d 和 γ 越大；X_B 越大，ΔU_d 和 γ 越大；当 $\alpha \leqslant 90°$ 时，α 越小，γ 越大。

考虑一般情况，有

$$\Delta U_d = \frac{m X_B I_d}{2\pi} \qquad (4\text{-}49)$$

式中，m 为整流电路一个周期内的换相次数。

$$\cos\alpha - \cos(\alpha+\gamma) = \frac{X_B I_d}{\sqrt{2}U_2 \sin\dfrac{\pi}{m}} \qquad (4\text{-}50)$$

对于三相半波相控整流电路，$m=3$；对于三相全桥相控整流电路，$m=6$；对于单相桥式整流电路，$m=2$。此外，单相桥式整流电路中使用式（4-49）和式（4-50），I_d 应以 $2I_d$ 代入，这是由于单相桥式整流电路的整流变压器二次侧电流 i_2，在换相过程中是在 I_d 与 $-I_d$ 之间变化，如图 4-9（g）所示，i_2 的变化量为 $2I_d$。上述论述归结如表 4-4 所示。

表 4-4　各种整流电路换相压降和重叠角计算式

参数	单相全波	单相全桥	三相半波	三相全桥	m 脉波整流电路
ΔU_d	$\dfrac{X_B I_d}{\pi}$	$\dfrac{2X_B I_d}{\pi}$	$\dfrac{3X_B I_d}{2\pi}$	$\dfrac{3X_B I_d}{\pi}$	$\dfrac{mX_B I_d}{2\pi}^{(1)}$
$\cos\alpha - \cos(\alpha+\gamma)$	$\dfrac{X_B I_d}{\sqrt{2}U_2}$	$\dfrac{2X_B I_d}{\sqrt{2}U_2}$	$\dfrac{2X_B I_d}{\sqrt{6}U_2}$	$\dfrac{2X_B I_d}{\sqrt{6}U_2}$	$\dfrac{X_B I_d}{\sqrt{2}U_2 \sin\dfrac{\pi}{m}}^{(2)}$

（1）单相全桥整流电路的换相过程中，环流 i_k 是从 $-I_d$ 变为 I_d，本表所列通用公式不适用。

（2）三相全桥等效为相电压等于 $\sqrt{3}U_2$ 的六脉波整流电路，所以其 $m=6$，相电压按 $\sqrt{3}U_2$ 代入。

进一步分析可得出如下变压器漏感对整流电路的影响：

①出现换相重叠角 γ，整流输出电压平均值 U_2 降低。

②整流电路的工作状态增多，例如三相全桥相控整流电路的工作状态由 6 种增加到 12 种：

$$(VT_1、VT_2) \to (VT_1、VT_2、VT_3) \to (VT_2、VT_3) \to$$
$$(VT_2、VT_3、VT_4) \to (VT_3、VT_4) \to (VT_3、VT_4、VT_5) \to$$
$$(VT_4、VT_5) \to (VT_4、VT_5、VT_6) \to (VT_5、VT_6) \to (VT_5、VT_6、VT_1) \to$$
$$(VT_6、VT_1) \to (VT_6、VT_1、VT_2) \to$$
$$(VT_1、VT_2) \to \cdots$$

③晶闸管的 di/dt 减小，有利于晶闸管的安全导通，有时人为串入进线电抗器以抑制 di/dt。

④换相时晶闸管电压出现缺口，产生正的 du/dt，可能使晶闸管误导通，为此必须加吸收电路。

⑤换相使电网电压出现缺口，成为干扰源。

例 4-2　三相全桥相控整流电路，带反电动势阻感负载，直流电动势 $E_m = 120\text{ V}$，电阻 $R=2\ \Omega$，电感 L 足够大，整流变压器漏感 $L_B = 1.5\text{ mH}$。交流电源相电压 $U_2 = 200\text{ V}$，触发角 $\alpha = 30°$。求直流输出电压 U_d、整流输出电流 I_d 和换相重叠角 γ。

解：按题意可得如图 4-34 所示等效电路，其中 U_d' 为不考虑变压器漏感时的整流电路输出电压平均值。

$$U'_\mathrm{d} = \begin{cases} 0.9U_2\cos\alpha; \text{单相桥式相控整流电路} \\ 1.17U_2\cos\alpha; \text{三相半波相控整流电路} \\ 2.34U_2\cos\alpha; \text{三相全桥相控整流电路} \end{cases} \quad (4\text{-}51)$$

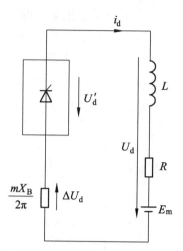

图 4-34　考虑变压器漏感的整流等效电路

图中，$\dfrac{mX_\mathrm{B}}{2\pi}$ 为变压器漏感引起整流电路输出电压平均值下降 ΔU_d 的等效阻抗，

$\Delta U_\mathrm{d} = \dfrac{mX_\mathrm{B}I_\mathrm{d}}{2\pi}$，$X_\mathrm{B} = 2\pi f L_\mathrm{B}, f = 50\ \mathrm{Hz}$。

由图 4-34 可知基尔霍夫环路电压方程为

$$U'_\mathrm{d} - E_\mathrm{m} - \frac{mX_\mathrm{B}I_\mathrm{d}}{2\pi} - RI_\mathrm{d} = 0$$

式中，$\dfrac{mX_\mathrm{B}}{2\pi}$ 是交流阻抗对整流电路影响的等效阻抗。

可得整流输出直流电流为

$$I_\mathrm{d} = \frac{U'_\mathrm{d} - E_\mathrm{m}}{\dfrac{mX_\mathrm{B}}{2\pi} + R} \quad (4\text{-}52)$$

本题 $U'_\mathrm{d} = 2.34U_2\cos\alpha = 405.3\ \mathrm{V}$，$m = 6$，$E_\mathrm{m} = 120\ \mathrm{V}$，$R = 2\ \Omega$，

$$X_\mathrm{B} = 2\pi f L_\mathrm{B} = 2 \times 3.14 \times 50 \times 1.5 \times 10^{-3} = 0.471\ \Omega$$

代入式（4-52）得

$$I_\mathrm{d} = 116.4\ \mathrm{A}$$

由图 4-34 可知

$$U_\mathrm{d} = I_\mathrm{d}R + E_\mathrm{m} = U'_\mathrm{d} - \frac{mX_\mathrm{B}I_\mathrm{d}}{2\pi} = 405.3 - \frac{6 \times 0.471 \times 116.4}{2 \times 3.14} = 352.9\ （\mathrm{V}）$$

由表 4-4 可得

$$\cos\alpha - \cos(\alpha+\gamma) = \cos 30° - \cos(30+\gamma) = \frac{2X_{\mathrm{B}}I_{\mathrm{d}}}{\sqrt{6}U_2} = 0.129$$

可得

$$\cos(30+\gamma) = 0.866 - 0.129 = 42.34$$

可得

$$\gamma = 12.34°$$

4.6　电容滤波的不可控整流电路

不可控整流电路是由不可控二极管构成的整流电路。目前有很多电力电子装置是由多个基本变流电路组成的，如交-直-交变频器、不间断电源等由 AC-DC 和 DC-AC 两个基本变流电路组成，直流开关电源由 AC-DC、DC-AC 和 AC-DC 三个基本变流电路组成。为了简化控制电路，AC-DC 电路很多都采用不可控整流方案。不可控整流电路通常经电容滤波后提供直流电压，供后级变流电路使用。

常用的不可控整流电路有单相桥式和三相桥式两种接法。小功率单相交流输入的场合，如各类电子设备中的开关电源，整流部分采用单相不可控整流电路。本节以单相不可控整流电路为例，分析电容滤波单相不可控整流电路的工作原理、工作波形和特点，如图 4-35 所示。

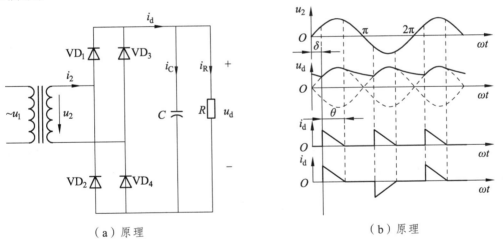

| （a）原理 | （b）原理 |

图 4-35　电容滤波单相桥式不可控整流电路原理及波形

由图 4-35（a）可知，在 u_2 正半周，$u_2 > u_{\mathrm{d}}$ 时，二极管 VD$_1$/VD$_4$ 导通，忽略二极管导通压降，有 $u_{\mathrm{d}} = u_2$；在 u_2 负半周，$|u_2| > u_{\mathrm{d}}$，二极管 VD$_2$/VD$_3$ 导通，$u_{\mathrm{d}} = -u_2$，此时，u_2 是负值，$-u_2$ 仍然是正值。无论 u_2 是在正半周还是在负半周，只要 $|u_2| > u_{\mathrm{d}}$，就有一对二极管导通，并给电容 C 充电和为负载供电；当 $|u_2| \le u_{\mathrm{d}}$，四只二极管都关断，这时，电容 C 为负载提供电能。

如图 4-35（b）所示，u_2 与 u_{d} 在 $\omega t = \delta$ 时刻和 $\omega t = \delta + \theta$ 相交，其中，δ 称为二极管导通起始角，θ 称为二极管导通角。

电容滤波单相桥式不可控整流电路中， 哪些因数会影响二极管导通起始角 δ ，二极管导通角 θ 和整流输出电压平均值 U_d 呢？

在 $\delta \leqslant \omega t \leqslant \delta + \theta$ 时段，有一对二极管导通，由图 4-35（a）可知，整流输出电流为

$$i_d = i_C + i_R \tag{4-53}$$

式中，电容电流为

$$i_C = C\frac{du_C}{dt} = C\frac{du_2}{dt} = \sqrt{2}U_2\omega C\cos\omega t \tag{4-54}$$

负载电流为

$$i_R = \frac{u_d}{R} = \frac{\sqrt{2}}{R}U_2\sin\omega t \tag{4-55}$$

则

$$i_d = i_C + i_R = \sqrt{2}U_2\omega C\cos\omega t + \frac{\sqrt{2}}{R}U_2\sin\omega t \tag{4-56}$$

在 $\omega t < \pi/2$ 时，u_C 随 u_2 上升而上升，$i_C > 0$ 使 C 充电；$\omega t = \pi/2$ 时，$u_{C\max} = \sqrt{2}U_2$。其后，u_C 开始下降，$i_C < 0$ ，电容放电直到 $\omega t = \delta + \theta$ 时刻，整流输出电流 $i_d = i_C + i_R = 0$ ，二极管自然关断。结合式（4-54）有

$$\tan(\theta + \delta) = -\omega RC \tag{4-57}$$

解式（4-57）三角方程有

$$\theta = \pi - \delta - \arctan(\omega RC) \tag{4-58}$$

因为 $\delta + \theta < \pi$ ，所以

$$\sin(\theta + \delta) = \frac{\omega RC}{\sqrt{1 + (\omega RC)^2}} \tag{4-59}$$

在 $\delta + \theta \leqslant \omega t \leqslant \pi + \delta$ 时段，二极管均关断，电容 C 向负载放电供电，构成一阶零输入 RC 电路，其电容电压初始值为

$$u_C(\delta + \theta) = \sqrt{2}U_2\sin(\delta + \theta) = \frac{\sqrt{2}U_2\omega RC}{\sqrt{1 + (\omega RC)^2}} \tag{4-60}$$

时间常数为

$$\tau = RC \tag{4-61}$$

整流输出电压为

$$u_d = u_C = \frac{\sqrt{2}U_2\omega RC}{\sqrt{1 + (\omega RC)^2}}e^{-\frac{t - \frac{\theta + \delta}{\omega}}{RC}} \tag{4-62}$$

由图 4-35（a）可知，整流输出电压 u_d 的周期为 π ，由两段组成，一段为交流电源电压 u_2 ，

一段为式（4-62）的指数衰减电压。直流输出电压平均值为

$$U_d = \frac{1}{\pi}\int_{\delta}^{\pi+\delta}\sqrt{2}U_2\sin\omega t\,d(\omega t) + \frac{1}{\pi}\int_{\theta+\delta}^{\pi+\theta}\frac{\sqrt{2}U_2\omega RC}{\sqrt{1+(\omega RC)^2}}\,e^{-\frac{t-\frac{\theta+\delta}{\omega}}{RC}}\,d(\omega t) \quad (4\text{-}63)$$

$$= \frac{2\sqrt{2}U_2}{\pi}\sin\frac{\theta}{2}\left[\sin\left(\delta+\frac{\theta}{2}\right) + \omega RC\cos\left(\delta+\frac{\theta}{2}\right)\right]$$

ωRC 影响 δ、θ、$U_d/\sqrt{2}U_2$ 值，不同 ωRC 时的 δ、θ、$U_d/\sqrt{2}U_2$ 关系如表 4-5 所示。

表 4-5　δ、θ、$U_d/\sqrt{2}U_2$ 与 ωRC 的函数关系表

ωRC	0（$C=0$）	1	5	10	40	100	500	空　载
δ	0	14.5	40.3	51.7	69	76.3	83.7	90
θ	180	120.5	61	44	22.5	14.3	6.4	0
$U_d/\sqrt{2}U_2$	0.64	0.68	0.83	0.90	0.96	0.98	0.99	1

通常在设计时，应根据负载的情况选择电容 C 值，使 $RC \geqslant \frac{3\sim5}{2}T$，$T$ 为交流电源周期。此时，整流输出电压平均值为

$$U_d \approx 1.2U_2 \quad (4\text{-}64)$$

由电容安秒特性可知，一个周期内流经电容的电流平均值为零，又 $i_d = i_C + i_R$ 得

$$I_d = I_R = \frac{U_d}{R} \quad (4\text{-}65)$$

二极管选型的平均电流为

$$I_{VD(AV)} = (1.5\sim2)\,I_d/2 \quad (4\text{-}66)$$

二极管选型的耐压电压为

$$(2\sim3)\sqrt{2}U_2 \quad (4\text{-}67)$$

4.7　整流电路的谐波与功率因数

电力电子装置的广泛应用使其成为电网最大的谐波源，谐波的存在会给电网及其上的设备带来一系列危害。在各种电力电子装置中，整流装置所占的比例最大。通过单相或三相整流电路的分析可知，整流电路变压器一次、二次电流都不是正弦波，如图 4-9 和图 4-26 所示，为周期性方波，含有 50 Hz 的基波和 3、5、7、11、13…等各次谐波。整流电路直流侧的电压波形不是平直的直流，电阻负载的电流也不是平直的直流，都存在谐波成分。电压和电流的谐波都将造成电网谐波电流和无功电流的增大，对电源和负载产生影响。

4.7.1 整流电路对电网产生的影响

1. 整流电路产生的谐波对公用电网的危害

（1）使供电电源电压和电流波形畸变，增大负载和线路的叠加有害电流，使电网中的元件产生附加损耗，功率因数下降，效率降低。

（2）由于开关过程的快速性等因数，在高电压大电流下，在一定范围内将产生电磁干扰，对邻近的通信系统产生干扰，影响通信设备的正常工作。

（3）谐波将使并联在电源上用于补偿功率因数的电容过热，电容器的高频阻抗低，很容易通过大量的谐波电流，造成高次谐波电流放大，严重的谐波过载会损坏电容器。

（4）谐波容易使继电保护和自动装置等敏感元件误动作。

（5）大量的 3 次谐波和 3 次谐波的整数倍谐波流过中性线，会使线路中性线过载，引起电气测量仪表计量不准确。

2. 整流电路消耗的无功功率对公用电网的影响

（1）导致视在功率的增加，从而增加了电源的容量。

（2）使总电流增加，从而增加线路损耗。

（3）冲击性无功负载会使电网电压剧烈波动。

4.7.2 整流电路的谐波分析基础

1. 谐 波

在前述的整流电路中，交流侧的输入电压都设定为正弦波，但实际的交流输入电流却是非正弦波的周期电量，如图 4-9 和图 4-26 所示，其为周期性方波。根据谐波理论，这些非正弦波周期性电流都满足狄里赫利条件，可进行傅里叶分解，分解的结果包括直流分量、频率和交流电源电压相同的正弦分量，以及一系列的频率整数倍于交流电源电压频率的正弦分量，即

$$i_2 = I_{20} + I_{21m}\sin\omega t + \sum_{n=2}^{\infty}[I_{2nm}\sin(n\omega t + \varphi_n)] \tag{4-68}$$

式中，ω 为交流侧电压 $u_2 = \sqrt{2}U_2\sin(\omega t + \varphi_u)$ 的角频率；I_{20} 为直流分量；$I_{21m}\sin\omega t$ 称为基波；$I_{2nm}\sin(n\omega t + \varphi_n)(n = 2,3,\cdots)$ 称为高次谐波，n 称为谐波次数。

表征谐波大小的两个主要物理量是各次谐波含有率和总谐波畸变率。

以交流侧输入电流为例，n 次谐波的含有量定义为 n 次谐波电流的大小（有效值）I_{2n} 和基波电流大小 I_{21} 之比，用 HRI_n 来表示，即

$$HRI_n = \frac{I_{2n}}{I_{21}} \times 100\% \tag{4-69}$$

同样以交流侧输入电流为例，总谐波畸变定义为总谐波电流的大小 I_{2h} 与基波电流大小 I_{21} 之比，用 THD_i 来表示，即

$$THD_i = \frac{I_{2h}}{I_{21}} \tag{4-70}$$

式中，总谐波电流 I_{2h} 的大小定义为

$$I_{2h} = \sqrt{\sum_{n=2}^{\infty} I_{2n}^2} \tag{4-71}$$

2. 功率因数

在非正弦电路中，有功功率、视在功率、功率因数等的定义均和正弦电路相同。公用电网中，通常电压的畸变很小，电流的畸变较大。因此，不考虑电压畸变，研究电压波形为正弦波、电流波形为非正弦波的实际意义大。

设正弦波电压有效值为 U，含有谐波的非正弦畸变交流电流有效值为 I_{rms}，基波电流有效值及其与电压的相位差为 I_1 和 φ_1，得有功功率为

$$P = UI_1 \cos\varphi_1 \tag{4-72}$$

功率因数为

$$\lambda = \frac{P}{S} = \frac{UI_1 \cos\varphi_1}{UI_{\mathrm{rms}}} = \frac{I_1}{I_{\mathrm{rms}}} \cos\varphi_1 = \nu \cos\varphi_1 \tag{4-73}$$

式中，$\nu = \dfrac{I_1}{I_{\mathrm{rms}}}$ 为基波电流有效值和总电流有效值之比，称为电流畸变系数；$\cos\varphi_1$ 称为位移因数或基波功率因数。由此可见，功率因数是由电流波形畸变和基波功率因数两个因数共同决定的。

4.7.3 交流侧谐波和功率因数分析

相控整流电路流过整流变压器二次侧的是周期性变化的非正弦波电流，它包含大量谐波成分，这些谐波电流在电源回路中引起阻抗变化，使得电源电压中也含有高次谐波。下面分析几种典型带阻感负载整流电路的交流侧谐波。

1. 单相桥式相控整流电路

忽略换相过程和电流脉动，当单相桥式相控整流电路所带阻感负载中电感足够大时，变压器二次侧的电流波形近似为方波，如图 4-9 所示。将电流方波进行傅里叶分解得

$$
\begin{aligned}
i_2 &= \frac{4}{\pi} I_{\mathrm{d}} \left(\sin\omega t + \frac{1}{3}\sin 3\omega t + \frac{1}{5}\sin 5\omega t + \cdots \right) \\
&= \frac{4}{\pi} I_{\mathrm{d}} \sum_{n=1,3,5\cdots} \frac{1}{n}\sin n\omega t = \sum_{n=1,3,5\cdots} \sqrt{2} I_n \sin n\omega t
\end{aligned} \tag{4-74}
$$

式中，基波和各次谐波有效值为

$$I_n = \frac{2\sqrt{2} I_{\mathrm{d}}}{n\pi} \quad n = 1,3,5,\cdots \tag{4-75}$$

电流中仅含奇次谐波，各次谐波电流有效值与谐波次数成反比，且与基波有效值的比值为谐波次数的倒数。由式（4-75）可得基波电流有效值为

$$I_1 = \frac{2\sqrt{2}}{\pi} I_d \tag{4-76}$$

又因变压器二次侧电流 i_2 的有效值为 $I_{2rms} = I_{rms} = I_d$，可得基波因数为

$$\nu = \frac{I_1}{I_{rms}} = \frac{2\sqrt{2}}{\pi} \approx 0.9 \tag{4-77}$$

而电流基波与电压的相位差就是触发角 α，所以位移因数为

$$\lambda_1 = \cos\varphi_1 = \cos\alpha \tag{4-78}$$

最终的功率因数为

$$\lambda = \nu\lambda_1 = \frac{I_1}{I_{rms}} \cos\varphi_1 = \frac{2\sqrt{2}}{\pi} \cos\alpha \approx 0.9\cos\alpha \tag{4-79}$$

2. 三相全桥相控整流电路

带阻感负载的三相全桥相控整流电路如图 4-26 所示，忽略换相过程和电流脉动时，变压器二次侧电流波形为正负半周各宽 120°，前沿相差 180° 的方波。三相电流波形相同，相位差依次为 120°。

由式（4-36）有交流侧输入电流有效值为 $I_{2rms} = \sqrt{\dfrac{2}{3}} I_d = 0.816 I_d$。

以 a 相为例，可将电流波形分解成傅里叶级数有

$$
\begin{aligned}
i_a &= \frac{2\sqrt{3}}{\pi} I_d \left[\sin\omega t - \frac{1}{5}\sin 5\omega t - \frac{1}{7}\sin 7\omega t + \frac{1}{11}\sin 11\omega t + \frac{1}{13}\sin 13\omega t \cdots \right] \\
&= \frac{2\sqrt{3}}{\pi} I_d \sin\omega t + \frac{2\sqrt{3}}{\pi} I_d \sum_{\substack{n=6k\pm1 \\ k=1,2,3\cdots}} (-1)^k \frac{1}{n} \sin n\omega t \\
&= \sqrt{2} I_1 \sin\omega t + \sum_{\substack{n=6k\pm1 \\ k=1,2,3\cdots}} (-1)^k \sqrt{2} I_n \sin n\omega t
\end{aligned}
\tag{4-80}
$$

由此可知：交流侧输入电流仅含 $6k\pm1$（k 为正整数）次谐波，各次谐波有效值与谐波次数成反比，且与基波有效值的比值为谐波次数的倒数。

由式（4-80）可得交流侧输入电流基波有效值 I_1 为

$$I_1 = \frac{\sqrt{6}}{\pi} I_d \tag{4-81}$$

各次谐波有效值 I_n 为

$$I_n = \frac{\sqrt{6}}{n\pi} I_d, \quad n = 6k\pm1, \ k = 1,2,3,\cdots \tag{4-82}$$

由式（4-36）和式（4-81）可得基波因数为

$$\nu = \frac{I_1}{I_{rms}} = \frac{3}{\pi} \approx 0.955 \qquad (4\text{-}83)$$

基波电流与基波电压的相位差为触发角 α，所以位移因数为

$$\cos\varphi_1 = \cos\alpha$$

功率因数为

$$\lambda = \nu\cos\varphi_1 \approx 0.955\cos\alpha \qquad (4\text{-}84)$$

4.7.4 直流侧输出电压和电流的谐波分析

整流电路的输出电压是周期性的非正弦波，其中主要成分是直流分量，同时包含各种频率的谐波，这些谐波对于负载是不利的。下面以 m 相半波相控整流电路 $\alpha = 0°$ 时的整流输出电压为例进行谐波分析。

当 $\alpha = 0°$ 时，m 脉波整流电路的电路输出电压如图 4-36 所示（$m = 3$）。

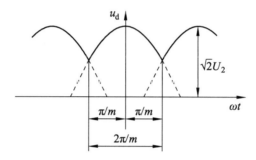

图 4-36　$\alpha = 0°$ 时的 m 脉波整流电路的电路输出电压

将纵坐标选在整流输出电压 u_d 的峰值时刻，则在 $-\pi/m \sim +\pi/m$ 时段，整流输出电压的表达式为 $u_{do} = \sqrt{2}U_2\cos\omega t$，对该电压进行傅里叶级数分解，得到

$$u_{do} = U_{do} + \sum_{n=mk}^{\infty} b_n\cos n\omega t = U_{do}\left(1 - \sum_{n=mk}^{\infty} \frac{2\cos k\pi}{n^2-1}\cos n\omega t\right) \qquad (4\text{-}85)$$

式中，$k = 1,2,3,\dots$；且有

$$U_{do} = \sqrt{2}U_2\frac{m}{\pi}\sin\frac{\pi}{m} \qquad (4\text{-}86)$$

$$b_n = \frac{2\cos k\pi}{n^2-1}U_{do} \qquad (4\text{-}87)$$

将 $m = 1$、2、3、6 分别代入式（4-85）可得单相半波电路、单相桥式电路、三相半波电路、三相桥式电路在 $\alpha = 0°$ 时的整流输出电压傅里叶级数表达式为

单相半波　$u_{do} = \sqrt{2}U_2\frac{1}{\pi}\sin\frac{\pi}{2}\left(1 + \frac{\pi}{2}\cos\omega t + \frac{2\cos 2\omega t}{1\times 3} - \frac{2\cos 4\omega t}{3\times 5} + \frac{2\cos 6\omega t}{5\times 7} - \cdots\right)$

单相桥式　$u_{do} = \sqrt{2}U_2\frac{1}{\pi}\sin\frac{\pi}{2}\left(1 + \frac{2\cos 2\omega t}{1\times 3} - \frac{2\cos 4\omega t}{3\times 5} + \frac{2\cos 6\omega t}{5\times 7} - \cdots\right)$

三相半波 $\quad u_{do} = \sqrt{2}U_2\dfrac{3}{\pi}\sin\dfrac{\pi}{3}\left(1+\dfrac{2\cos3\omega t}{2\times4}-\dfrac{2\cos6\omega t}{5\times7}+\dfrac{2\cos9\omega t}{8\times10}-\cdots\right)$

三相桥式 $\quad u_{do} = \sqrt{2}U_{2L}\dfrac{6}{\pi}\sin\dfrac{\pi}{6}\left(1+\dfrac{2\cos6\omega t}{5\times7}-\dfrac{2\cos12\omega t}{11\times13}+\dfrac{2\cos18\omega t}{17\times19}-\cdots\right)$

注意，对三相桥式电路，变压器二次侧电压有效值为线电压有效值 U_{2L}。

为了描述整流电压 u_{do} 中包含的谐波情况，定义电压纹波因数 γ_u 为 u_{do} 中谐波分量有效值 U_{Rrsm} 与整流电压平均值 U_{do} 之比，即

$$\gamma_u = \frac{U_{Rrsm}}{U_{do}} \tag{4-88}$$

式中，

$$U_{Rrsm} = \sqrt{\sum_{n=mk}^{\infty}U_n^2} = \sqrt{U_{drms}^2 - U_{do}^2} \tag{4-89}$$

式中，整流输出电压有效值为

$$U_{drms} = \sqrt{\frac{m}{2\pi}\int_{-\frac{\pi}{m}}^{\frac{\pi}{m}}(\sqrt{2}U_2\cos\omega t)^2\,\mathrm{d}\omega t} = U_2\sqrt{1+\frac{\sin\dfrac{2\pi}{m}}{2\pi/m}} \tag{4-90}$$

将式（4-86）、式（4-89）代入式（4-88）有

$$\gamma_u = \frac{U_{Rrsm}}{U_{do}} = \frac{\sqrt{\dfrac{1}{2}+\dfrac{m}{4\pi}\sin\dfrac{2\pi}{m}-\dfrac{m^2}{\pi^2}\left(\sin\dfrac{\pi}{m}\right)^2}}{\dfrac{m}{\pi}\sin\dfrac{\pi}{m}} \tag{4-91}$$

表 4-6 给出了不同脉波数 m 时的电压纹波因数值。

表 4-6　不同脉波数 m 时的电压纹波因数值

m	2	3	6	12	∞
γ_u /%	48.2	18.27	4.18	0.994	0

负载电流的傅里叶级数可由整流输出电压的傅里叶级数求得

$$i_d = I_d + \sum_{n=mk}^{\infty}d_n\cos(n\omega t - \varphi_n) \tag{4-92}$$

当负载 R、L 和反电动势 E_m 串联时，式（4-92）可得

$$I_d = \frac{U_{do}-E_m}{R} \tag{4-93}$$

n 次谐波电流的幅值 d_n 为

$$d_n = \frac{b_n}{z_n} = \frac{b_n}{\sqrt{R^2+(\omega L)^2}} \tag{4-94}$$

n 次谐波的滞后角为

$$\varphi_n = \arctan \frac{n\omega L}{R} \qquad (4\text{-}95)$$

由式（4-85）、式（4-92）可知：

①m 脉波整流电压 u_{do} 的谐波次数为 mk（$k=1,2,3,\cdots$）次，即 m 的倍数次；整流输出电流的谐波由整流输出电压的谐波决定，也为 mk 次。

②当 m 一定时，随谐波次数增大，谐波幅值迅速减小，说明最低次的谐波最主要的；当为阻感负载时，负载电流谐波幅值 d_n 的减小更为迅速。

③m 增加时，最低次谐波次数增大，且幅值减小迅速，电压纹波因数迅速下降。

4.8　有源逆变电路

整流电路的作用是将交流电转换为直流电，能量由交流侧向直流侧传递。

逆变是相对于整流的逆向变换过程，它将直流电变换为交流电，实现逆变过程的电路称为逆变电路，其能量是从直流侧向交流侧传递。

当交流侧接电网时，这种逆变电路称为有源逆变电路。有源逆变电路应用在直流可逆调速系统、转子绕线式交流异步电动机串级调速系统、高压直流输电系统、太阳能并网发电等场合。如果交流侧直接连接负载，将直流电逆变为某一频率的交流电为负载供电，这种情况称为无源逆变电路。

有源逆变电路与整流电路有相同的电路结构，这种既可工作在逆变状态又可工作在整流状态的整流电路称为变流电路。

4.8.1　有源逆变产生的条件

1. 电能传递情况

图 4-37 所示为两个直流电源连接的几种情况。

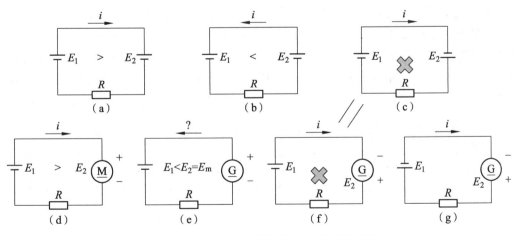

图 4-37　两个直流电源连接时电能传递情况

如图 4-37（a）所示，$E_1 > E_2$，电流从 E_1 流向 E_2，能量从 E_1 流向 E_2。

如图 4-37（b）所示，$E_2 > E_1$，电流从 E_2 流向 E_1，能量从 E_2 流向 E_1。

由此可见，当两个直流电源同极性并联时，电流总是从电源电压高的流向电动势低处，如果回路电阻很小，即使很小的电压差也会产生很大的电流，两个直流电源间交换很大的电能。

如图 4-37（c）所示，两个电源 E_1 和 E_2 串联，同时向电阻 R 供电，供电电流 $I = (E_1 + E_2)/R$。如果电阻很小，供电电流会非常大，相当于短路，应极力避免这种状态的出现。

如图 4-37（d）所示，用直流电机 M 的电枢代替 E_2，则 E_1 向电动机提供电枢电流，电机 M 工作在电动机状态；若电动机 M 工作在制动状态，且电机电枢电动势 $E_m > E_1$，电流将反向流动，电机处于制动发电状态，如图 4-37（e）所示，但是用只能单向导通的晶闸管做主电路开关时，是行不通的。

前述的相控整流电路中，直流整流输出电压是通过晶闸管对交流电源的整流得来的，而晶闸管的单向导电性决定了流过的电流方向是固定的，要想实现电机轴上的机械能转变为电能向电网回馈，只能通过改变发电机电枢极性，如图 4-37（f）所示。此时，如果电源 E_1 的极性不改变，回路变成如图 4-37（c）所示应极力避免的两个电源串联连接方式。为了避免这种状态的出现又要实现能源回馈，只能将 E_1 的极性也改变过来，并当 $E_m > E_1$ 时就实现了目标，如图 4-37（g）所示。

如图 4-38 给出了带反电动势负载直流电机供电的三相半波相控整流电路，整流电路输出电压 U_d 相当于图 4-37 中的电源 E_1，负载电动机 M 的电枢电动势相当于图 4-37 中的电源 E_2。当电动机 M 作发电制动时，希望将电机轴上的机械能回馈给电网，但由于晶闸管的单向导通性，I_d 不能改变方向，即使处于有源逆变状态，I_d 仍然不能改变方向，如果这时电源电压 U_d 也不改变方向，轴上机械能就没法回馈。要想改变电能输送方向，只能改变电枢电动势 E_m 的极性，即 E_2 的极性。为了防止 E_m 与 U_d 串联连接形成短路，U_d 也必须改变方向，即 U_d 变为负值，U_d 与电枢电动势形成并联连接。此时，当 $|E_m| > |U_d|$ 时，就实现了电机轴上机械能回馈电网的目的，电机 M 输出电能，电网吸收电能。通过开关触点切换可以改变 E_m 的极性，而 U_d 的极性改变是通过调节电路触发角 α 来完成的。只要 $\pi/2 < \alpha \le \pi$，电路就处于逆变状态时，输出电压 U_d 为负值。

电路是处于整流状态还是逆变状态完全由触发角 α 所在范围决定，当 $0 \le \alpha < \pi/2$，电路工作于整流状态；当 $\pi/2 < \alpha \le \pi$，电路工作在逆变状态，因此，可沿用整流的方法来处理逆变时有关波形与参数计算问题。通常为分析方便，把 $\alpha > \pi/2$ 的触发角用 $\pi - \alpha = \beta$ 来表示，称为逆变角。逆变角 β 与触发角 α 的计量方向相反，触发角 α 仍然是以自然换相角为计量起始点，由此向右计量，而逆变角 β 自 $\beta = 0$ 或 $\alpha = \pi$ 点为起点开始向左计量，即 $\beta = \pi - \alpha$。

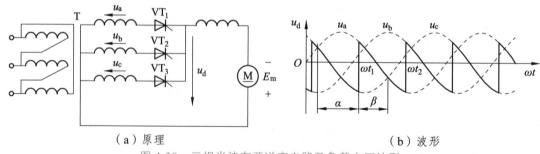

（a）原理　　　　　　　　　　　　　　　（b）波形

图 4-38　三相半波有源逆变电路及负载电压波形

如图 4-38(b)所示，在 ωt_1 之前，只有 c 相的晶闸管 VT_3 导通，$u_d = u_c$；在 ωt_1 时刻，$u_a > u_c$，a 相的晶闸管 VT_1 承受正向偏压，触发导通，VT_1 导通后，给 VT_3 反向偏压，强制关断 VT_3，$u_d = u_a$，完成换相；到 ωt_2 时刻，b 相的晶闸管 VT_2 触发导通，强制关断 VT_1，$u_d = u_b$，完成换相。

2. 工作在逆变状态的条件

整流电路工作在逆变状态的两个必备条件是：

（1）要有直流电动势，其极性和晶闸管导通方向一致，其绝对值大于变流器直流侧平均电压绝对值。

（2）晶闸管的触发角 $\alpha > \pi/2$，使得变流电路输出电压平均值 U_d 为负值。

含二极管的半控桥或有续流二极管的整流电路，因其整流输出电压最小为零，不能出现负值，也不允许直流侧出现负的电动势，所以，它们不能实现有源逆变。想要实现有源逆变功能，必须采用全控电路。

3. 逆变状态电量计算

逆变状态时的各电量计算与整流状态相似，可归纳如下：

（1）输出电压平均值：

$$U_d = -2.34U_2 \cos \beta = -1.35U_{2l} \cos \beta \qquad (4\text{-}96)$$

（2）输出直流电流平均值：

$$I_d = \frac{U_d - E_m}{R} \qquad (4\text{-}97)$$

在逆变状态，U_d 和 E_m 均为负值。

（3）流过晶闸管电流有效值：

$$I_{VTrms} = I_d / \sqrt{3} = 0.577I_d \qquad (4\text{-}98)$$

（4）三相全桥电路中，变压器二次侧线电流有效值为

$$I_{2rms} = \sqrt{2}I_{VTrms} = 0.816I_d \qquad (4\text{-}99)$$

（5）从交流电源送到直流侧负载的有功功率为

$$P_d = RI_d^2 + E_m I_d \qquad (4\text{-}100)$$

当计算结果 P_d 为负值时，表明电路处于逆变状态，功率由直流侧回馈到交流侧。

4.8.2 逆变失败和最小逆变角

有源逆变状态正常运行时，外接的直流电源电压 E_m 和逆变电路输出电压平均值 U_d 的极性与整流状态运行时的极性相反，且 E_m 的极性与晶闸管顺向串联。由于逆变回路电阻很小，所

以外接直流电源电压 E_m 基本与逆变电路的输出电压 U_d 平衡。若逆变时出现逆变输出电压 U_d 减小、变零，甚至与 E_m 顺极性串联等情况时，就会造成逆变回路过流甚至短路，造成器件和变压器损坏。这种情况称为逆变失败，也称为逆变颠覆。

1. 造成逆变失败的原因

（1）晶闸管本身的原因。

晶闸管发生故障，不能正常导通和关断，会造成交流电源电压与直流电动势顺向串联，导致逆变失败。

（2）交流电源的原因。

交流电源缺相或突然消失。此时，交流侧失去与直流电动势极性相反的交流电压，使直流电动势通过晶闸管形成短路。

（3）触发电路的原因。

触发电路工作不可靠，不能实时、准确地给各晶闸管分配脉冲，致使晶闸管不能正常换相，使交流电源电压与直流电动势顺向串联，形成短路。

如图 4-39（a）所示，在 ωt_1 时刻，触发电路应对晶闸管 VT_2 提供触发脉冲 u_{g2} 使其及时导通，关断 VT_1，完成正常的换相工作。若某一原因造成无触发脉冲 u_{g2}，则 VT_2 无法导通，而 VT_1 继续导通至正半周的 ωt_2 时刻，由于此时 $u_a > u_c$，VT_3 承受反向偏压，其触发脉冲 u_{g3} 不能触发导通 VT_3，VT_1 仍然继续导通。输出电压 U_d 为正值，和直流电动势 E_m 顺向串联，形成短路。

如图 4-39（b）所示，触发电路本应在 ωt_1 时刻给 VT_2 提供触发脉冲 u_{g2}，但触发脉冲 u_{g2} 到 ωt_2 时刻才出现，此时 $u_a > u_b$，VT_2 承受负向偏压，不能导通，VT_1 继续导通至正半周，同样会造成电路短路，逆变失败。

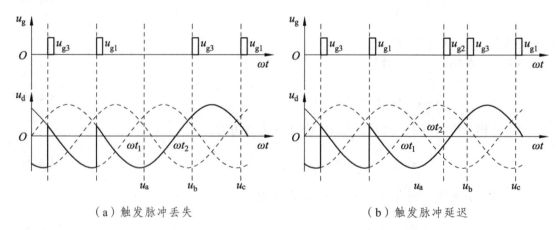

（a）触发脉冲丢失　　　　　　　　（b）触发脉冲延迟

图 4-39　三相半波有源逆变电路逆变失败波形

（4）逆变角 β 太小。

上述没有考虑交流侧电感的情况，实际上，交流侧各相都存在电感，如变压器漏感和线路电感，这些电感的存在造成晶闸管换相不能瞬间完成，若换相时间太短，也会引起换相失败。

如图 4-40 所示为三相半波相控整流电路及波形，以 VT_3 和 VT_1 的换相过程来分析重叠角对逆变电路换相的影响。当逆变角 β 大于重叠角 γ 时，经过换相后，$u_a > u_c$，晶闸管 VT$_3$ 反偏被强制关断，换相顺利结束。当逆变角 β 小于重叠角 γ 时，由图 4-40（b）右边波形可知，超过自然换相点 ωt_1 后，换相还没有结束，而 $u_a < u_c$，将强制关断开通过程中的 VT$_1$，使即将被强制关断的 VT$_3$ 继续导通。当进入 c 相的上半周时，会造成两个电源的顺向串联而短路，逆变失败。

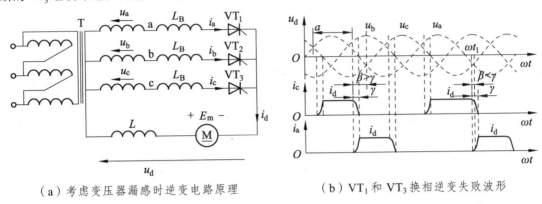

（a）考虑变压器漏感时逆变电路原理　　　　（b）VT$_1$ 和 VT$_3$ 换相逆变失败波形

图 4-40　考虑变压器漏感时三相半波逆变电路原理及逆变失败波形

实际工作中，逆变时允许的最小逆变角应为 $\beta_{\min} = \delta + \gamma + \theta'$，其中，$\delta$ 为晶闸管关断时间 t_q 折算的电角度，t_q 较大时可达 200~300 μs，折算为电角度在 4°~5°；γ 为重叠角，其随直流平均电流和换相电抗的增大而增大。设计变流器时，重叠角可通过查阅相关手册得到，一般 γ 为 15°~20°；θ' 为安全裕度角，常取 10°，以防触发脉冲的不对称。这样最小逆变角 $\beta_{\min} = \delta + \gamma + \theta'$ 在 30°~35° 范围内。

4.9　相控整流电路设计案例

利用相控整流电路构成双闭环直流调速系统。4 极直流电动机参数为：额定电压 $U_{mN} = 220$ V，额定电流 $I_{mN} = 12$ A，额度转速 $n_N = 1\,500$ r/min。根据上述条件设计为直流电动机提供电能的相控整流电路。

双闭环直流调速系统主要由主电路、控制电路、触发电路及直流电动机负载组成。主回路设计主要包括工频整流变压器额定参数计算、整流元件选型参数计算、平波电抗器参数计算，晶闸管变换电路参数计算。

1. 选择整流电路形式

整流电路的选择应依据用户的交流电源情况及负载容量来决定。一般情况下，负载在 3 kW 以下的多采用单相桥式整流电路；在 3 kW 以上且额定直流电压又较高时多采用三相桥式整流电路。本双闭环直流调速系统的主电路选用整流变压器、三相桥式相控整流电路和直流侧串接平波电抗器的方案。

2. 工频整流变压器设计

主要根据电网相电压有效值、已确定的整流电路形式、负载条件、整流输出电压和功率来计算变压器二次侧相电压、相电流和一次侧相电流及变压器二次侧容量和一次侧容量。

（1）变压器二次侧相电压 U_2、相电流 I_2 和一次侧相电流 I_1。

设计中，变压器二次侧相电压计算式为

$$U_2 = \frac{U_{dN} + nU_{VT}}{A\beta\left(\cos\alpha_{min} - c\frac{U_k\%}{100}\frac{I_{max}}{I_{mN}}\right)} \qquad (4\text{-}101)$$

式中，U_{dN} 为负载要求的额定电压；U_{VT} 为晶闸管正向导通压降，通常取 1 V；n 为主电路电流回路中晶闸管的个数；A 为理想情况下触发角 $\alpha = 0$ 时，整流输出电压 U_d 与变压器二次侧相电压 U_2 的比值；c 为线路接线方式系数，单相桥式相控整流电路为 0.707，三相桥式相控整流电路为 0.5；β 为电网波动系数，通常取 0.9；α_{min} 为最小触发角，通常可逆传动系统 $\alpha_{min} = \pi/6 \sim 5\pi/18$，不可逆传动系统 $\alpha_{min} = \pi/18 \sim \pi/12$，电阻负载 $\alpha_{min} = 0 \sim \pi/36$；$U_k\%$ 为变压器短路电压比，通常容量在 100 kV·A 以下的变压器 $U_k\% = 5\%$，I_{max}/I_{mN} 为负载过电流倍数。

由式（4-101）可得

$$U_2 = 127 \text{ V}$$

由式（4-36）可得变压器二次侧电流为

$$I_{2rms} = 0.816I_d = 0.816 \times 12 = 9.792$$

忽略变压器励磁电流，可计算变压器一次侧相电流为

$$I_1 = I_2\frac{U_2}{U_1} = \frac{9.792 \times 127}{380} = 3.27 \text{ A}$$

若考虑变压器励磁电流，I_1 比上面计算的值再增加 5%。

（2）变压器二次侧容量 S_2 及一次侧容量 S_1。

忽略变压器励磁功率，则三相桥式相控整流电路整流变压器二次侧容量和一次侧容量相等，有

$$S_1 = S_2 = 3U_2I_2 = 3 \times 127 \times 9.792 = 3.73 \text{ kV·A} \approx 3.8 \text{ kV·A}$$

本案变压器的工作频率为工频，铁心材料一般为矽钢片，与本书第 3 章所述的高频开关变压器采用铁氧体为铁心材料是有区别的。关于变压器铁心的计算和选取、变压器一二次绕组匝数及线径的计算可参考有关变压器设计手册。

3. 开关器件的计算选用

（1）晶闸管额定电压的计算。

由表 4-3 可知，晶闸管承受的最大峰值电压为 $\sqrt{6}U_2$，考虑一定的安全裕量，选择晶闸管耐压等级为 $(2\sim3)\sqrt{6}U_2 = (2\sim3) \times 2.45 \times 127 = 622 \sim 933 \text{ V}$，取 $U_{VTN} = 1\ 000 \text{ V}$。

（2）晶闸管额定电流计算与选择。

按平波电抗器足够大、输出电流连续平直考虑，根据式（3-37）晶闸管的选型额定电流为

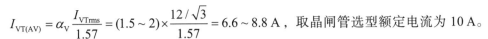

$$I_{VT(AV)} = \alpha_V \frac{I_{VTrms}}{1.57} = (1.5 \sim 2) \times \frac{12/\sqrt{3}}{1.57} = 6.6 \sim 8.8 \text{ A}$$，取晶闸管选型额定电流为 10 A。

根据上面计算的晶闸管参数，查阅晶闸管选型手册，选择型号为 KP10-10 的晶闸管。

4. 平波电抗器的参数计算与选择

（1）临界电感量 L_c 的计算。

根据式（4-30）有

$$L_c \geqslant 0.693 \times 10^{-3} \frac{U_{2rms}}{I_{dmin}} = 0.693 \times 10^{-3} \frac{127}{0.08 \times 12} = 91.68 \text{ mH}$$

从制作电抗器的成本和体积考虑，取 $L_c = 100$ mH。

（2）直流电动机电枢电感量计算。

直流电动机电枢电感量 L_D 为

$$L_D = K_D \frac{U_N}{2pn_N I_N} \tag{4-102}$$

式中，U_N、I_N、n_N 分别为直流电动机的额定电压、额定电流、额度转速；p 为直流电动机的极对数；K_D 为计算系数，一般无补偿电动机取 8~12，快速无补偿电动机取 6~8，有补偿电动机取 5~6，本案取 $K_D = 8$。由式（4-102）直流电动机电枢电感量为

$$L_D = K_D \frac{U_N}{2pn_N I_N} = 8 \times \frac{220}{2 \times 2 \times 1\,500 \times 12} = 24.44 \text{ mH}$$

（3）整流变压器每相漏感 L_B 计算。

整流变压器每相漏感 L_B 为

$$L_B = K_L \frac{U_k\%}{100} \frac{U_2}{I_N} \tag{4-103}$$

式中，K_L 与电路形式有关，单相桥式取 3.18，三相桥式取 3.9。

由式（4-103）计算得 $L_B = 0.021$ mH。

（4）平波电抗器实际电感量计算为

$$L_B = 100 - L_D - 2L_B = 100 - 24.44 - 2 \times 0.002\,1 = 75.6 \text{ mH}$$，取 80 mH。

选择平波电抗器的铁心和匝数可查相关设计手册。

5. 保护系统设计

采用晶闸管作为开关器件的相控整流电路具有很多优点，但晶闸管的过电压和过电流能力较差，短时间的过电压和过电流都有可能损坏晶闸管。为保证相控整流电路的正常运行，不但要合理选择开关器件，还必须对开关器件采取必要的保护措施。

（1）阀侧过电压保护。

阀侧就是整流变压器二次侧，是相对于一次侧电网网侧而言，因此，阀侧过电压保护就是主电路交流侧过电压保护。主电路交流侧过电压保护选择 Y 连接的阻容保护和压敏电阻保护两种保护手段。

①阻容保护电容计算选择。

依据式（9-1），阻容保护电容值为

$$C_{a} = K_{gs}\frac{S_{T}}{U_{rm}^{2}}(\mu F) = 150 \times \frac{3\,800}{(\sqrt{6} \times 127)^{2}} = 5.89\,(\mu F)$$

规格化电容值取 6 μF。

电容耐压值为

$$U_{Cm} \geqslant 1.5U_{m} = 1.5 \times \sqrt{2} \times 127 = 269\,V$$

规格化电容耐压值取 330V。

选择聚丙烯电容 CBB61-6/330。

②阻容保护电阻计算选择。

根据式（9-2）电阻阻值计算如下：

$$R_{a} = 100\sqrt{\frac{U_{d}}{I_{d}C_{a}\sqrt{f_{s}}}} = 100\sqrt{\frac{220}{12 \times 6 \times \sqrt{50}}} = 65.7\,\Omega$$

规格化取 51 Ω。

由式（9-5）可得电阻功率

$$P_{Ra} = (K_{g3}\xi I_{2})^{2}R_{a} = (0.25 \times 0.05 \times 9.792)^{2} \times 65.7 = 0.98\,W$$

选择阻容保护电阻为 51 Ω/5 W。

③阀侧过电压保护压敏电阻计算选择。

根据式（9-10）可计算 Y 接压敏电阻 1mA 端电压为

$$U_{1mA} \geqslant \frac{\sqrt{2}}{0.9}\frac{K_{b}U}{K_{y}} = \frac{1.414 \times 1.1 \times 127}{0.9 \times 0.8} = 274.4\,V$$

规格化取 470 V/3 kA。

压敏电阻通流容量的选择原则是压敏电阻允许通过的最大电流应大于泄放浪涌电压时流过压敏电阻的实际浪涌峰值电流。但实际浪涌峰值电流很难计算，一般进行估算。按本案 3.8 kV·A 整流变压器可选 3 kA 压敏电阻。

根据上面计算和估算选择压敏电阻为 MY31-470/3kA。

（2）晶闸管换相过电压抑制。

晶闸管元件在反向阻断能力恢复前，将在反向电压作用下流过相当大的反向恢复电流。当阻断能力恢复后，因反向恢复电流很快截止，通过恢复电流的电感会因高的电流变化率而产生过电压，这就是换相过电压。为使器件免受换相过电压的危害，一般在晶闸管两端并联 RC 吸收电路，即 C_b、R_b 用于吸收换相过电压能力。

①换相阻容吸收电路电容计算选择。

根据式（9-13）有

$$C_b = (2 \sim 4)I_{T(AV)} \, (\mu F)$$

由式（4-35）和式（4-37）有

$$I_{T(AV)} = (1.5\sim2)\frac{0.577I_d}{1.57} = 2 \times \frac{0.577 \times 12}{1.57} = 8.82 \, (A)$$

所以有

$$C_b = (2 \sim 4)C_b = 2 \times I_{T(AV)} \, (\mu F) = 2 \times 8.82 \times 10^{-3} = 1.76 \, (\mu F)$$

规格化取 2.2 μF。

吸收电路与开关器件并联，电容电压最大峰值与开关器件相同。根据表 4-3 有电容耐压

$$U_{Cm} \geqslant 1.5U_m = 1.5 \times \sqrt{6} \times 127 = 466 \, V$$

规格化取 630 V。

RC 吸收电路电容可选聚丙烯 CBB21-2.2μF/630V。

②换相阻容吸收电路电阻计算选择。

R_b 通常取 $10 \sim 30 \, \Omega$，本案取 $10 \, \Omega$。根据式（9-14），电阻功率为

$$P_{Rb} \geqslant f_s C_b \left(\frac{U_m}{n_s}\right)^2 \, (W) = 50 \times 2.2 \times 10^{-6} (127 \times \sqrt{2})^2 = 3.54 \, W$$

规格化取 4 W。

选择换相阻容吸收电路电阻为水泥电阻 SQM10-4。

（3）过电流保护。

过电流保护采用晶闸管串联快速熔断器保护方案。根据式（9-12）可知快速熔断器的额定电流通常要大于流过晶闸管电流有效值的 1.3 倍，即

$$1.3I_{VTrms} < I_{RN} < 1.57I_{VTrms}$$

根据式（4-35）有流过晶闸管电流有效值为

$$I_{VTrms} = \frac{I_d}{\sqrt{3}} = 0.577I_d = 0.577 \times 12 = 6.92 \, (A)$$

所以，快速熔断器额定电流为 $1.3 \times 6.92 \sim 1.57 \times 6.92 = 9 \sim 10.87$，规格化选取 10 A。

快速熔断器的额定电压取晶闸管峰值电压为 650 V。

选用 RS10-630 快速熔断器作为晶闸管过流保护部件。

综上可得双闭环直流调速系统主电路如图 4-41 所示。

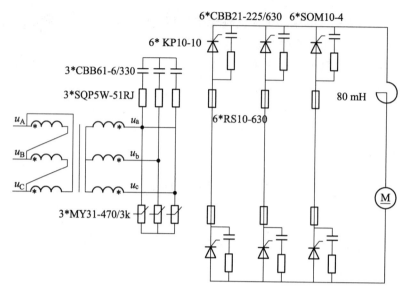

图 4-41　双闭环直流调速系统主电路

4.10　实训项目——整流电路调试

本章实训项目包括晶闸管触发电路实验板调试和单相整流电路调试两个实训子项目。

4.10.1　JDT04 单相晶闸管触发电路板调试

JDT04 单相晶闸管触发电路板为后续实训项目提供晶闸管触发脉冲信号，是开展后续实训项目的基础。JDT04 单相晶闸管触发电路板采用 KJ004 作为晶闸管移相触发控制器。

KJ004 是国内晶闸管控制系统中广泛使用的单相移相触发集成电路，可输出两路相位差 180°的移相脉冲，正负半波脉冲相位均衡，对同步电压波动要求低，可实现脉冲列调制输出，其主要技术指标为：

工作电源电压 U_{CC}：±15 V DC；

输出脉宽：400 μs ~ 2 ms；

最大负载能力：100 mA。

KJ004 的应用原理和管脚波形如图 4-42、图 4-43 所示。管脚 8 与同步电源之间的串联的电阻用于限制同步输入电流，其电流的最大值为 6 mA。

1. KJ004 触发电路的调整方法

（1）调节电位器 R_{P1}，改变锯齿波斜率，平时不需要调整。

（2）调节电位器 R_{P2} 使 $U_{C0} = 0$ V，再调节 R_{P3}，示波器观察 TP_3 点波形（TP_3 点波形占空比为 0.33、0.5、0.67、0.83 时对应触发角 $\alpha = 30°$、60°、90°、120°）使触发脉冲在 120°（对应触发角 $\alpha = 90°$）时刻 M 点出现时锁住 R_{P3}，如果不能调整到 120°，就需要调节 R_{P1}，最后共同调整到 120°。

（3）完成上面两步调试工作后，只需调节 R_{P2} 来调节触发角 α 大小。

（4）KJ004 的管脚 11 和 12 间的 0.047 μF 电容和管脚 12 的 30 kΩ 上拉电阻的乘积决定了脉冲的宽度。

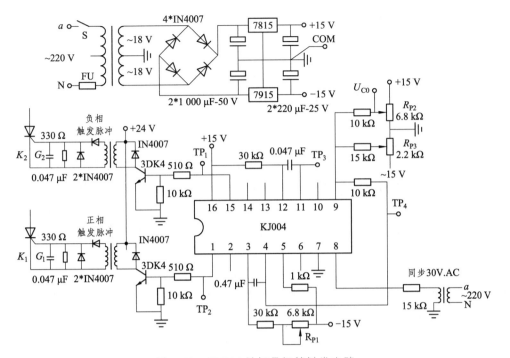

图 4-42　JDT04 单相晶闸管触发电路

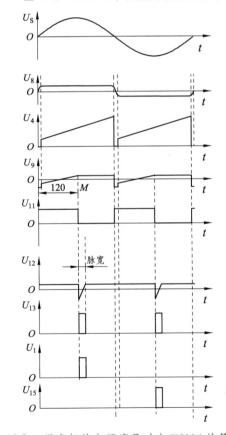

图中，纵坐标的电压序号对应 KJ004 的管脚号。

图 4-43　KJ004 波形

2. JDT04 单相晶闸管触发电路调试

（1）准备。

先关断 JDT01 电源控制屏电源开关，再用两根电源线将 JDT01 电源控制屏的 a、N 端点接到 JDT04 的 a、N 端，连线检测无误后，合上 JDT01 电源控制屏电源开关，再合上 JDT04 上的电源开关 S。

（2）实验并做好记录。

①用示波器观察 JDT04 观测点 TP_1、TP_2、TP_3、TP_4 波形，把各波形图填写到表 4-7 中；

②调节 JDT04 板上的电位器 R_{P1}，观测点 TP_4，锯齿波斜率是否变化，把各波形图填写到表 4-7 中。

③调节 JDT04 板上的电位器 R_{P2}，观测点 TP_3，观察输出脉冲的移相范围，把各波形图填写到表 4-7 中。

表 4-7　JDT04 单相晶闸管触发电路观测点波形图

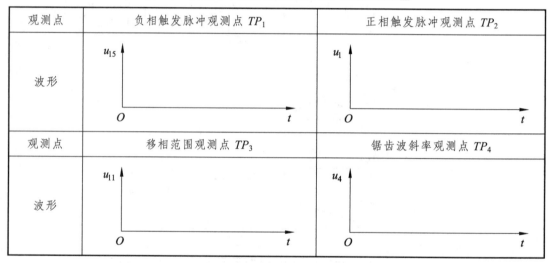

3. 实训报告

（1）讨论 R_{P1}、R_{P2}、R_{P3} 电位器联合调整寻找 120°时刻的意义、方法、结果，并绘出相关波形，回答 120°为什么是本电路工作状态的分水岭。

（2）JDT04 观测点 TP_1、TP_2、TP_3、TP_4 波形。

（3）讨论调整锯齿波的方法并画出波形。

（4）讨论调整移相范围的意义和方法并画出波形。

（5）分析实验中出现的各种问题。

4. 注意事项

由于 G/K 输出端有电容影响，观察触发脉冲电压波形时，需将输出端 G 和 K 分别接到晶闸管的门极和阴极（也可用 100 Ω 左右的电阻接到输出端 G 和 K，来模拟晶闸管门极和阴极两端的阻值），否则，无法观察到正确的脉冲波形。

5. 操作考评

表 4-8 操作考核评分表

模块		序号	考核点（95分）	分值标准	得分	备注
学号			姓名		小组	
任务编号		4-1	任务名称	晶闸管触发电路板调试		
1	KJ004 晶闸管触发电路工作原理	1	理解 KJ004 构成框图	5		
		2	理解 KJ004 触发脉冲同步和移相原理	5		
		3	理解触发脉冲隔离放大原理	10		
		4	理解 11 脚波形占空比与触发角的关系	5		
		5	理解整流与逆变的触发角分界线	5		
		6	理解触发电路调试原理	5		
		7	理解影响触发脉冲宽度的因数	5		
2	接线及工具操作	8	正确完成实验接线	5		
		9	正确操作各个电源开关	5		
		10	正确使用示波器	10		
		11	理解执行安全操作规则	5		
3	波形读取和实验数据处理	12	正确完成 KJ004 调试步骤	10		
		13	正确读取波形	5		
		14	正确计算波形占空比	5		
		15	根据波形正确计算触发角	10		
4	互评		小组互评（5分）			
5	总分		合计总分			
学生签字			考评签字			
互评签字			考评时间			

4.10.2 单相桥式整流电路调试

1. 实训目的

（1）理解单相桥式整流电路的工作原理。

（2）理解单相桥式整流电路带阻性负载输出电压与输出电流的波形及移相范围。

（3）理解单相桥式整流电路带阻感负载对触发脉冲的要求及移相范围。

（4）理解负载端增加续流二极管对单相桥式整流电路带阻感负载的影响。

2. 实训所需器件及附件

单相交流调压电路调试所需器件及附件如表 4-9 所示。

表 4-9 单相桥式整流电路调试所需器件及附件

序号	器件及附件	备注
1	JDT01 电源控制屏	
2	JDT02-1 晶闸管单相桥式整流主电路实验板	
3	JDT04 单相晶闸管触发电路板	
4	JDL10-1 阻性负载实验板	
5	JDL10-3 续流二极管可切换阻感负载实验板	
6	双综示波器	自备
7	万用表	自备

3. 实训接线图及原理

本实训采用 JDT04 单相晶闸管触发电路板作为 JDT02-1 晶闸管单相桥式整流主电路实验板的触发控制板。如图 4-44 所示为本实训接线。本实训所需器件主要有 JDT01 电源控制屏、JDT02-1 晶闸管单相桥式整流主电路实验板、JDT04 单相晶闸管触发电路板、JDL10-1 阻性负载实验板、JDL10-3 续流二极管可切换阻感负载实验板等，其中，JDT02-1 晶闸管单相桥式整流主电路实验板由电源开关 S_1、电流表、电压表、四个晶闸管 $VT_1 \sim VT_4$ 及一些接线端子和测试端子组成；图中，JDL10-1 阻性负载实验板上的可调电位器 R_L 的阻值 $R = 1\ 000\ \Omega$；JDL10-3 阻感负载带续流二极管实验板上有开关 S_2、续流二极管 VD、电感线圈 L、可调电位器 R_L 等元件，其中，电感 L 的电感量为 200 mH，电位器 R_L 的电阻值为 $1\ 000\ \Omega$。

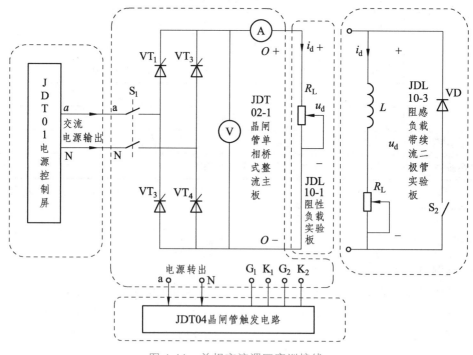

图 4-44 单相交流调压实训接线

4. 实训方法

（1）带阻性负载的单相桥式整流电路调试。

①准备。

a. 先关断 JDT01 电源控制屏电源开关。

b. 将 JDT04 板的触发脉冲输出端 G_1 K_1 G_2 K_2 分别接到 JDT02-1 板上的晶闸管触发信号输入端 G_1 K_1（对应 VT_1 和 VT_4 的门极和阴极），G_2 K_2（对应 VT_2 和 VT_3 的门极和阴极）。

c. 分别将 JDL10-1 阻性负载实验板上的 IN+ 和 IN-端与 JDT02-1 板上的 O+ 和 O-端用导线连接。

d. 用电源线将 JDT01 电源控制屏"主电路电源输出"的 a、N 接线端分别和 JDT02-1 板上的一对 a、N 端连接，将 JDT02-1 板上的另一对 a、N 端与 JDT04 板上的 a、N 端连接。

e. 连线检查无误后，先合上 JDT01 电源控制屏电源开关，再合上 JDT02-1 板上的电源开关 S1，最后合上 JDT04 板上的电源开关 S。

②实验并记录。

a. 调节 JDT04 板上的电位器 R_{P2}，改变触发角 α，示波器观察 JDT04 板上观察点 TP_3 的波形并计算波形占空比（有的示波器可以自动计算显示波形的占空比），该点波形占空比为 0.33、0.5、0.67、0.83 时对应触发角 $\alpha = 30°、60°、90°、120°$。记录 $\alpha = 30°、60°、90°、120°$ 时电源电压 U_2 和负载电压 U_d 的数值，并填写在表 4-10 中。

表 4-10　带阻性负载单相桥式整流电路参数测量结果

α	30°	60°	90°	120°
U_2/V				
U_d（测量值）/V				
U_d（计算值）/V $U_d = 0.45U_2(1+\cos\alpha)$				

b. 示波器检测 JDT02-1 板上 TP_1 和 TP_2 两点的波形，该波形为 VT_1 阴阳极 A、K 波形，观察并记录 $\alpha = 30°、60°、90°$ 时的 VT_1 阴阳极波形，并填入表 4-11 中。

表 4-11　带阻性负载单相整流电路电压波形

α	30°	60°	90°
u_d JDT02-1 TP_3 TP_4			
I_d JDT010-1 TP_1 TP_2			
u_{VT1} JDT02-1 TP_1 TP_2			

c. 用示波器观察 JDT02-1 板上 TP_3 和 TP_4 两点的波形，该波形就是 JDT02-1 板上电压表两端电压波形，该电压表检测显示的是整流输出电压平均值，而 JDT02-1 板上 TP_3 和 TP_4 两点的波形是整流输出电压的瞬时值。同时用示波器另一通道观察 JDL10-1 阻性负载实验板 TP_1 和 TP_2 两点波形（换算成负载电流波形），比较两个通道的波形并记录在表 4-11 中。

（2）带阻感负载的单相桥式整流电路调试。

①准备。

a. 先关断 JDT01 电源控制屏电源开关。

b. 将 JDT04 板的触发脉冲输出端 G_1 K_1 G_2 K_2 分别接到 JDT02-1 板上的晶闸管触发信号输入端 G_1 K_1（对应 VT_1 和 VT_4 的门极和阴极），G_2 K_2（对应 VT_2 和 VT_3 的门极和阴极）。

c. 分别将 JDL10-3 阻感负载实验板上的 IN+ 和 IN- 端与 JDT02-1 板上的 O+ 和 O- 端用导线连接。

d. 用电源线将 JDT01 电源控制屏"主电路电源输出"的 a、N 接线端分别和 JDT02-1 板上的一对 a、N 端连接，将 JDT02-1 板上的另一对 a、N 端与 JDT04 板上的 a、N 端连接。

e. 连线检查无误后，先合上 JDT01 电源控制屏电源开关，再合上 JDT02-1 板上的电源开关 S1，最后合上 JDT04 板上的电源开关 S。

②实验并记录。

a. 调节 JDT04 板上的电位器 R_{P2}，改变触发角 α，示波器观察 JDT04 板上观察点 TP_3 的波形并计算波形占空比（有的示波器可以自动计算显示波形的占空比）。记录 $\alpha = 30°$、$60°$、$90°$、$120°$时电源电压 U_2 和负载电压 U_d 的数值，并填入表 4-12 中。

b. 示波器观测 JDT02-1 板上 TP_1 和 TP_2 两点的波形，即 VT_1 两极 A、K 波形，观察并记录 $\alpha = 30°$、$60°$、$90°$时的 VT_1 两极波形，并填入表 4-13 中。

c. 用示波器观察 JDT02-1 板上 TP_3 和 TP_4 两点代表整流输出电压瞬时值的波形。同时用示波器另一通道观察 JDT010-3 板上接于电位器两端的 TP_1 和 TP_2 两点代表整流输出电流瞬时值的波形，并记录在表 4-13 中。

d. 合上 JDT010-3 板上开关 S_2，重复 a、b、c 三步的实验并做相应的记录。

表 4-12　带阻性负载单相桥式整流电路参数测量结果

α	30°	60°	90°	120°
U_2（不带续流二级管）/V				
U_d（不带续流二级管测量值）/V				
U_d（不带续流二级管计算值）/V $U_d = 0.9U_2\cos\alpha$				
U_2（带续流二级管）/V				
U_d（带续流二级管测量值）/V				
U_d（带续流二级管计算值）/V $U_d = 0.45U_2(1+\cos\alpha)$				

表 4-13 带阻感负载或附带续流二极管支路的单相整流电路电压波形

α	30°	60°	90°
u_d（S_2 off） JDT02-1 TP_3 TP_4	u_d O t	u_d O t	u_d O t
I_d（S_2off） JDT010-3 TP_1 TP_2	u_d O t	u_d O t	u_d O t
u_{VT1}（S_2off） JDT02-1 TP_1 TP_2	u_{VT1} O t	u_{VT1} O t	u_{VT1} O t
u_d（S_2 on） JDT02-1 TP_3 TP_4	u_d O t	u_d O t	u_d O t
I_{Load}（S_2on） JDT010-3 TP_1 TP_2	u_d O t	u_d O t	u_d O t
u_{VT1}（S_2on） JDT02-1 TP_1 TP_2	u_{VT1} O t	u_{VT1} O t	u_{VT1} O t

5. 实训报告

（1）整理、画出实验中所记录的各类波形并就增加续流二极管支路后的工作情况进行讨论。

（2）分析阻感负载时，触发角 α 和阻抗角 φ 相应关系的变化对整流电路工作的影响。

（3）分析实验中出现的各种问题。

6. 注意事项

由于 G/K 输出端有电容影响，观察触发脉冲电压波形时，需将输出端 G 和 K 分别接到晶闸管的门极和阴极（也可用 100 Ω 左右的电阻接到输出端 G 和 K，来模拟晶闸管门极和阴极两端的阻值），否则，无法观察到正确的脉冲波形。

7. 操作考评

表 4-14　操作考核评分表

学号			姓名		小组		
任务编号		4-2	任务名称		单相桥式整流电路调试		
模块		序号	考核点（95分）		分值标准	得分	备注
1	单相桥式整流电路工作原理	1	理解单相整流电路拓扑结构		5		
		2	理解阻性负载的工作波形		5		
		3	理解移相范围的概念		5		
		4	理解阻感负载的工作波形及移相范围		5		
		5	理解续流二极管的作用		5		
		6	理解晶闸管承受电压和选型安全系数		5		
		7	理解阻感负载中电阻电压换算负载电流的方法		5		
2	接线及工具操作	8	正确连接接线图完成实验接线		5		
		9	正确操作各个电源开关		5		
		10	正确使用示波器		10		
		11	正确使用万用表		5		
		12	理解执行安全操作规则		5		
3	波形读取和实验数据处理	13	根据占空比正确调整触发角		10		
		14	正确读取波形		5		
		15	正确区别阻性负载和阻感负载波形		10		
		16	正确完成续流二极管加载实验		5		
4	互评		小组互评（5分）				
5	总分		合计总分				
学生签字			考评签字				
互评签字			考评时间				

4.11　三相桥式相控整流电路仿真

在各种整流电路中，应用最广的是三相桥式相控整流电路，其电路拓扑如图 4-45 所示。与 a、b、c 三相电源连接的共阴极组晶闸管为 VT_1、VT_3、VT_5，共阳极组晶闸管为 VT_4、VT_6、VT_2。6 只晶闸管触发控制顺序分 6 个时段，如表 4-2 所示。

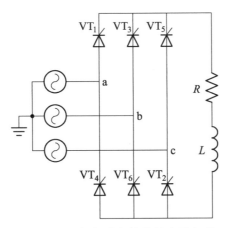

图 4-45 三相桥式相控整流电路拓扑

1. 建立仿真电路模型

（1）启动 PSIM 仿真软件，新建一个仿真电路设计文件。

（2）根据图 4-45 所示的整流电路拓扑，从 PSIM 元件库中选取三相交流电源、6 个晶闸管、电阻和电感负载、触发脉冲驱动器 Gating Block 等元件并放置在设计图上。

（3）利用 PSIM 画线工具，按图 4-45 所示电路拓扑将电路元件连接起来，组成仿真电路模型。

（4）放置测量探头，测量需要观察的电压、电流等参数。搭建完的电路仿真模型如图 4-46 所示。

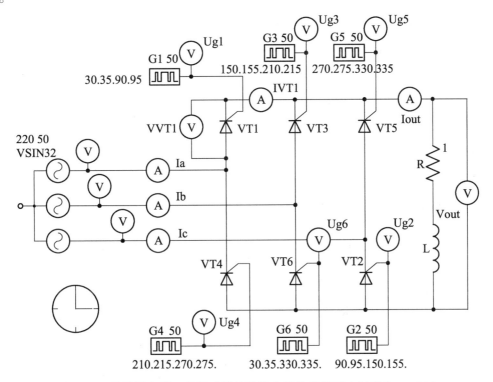

图 4-46 带阻性负载三相桥式相控整流电路仿真模型（触发角 $\alpha = 0°$）

2. 设置电路元件参数

根据仿真要求设置电路中各电路元件的参数，本案将交流电源幅值设为 220 V，频率为 50 Hz，初始相位为 0°；晶闸管采用默认参数；负载设置为阻性负载，电阻值 $R = 5\ \Omega$；触发脉冲驱动器 $G_1 \sim G_6$ 的频率为 50 Hz，触发角为 0°，脉冲宽度为 5°。开关门控模块的起始位置为 0°，对应仿真的起始位置。晶闸管触发发的起始位置在自然换相点，即滞后仿真起始位置 30°。采用双窄脉冲，$G_1 \sim G_6$ 切换点均为 4 点，即 G_1（30. 35. 90. 95.）、G_2（90. 95. 150. 155.）、G_3（150. 155. 210. 215.）、G_4（210. 215. 270. 275.）、G_5（270. 275. 330. 335.）、G_6（30. 35. 330. 335.）。

3. 电路仿真

完成电路模型构建后，放置仿真控制元件并设置仿真控制参数。本案设置仿真步长 10 μs，仿真时间 0.04 s。设置完仿真控制参数后即可启动仿真。

4. 仿真结果分析

仿真结束后，PSIM 自动启动 Simview 波形窗口，将测量的参数分别添加到波形窗口中进行观察和分析，如图 4-47~图 4-49 所示。

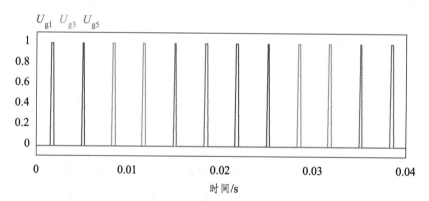

图 4-47　共阴极组晶闸管双触发窄脉冲 U_{g1}、U_{g3}、U_{g5}

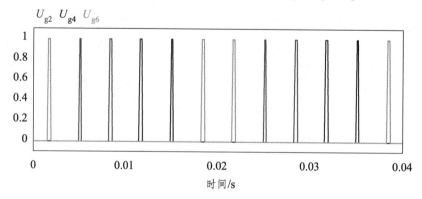

图 4-48　共阳极组晶闸管双触发窄脉冲 U_{g2}、U_{g4}、U_{g6}

由图 4-47 和图 4-48 可知，VT_1、VT_6 在 30°同时触发，VT_2、VT_1 在 90°同时触发，以此类

推，晶闸管的触发情况与表 4-2 所示完全相符。

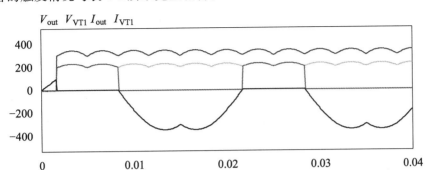

图 4-49 整流输出电压/电流和晶闸管 VT₁ 端电压/电流

由图 4-49 可知，对阻性负载，整流输出电压图形与整流输出电流图形相似，晶闸管端电压和电流与图 4-21 所示完全相符。

如图 4-50 所示为触发角 $\alpha = 60°$ 的仿真模型。

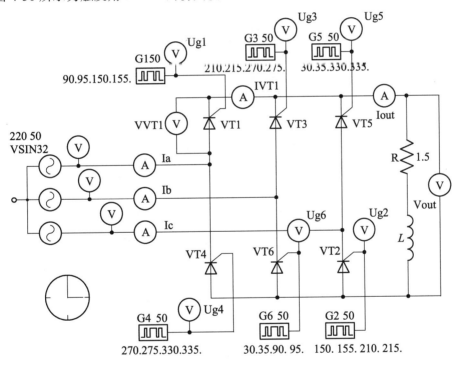

图 4-50 带阻性负载三相桥式相控整流电路仿真模型（触发角 $\alpha = 60°$）

图 4-51 所示为带阻性负载三相桥式相控整流电路触发角 $\alpha = 60°$ 仿真波形，该波形与图 4-23 所示波形完全相符。

如图 4-52 所示为带阻感负载三相桥式相控整流电路触发角 $\alpha = 90°$ 仿真模型，其中 $R = 2\Omega$，$L = 6.37$ mH，即阻抗角 $\varphi = 45°$。图 4-53 所示为整流输出电压和晶闸管端电压波形，该波形与图 4-27 所示波形相符。

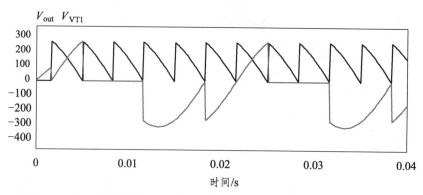

图 4-51　阻性负载触发角 α = 60°的整流输出电压和晶闸管 VT_1 端电压

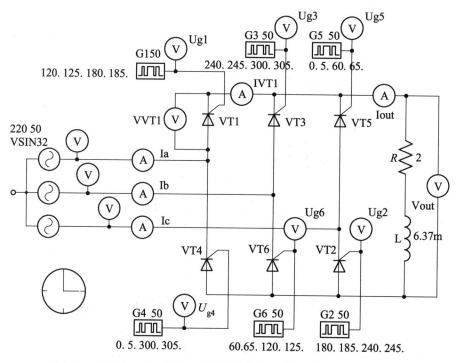

图 4-52　带阻感负载三相桥式相控整流电路触发角 α = 90°仿真模型

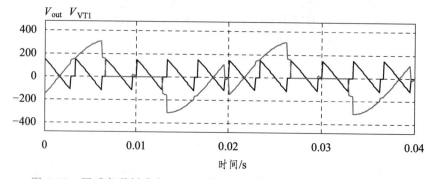

图 4-53　阻感负载触发角 α = 90°的整流输出电压和晶闸管 VT_1 端电压

本章小结

交流-直流变换电路（AC-DC）又称为整流电路，它的作用是将交流电变换为固定的或可调的直流电。整流电路广泛应用于直流电机拖动、电化学处理、直流电源等领域。

本章主要讲述的内容和学习要求：

（1）熟悉单相和三相整流电路的结构、工作原理。

（2）分析其相控整流电路的工作波形、基本数量关系和负载特性对整流电路的影响，掌握电力电子电路分段分析方法。

（3）了解电容滤波不可控整流电路的工作原理和特点。

（4）熟悉变压器漏感对整流电路的影响，建立换相压降和重叠角的概念，掌握相关计算。

（5）熟悉谐波和功率因数的概念，掌握交流侧和直流侧的谐波分析方法。

（6）了解大功率场合整流电路特点和整流电路多重化、多电平化的目的，掌握双反星形相控整流电路工作原理。

（7）了解整流电路在逆变状态下的工作情况和逆变失败的原因。

（8）了解整流电路工程设计的基本思路。

思考题与习题

1. 单相半波相控整流电路对阻感负载供电，$L = 20$ mH，$R = 1$ Ω，$U_2 = 100$ V。求 $\alpha = 0°$ 和 30°时的负载电流平均值 I_d，并画出 u_d 和 i_d 的波形。

2. 单相桥式相控整流电路，$U_2 = 100$ V，负载中 $R = 1.5$ Ω，电感足够大，当 $\alpha = 30°$时，

（1）画出 u_d、i_d 和 i_2 的波形；

（2）求输出电压平均值 U_d、电流 I_d 和变压器二次侧电流有效值 I_{2rms}；

（3）考虑安全裕度，确定晶闸管的额定电压和额定电流。

3. 单相桥式相控整流电路带反电动势负载，$U_2 = 100$ V，负载中 $R = 1.5$ Ω，电感足够大，反电动势 $E_m = 50$ V，当 $\alpha = 30°$时，

（1）u_d、i_d 和 i_2 的波形；

（2）求输出电压平均值 U_d、电流 I_d 和变压器二次侧电流有效值 I_{2rms}；

（3）考虑安全裕度，确定晶闸管的额定电压和额定电流。

4. 某一电阻负载，$R = 50$ Ω，要求 U_d 在 0~600 V 可调，采用单相桥式相控整流电路，分别计算：

（1）晶闸管的选型额定电压和额定电流；

（2）电阻负载上消耗的最大功率。

5. 在三相半波整流电路中，如果 a 相的触发脉冲消失，请画出带电阻负载或带阻感负载的输出电压 u_d 波形。

6. 三相半波相控整流电路，$U_2 = 100$ V，负载中 $R = 3$Ω，电感足够大，当 $\alpha = 60°$时，

（1）u_d、i_d 和 i_{VT1} 的波形；

（2）求 U_d、I_d 和 I_{dVT}、I_{VTrms}。

7. 三相全桥相控整流电路，$U_2 = 100\,\text{V}$，负载中 $R = 3\,\Omega$，电感足够大，当 $\alpha = 60°$时，

（1）u_d、i_d 和 i_{VT1}的波形；

（2）求 U_d、I_d 和 I_{dVT}、I_{VTrms}。

8. 带反电动势和阻感负载三相半波整流电路。已知 $U_2 = 100\,\text{V}$，负载中 $R = 1.5\,\Omega$，电感足够大，反电动势 $E_m = 50\,\text{V}$，求 $\alpha = 60°$时，U_d、I_d 和 γ 并画出 u_d、i_d 的波形。

9. 在带电阻负载的三相桥式相控整流电路中，如果有一个晶闸管不能导通，此时的整流输出电压 u_d 的波形怎么变化？如果有一只晶闸管被击穿而短路，其他晶闸管会受到什么影响？

10. 三相半波整流电路的共阴极接法与共阳极接法，a、b 两相的自然换相点是同一点吗？如果不是，它们在相位上差多少度？

11. 有两组三相半波整流电路，一组是共阴极接法，一组是共阳极接法，如果它们的触发角都是 α，那么共阴极的触发脉冲与共阳极的触发脉冲对同一相来说，在相位上相差多少度？

12. 单相全桥相控整流电路中，其整流输出电压中含有哪几次谐波，其中幅值最大的是哪一次？变压器二次侧电流中含有哪些次数的谐波，其中主要的是哪几次？

13. 三相全桥相控整流电路中，其整流输出电压中含有哪几次谐波，其中幅值最大的是哪一次？变压器二次侧电流中含有哪些次数的谐波，其中主要的是哪几次？

14. 带平衡电抗器的双反星形相控整流电路与三相全桥相控整流电路相比有哪些异同？

15. 使变流器工作在有源逆变状态的条件是哪些？

16. 什么是逆变失败？如何防止逆变失败？

17. 带反电动势阻感负载的三相全桥变流器，$L = \infty$，$R = 1\,\Omega$，$U_2 = 220\,\text{V}$，$L_B = 1\,\text{mH}$，当 $E_m = -380\,\text{V}$，$\beta = 60°$时，求：

（1）U_d、I_d 和 γ；

（2）此时送回电网的有功功率是多少？

18. 单相全桥相控整流电路、三相全桥相控整流电路中，当负载分别为电阻负载或阻感负载时，晶闸管的移相范围分别是多少？

第 5 章

逆变电路

5.1 逆变电路概述

逆变电路通过电力电子器件的通断，把直流电变换成交流电。由于是通过开关器件的通断完成逆变功能，所以变换效率比较高，但输出的波形失真也比较大，输出波形中含有许多谐波成分，需要进行交流低通滤波。

5.1.1 逆变计算的发展过程

逆变技术的发展可分为三个阶段：

（1）1956—1980 年为传统发展阶段。这个阶段的特点是开关器件以低速器件为主，逆变电路的开关频率较低，输出电压波形改善主要通过多重叠加法进行，体积质量大，逆变效率低，正弦波逆变技术开始出现。

（2）1981—2000 年为高频化新技术阶段。这个阶段的特点是开关器件以高速器件为主，逆变电路的开关频率较高，波形改善以 PWM 为主，体积质量小，逆变效率高，但对电网的谐波污染较大，正弦波逆变技术的发展日趋完善。

（3）2000 年至今为高效低污染阶段，这个阶段的特点是以逆变电路的综合性能为主，低速与高速器件并用,多重叠加法与 PWM 方法并用,不再偏向追求高速开关器件与高开关频率,出现高效环保的逆变技术。

5.1.2 逆变电路的应用

（1）逆变与绿色能源。

各种直流电源（蓄电池、干电池、太阳能光伏电池）向交流负载供电时,都需要逆变器。

（2）谐波治理。

市电电网中的谐波主要是由各种电力电子装置、变压器、利用电弧工作的设备产生的。采用逆变电路制成的有源电力滤波器（APF）和静止无功功率发生器（SVG）可以有效治理市电电网的谐波污染。

（3）变频技术。

现代变频技术是重要的节能技术,在工业生产、交通运输和家用电器方面应用广泛。出现正弦变频、空间向量 PWM 变频、无速度传感器变频等新技术,其中特别是用 IGBT 作开关器件的无谐波高压变频器,它采用具有独立直流电源的直流串联多电平逆变电路,5 个功率单元串联叠加的变频器形式,输出功率达 315~10 000 kW,直接输出电压为 3 000 V 或 6 000 V,市电输入功率因数达 0.95 以上,市电输入电流失真为 0.8%（接近正弦波）,输出电压失真 1.2%,总体效率达 97% 的高水平。

（4）电力系统应用。

柔性交流输电系统采用高压大功率电力电子逆变技术,提高对电力系统的控制能力,例如输电电网的综合潮流控制器,它具有对称结构,能量可以双向流动,串并联逆变电路的容量各为 ±160 MV·A,采用 GTO 作开关器件,串联逆变电路主要用来对输电线路的有功功率和无功功率进行控制,并联逆变电路相当于 SVC 无功补偿,起到控制有功潮流和吞吐无功功率的作用。

5.1.3 逆变电路的基本工作原理和分类

1. 逆变电路的基本工作原理

图 5.1 所示给出了单相逆变电路的工作原理及其工作波形。图中四个开关管 V_1 和 V_4、V_2 和 V_3 分两组由电力电子器件及其辅助电路组成。当开关管 V_1 和 V_4 导通、开关管 V_2 和 V_3 关断时,负载电压 u_o 为正;当开关管 V_2 和 V_3 导通、开关管 V_1 和 V_4 关断时,负载电压 u_o 为负,其电压波形如图 5.1（b）所示。两组开关管驱动信号互补,相差 180°。一组开关管导通,另一组开关管就关断,两组开关管交替导通或关断。改变两组开关的切换频率就可以改变输出交流电的频率,这就是最基本的逆变电路工作原理。当负载是阻性负载时,负载电流 i_o 和负载电压 u_o 的波形形状一样,相位也相同。若负载为阻感负载时,因为电感储能、电感电流不能突变,流过负载的电流不能立即改变而努力维持原流动,使负载电流 i_o 滞后负载电压 u_o,两者的波形有些差别。如图 5.1（b）所示,阻性负载电流波形与输出电压波形相同,都是方波,V_1 和 V_4 负载电流在 t_2 时刻过零,而阻感负载的输出电流波形与输出电压波形不同,此时的输出电流波形为非方波并且输出电流过零点也不是 t_2 时刻,而是滞后到 t_3 时刻。

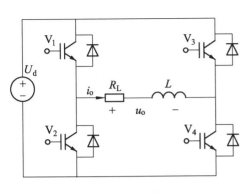

（a）逆变电路基本原理

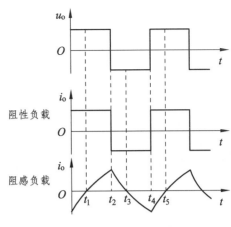

（b）逆变电路工作波形

图 5-1　逆变电路基本工作原理及其工作波形

2. 换流方式

如图 5-1 所示的逆变电路工作过程中，在 t_2 时刻出现输出电流从 V_1 到 V_2、V_4 到 V_3 的切换。电流从一个支路向另一个支路的切换过程称为换流，也称为换相。在换流过程中，有的支路从通态变为断态，有的支路从断态变为通态。从断态变为通态时，无论是全控器件还是半控器件，只要给门极适当的驱动信号，就可使其开通。但从通态向断态切换时，全控器件仍然可以通过控制其门极而关断，但晶闸管等半控器件就不能通过门极的控制使其关断，必须利用外部条件或采取其他措施才能使其关断。一般来说，要在晶闸管电流过零后再施加一定时间的反向电压，才能使其关断。因为使器件关断，特别是使晶闸管关断，比起使其开通要复杂得多，因此，研究换流问题主要是研究如何关断器件的问题。

换流并不是只是逆变电路独有的概念，在第 4 章的交流电路及后面章节中也涉及换流问题。但在逆变电路中。换流及换流方式问题反映得最全面和集中。一般来说，换流方式有以下几种：

（1）器件换流。

利用全控器件的自关断能力进行换流称为器件换流。在采用 IGBT、电力 MOSFET、GTO 等全控器件电路中就是器件换流。

（2）电网换流。

由电网提供换流电压的方式称为电网换流。对于晶闸管相控整流电路，无论其工作在整流状态还是有源逆变状态，都是借助于电网电压实现换流的，都属于电网换流。三相交流调压电路和采用相控方式的交-交变频电路中的换流方式也是电网换流方式。在换流时，只要利用电网电压给欲关断的晶闸管施加反向电压即可使其关断。这种换流方式不需要器件具有门极关断能力，也不需要为换流施加任何换流元件。但电网电压换流方式不适合没有交流电网的无源逆变电路。

（3）负载换流。

有负载提供晶闸管关断所需的反向电压称为负载换流。凡是负载电流的相位超前负载电压相位的场合，都可以实现负载换流。当负载为容性负载时，就可以实现负载换流。另外，当负载为同步电动机时，由于可以控制励磁电流使负载呈现容性，因而也可以实现负载换流。

（4）强迫换流。

设置附加的换流电路，给欲关断的晶闸管施加反向电压或反向电流的换流方式称为强迫换流。强迫换流通常利用附加电容上存储的能量来实现，因而也称为电容换流。

上述 4 种换流方式中，器件换流只适用于全控型器件，其余 3 种换流方式主要针对晶闸管而言。器件换流和强迫换流都是利用器件或变换器自身的原因实现换流，二者都属于自换流；电网换流和负载换流不是依靠变换器内部的原因，而是借助于外部手段（电网电压或负载电压）来实现换流的，它们属于外部换流。

3. 逆变电路的分类

根据不同的分类方法逆变电路的种类如下：

（1）按交流输出能量的去向分为有源逆变电路和无源逆变电路。

（2）按功率流动方向分为单向逆变电路和双向逆变电路。

（3）按功率变换的比例分为全功率逆变电路和部分功率逆变电路。

（4）按直流输入电源的性质分为电压型逆变电路和电流型逆变电路。

（5）按输入输出的电气隔离分为非隔离逆变电路、低频环节隔离逆变和高频环节逆变电路。

（6）按整体结构分为单级逆变电路和多重逆变电路。

（7）按主电路的结构分为半桥逆变电路、全桥逆变电路和推挽逆变电路。

（8）按功率开关器件种类分为 SCR 晶闸管逆变电路、GTR 逆变电路、GTO 逆变电路、MOSFET 逆变电路、IGBT 逆变电路、混合器件逆变电路。

（9）按调制方式分为脉宽调制逆变电路和脉冲频率调制逆变电路。

（10）按控制技术分为模拟控制逆变电路和数字控制逆变电路。

（11）按输出电压波形的电平数分为二电平逆变电路、三电平逆变电路和多电平逆变电路。

（12）按输出电压的波形可分为正弦波逆变电路、准正弦波逆变电路和非正弦波逆变电路。

（13）按输出电压的相数分为单相逆变电路、三相逆变电路和多相逆变电路。

（14）按输出电能的频率分为工频逆变电路、中频逆变电路和高频逆变电路。

（15）按功率器件的工作方式分为硬开关逆变电路和软开关逆变电路。

（16）按对输出电压波形的改善方式分为 PWM 逆变电路、多重叠逆变电路和多电平逆变电路。

5.2 电压型无源逆变电路

按直流输入电源性质不同，逆变电路分为电压型逆变电路和电流型逆变电路。是直流电流源的逆变电路称为电流型逆变电路，是直流电压源的逆变电路称为电压型逆变电路。

5.2.1 电压型单相全桥逆变电路

如图 5-2 所示为电压型单相全桥逆变电路，逆变电路采用全控型器件，换流方式为器件换流。图中，四个开关管 V_1 和 V_4、V_2 和 V_3 分两组由电力电子器件及其辅助电路组成。当开关管

V_1 和 V_4 导通、开关管 V_2 和 V_3 关断时，负载电压 u_o 为正；当开关管 V_2 和 V_3 导通、开关管 V_1 和 V_4 关断时，负载电压 u_o 为负。负载电压为方波，根据负载阻抗角 θ 的不同，负载电流的波形也不一样，其工作波形如图 5.2（b）所示。两组开关管驱动信号互补，相差 $180°$，一组开关管导通，另一组开关管就关断，两组开关管交替导通或关断。

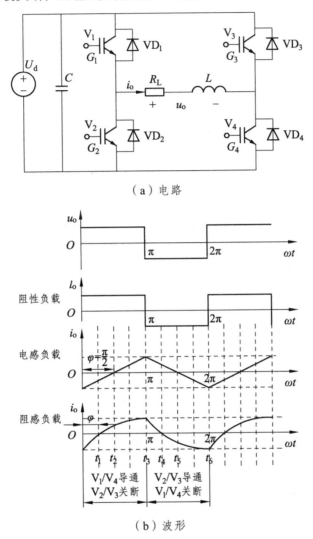

（a）电路

（b）波形

图 5-2　单相电压型逆变电路和工作波形

如图 5-2 所示，根据负载情况有：

（1）阻性负载。

在 $0 \leqslant \omega t < \pi$ 期间，开关管 V_1 和 V_4 导通、V_2 和 V_3 关断，输出电压 $u_o = U_d$。在 $\pi \leqslant \omega t < 2\pi$ 期间，开关管 V_2 和 V_3 导通、V_1 和 V_4 关断，输出电压 $u_o = -U_d$。

输出方波电压瞬时值为

$$u_o = \sum_{n=1,3,5,\cdots}^{\infty} \frac{4U_d}{n\pi} \sin n\omega t \tag{5-1}$$

输出方波电压有效值为

$$U_{\mathrm{o}} = \sqrt{\frac{2}{T}\int_0^{T/2} U_{\mathrm{d}}{}^2 \mathrm{d}t} = U_{\mathrm{d}} \tag{5-2}$$

基波分量的有效值为

$$U_{\mathrm{o1}} = \frac{4U_{\mathrm{d}}}{\sqrt{2}\pi} = 0.9U_{\mathrm{d}} \tag{5-3}$$

（2）纯电感负载。

$0 \leqslant \omega t < \pi/2$ 时段，开关管 V_2 和 V_3 无驱动信号而关断。因电感电流不能突变，只能从负向电流向正向电流线性改变，在电感负载电流仍然是负向的时候，开关管 V_1 和 V_4 虽然有驱动信号也不能导通，此时段，电路只能通过二极管 VD_1 和 VD_4 负向续流，负载端电压 $u_{\mathrm{o}} = L\mathrm{d}i_{\mathrm{o}}/\mathrm{d}t = +U_{\mathrm{d}}$。

$\pi/2 \leqslant \omega t < \pi$ 时段，电感负载在正端电压 E 的持续作用下，在 t_1 时刻，其电流 i_{o} 流向从负变为正，如果此时刻开关管 V_1 和 V_4 的驱动信号仍然存在，V_1 和 V_4 导通，二极管 VD_1 和 VD_4 自然截止，负载端电压 $u_{\mathrm{o}} = L\mathrm{d}i_{\mathrm{o}}/\mathrm{d}t = +U_{\mathrm{d}}$，负载电流 i_{o} 继续线性增加直到 $+I_{\mathrm{ox}}$。

同理，在 $\pi \leqslant \omega t < 2\pi/3$ 时段，二极管 VD_2 和 VD_3 续流，开关管 V_2 和 V_3 不能导通，直到进入 $2\pi/3 \leqslant \omega t < 2\pi$ 时段，V_2 和 V_3 才导通。在整个 $\pi \leqslant \omega t < 2\pi$ 时段，负载端电压均为 $-E$，电感负载电流 i_{o} 线性减少直到 $-I_{\mathrm{ox}}$。

（3）阻感负载。

负载电流 i_{o} 滞后负载端电压 u_{o} 的相位角为负载阻抗角 $\varphi = \arctan\dfrac{\omega L}{R}$。

在 $0 \leqslant \omega t < \varphi$ 时段，仍然是二极管 VD_1 和 VD_4 续流，开关管 V_1 和 V_4 不能导通，直到进入 $\varphi \leqslant \omega t < \pi$ 时段才有开关管 V_1 和 V_4 导通、二极管 VD_1 和 VD_4 自然截止，在整个 $0 \leqslant \omega t < \pi$ 时段，负载端电压 $u_{\mathrm{o}} = +U_{\mathrm{d}}$，负载电流 i_{o} 指数增加直到 $+I_{\mathrm{ox}}$。

同理，在整个 $\pi \leqslant \omega t < 2\pi$ 时段，负载端电压 $u_{\mathrm{o}} = -E$，负载电流 i_{o} 指数减小直到 $-I_{\mathrm{ox}}$。开关管 V_2 和 V_3 和二极管 VD_2 和 VD_3 处于相应的通、断和续流、截止状态。

例 5-1　如图 5-2 所示的电压型单相全桥逆变电路中，$U_{\mathrm{d}} = 220\ \mathrm{V}$，逆变频率 $f = 100\ \mathrm{Hz}$，阻感负载 $R = 10\ \Omega$、$L = 0.02\ \mathrm{H}$。求：①输出电压基波分量 U_{o1}、输出电流基波分量 I_{o1}；②输出电流有效值；③输出功率 P_{o}。

解：

①根据式（5-1）$u_{\mathrm{o}} = \sum\limits_{n=1,3,5,\cdots}^{\infty} \dfrac{4U_{\mathrm{d}}}{n\pi}\sin n\omega t$，输出电压基波分量为 $u_{\mathrm{o1}} = \dfrac{4U_{\mathrm{d}}}{\pi}\sin\omega t$。

根据式（5-3）基波分量的有效值为

$$U_{\mathrm{o1}} = \frac{4U_{\mathrm{d}}}{\sqrt{2}\pi} = 0.9U_{\mathrm{d}} = 0.9 \times 220 = 198\ (\mathrm{V})$$

基波阻抗为

$$Z_1 = \sqrt{R^2 + (\omega L)^2} = \sqrt{R^2 + (2\pi f L)^2} = \sqrt{10^2 + (2 \times 3.14 \times 100 \times 0.02)^2} = 16.06\,(\Omega)$$

基波电流有效值为

$$I_{o1} = \frac{U_{o1}}{Z_1} = \frac{198}{16.06} = 12.33\,(\text{A})$$

同理求得 3 次谐波阻抗 $Z_3 = 39\,\Omega$，其中 $f = 3 \times 100 = 300\,\text{Hz}$；3 次谐波电压 $U_{o3} = U_{o1}/3 = 198/3 = 66\,(\text{V})$；3 次谐波电流 $I_{o3} = \dfrac{U_{o3}}{Z_3} = \dfrac{66}{39} = 1.69\,(\text{A})$。

5 次谐波阻抗 $Z_5 = 63.6\,\Omega$，其中 $f = 5 \times 100 = 500\,\text{Hz}$；5 次谐波电压 $U_{o5} = U_{o1}/5 = 198/5 = 39.6\,(\text{V})$；5 次谐波电流 $I_{o5} = \dfrac{U_{o5}}{Z_5} = \dfrac{39.6}{63.6} = 0.62\,(\text{A})$。

7 次谐波阻抗 $Z_7 = 88.53\,\Omega$，其中 $f = 7 \times 100 = 700\,\text{Hz}$；7 次谐波电压 $U_{o7} = U_{o1}/7 = 198/7 = 28.29\,(\text{V})$；7 次谐波电流 $I_{o7} = \dfrac{U_{o7}}{Z_7} = \dfrac{28.29}{88.53} = 0.32\,(\text{A})$。

9 次谐波阻抗 $Z_9 = 113.54\,\Omega$，其中 $f = 9 \times 100 = 900\,\text{Hz}$；9 次谐波电压 $U_{o9} = U_{o1}/9 = 198/9 = 22\,(\text{V})$；9 次谐波电流 $I_{o9} = \dfrac{U_{o9}}{Z_9} = \dfrac{22}{113.54} = 0.19\,(\text{A})$。

9 次以上的谐波分量较小，忽略不计。

②输出电流有效值为

$$I_o = \sqrt{{I_{o1}}^2 + {I_{o3}}^2 + {I_{o5}}^2 + {I_{o7}}^2 + {I_{o9}}^2} = 12.47\,(\text{A})$$

③输出功率为

$$P_o = I_o^2 R = 12.47^2 \times 10 = 1554.0\,(\text{W})$$

5.2.2　电压型三相全桥逆变电路

如图 5-3（a）所示为电压型三相全桥逆变电路，电路由三个半桥逆变电路组成。为了分析问题方便，在直流侧标出了 O'，但实际电路中直流侧只有一个电容器。若电压型三相全桥逆变电路的工作方式是 180°导通型，即每个桥臂开关管的导通角 180°，同一相上下两个桥臂交替导通，各相开始导通的角度一次相差 120°，开关管控制信号如图 5-3（b）所示。这样在任意时刻将有三个桥臂同时导通，导通的顺序为 1/2/3、2/3/4、3/4/5、4/5/6、5/6/1、6/1/2，每 60°在同一相上下两个桥臂换流一次，如 1/2/3 到 2/3/4 换流，发生换流的是 1 和 4。因为是上下桥臂换流，所以称为纵向换流。

如图 5-3（c）所示为 $u_{\text{AO}'}$、$u_{\text{BO}'}$、$u_{\text{CO}'}$ 的波形，它们是幅值为 $E/2$ 的方波，但相位差 120°。输出的线电压为

$$\begin{cases} u_{\text{AB}} = u_{\text{AO}'} - u_{\text{BO}'} \\ u_{\text{BC}} = u_{\text{BO}'} - u_{\text{CO}'} \\ u_{\text{CA}} = u_{\text{CO}'} - u_{\text{AO}'} \end{cases} \tag{5-4}$$

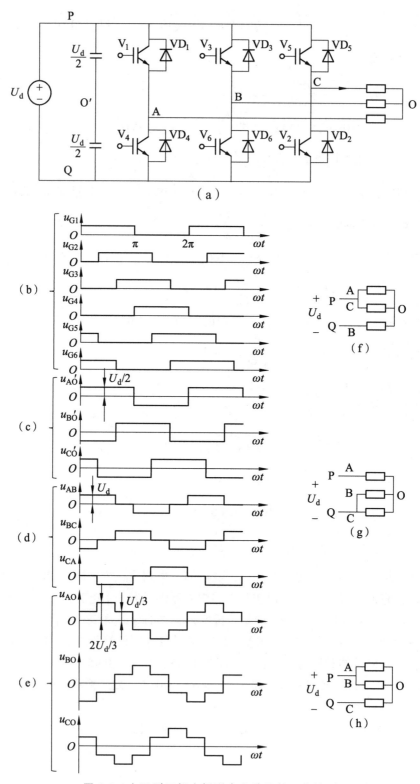

图 5-3　电压型三相全桥逆变电路及其工作波形

线电压波形如图 5-3（d）所示。

三相负载可按星形或三角形连接。当负载为三角形连接时，负载的相电压与线电压相等，很容易求出相电流和线电流；当负载按星形连接时，必须求出负载相电压，然后才能求出线电压。以电阻负载为例说明如下。

如图 5-3（b）所示，在输出电压的半个周期内，逆变电路有三个开关时段。

（1）开关时段 1（$0 \leqslant \omega t < \pi/3$）。

开关管 V_5、V_6、V_1 导通，三相桥的 A 和 C 接 P，B 接 Q，如图 5-4（f）所示。

$$\begin{cases} u_{AO} = u_{CO} = U_d/3 \\ u_{BO} = -2U_d/3 \end{cases}$$

（2）开关时段 2（$\pi/3 \leqslant \omega t < 2\pi/3$）。

开关管 V_6、V_1、V_2 导通，三相桥的 A 接 P，B 和 C 接 Q，如图 5-4（g）所示。

$$\begin{cases} u_{AO} = 2U_d/3 \\ u_{BO} = u_{CO} = -U_d/3 \end{cases}$$

（3）开关时段 3（$2\pi/3 \leqslant \omega t < \pi$）。

开关管 V_1、V_2、V_3 导通，三相桥的 A 和 B 接 P，C 接 Q，如图 5-4（h）所示。

$$\begin{cases} u_{AO} - u_{BO} - U_d/3 \\ u_{CO} = -2U_d/3 \end{cases}$$

如图 5-3（e）所示，星形连接的负载电阻上的相电压 u_{AO}、u_{BO}、u_{CO} 的波形为阶梯波。将 A 相相电压 u_{AO} 展开成傅里叶级数有

$$u_{AO} = \frac{2U_d}{\pi}\left(\sin\omega t + \frac{1}{5}\sin 5\omega t + \frac{1}{7}\sin 7\omega t + \frac{1}{11}\sin 11\omega t \cdots\right)$$

可见，其没有 3 次谐波，只有更高阶的奇次谐波。由此得

相电压基波幅值 $\qquad U_{AO1m} = 2U_d/\pi = 0.637U_d$ （5-5）

线电压基波幅值 $\qquad U_{AB1m} = 2\sqrt{3}U_d/\pi = 1.1U_d$ （5-6）

相电压基波有效值 $\qquad U_{AO1} = 2U_d/\sqrt{2}\pi = 0.45U_d$ （5-7）

线电压基波有效值 $\qquad U_{AO1} = 2\sqrt{3}U_d/\sqrt{2}\pi = 0.78U_d$ （5-8）

负载相电压有效值 $\qquad U_{AO} = \sqrt{\dfrac{1}{2\pi}\int_0^{2\pi} u_{AO}^2 \mathrm{d}(\omega t)} = 0.47U_d$ （5-9）

负载线电压有效值 $\qquad U_{AB} = \sqrt{\dfrac{1}{2\pi}\int_0^{2\pi} u_{AB}^2 \mathrm{d}(\omega t)} = 0.817U_d$ （5-10）

电压型逆变电路的特点是：

①直流侧为电压源，或并联大电容的等效电压源。直流侧电压基本没有脉动，直流回路

呈现低阻抗特性。

②由于直流电源的钳位作用，交流侧输出电压波形为矩形波，并且与负载阻抗角无关，输出电流波形与负载阻抗角有关，如图 5-1（b）所示。

③当交流侧为阻感负载时需要提供无功功率，直流侧电容起到缓冲无功能量的作用。为了给交流侧向直流侧反馈的无功能量提供通道，逆变桥各臂都需并联反向二极管。

对上述特点的理解要在后面的学习和工作中才能深刻领会。

5.3　电流型逆变电路

电流型逆变电路的供电电源为直流电流源。当交流侧为感性负载时，需要提供无功功率，直流侧电感还起到无功能量的缓冲作用。由于反馈无功能量时，直流电流并不反向，不必为开关管反并联二极管。逆变电路输出电流的控制可采用 PAM（脉冲幅值调制）和 PWM（脉冲宽度调制）两种基本的控制方式。

电流型逆变电路具有以下特点：

①直流侧有足够大的储能电感元件，使直流侧呈现电流源特性，稳态时的直流侧电流接近恒定不变。

②逆变电路输出的电流波形为方波或方波脉冲序列，并且该电流波形与负载无关。

③逆变电流的输出电压波形取决于负载，并且输出电压的相位随负载功率因数的变化而变化。

电流型逆变电路按逆变电路拓扑结构可分为电流型单相全桥逆变电路和电流型三相桥式逆变电路，也可按采用的功率器件分为半可控（采用晶闸管为功率器件）电流型逆变电路和全控（采用 IGBT 等全控型功率器件）电流型逆变电路。

5.3.1　单相电流型逆变电路

如图 5-4 所示为单相半可控电流型逆变电路。图中采用了负载换流，不需增加强迫换流电路，电路结构较为简单，该逆变器在中频感应加热中得到广泛应用，其中 LC 并联支路为电磁感应线圈及容性补偿电容的等效电路。为了使输出电压波形接近正弦波，将逆变器输出电路设计成并联谐振电路，当并联谐振电路的谐振频率接近逆变器的输出基波频率时，负载将对输出基波电流呈现高阻抗，对输出谐波电流呈现低阻抗，达到基波电流在负载上产生较大的压降，而谐波电流在负载上产生小的压降，这样就实现了在负载上的输出电压近似正弦波的目的。

另外，为了实现晶闸管逆变电路的负载换流，要求负载为容性负载，因此其输出电路中的补偿电容设计成负载电路工作在容性小失谐状态。采用负载换流的晶闸管单相全桥电流型逆变器的换流波形如图 5-4（b）所示。设在 ωt_1 前，晶闸管 VT_1/VT_4 导通、VT_2/VT_3 关断，此时，逆变器的输出电流 i_o 和输出电压 u_o 均为正，所以此时的晶闸管 VT_2/VT_3 承受正向电压 u_o。在 ωt_1 时刻，触发晶闸管 VT_2/VT_3 使其导通，输出负载电压 u_o 通过 VT_2/VT_3 强迫 VT_1/VT_4 关断，使负载电流从 VT_1/VT_4 换流到 VT_2/VT_3。为了使 VT_1/VT_4 彻底被正输出电压 u_o 的强迫关断，触发 VT_2/VT_3 的时刻 ωt_1 必须在 u_o 过零前，并留有足够的时间裕量。

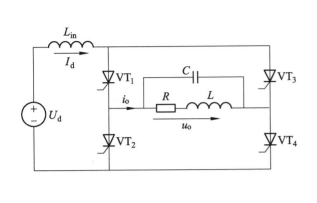 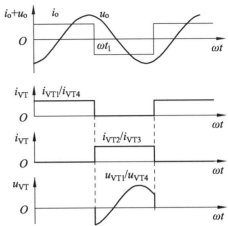

（a）单相全桥电流逆变主电路　　　　　（b）单相全桥电流型逆变电路波形

图 5-4　晶闸管单相全桥电流型逆变电路及工作波形

5.3.2　三相电流型逆变电路

三相电流型逆变电路三相负载可按星形或三角形连接。如图 5-5（a）给出三角形连接负载电流型三相全桥逆变电路原理。如图 5-5（b）所示，控制信号彼此相隔 60°，各桥臂导通 120°，这样，任何时刻都只有两个桥臂导通，导通的顺序为 1/2、2/3、3/4、4/5、5/6、6/1，如此循环，即不同相的上桥臂和下桥臂导通。换流时，在上桥臂或下桥臂组内依次换流，称为横向换流，例如 1/2 到 2/3 的换流时，是上桥臂开关管 VT_1 和同在上桥臂的开关管 VT_3 换流。由此控制规律得如图 5-5（c）所示的线电流 i_a、i_b、i_c 波形。

当按星形接法连接负载时，线电流等于相电流，比较容易求出负载端的相电压和线电压；当按三角形接法连接负载时，必须先求出负载线电流，然后才能求出相电流。

由图 5-5（b）可知，在输出线电流的半个周期内，逆变电路有三个开关时段。

（1）开关时段 1（$0 \leqslant \omega t < \pi/3$）。

如图 5-5（e）所示，开关管 V_1 和 V_6 导通，C 点与三相桥断开，有

$$i_{AB} = \frac{2R}{3R} I_d = \frac{2}{3} I_d$$

（2）开关时段 2（$\pi/3 \leqslant \omega t < 2\pi/3$）。

如图 5-5（f）所示，开关管 V_1 和 V_2 导通，B 点与三相桥断开，有

$$i_{AB} = \frac{R}{3R} I_d = \frac{1}{3} I_d$$

（3）开关时段 3（$2\pi/3 \leqslant \omega t < \pi$）。

如图 5-5（g）所示，开关管 V_2 和 V_3 导通，C 点与三相桥断开，有

$$i_{AB} = -\frac{R}{3R} I_d = -\frac{1}{3} I_d$$

如上所述，三角形电阻负载相电流 i_{AB} 波形为阶梯波，其余两相电流 i_{BC}、i_{CA} 与 i_{AB} 波形相

同，相位依次相差 120°。

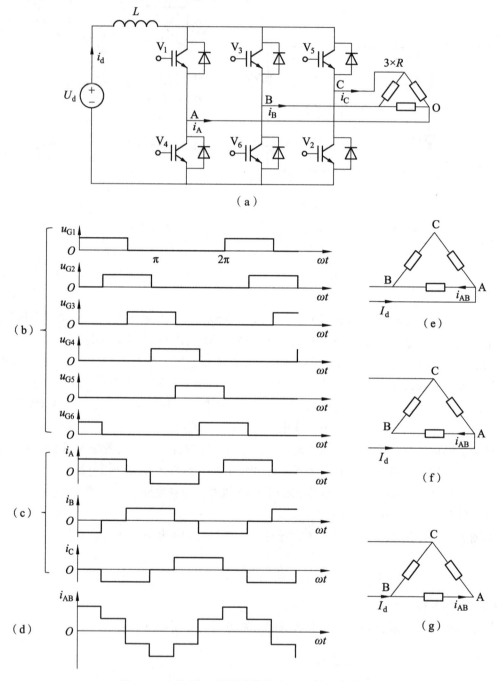

图 5-5 电流型三相桥式逆变电路及其工作波形

5.4 多重逆变电路和多电平逆变电路

5.4.1 多重逆变电路

上述电压型逆变电路和电流型逆变电路，其输出电压或输出电流波形为方波，含有丰富的奇次谐波。为了消除逆变电路输出的低次谐波，可以采用多重移相叠加技术，将两个或两个以上输出频率相同、输出波形相同、幅值可以不同的逆变电路，按一定的相位差叠加起来，使它们的交流输出波形的低次谐波相位相差 180°而相互抵消，得到谐波含量较少的准正弦阶梯波，阶梯数越多，接近正弦波的程度越高，谐波越少。按输出合成方式，多重逆变电路可分成串联多重和并联多重两种方式。串联多重是将几个逆变电路串联起来，多用于电压型逆变电路；并联多重是将几个逆变电路的输出并联起来，用于电流型逆变电路。

1. 串联多重逆变电路

图 5-6 所示为三相电压型二重化逆变电路原理。图中，两个三相电压型桥式逆变电路共用一个直流电源，输出电压通过变压器 T_1、T_2 串联合成。两个三相桥式逆变电路均是 180°导通型，这样，它们各自的输出线电压都是 120°矩形波。工作时，2#桥输出电压的相位比 1#桥输出电压滞后 30°。1#桥输出变压器 T_1 为△/Y 连接，若其变比为 1，则线电压之比为 $1/\sqrt{3}$。2#桥输出变压器为△/Z 连接，二次侧为"曲折星形接法"，要求使其二次侧电压相对于一次侧电压超前 30°，以抵消 2#桥输出电压滞后 1#桥 30°，使二重化中通过变压器二次侧相串联的两桥输出基波电压同相位。

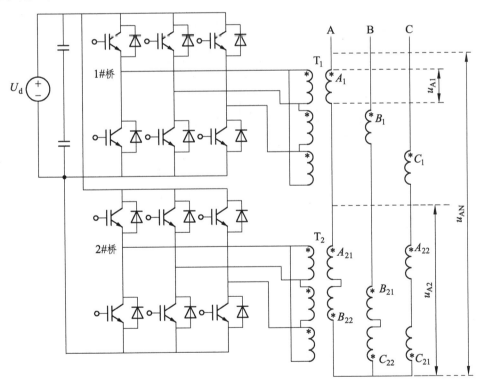

图 5-6　三相电压型二重化逆变电路原理

如果 T_1 和 T_2 一次侧匝数相同，为了使 u_{A1} 和 u_{A2} 基波幅值相同，T_2 和 T_1 二次侧间的匝数比应为 $1/\sqrt{3}$。T_1、T_2 二次侧基波电压的合成向量图如图 5-6 所示。图中 $\dot{U}_{A1}$、$\dot{U}_{A21}$、$\dot{U}_{B22}$ 分别是变压器绕组 A_1、A_{21}、B_{22} 上的基波电压分量，图 5-7 所示为变压器二次绕组电压及合成输出电压 u_{AN} 的波形。从图中可知，二重化后的三相桥式逆变电路输出电压 u_{AN} 比单个三相桥式逆变电路输出电压 u_{A1} 台阶多，更接近正弦波。

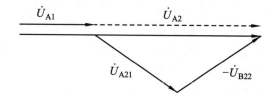

图 5.7　变压器 T_1 和 T_2 二次侧基波电压向量

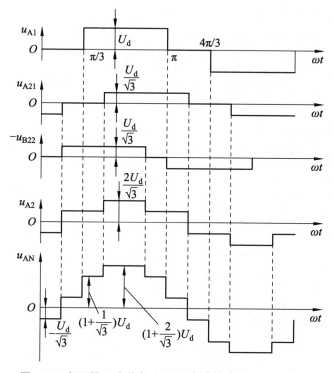

图 5-8　变压器二次绕组电压及合成输出电压 u_{AN} 波形

把 u_{A1} 展开成傅里叶级数得

$$u_{A1} = \frac{2\sqrt{3}U_d}{\pi}\left[\sin\omega t + \frac{1}{n}\sum_{n}^{\infty}(-1)^K\sin n\omega t\right] \tag{5-11}$$

式中，$n = 6K \pm 1$，K 是自然数。

基波有效值为

$$U_{A1} = \frac{\sqrt{6}U_d}{\pi} = 0.78U_d \tag{5-12}$$

n 次谐波有效值为

$$U_{An} = \frac{\sqrt{6}U_d}{n\pi} \tag{5-13}$$

u_{A21} 比 u_{A1} 滞后 $30°$，有

$$u_{A22} = \frac{2\sqrt{3}U_d}{\pi}\frac{1}{\sqrt{3}}\left[\sin\left(\omega t - \frac{\pi}{6}\right) + \frac{1}{n}\sum_n^\infty (-1)^K \sin n\left(\omega t - \frac{\pi}{6}\right)\right] \quad (5\text{-}14)$$

$-u_{B22}$ 比 u_{A1} 超前 30°，有

$$-u_{B22} = \frac{2\sqrt{3}U_d}{\pi}\frac{1}{\sqrt{3}}\left[\sin\left(\omega t + \frac{\pi}{6}\right) + \frac{1}{n}\sum_n^\infty (-1)^K \sin n\left(\omega t + \frac{\pi}{6}\right)\right]$$

$$u_{AN} = u_{A1} + u_{A21} + (-u_{B22})$$

$$= \frac{4\sqrt{3}U_d}{\pi}\left[\sin\omega t - \frac{1}{11}\sin 11\omega t + \frac{1}{13}\sin 13\omega t - \frac{1}{17}\sin 17\omega t \cdots\right] \quad (5\text{-}15)$$

基波电压有效值为

$$U_{AN1} = \frac{2\sqrt{6}U_d}{\pi} = 1.56U_d \quad (5\text{-}16)$$

n 次谐波电压有效值为

$$U_{ANn} = \frac{2\sqrt{6}U_d}{n\pi} = \frac{1}{n}U_{AN1} \quad (5\text{-}17)$$

由此可知，在 U_{AN} 中已不含 3 次、5 次、7 次、9 次谐波。U_{AN} 的波形每一个周期中有 12 个台阶，所以称为 12 阶梯波逆变电路。一般来说，使 m 个三相桥式逆变电路的相位依次错开 $\pi/3m$ 运行，并采用输出变压器作 m 重串联，且抵消上述相位差，就可以构成阶梯数为 $6m$ 的逆变电路。

2. 并联多重逆变电路

并联多重是将几个逆变电路的输出并联起来，用于电流型逆变电路。

（1）直接并联多重叠加的电流型阶梯波逆变电路。

由于电流型逆变电路的电流源特性，多个电流型逆变器可以直接并联，如图 5-9 所示为两个三相电流型逆变器采用输出直接并联的多重叠加结构及其输出电流叠加波形。如图 5-9（a）所示的电路采用了 120°导电方式的脉冲幅度 PAM 移相叠加控制。由于 120°导电方式时的开关管每 60°换相一次，因此，当两个三相电流型逆变器并联输出叠加时，可将 PAM 方波相位互相错开 30°。这样，原来每相输出的 120°方波电流通过 30°的移相叠加即可得到 8 阶梯波电流，图 5-9（b）所示为一相的电流叠加波形。

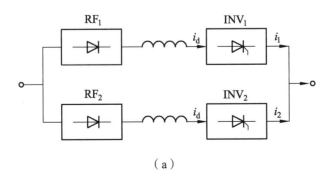

（a）

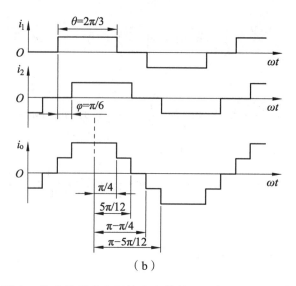

（b）

图 5-9　两个三相电流型逆变器输出直接并联的多重叠加主电路及波形

对如图 5-9（b）所示的电流波形进行谐波分析可知：

每相输出的 120°方波谐波电流为

$$i_{a} = \frac{2\sqrt{3}}{\pi}I_{d}\left(\sin\omega t - 0.2\sin 5\omega t - 0.143\sin 7\omega t + \frac{1}{11}\sin 11\omega t + \cdots\right) \tag{5-18}$$

叠加输出的 8 阶梯波谐波电流为

$$i = 1.673\frac{4I_{d}}{\pi}(\sin\omega t - 0.0536\sin 5\omega t - 0.0383\sin 7\omega t + \cdots) \tag{5-19}$$

比较式（5-18）和式（5-19）可知，两重叠加后的输出电流波形中的 5 次、7 次等谐波得到显著的衰减。

图 5-10 给出了三个三相电流型逆变器采用输出直接并联的多重叠加结构及输出电流叠加波形。图 4-10（a）所示电路仍然采用 120°PAM 移相叠加控制。由于是三个三相电流型逆变器的输出叠加，所以，可将 PAM 方波相位相互错开 60°/3 = 20°。这样，原来每相输出的 120°方波电流通过 20°的移相叠加得到 12 阶梯波电流，图 5-10（b）所示为一相的电流叠加波形。

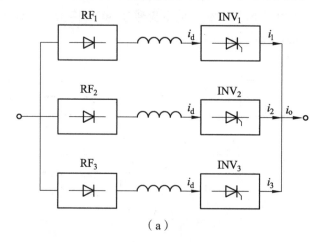

（a）

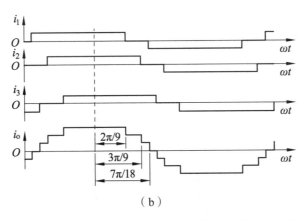

（ b ）

图 5-10　三个三相电流型逆变器输出直接并联的多重叠加主电路及波形

对如图 5-10（b）所示的电流波形进行谐波分析可知：叠加输出的 12 阶梯波谐波电流为

$$i = 2.494 \frac{4I_d}{\pi}(\sin \omega t - 0.0454 \sin 5 \omega t - 0.0264 \sin 7 \omega t + \cdots) \tag{5-20}$$

比较式（5-19）和式（5-20）可知，两重叠加后的输出电流波形中的 5 次、7 次等谐波得到进一步的衰减。

由此可知：叠加重数越多，输出阶梯波电流波形的阶梯波数越多，电流的谐波含量越小。

（2）变压器移相多重叠加的电流型阶梯波逆变器。

上述将两个三相电流型逆变器采用 120°导电型错开 30°输出直接并联的 PAM 控制能得到 8 阶梯波的电流输出。采取同样的控制策略，但是通过变压器进行 30°移相输出叠加也可得到 10 阶梯波电流输出。下面介绍采用 Y/Y 和△/Y 变压器连接的两重叠加结构的电流型阶梯波逆变器

采用 Y/Y 和△/Y 变压器连接的两重叠加结构的电流型阶梯波逆变器主电路和输出电流波形如图 5-11 所示。

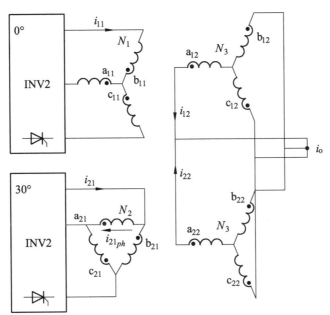

（a）采用 Y/Y 和△/Y 变压器连接的两重叠加结构的电流型逆变器主电路

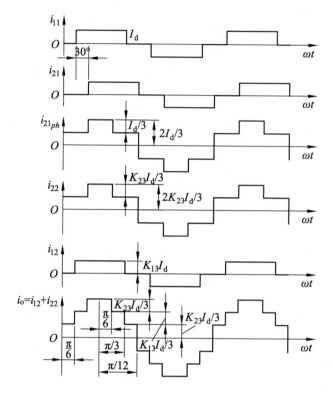

（b）输出电流波形匝比：$K_{13} = N_1/N_3$，$K_{23} = N_2/N_3$

图 5-11　采用 Y/Y 和 △/Y 变压器连接的两重叠加结构的电流型逆变器主电路和输出电流波形

令 Y/Y 和 △/Y 接法变压器两组绕组匝比分别为 $K_{13} = N_1 / N_3$ 和 $K_{23} = N_2 / N_3$，通过复数形式的傅里叶分析可得谐波电流幅值为

$$I_{mn} = \frac{2I_d(1 - e^{-jn\pi})}{n\pi}\left(\frac{K_{23}}{3}\sin\frac{n\pi}{6} + K_{13}\sin\frac{n\pi}{3} + \frac{K_{23}}{3}\sin\frac{n\pi}{2}\right) \tag{5-21}$$

要消除第 n 次谐波电流，应使相应的 $I_{mn} = 0$，即

$$\frac{K_{23}}{3}\sin\frac{n\pi}{6} + K_{13}\sin\frac{n\pi}{3} + \frac{K_{23}}{3}\sin\frac{n\pi}{2} = 0 \tag{5-22}$$

例如，需要消除 5 次和 7 次谐波，可由式（5-22）列出方程式

$$\begin{cases} \dfrac{K_{23}}{3}\sin\dfrac{5\pi}{6} + K_{13}\sin\dfrac{5\pi}{3} + \dfrac{K_{23}}{3}\sin\dfrac{5\pi}{2} = 0 \\ \dfrac{K_{23}}{3}\sin\dfrac{7\pi}{6} + K_{13}\sin\dfrac{7\pi}{3} + \dfrac{K_{23}}{3}\sin\dfrac{7\pi}{2} = 0 \end{cases} \tag{5-23}$$

求解式（5-23）方程组得到满足上述谐波消除条件的 Y/Y 和 △/Y 接法变压器两组绕组匝比分别为 $K_{13} = N_1 / N_3 = 1 : 1$ 和 $K_{23} = N_2 / N_3 = \sqrt{3} : 1$。由此可以消除输出电流中的 5 次和 7 次谐波及相关的同组谐波 $6k\pm5$、$6k\pm7$ 次谐波（$k = 1,2,3,\dots$）。

5.4.2 多电平逆变电路

如图 5-3（a）所示，以直流侧中点 O' 为参考点，对 A 相输出来说，V_1 导通时，$u_{AO'} = E/2$，V_4 导通时，$u_{AO'} = -E/2$。B、C 相类似。电路输出相电压有 $E/2$ 和 $-E/2$ 两种电平，所以，这种逆变电路称为二电平逆变电路。

如果需要逆变器承受更高的电压，一方面可以采用电压等级更高的 IGBT，另一方面采用 IGBT 串联的形式，但 IGBT 是高速器件，串联比较困难。并且，采用电平逆变电路的 di/dt 较高，波形不理想，为此可以采用多电平逆变电路。

多电平逆变电路是指输出电压波形中的电平数大于 2 的逆变电路。多电平逆变电路通常有两种结构形式，一是在二电平逆变电路基础上，按照类似的结构通过增加直流分压电容，将直流电源分压成多个直流电源电压，加入用二极管或电容钳位的电路和增加开关器件的串联个数来构成，用不同的开关切换组合，得到多电平输出；二是利用单相全桥逆变电路，通过直接串联叠加组成。多电平逆变电路的优点是：电路容量增大，输出电压电平数增多使输出电压更接近正弦波，开关器件的电压应力降低，无须使用均压电路，开关器件工作于基波，开关损耗小，电磁干扰小。

目前，常用的多电平逆变电路有中点钳位型逆变电路、飞跨电容型逆变电路及单元串联多电平逆变电路。

如图 5-12 所示为中点钳位型三电平逆变电路。图中电路的每一个桥臂由两个全控器件构成，两个器件都有反并联二极管，一个桥臂的中点通过钳位二极管和直流侧电容的中点相连。例如，A 相的上下桥臂分别通过钳位二极管 VD_1 和 VD_4 与 O' 点相连。

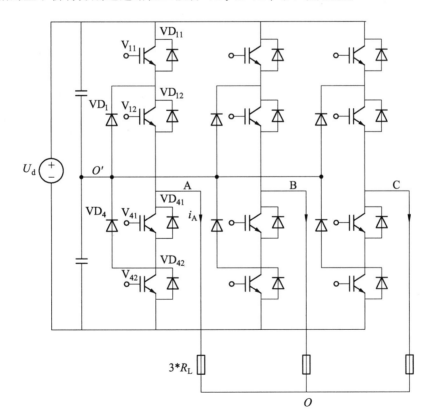

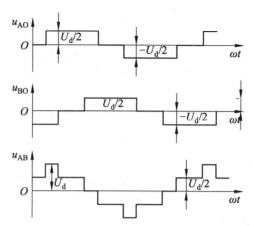

图 5-12　中点钳位型三电平逆变电路及其波形

以 A 相为例，当 V_{11} 和 V_{12}（或 VD_{11} 和 VD_{12}）导通 V_{41} 和 V_{42} 关断时，A 点和 O' 点间电位差为 $U_d/2$；当 V_{41} 和 V_{42}（或 VD_{41} 和 VD_{42}）导通，V_{11} 和 V_{12} 关断时，A 点和 O' 点间电位差为 $-U_d/2$；当 V_{12} 或 V_{41} 导通，V_{11} 和 V_{42} 关断时，A 点和 O' 点间电位差为零。实际上，最后这种情况下，V_{12} 和 V_{41} 不可能同时导通，哪一个管子导通取决于负载电流 i_A 的方向，图 5-12 中，$i_A>0$ 时，V_{12} 和钳位二极管 VD_1 导通；$i_A<0$ 时，V_{41} 和钳位二极管 VD_4 导通。即通过钳位二极管 VD_1 或 VD_4 的导通将 A 点电位钳位在 O' 电位上。

通过相电压之间的相减可得到线电压。两电平逆变电路的输出线电压共有 $\pm U_d$ 和 0 三种电平，而三电平逆变电路的输出线电压有 $\pm U_d$、$\pm U_d/2$ 和 0 共 5 种电平。通过适当的控制，三电平逆变电路输出电压谐波可以大大少于二电平逆变电路，这个结论不但适合于中点钳位型三电平逆变电路，也适用于其他三电平逆变电路。

中点钳位型三电平逆变电路还有一个突出的优点就是每个主开关器件关断时所承受的电压仅为直流侧电压的一半，这是该电路比两电平逆变电路更适合用于高压大容量场合的原因。

用与三电平逆变电路类似的办法，还可以构成五电平逆变电路等更多电平的中点钳位型逆变电路，如图 5-13 所示。当然，随着电平数的增加，所需钳位二极管的数目也急剧增加。

采用单元串联的办法也可以构成多电平逆变电路，图 5-14 给出三单元串联的多电平逆变电路原理。图中的单元实际上就是介绍过的如图 5-2（a）所示的单相电压型全桥逆变电路。单元串联的多电平逆变电路每一相是由多个单相电压型全桥逆变电路串联起来的串联多重单相逆变电路，通过多个单元输出电压的叠加产生总的输出电压，同时，通过不同单元输出电压之间错开一定的相位减少总输出电压的谐波。串联多电平逆变电路与串联多重逆变电路的区别在于串联多电平逆变电路每个单元全桥逆变电路都有一个独立的直流电源，因此，串联多电平逆变电路输出电压的串联不需要变压器。进一步的分析可知三单元串联的逆变电路相电压可以产生 $\pm 3U_d$、$\pm 2U_d$、$\pm U_d$ 和 0 共 7 种电平。如果每相采用更多单元串联，则可以输出更高的电压，其波形也更接近正弦波。

单元串联多电平逆变电路的实际问题是要给每个单元提供一个独立的直流电源。一般是通过给每个单元加一个带输入变压器的整流电路来实现，这是对其应用不利的地方。当然，当逆变器的交流侧与电网相连时，可以控制逆变器工作在整流状态而使其直流电容从交流侧得到能量补充并维持直流电压稳定，这样就可以不用另加直流电源。

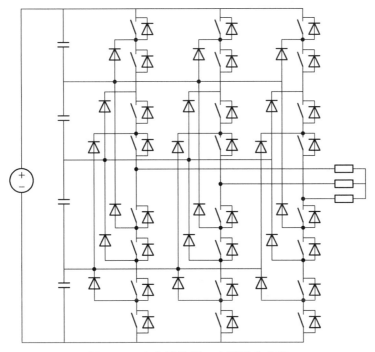

图 5-13　中点钳位型五电平逆变电路

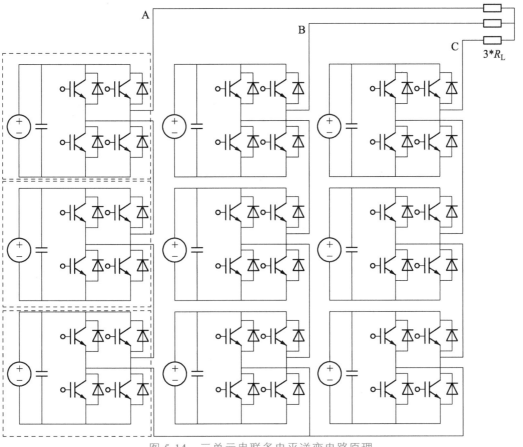

图 5-14　三单元串联多电平逆变电路原理

5.5 逆变电路仿真

如图 5-15 所示为需要仿真的三相桥式无源逆变主电路。图中可知，逆变电路 Y 接的带阻感负载并增加了逆变电路输出三相电压的 *LC* 滤波电路。

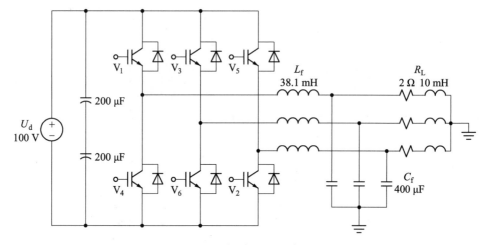

图 5-15 三相桥式无源逆变主电路

图 5-16 所示为双极性 SPWM 三相桥式无源逆变电路仿真模型。图中，三角形载波信号 U_c

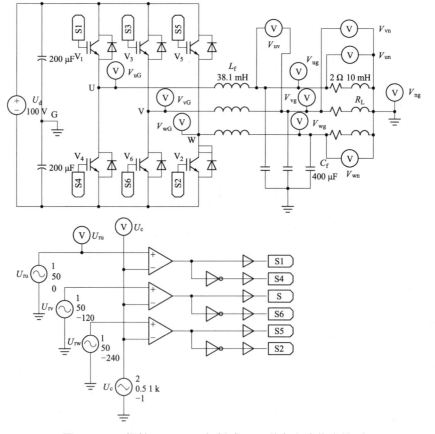

图 5-16 双极性 SPWM 三相桥式无源逆变电路仿真模型

的频率为 1 kHz、峰峰值为 2、占空比为 0.5，偏差为-1，即载波为-1~1 的三角波；U_{ru}、U_{rv}、U_{rw} 为标准 50 Hz 三相调制交流正弦波，每相相位差 120°，其幅值与载波信号 U_C 的相当，本案取 1。三相调制正弦波共用一个三角载波，通过运算比较器实时比较调制波和载波的大小，从而产生双极性 SPWM 波并驱动相应的主回路功率器件，产生三相功率 SPWM 波形，如图 5-17 所示，该波形由图 5-16 中的电压表 V_{uG}、V_{vG}、V_{wG} 检测显示。三相功率 SPWM 波形再经输出端 LC 滤波后得到负载端的正弦波，如图 5-18 所示，该波形由图 5-16 中的电压表 V_{ug}、V_{vg}、V_{wg} 检测显示，图中可知，逆变电路开始起动一个周期（0.02 s）后，在电路输出端得到理想的三相正弦波。最后可以比较负载端的相电压和线电压波形，如图 5-19 所示，该波形由图 5-16 中的电压表 V_{un}、V_{vn}、V_{wn} 和 V_{uv} 检测显示。

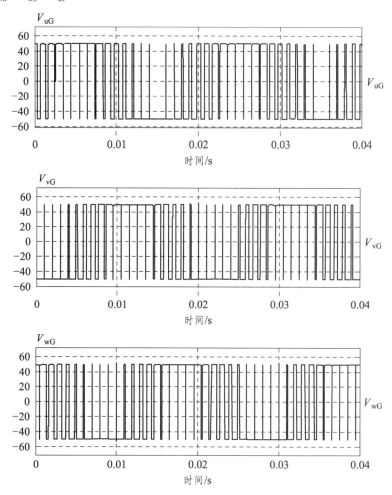

图 5-17　三相功率 SPWM 仿真波形

　　其他条件不变，只将图 5-16 中的仿真模型去掉逆变电路输出端 LC 滤波电路后，再仿真得到如图 5-20 的负载端电压波形。比较图 5-18 和图 5-20，区别太大，说明输出端 LC 滤波的重要性。

　　其他条件不变（包括复原 LC 滤波），只改变图 5-16 仿真模型中阻感负载的电感，从 10 mH 改到 100 mH，再进行仿真，得到如图 5-21 所示负载端电压波形。比较图 5-18 和图 5-21 可知，增大阻感负载的电感，即增大负载阻抗角，起动后 10 个周期才能得到稳定的负载端电压，说明这时系统的动态指标变坏。

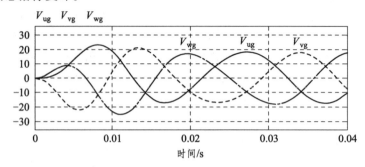

图 5-18　电路输出端经过 LC 滤波后得到的负载端三相正弦波

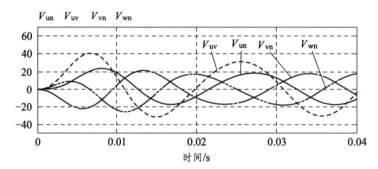

图 5-19　负载端的线电压和相电压

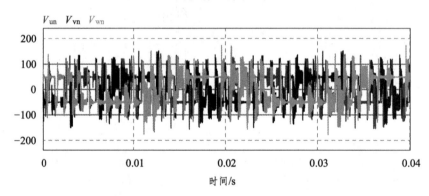

图 5-20　去掉逆变电路输出端 LC 滤波后的波形

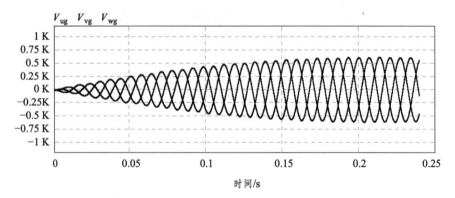

图 5-21　改变阻感负载的电感量从 10 mH 改到 100 mH 后的仿真负载端电压波形

5.6 无源逆变电路设计案例

5.6.1 主电路设计

1. 主电路拓扑结构

主电路拓扑结构的形式多种多样，应根据性能指标、负载参数、供电电源、环境条件等技术参数来选择采用哪一种形式。如电压源型逆变电路要求输出电压可调，可以采取多种方法达到目的，一是在直流电源端采用相控整流电路调节输入直流电源电压，从而调节逆变电路输出电压；二是采用二极管整流电路加 DC-DC 电路来调节输入直流电源电压从而调节逆变电路输出电压；三是不调输入直流电源电压而是在逆变电路采用 PWM 控制技术来调节逆变电路输出电压等方法。在某些负载场合为了抑制谐波含量加输出滤波器；在高电压大容量场合可采用多重逆变电路或多电平逆变电路等。总之，在设计过程中，需要权衡电路结构的经济性、可靠性、稳定性、安全性、合理性、适用性等进行综合判断选定方案。

2. 主电路器件的计算和选型

主电路器件也是多种多样，有厂家封装好的模块，也有单一器件，这需要根据具体情况而定，下面以一种基本的逆变主电路为例进行说明。如图 5-22 所示，开关器件选用 IGBT。逆变电路的直流电源由交流电经二极管整流滤波得到，也可以直接由蓄电池或直流发电机等提供直流电源。

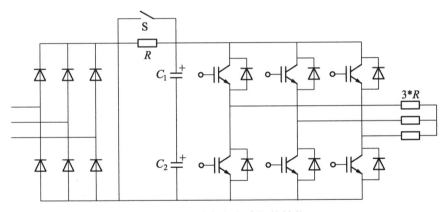

图 5-22 逆变主电路拓扑结构

（1）整流二极管的选择。

整流二极管的耐压

$$U_D \geqslant \sqrt{2} U_{2L} K_V \alpha_V \tag{5-24}$$

式中，U_{2L} 为整流器输入电压有效值；K_V 为电压波动系数，$K_V \geqslant 1$；α_V 为安全系数，一般取 2~3。

根据计算值再查二极管的耐压标称值，一般取比计算值高并与之接近的耐压标称值。

整流二极管额定电流的选择应考虑在最大负载电流下仍能可靠工作。

$$I_D = \alpha_1 \frac{I_{DM}}{1.57} \tag{5-25}$$

式中，α_1 为安全系数，一般取 1.5~2；I_{DM} 为流过整流二极管的电流最大有效值。

（2）滤波电容 C_1 和 C_2 的选择。

在主电路直流环节中，大电容 C_1 和 C_2 的作用有两个，一是对整流电路的输出电压滤波，尽可能保持其输出电压为恒值；二是吸收来自负载的回馈能量，防止逆变电路过电压损坏功率开关器件。

起滤波作用时，C_1、C_2 和负载等效电阻 R 的时间常数应大于三相桥式整流输出电压脉动周期 $T = 3.33$ ms，即

$$C_1 = C_2 = C' \geqslant \frac{0.003\,3}{3R} \times 10^6 \,(\mu F) \tag{5-26}$$

起吸收负载回馈的能量作用时，按能量关系来估算。设负载为异步电动机，当异步电动机突然停车或减速制动时，电动机轴上的机械能及漏抗储能向电容回馈，形成泵升电压。为保护开关器件不至被升高的泵升电压所击穿，一般应选用较大容量的电容，限制泵升电压的升高。

设电动机轴上的总转动惯量为 J，机械角速度为 Ω，则电动机轴上的机械储能为

$$W_J = \frac{1}{2} J \Omega^2 \tag{5-27}$$

漏感的储能为

$$W_L = \frac{1}{2} L I^2 \tag{5-28}$$

设电容上的初始电压为 U_0，电容储能为

$$W_{C'} = \frac{1}{2} C'(U_1^2 - U_0^2) \tag{5-29}$$

式中，U_1 为能量回馈后的电容电压。

假定能量回馈时忽略损耗，电动机突然停车时机械能和漏感储能全部回馈到电容中，即

$$\frac{1}{2} C'(U_1^2 - U_0^2) = \frac{1}{2} J \Omega^2 + \frac{1}{2} L I^2 \tag{5-30}$$

设过压系数 $K = \frac{U_1}{U_0}(K > 1)$，则有

$$C' = \frac{J\Omega^2 + LI^2}{(K^2 - 1)U_0^2} \tag{5-31}$$

一般允许电容泵升电压升高 30%，即 $K = 1.3$，当泵升电压值一定时，负载侧储能越大，滤波电容的容量也需要更大；而当储能一定时，泵升电压值越低，K 值越小，所需的电容容量也越大。

电容的耐压为

$$U_{C'} \geqslant \sqrt{2}U_{2L}K_V\alpha_V \tag{5-32}$$

式中，U_{2L} 为整流器输入电压有效值；K_V 为电压波动系数，$K_V \geqslant 1$；α_V 为安全系数，一般取 1.1。

（3）开关器件 IGBT 的选择。

开关器件的选择非常重要，它是逆变电路的核心元件。由于 IGBT 的热时间常数小，承载过载能力差，所以应按负载最严重情形来进行参数计算和器件选择。

IGBT 承受的最高电压不仅与直流侧的电压 E 有关，也与关断时尖峰电压有关。尖峰电压主要由线路杂散电感引起，即尖峰电压为 Ldi/dt，它与引线长短和布局直接相关。IGBT 的耐压值应选为

$$U_m \geqslant (K_1E + U_P)K_2 \tag{5-33}$$

式中，K_1 为过电压保护系数，通常取 1.15；K_2 为安全系数，通常取 1.1；U_P 为关断尖峰电压。

IGBT 集电极最大电流为

$$I_{om} \geqslant \alpha_1\alpha_2\alpha_3\sqrt{2}I_o \tag{5-34}$$

式中，I_o 为负载额定工作电流；α_1 为电路尖峰系数，一般取 1.2；α_2 为温度降额系数，一般取 1.2；α_3 为过载系数，一般取 1.4。

一般情况下，器件手册给出的 I_{om} 是结温 $T_j = 25\ ℃$ 条件下的值，在实际工作时，由于器件发热，T_j 升高，最大集电极电流实际允许值要下降，所以要乘以温度降额系数。

上述 IGBT 的最高耐压和最大限流的计算值也为选择续流二极管提供了依据。

（4）限流电阻 R_o 的计算与选择。

一般为了保护整流器，在它的输出端需要串联一个限流电阻。由于储能电容大，加之在接入电源时，电容两端的电压为零，相当于负载短路，所以在逆变电路合闸的瞬间，电容 C_1 和 C_2 的充电电流很大，di/dt 大，过大的冲击电流可能使三相整流器的二极管损坏，应将电容的充电电流限制在允许范围内。采取的措施是在合闸之前在整流输出端串联限流电阻，当电容充电基本完成后，将开关 S 接通，将限流电阻短接。

R_o 选择的依据是最大整流电压和二极管最大允许平均电流，即

$$R_o \geqslant 1.57\frac{\sqrt{2}U_{2L}K_V\alpha_V}{I_{om}} \tag{5-35}$$

（5）交流侧阻容吸收环节。

阻容吸收环节中，电容 C 的作用是防止变压器分断、合闸操作过电压，阻尼电阻 R 的作用是利用电阻耗能从而阻止电容与变压器漏感产生谐振。通常阻容吸收环节采用△形连接。

电容容量计算式如下：

$$C = \frac{1}{3} \times 6 \times i_0\%\frac{S}{U_2^2}(\mu F) \tag{5-36}$$

式中，$i_0\%$ 为变压器励磁电流百分数；S 为变压器相平均计算容量（V·A）；U_2 为变压器二次侧相电压有效值。

电容 C 的耐压为

$$U_C \geqslant 1.5 \times \sqrt{3}U_2 \tag{5-37}$$

阻尼电阻

$$R \geqslant 3 \times 2.3 \times \frac{U_2^2}{S}\sqrt{\frac{U_K\%}{i_0\%}} \tag{5-38}$$

式中，$U_K\%$ 为变压器短路电压百分数。

阻尼电阻的功率为

$$P_R \geqslant (3 \sim 4)(2\pi f_C U_C \times 10^{-6})R \ （W） \tag{5-39}$$

3. 驱动、保护和缓冲电路的计算与选择

驱动、保护和缓冲电路的计算与选择可以参考本书第 9 章的有关内容。

4. 输出滤波电路

实际的逆变电路输出电压的谐波含量往往高于允许值。因此，在逆变电路输出端和负载之间要加设低通滤波器。图 5-16 所示为常用的无源 LC 低通输出滤波器电路。

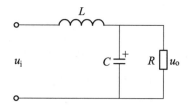

图 5-23　无源 LC 低通输出滤波器电路

（1）滤波电路的截止频率 f_0 按下式选择：

$$f \leqslant f_0 \leqslant f_K \tag{5-40}$$

式中，f 为逆变电路的输出电压频率；f_K 为最低次谐波电压频率。

$$f_0 = \frac{2f_K}{(e^{B_0} + e^{-B_0})} \tag{5-41}$$

式中，$B_0 = \ln\dfrac{U_{\text{im}}}{U_{\text{om}}}$，称为谐波电压衰减率，$U_{\text{im}}$ 和 U_{om} 分别为滤波器输入端和输出端最低次谐波电压幅值。

（2）滤波器的参数选择：

$$\begin{cases} \sqrt{LC} = \dfrac{1}{2\pi f_0} \\[2mm] \sqrt{\dfrac{L}{C}} = (0.5 \sim 0.8)R \end{cases} \tag{5-42}$$

根据给定的负载电阻 R 和确定的 f_0，解方程组（5-42）可得 L、C。

5. 逆变变压器设计

为了得到不同的输出电压或起隔离作用，常常在逆变电路输出端加上输出变压器。逆变变压器的设计需要计算铁心材料、铁心截面、绕组匝数、变比和线径。计算过程比较繁琐，但比较规范，可参考相关设计手册。

5.6.2　控制电路设计

控制电路的设计方案很多，前述的控制方式均可采用，在本书第 7 章讲述的 PWM 控制方案是目前应用得最多的控制方案。请参考本书第 7 章或相关设计手册。

5.7　实训项目——单相 SPWM 逆变电路调试

1. 前言

本实训项目所涉及单相 SPWM 逆变主电路及其控制电路如图 5-24 所示。图中，主要由开关管 V_5、V_6、变压器 Tr、PWM 集成电路 5G3525 等构成的推挽升压 DC-DC 电路和由 V_1、V_2、V_3、V_4 和集成 SPWM 电路 EG8010 组成的 DC-AC 逆变电路组成。推挽升压电路将+12 V 蓄电池电压升压到+360V，逆变电路将+360 V 直流电压变换成单相 220 V 交流电源系统。

两级变换电路输出端均带 LC 滤波电路。推挽升压电路具有监测蓄电池电压功能，两级电路均有过流保护、过热保护等功能。单相 SPWM 逆变主电路中对开关管均采取了如同本书第 3 章实训项目中的保护措施。单相 SPWM 逆变主电路构成 JDT02-5 单相 SPWM 逆变主电路实验板的主体，单相 SPWM 逆变控制电路构成 JDT05-2 单相 SPWM 逆变控制电路实验板的主体。

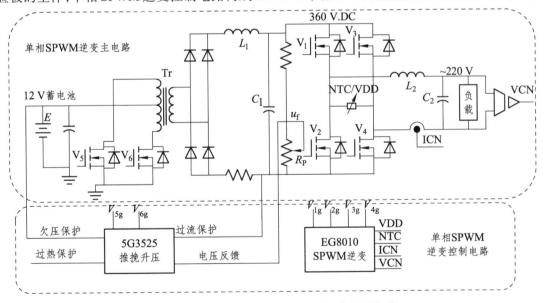

图 5-24　单相 SPWM 逆变主电路及其控制电路

如图 5-25 所示为单相 SPWM 逆变电路的控制电路。图中，推挽升压控制电路由 5G3525PWM 控制集成电路接收输出反馈信号 u_f 并与自带的 2.5 V 参考电压比较放大去控制 PWM 波的占空比，当输出电压低于设定值时，占空比增大，当输出电压高于设定值时，占空比减小，从而自动调节输出电压大小，输出电压设定值由 JDT02-5 板上的电位器 R_p 设定。

DC-AC 逆变控制电路由 SPWM 专用集成电路 EG8010 和驱动集成电路 IR2110 及附件构成，产生 50 Hz 纯正弦波调制信号的单极性 PWM 控制信号控制 JDT02-5 板上的四只桥式全控开关管。以此电路制作的实验板代号为 JDT05-2。

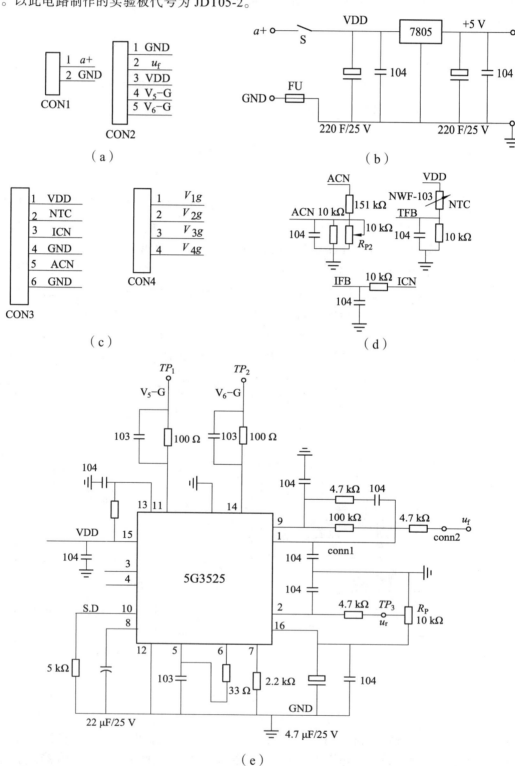

（a）

（b）

（c）

（d）

（e）

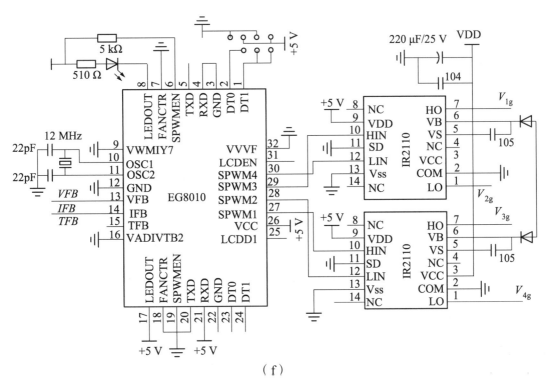

（f）

图 5-25　单相 SPWM 逆变电路的控制电路

2. 实验目的

（1）熟悉单相 SPWM 逆变主电路的结构、元器件和工作原理。
（2）了解推挽升压 PWM 控制集成电路 5G3525 工作原理。
（3）了解 SPWM 专用集成电路 EG8010 等构成的纯正弦波逆变电路工作原理。

3. 实验内容

（1）推挽升压电路的调试及其工作波形的观测。
（2）正弦波逆变电路的调试及其工作波形的观测。

4. 实验所需器件及附件

单相 SPWM 逆变电路所需器件及附件如表 5-1 所示。

表 5-1　单相 SPWM 逆变电路所需器件及附件

序号	器件及附件	备注
1	JDT02-5 单相 SPWM 逆变主电路实验板	
2	JDT05-2 单相 SPWM 逆变控制电路板	
3	JDL10-1 阻性负载实验板	
4	12V 蓄电池	自备
5	双综示波器	自备
6	万用表	自备

5. 实验电路

如图 5-26 所示为单相 SPWM 逆变电路调试实验电路接线。

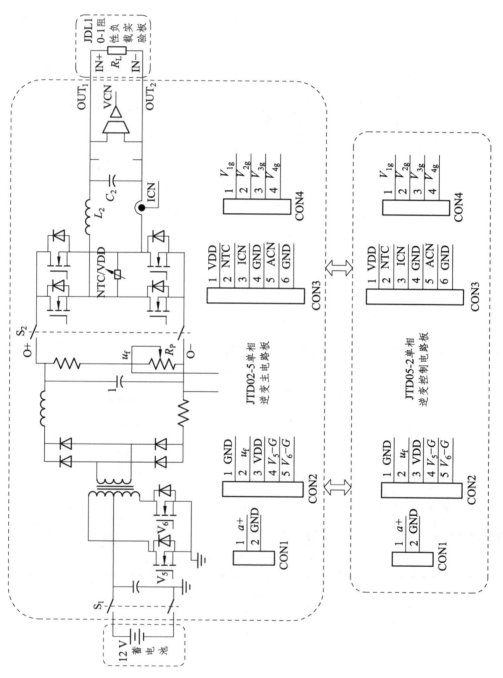

图 5-26 单相 SPWM 逆变电路调试实验电路接线

6. 实验方法

（1）推挽升压电路开路测试。

① 准备。

a. 断开 JDT02-5 电源开关 S_1。按图 5-26 将蓄电池与 JDT02-5 板用导线正确连接；按图 5-26 将 JDT05-2 板的 CON1 和 CON2 连接器与 JDT02-5 板对应的 CON1 和 CON2 连接器正确连接；按图 5-26 将 JDT05-2 板的 CON3 和 CON4 连接器与 JDT02-5 板对应的 CON3 和 CON4 连接器正确连接；按图 5-26 分别将 JDL10-1 阻性负载实验板上的 IN+ 和 IN-端与 JDT02-5 板上的 O+ 和 O-端用导线正确连接；断开 JDT02-5 板上的开关 S_2。

b. 将 JDT05-2 板上的 conn1 连接器短接，即将 5G3525 的 1 脚和 9 脚短接，将 JDT05-2 板上的 conn2 连接器断开，使推挽升压电路处于开环状态。

c. 连线检测无误后，先合上 JDT02-5 板上的电源开关 S_1，再合上 JDT05-2 板上的电源开关 S。

② 实验并记录。

a. 调节 JDT05-2 板上的电位器 R_{P1}，示波器观察 JDT05-2 板上代表 5G3525 管脚 11 和管脚 14 信号的 TP_1 和 TP_2 两点的波形并用万用表直流挡检测代表 U_r 的检测点 TP_3 的电压，调定 $U_r = 2.0\text{ V}$，记录代表 OUTA（管脚 11）和 OUTB（管脚 14）的 TP_1 和 TP_2 两点的波形填在表 5-2 并将有关参数记录在表 5-2 中。

b. 用双综示波器的两个探头同时观测 JDT05-2 板上 TP_1 和 TP_2 两点波形，调节 JDT05-2 板上的电位器 R_{P1}，改变 U_r，观测 JDT05-2 板上 TP_1 和 TP_2 两点 PWM 波形，测量 JDT05-2 板上代表推挽升压电路输出电压 U_o 的 TP_3 和 TP_4 两点电压，记录其占空比于表 5-3 中，并找出占空比随 U_r 的变化规律。

c. 测试完毕后，先关断 JDT05-2 板上的电源开关 S，再关断 JDT02-5 板上的电源开关 S_1。

表 5-2　管脚 PWM 波形和参数

观察点	波形	频率/Hz	占空比
JDT05-2 板 TP_1 观测点，管脚 11（OUTA）	u_{11} O　　　　　t		
JDT05-2 板 TP_2 观测点，管脚 14（OUTB）	u_{14} O　　　　　t		

表 5-3　占空比、输出电压与设定电压 U_r 的关系

U_r/V	1.0	1.5	2.0	2.5	3.0
占空比					
输出电压 U_o/V					

（2）推挽升压电路闭环特性测试。

① 准备。

按本实训的（1）中方法进行实验准备。区别在于，JDL10-1 板上的 IN+端与 JDT02-5 板上的 O+端通过串接直流电流表连接，1N_和 O_连接。滑动 JDL10-1 板上的滑动变阻器，使负载电阻最大；断开 JDT05-2 板上的 conn1 连接器，将 JDT05-2 板上的 conn2 连接器连通，使推挽升压电路处于输出电压闭环调节模式。

② 实验并记录。

a. 调节 JDT05-2 板上的电位器 R_{P1} 至 $U_r = 2.5$ V，使电源处于输出电压闭环调节模式。

b. 输出电压设定测试。调节 JDT02-5 板上的电位器 R_p，测量 JDT02-5 板上的 TP_3 和 TP_4 间电压，用双综示波器的两个探头同时观测 JDT05-2 板上 TP_1 和 TP_2 两点波形，记录其占空比于表 5-4 中，并找出 U_o 占空比的变化规律。记录输出电压最大值和最小值，最后调定输出电压 $U_o = 360$ V。

c. 负载特性测试。调整负载，即滑动 JDL10-1 板上滑动变阻器，记录输出电压 U_o 和输出电流 I_o 于表 5-5 中

d. 实验完毕后，先关断 JDT05-2 板上的电源开关 S，再关断 JDT02-5 板上的电源开关 S_1。

表 5-4　闭环控制管脚 PWM 波形和参数

5G3525 管脚	波形	频率/Hz	占空比	输出电压	输出电压最小、大值
JDT05-2 板 TP_1 观测点，管脚 11（OUTA）					
JDT05-2 板 TP_2 观测点，管脚 14（OUTB）					

表 5-5　推挽升压电路负载特性测试

R/Ω					
闭环 U_o/V					
闭环 I_o/A					

（3）推挽升压电路与逆变电路联调。

① 准备。

a. 断开 JDT02-5 电源开关 S_1。按图 5-26 将蓄电池与 JDT02-5 板用导线正确连接；按图 5-26 将 JDT05-2 板的 CON1 和 CON2 连接器与 JDT02-5 板对应的 CON1 和 CON2 连接器正确连接；按图 5-26 将 JDT05-2 板的 CON3 和 CON4 连接器与 JDT02-5 板对应的 CON3 和 CON4 连接器正确连接；按图 5-26 分别将 JDL10-1 阻性负载实验板上的 IN-端与 JDT02-5 板上的 OUT$_2$ 端用导线正确连接；用交流电流表将 JDL10-1 的 IN+ 和 JDT02-5 板的 OUT$_1$ 连接起来。

b. 连线检查无误后，先合上 JDT02-5 板上的电源开关 S_1，再合上 JDT05-2 板上的电源开关 S。

c. 保证推挽升压电路处于闭环调节模式，否则，断开 JDT05-2 板上的 conn1 连接器，将 JDT05-2 板上的 conn2 连接器连通，并调节 JDT05-2 板上的电位器 R_{P1} 至 U_r = 2.5 V，使推挽升压电路处于输出电压闭环调节模式。

d. 先断开 JDT05-2 板上的电源开关 S，再断开 JDT02-5 电源开关 S_1。操作无误后，先合上 JDT02-5 板上的电源开关 S_1 和 JDT02-5 板上的开关 S_2，再合上 JDT05-2 板上的电源开关 S。

② 实验并记录。

a. 输出电压设定测试。调节 JDT02-5 板上的电位器 R_P，测量 JDT02-5 板上代表推挽升压电路输出电压的 TP_3 和 TP_4 间电压，调定推挽升压电路输出电压 U_o = 360 V。测量 JDT02-5 板上代表逆变电路 LC 滤波后输出电压的 TP_{11} 和 TP_{12} 间电压，调节 JDT05-2 板上的电位器 R_{P2}，使逆变电路输出电压有效值为 220 V·AC。用示波器观察 JDT02-5 板上代表各桥臂上开关管触发脉冲波形的 $TP_5 \sim TP_8$ 点波形，同时观察代表逆变电路 LC 滤波前波形的 TP_9 和 TP_{10} 点波形，并记录到表 5-6 中。

b. 负载特性测试。调整负载，即滑动 JDL10-1 板上滑动变阻器，记录输出电压 U_o 和输出电流 I_o 到表 5-7 中。

c. 实验完毕后，先关断 JDT05-2 板上的电源开关 S，再关断 JDT02-5 板上的电源开关 S_1 和 S_2。

表 5-6　闭环控制管脚 PWM 波形和参数

观察点	波形	频率/Hz	最大占空比	输出电压
JDT02-5 板 TP_5 观测点，开关管 V_1 触发脉冲波形				

观察点	波形	频率/Hz	最大占空比	输出电压
JDT02-5 板 TP_6 观测点，开关管 V_2 触发脉冲波形	u_{2g} ↑ O → t			
JDT02-5 板 TP_7 观测点，开关管 V_3 触发脉冲波形	u_{3g} ↑ O → t			
JDT02-5 板 TP_8 观测点，开关管 V_4 触发脉冲波形	u_{4g} ↑ O → t			
JDT02-5 板 TP_9 和 TP_{10} 观测点，逆变滤波 LC 前波形	u ↑ O → t			
JDT02-5 板 TP_{11} 和 TP_{12} 观测点，逆变滤波 LC 后波形	u ↑ O → t			

表 5-7　逆变电路负载特性测试

R/Ω					
U_o/V					
I_o/A					

7. 实验报告

（1）整理实验数据和记录的波形。

（2）分析负载变化对电源输出电压的影响。

（3）总结单相逆变电源性能测试工作。

8. 操作考评

表 5-8　操作考核评分表

学号			姓名		小组		
任务编号	5-1		任务名称		单相逆变电路调试		
模块		序号	考核点（95分）		分值标准	得分	备注
1	单相桥式整流电路工作原理	1	理解单相逆变电路拓扑结构		5		
		2	理解推挽升压电路工作原理		5		
		3	理解 SPWM 逆变电路工作原理		5		
		4	理解 5G3525 集成电路要点		5		
		5	理解 EG8010 集成电路要点		5		
		6	理解逆变电路的过电流保护工作原理		5		
		7	理解逆变电路过热保护工作原理		5		
2	接线及工具操作	8	正确连接接线图完成实验接线		5		
		9	正确操作各个电源开关		5		
		10	正确使用示波器		10		
		11	正确使用万用表		5		
		12	理解执行安全操作规则		5		
3	波形读取和实验数据处理	13	根据占空比正确调整触发角		10		
		14	正确读取波形		5		
		15	正确调试推挽升压电路		5		
		16	正确联调推挽升压电路和逆变电路		10		
4	互评		小组互评（5分）				
5	总分		合计总分				
学生签字			考评签字				
互评签字			考评时间				

本章小结

DC-AC 变换是将直流电变换成交流电的过程，也称为逆变，逆变是整流的逆向变换过程。完成逆变功能的电路称为逆变电路，完成逆变过程的装置称为逆变器。当逆变器交流侧接在电网上，称为有源逆变；当逆变器交流侧接在负载上，称为无源逆变。逆变器一般指无源逆变器。本章主要介绍相控无源逆变电路和多电平重叠逆变电路并举例说明无源逆变电路的设计方法，最后还给出逆变电路的仿真研究。

通过本章的学习，要求掌握逆变电路的基本结构、工作原理和特点，了解多电平重叠逆变技术，学会无源逆变电路的设计方法和仿真研究手段。

思考题与习题

1. 换流方式有哪几种？各有什么特点？

2. 什么是电压型逆变电路，什么是电流型逆变电路，二者各有什么特点？

3. 电压型逆变电路中的反馈二极管的作用是什么？为什么电流型逆变电路不需要反馈二极管？

4. 单相电压型逆变电路和三相电压型逆变电路输出电压中各含哪些谐波分量？

5. 有哪些方法可以调节逆变电路的输出电压？

6. 说明 180°导通型逆变电路的换流顺序及各 60°区间导通管号。

7. 逆变电路多重化的目的是什么？串联多重和并联多重的应用场合是哪些？

8. 多电平逆变电路主要有哪些形式？各有什么特点？

9. 如图 5-3（a）所示的逆变装置为一台 380 V、37 kW 交流电动机供电，电动机工作在额定状态，求逆变装置直流侧电压和平均电流。

10. 如图 5-27 所示的全桥逆变电路负载为 RLC 串联负载，其中 $R = 10\ \Omega$，$L = 33.8$ mH，$C = 220\ \mu F$，逆变电路频率 $f = 100$ Hz，输入电压 $U_d = 200$ V DC。求基波电流有效值和输出电流有效值。

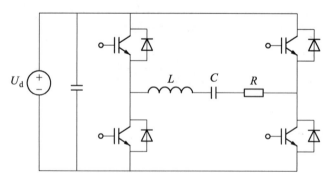

图 5-27　题 10 图

第 6 章

交流−交流变换技术

📋 知识目标

● 掌握交流调压电路的分类、结构、工作原理及实际应用。

● 掌握变频电路分类、工作原理及其应用。

● 掌握交流调压电路设计和仿真方法。

● 了解各类交流开关和交流调功电路工作原理及其应用。

📋 技能目标

● 能够分析设计仿真交流−交流变换电路并应用到实际中。

📋 素养目标

● 培养崇尚劳动、热爱劳动、辛勤劳动、诚实劳动的劳动精神。

● 培养执着专注、精益求精、一丝不苟、追求卓越的工匠精神。

● 培养质量意识、安全意识、环保意识、创新思维、信息素养。

6.1 交流-交流变换电路概述

交流-交流变换是把一种形式的交流电变换成另一种形式的交流电，可以是电压幅值的变换，也可以是频率或相数的变换，能实现这种变换的电路也称为 AC-AC 变换电路。根据变换参数的不同，AC-AC 变换电路可分为改变幅值不变频率的交流电力控制电路和交-交变频电路，交流电力控制电路又分为交流调压电路、交流调功电路、晶闸管交流开关。

6.1.1 交流电力控制电路

根据控制方式的不同，交流电力控制电路分为交流调压电路、交流调功电路、晶闸管交流开关。

1. 交流调压电路

交流调压电路的控制方式主要有相位控制和斩波控制。

（1）相位控制。

晶闸管调压电路的相位控制如图 6-1 所示，它与相控式整流电路的控制方法相同，都是通

过改变触发角 α 来改变输出电压的大小，达到交流调压的目的。优点是电路简单，晶闸管可以利用电源自然换流，不需要附加的换流电路，可实现电压的平滑调整，系统响应速度快。缺点是调到较低输出电压时，功率因数低，输出电压谐波含量较高。

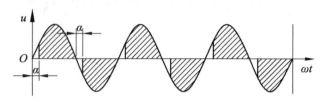

图 6-1　交流调压相位控制功能示意

（2）斩波控制。

另一种交流调压电路是斩波控制，把正弦波电压变成若干个脉冲电压，通过改变开关器件的占空比实现交流调压，如图 6-2 所示。它与直流斩波电路的控制类似，所以称之为交流斩波调压电路。优点是深控时的功率因数较高，谐波含量小，输出电压连续可调，响应快，基本克服了相控方式的缺点，具有很好的发展前景，但它也存在需要较高频率的通断，不能采用普通晶闸管，必须采用自关断全控型器件进行控制，如 GTO、GTR、MOSFET、IGBT 等的问题。

图 6-2　交流调压斩波控制示意

2. 交流调功电路

采用整周期的通断控制，使电路输出几个电源电压周期，再断开几个电源电压周期的控制方式，通过控制导通周期数和断开周期数的比值来调节交流输出功率的均值，从而达到交流调功的目的。优点是控制简单，电流波形为正弦波，输出无高次谐波；缺点是响应速度较慢，对电网会造成较大的负载脉动及低次谐波的影响。对电加热等不需要高速控制的大惯性负载效果较好，如金属热处理、化工合成加热，钢化玻璃热处理等各种需要加热或进行温度控制的场合。

3. 晶闸管交流开关

根据负载或电源的需要接通或断开电路，它的工作是随机发生的，其作用就相当于机械或电磁开关，它是无触点的，与有触点的开关相比，它具有开关速度快，使用寿命长、控制功率小灵敏度高等优点。它通常用来控制交流电动机的正反转、频繁启动，间歇运行等场合，由于是无触点开关，因此，不存在火花或拉弧等现象，对冶金、化工、石油等要求无火花防爆场所极为合适。在电力系统中晶闸管交流开关还与电容器一起构成无功功率补偿器，对无功功率和功率因数进行动态调节。

6.1.2　变频电路

变频电路分为交-交变频电路和交-直-交变频电路。

1. 交-交变频电路

交-交变频电路是直接将一定频率的交流电变换成另一种频率固定或可调的交流电，中间没有任何环节（如直流环节）的单级电路结构，故称为直接变频电路。

在一定的输入/输出频率比下，由单相电源供电的交-交变频电路性能较差，输出的谐波含量大，很少应用。在实际中，通常采用由三相电源供电的交-交变频电路，它又分为单相输出和三相输出。三相输出电路通常由三个互差 120°的单相输出电路构成，每相输出均含正、反两组整流电路，电路结构较复杂。它主要用于大功率三相交流电动机的调速系统中。所以，交-交变频电路一般指三相输入、三相输出的变频电路，又称为三相交-交变频电路。

由三相零式整流电路构成的交-交变频电路，电路结构简单，但输出的谐波含量较大；由三相桥式整流电路构成的交-交变频电路，电路结构复杂，成本高，但输出的谐波含量较低，输出波形接近正弦波。这两种结构的交-交变频电路分别适用于不同功率等级和不同应用场合。

交-交变频电路分相控式电路和斩控式电路。相控式电路通常由晶闸管相位控制构成，其工作原理是通过正、反两组整流电路反并联，按照一定规律改变触发角，得到输出电压和频率均可调的交流电。斩控式电路由全控型器件组成，采用高频 PWM 控制方式，可调控输出电压大小和频率。

直接变频电路的缺点是电路结构复杂，但只有一次换流，系统效率较高，可采用晶闸管进行自然换流，功率等级较高，低频输出特性好，易于实现功率回馈。主要应用于大功率、低转速的交流调速系统中，如冶金行业的轧机主转动、矿石破碎机、矿井卷扬机、鼓风机、铁路电力牵引装置、船舶推进装置等场合。

2. 交-直-交变频电路

交-直-交变频电路是先把工频交流变为直流，再把直流电逆变成频率固定或可变的交流电。这种有中间环境的变频电路叫作间接变频电路。幅值与频率成比例地调节（VVVF）是常规变频器的基础，可防止磁饱和。

6.2　相控单相交流调压电路

单相交流调压电路的工作情况与所带负载性质有关。

6.2.1　电阻性负载

1. 工作原理

图 6-3（a）所示为两只独立触发电路的反并联单向晶闸管与电阻负载构成的交流调压主电路，图中的反并联单向晶闸管也可由一双向晶闸管代替。

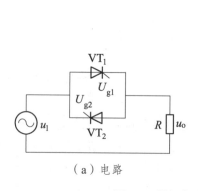
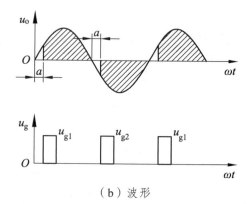

（a）电路　　　　　　　　　　　　　　　　（b）波形

图 6-3　单相交流调压电路电阻负载电路及波形

图 6-3（b）中，在电源正半周，$\omega t = \alpha$ 时，触发 VT_1 导通，有正向电流流过 R，负载端电压 u_o 为正值，在电流过零时，VT_1 自行关断；在电源负半周，$\omega t = \pi + \alpha$ 时，再触发 VT_2 导通，有反向电流流过 R，其端电压 u_o 为负值，到电流过零时，VT_2 再次自行关断。重复上述过程。改变 α 即可调节负载两端的输出电压有效值，达到交流调压的目的。各电压波形如图 6-3（b）所示。

2. 数量关系

根据图 6-3（b）所示波形可得负载电压有效值为

$$U_o = \sqrt{\frac{1}{\pi} \int_0^{\pi} (\sqrt{2} U_1 \sin \omega t)^2 \, d(\omega t)} = U_1 \sqrt{\frac{1}{2\pi} \sin 2\alpha + \frac{\pi - \alpha}{\pi}} \qquad （6\text{-}1）$$

式中，U_1 为输入交流电压有效值。

负载电流有效值为

$$I_o = \frac{U_o}{R} = \frac{U_1}{R} \sqrt{\frac{1}{2\pi} \sin 2\alpha + \frac{\pi - \alpha}{\pi}} \qquad （6\text{-}2）$$

晶闸管电流平均值为

$$I_{dVT} = \frac{1}{R} \left(\frac{1}{2\pi} \int_0^{\pi} \sqrt{2} U_1 \sin \omega t \, d(\omega t) \right) = \frac{\sqrt{2} U_1}{2\pi R} (1 + \cos \alpha) \qquad （6\text{-}3）$$

流过晶闸管电流的有效值为

$$I_{Trms} = \sqrt{\frac{1}{2\pi} \int_0^{\pi} \left(\frac{\sqrt{2} U_1 \sin \omega t}{R} \right)^2 \, d(\omega t)}$$

$$= \frac{U_1}{R} \sqrt{\frac{1}{2} \left(\frac{\pi - \alpha}{\pi} + \frac{\sin 2\alpha}{2\pi} \right)} = \frac{1}{\sqrt{2}} I_o \qquad （6\text{-}4）$$

由式（6-4）可知，当 $\alpha = 0$ 时，晶闸管电流有效值最大，为 $I_{Trmsmax} = 0.707 U_1 / R$。因此在

选择晶闸管额定电流时，可以通过最大有效值确定晶闸管的通态平均值 I_{TA}，即

$$I_{TA} = \frac{I_{Trmsmax}}{1.57} = 0.45\frac{U_1}{R} \tag{6-5}$$

交流电源输入侧的功率因数为

$$\cos\varphi = \frac{P_1}{S} \approx \frac{P_o}{S} = \frac{U_o I_o}{U_1 I_o} = \frac{U_o}{U_1} = \sqrt{\frac{1}{2\pi}\sin 2\alpha + \frac{\pi - \alpha}{\pi}} \tag{6-6}$$

式（6-6）中略去了交流调压电路的损耗，输入有功功率约等于输出到负载上的有功功率。由于相位控制产生基波电流滞后电压，加上高次谐波的影响，使交流调压电路的功率因数较低。在深控（α 角大）、输出电压较小时，功率因数更低。

由图 6-3 和式（6-1）可知，单相交流调压电路带电阻负载时，移相范围为 $0 \sim \pi$。

交流调压电路的触发电路完全可以套用整流移相触发电路，但脉冲输出必须通过脉冲变压器，其两个二次线圈之间要有足够的绝缘。

例 6-1 一电阻炉由单相交流调压电路供电，若 $\alpha = 0$ 时，为输出功率最大值，试求功率为最大值的 80%，50%时的控制角 α?

解： $\alpha = 0$ 时为输出电压最大有效值，即

$$U_{omax} = \sqrt{\frac{1}{\pi}\int_0^\pi (\sqrt{2}U_1\sin\omega t)^2 \mathrm{d}(\omega t)} = U_1$$

负载上的最大电流为

$$I_{omax} = \frac{U_{omax}}{R} = \frac{U_1}{R}$$

输出最大功率为

$$P_{max} = U_{omax}I_{omax} = \frac{U_1^2}{R}$$

输出功率为最大值的 80%时，有 $P = \dfrac{U_o^2}{R} = 0.8P_{max} = \dfrac{(\sqrt{0.8}U_1)^2}{R}$

所以　　　　$U_o = \sqrt{0.8}U_1$
又

$$U_o = U_1\sqrt{\frac{1}{2\pi}\sin 2\alpha + \frac{\pi - \alpha}{\pi}} = \sqrt{0.8}U_1$$

解方程得　　$\alpha = 60.54°$

输出功率为最大值的 50%时，有 $P = \dfrac{U_o^2}{R} = 0.5P_{max} = \dfrac{(\sqrt{0.5}U_1)^2}{R}$

所以 $U_o = \sqrt{0.5}U_1 = U_1\sqrt{\dfrac{1}{2\pi}\sin 2\alpha + \dfrac{\pi - \alpha}{\pi}}$

故 $\alpha = 90°$

3. 谐波分析

由图 6-3 可知，输出电压为

$$U_o = \begin{cases} 0 \leftarrow (k\pi \leqslant \omega t \leqslant k\pi + \alpha) \\ \sqrt{2}U_1 \sin \omega t \leftarrow (k\pi + \alpha \leqslant \omega t \leqslant k\pi + \pi) \end{cases} \quad (6\text{-}7)$$

式中，$k = 0, 1, 2, \cdots$。

由于 U_o 为正负半波对称，所以不含直流分量和偶次谐波，其傅里叶级数展开为

$$u_o = \sum_{n=1,3,5,\cdots}^{\infty} (A_n \cos n\omega t + B_n \sin n\omega t) \quad (6\text{-}8)$$

$$\begin{cases} A_n = \dfrac{2}{\pi}\displaystyle\int_0^{\pi} U_1 \cos n\omega t\, \mathrm{d}(\omega t) \\ B_n = \dfrac{2}{\pi}\displaystyle\int_0^{\pi} U_1 \sin n\omega t\, \mathrm{d}(\omega t) \end{cases} \quad (6\text{-}9)$$

基波电压系数，$n = 1$ 时

$$\begin{cases} A_1 = \dfrac{\sqrt{2}U_1}{2\pi}(\cos 2\alpha - 1) \\ B_1 = \dfrac{\sqrt{2}U_1}{2\pi}\big[\sin 2\alpha + 2(\pi - \alpha)\big] \end{cases} \quad (6\text{-}10)$$

基波电压幅值为

$$U_{1m} = \sqrt{A_1^2 + B_1^2} = \dfrac{\sqrt{2}U_1}{\pi}\sqrt{(\pi - \alpha)^2 + (\pi - \alpha)\sin 2\alpha + \dfrac{1 - \cos 2\alpha}{2}} \quad (6\text{-}11)$$

n 次谐波电压系数为

$$\begin{cases} A_n = \dfrac{\sqrt{2}U_1}{2\pi}\left\{\dfrac{1}{n+1}\big[\cos(n+1)\alpha - 1\big] - \dfrac{1}{n-1}\big[\cos(n-1)\alpha - 1\big]\right\} \\ B_n = \dfrac{\sqrt{2}U_1}{2\pi}\left\{\dfrac{1}{n+1}\sin(n+1)\alpha - \dfrac{1}{n-1}\sin(n-1)\alpha\right\} \end{cases} \quad (6\text{-}12)$$

n 次谐波电压幅值为

$$U_{nm} = \sqrt{A_n^2 + B_n^2} \quad (6\text{-}13)$$

根据以上分析，可以绘出输出电压的基波和各次谐波的标幺值随 α 的变化曲线，如图 6-4

所示，其中，基准电压为 $\alpha = 0$ 的基波电压有效值 U_1。

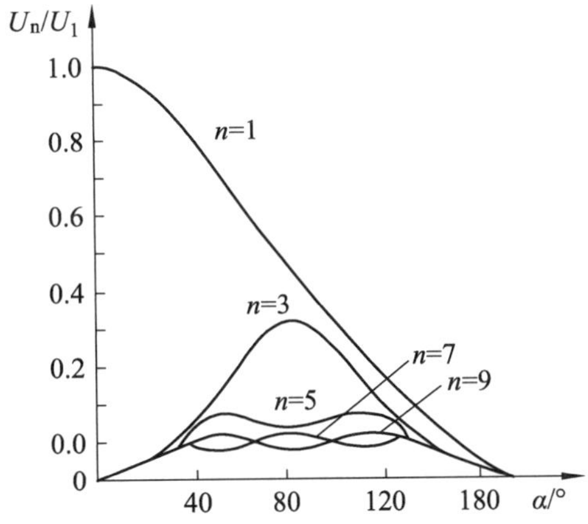

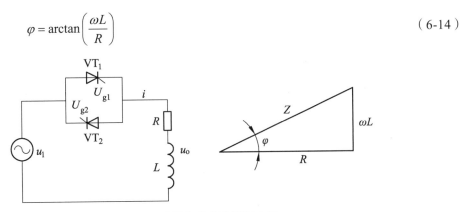

图 6-4　阻性负载时输出电压谐波

由谐波分布图可知，谐波次数越低，谐波幅值越大；3 次谐波的最大值出现在 $\alpha = 90°$ 时，幅值约占基波分量的 31.8%；5 次谐波的最大值出现在 $\alpha = 60°$ 和 $\alpha = 120°$ 的对称位置。

需指出的是当两个晶闸管在正负半周的 α 角不相等时，输出电压波形不对称，将产生偶次谐波分量和直流分量，使变压器或电动机产生直流磁化，产生磁饱和，发热，烧电机，这是不希望发生的。

6.2.2　阻感性负载

图 6-5 所示为阻感性负载的交流调压电路，其中负载的阻抗角为

$$\varphi = \arctan\left(\frac{\omega L}{R}\right) \qquad (6\text{-}14)$$

图 6-5　阻感性负载交流调压电路

1. 工作原理

由于电感的作用，电流的变化滞后电压的变化，因而和阻性负载的工作状态有所不同，当电源电压由正半周过零时，由于负载电感中产生感应电动势阻止电流变化，即电压过零时，电流还未过零，晶闸管关不断，还要续流导通负半周，当电流过零小于维持电流时，晶闸管才关断。晶闸管导通角 θ 的大小不仅与控制角 α 有关，而且与负载阻抗角 φ 有关，调压电路工作情况如表 6-1 所示。

表 6-1　调压电路工作情况

情况	调压电路工作情况
$\alpha > \varphi$	（1）如图 6-6（a）所示，此时 θ<180°，正负半波电流断续。 （2）α 越大，θ 越小，波形断续越严重。 （3）$\varphi < \alpha < 180°$ 范围内，交流电压连续可调
$\alpha = \varphi$	（1）如图 6-6（b）所示，此时 θ＝180°，正负半周临界连续。 （2）此时晶闸管失去控制，不起电压调节作用
$\alpha < \varphi$	（1）此种情况会出现失控现象，若 VT_1 导通，且 θ>180°。如果触发脉冲为窄脉冲，当 u_{g2} 出现时，VT_1 的电流还未到零，VT_1 关不断，VT_2 不能导通。当 VT_1 电流到零关断时，u_{g2} 脉冲已经消失，此时 VT_2 受正压，仍然不能导通。到第三个半波时，u_{g1} 又触发 VT_1 导通。这样负载电流只有正半波部分，出现很大的直流分量，无法维持电路正常工作。 （2）解决失控现象的办法是对阻感性负载，晶闸管不能用窄脉冲触发，应采用宽脉冲或脉冲串触发

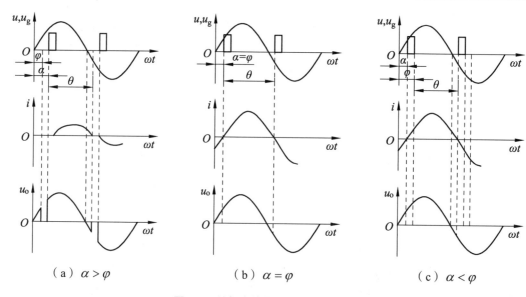

图 6-6　单相交流调压阻感负载波形

2. 数量关系

根据 $\alpha > \varphi$ 时的电压和电流波形，可得负载电压有效值为

$$U_o = \sqrt{\frac{1}{\pi}\int_\alpha^{\theta+\alpha}(\sqrt{2}U_1\sin\omega t)^2 \mathrm{d}(\omega t)} = U_1\sqrt{\frac{\theta}{\pi}+\frac{1}{\pi}[\sin 2\alpha - \sin 2(\alpha+\theta)]} \quad (6\text{-}15)$$

负载电流有效值为

$$I_o = \sqrt{\frac{1}{\pi}\int_\alpha^{\theta+\alpha} i^2\mathrm{d}(\omega t)} = \sqrt{\frac{1}{\pi}\int_\alpha^{\theta+\alpha}\left\{\frac{\sqrt{2}U_1}{Z}[\sin(\omega t-\varphi)-\sin(\alpha-\varphi)e^{\frac{\alpha-\omega t}{\tan\varphi}}]\right\}^2 \mathrm{d}(\omega t)}$$

$$= \frac{U_1}{Z}\sqrt{\frac{\theta}{\pi}-\frac{\sin\theta\cos(2\alpha+\varphi+\theta)}{\pi\cos\varphi}} \quad (6\text{-}16)$$

晶闸管电流有效值为

$$I_\mathrm{T} = \frac{I_\mathrm{o}}{\sqrt{2}} = \frac{U_1}{Z}\sqrt{\frac{\theta}{2\pi} - \frac{\sin\theta\cos(2\alpha + \varphi + \theta)}{2\pi\cos\varphi}} \tag{6-17}$$

当 $\omega t = \alpha$ 时, 触发开通晶闸管 VT_1, 负载电流满足以下微分方程和初始条件, 即

$$\begin{cases} L\dfrac{\mathrm{d}i_\mathrm{o}}{\mathrm{d}t} + Ri_\mathrm{o} = \sqrt{2}U_1\sin\omega t \\ i_\mathrm{o}\big|_{\omega t = \alpha} = 0 \end{cases} \tag{6-18}$$

解方程得

$$i_\mathrm{o} = \frac{\sqrt{2}U_1}{Z}\left[\sin(\omega t - \varphi) - \sin(\alpha - \varphi)\mathrm{e}^{\frac{\alpha - \omega t}{\tan\varphi}}\right]\bigg|\alpha \leqslant \omega t \leqslant \alpha + \theta \tag{6-19}$$

边界条件: $\omega t = \alpha + \theta$ 时, $i_\mathrm{o} = 0$, 得

$$\sin(\alpha + \theta - \varphi) = \sin(\alpha - \varphi)\mathrm{e}^{\frac{-\theta}{\tan\varphi}} \tag{6-20}$$

3. 谐波分析

在阻感负载下, 根据电路的输出波形, 可以用阻性负载的分析方法进行谐波分析, 公式比较复杂。电源电流中谐波次数与阻性负载时相同, 也只有奇次谐波, 并且随谐波次数的增加, 谐波含量减小。

综上所述, 单相交流调压有以下特点:

（1）对阻性负载, 负载电流波形与单相桥式可控整流交流侧电流一致。改变控制角 α, 可以连续改变负载电压有效值, 达到交流调压的目的。

（2）对阻感负载, 不能用窄脉冲触发, 否则当 $\alpha < \varphi$ 时, 有一晶闸管无法导通, 产生很大的直流分量电流, 烧毁熔断器或晶闸管。

（3）对阻感负载, 最小控制角 $\alpha_\mathrm{min} = \varphi$（阻抗角）, 所以, 对阻感负载, 移相范围为 $\varphi \sim 180°$。

（4）对阻性负载, 移相范围为 $0 \sim 180°$。

例 6-2　一交流单相晶闸管调压器, 用作控制从 220 V 交流电源送电能到电阻为 0.5 Ω, 感抗为 0.5 Ω 的串联负载电路的功率, 试求① 阻抗角;② 负载电流的有效值。

解:

① 负载阻抗角　　　$\varphi = \arctan(\omega L/R) = \arctan(0.5/0,5) = \pi/4$

最小控制角为　　　$\alpha_\mathrm{min} = \varphi = \pi/4 = 45°$

移相范围为 45° ~ 180°。

② 在 $\alpha_\mathrm{min} = \varphi = \pi/4$ 处, 输出电压最大, 电流也最大

$$I_\mathrm{o} = \frac{U1}{\sqrt{R^2 + X_L^2}} = \frac{220}{\sqrt{0.5^2 + 0.5^2}} = 311（\mathrm{A}）$$

例 6-3　一单相交流调压器, 输入交流电压 U_1 为 220 V/50 Hz, 阻感负载, 其中 $R = 8\ \Omega$,

$L = 19.1$ mH。试求 $\alpha = \pi/6$、$\alpha = \pi/3$ 时的输出电压、电流有效值及输入功率和功率因数。

解：

负载电抗：

$$X_L = 2\pi f L = 2 \times 3.14 \times 50 \times 19.1 \times 10^{-3} = 6 \ (\Omega)$$

负载阻抗：

$$Z = \sqrt{R^2 + X_L^2} = \sqrt{8^2 + 6^2} = 10 \, (\Omega)$$

负载阻抗角：

$$\varphi = \arctan\left(\frac{X_L}{R}\right) = \arctan\left(\frac{6}{8}\right) = 0.643\,5 = 0.643\,5 \times 180/\pi = 36.87°$$

触发角移相范围：$0.6435 \sim \pi$ 或 $36.87° \sim 180°$

① $\alpha = \pi/6$ 时：

因为 $\alpha = \pi/6 = 30° < \varphi = 36.87°$，所以晶闸管调压器输出电压最大，负载电流最大，输出功率最大。

输出电压：

$$U_o = U_1$$

负载电流：

$$I_o = I_1 = U_o/Z = U_1/Z = 220/10 = 22 \ (A)$$

输入功率：

$$P_1 = I_1^2 \times R = I_o^2 \times R = 222 \times 8 = 3\,872 \ (W)$$

输入端功率因数：

$$\lambda = P_1/(U_1 I_1) = P_1/(U_1 I_o) = 3\,872/(220 \times 22) = 0.8$$

此时的功率因数也就是负载阻抗角的余弦。

② $\alpha = \pi/3$ 时：

$\alpha > \varphi$，由式（6-19）计算晶闸管导通角 θ。

$$\sin\left(\frac{\pi}{3} + \theta - 0.643\,5\right) = \sin\left(\frac{\pi}{3} - 0.6435\right) e^{\frac{-\theta}{\tan 36.87°}}$$

解上式得晶闸管导通角为

$$\theta = 2.727 = 2.727 \times 180/3.14 = 156.2°$$

由式（6-16）晶闸管电流有效值为

$$I_{Trms} = \frac{I_o}{\sqrt{2}} = \frac{U_1}{Z}\sqrt{\frac{\theta}{2\pi} - \frac{\sin\theta\cos(2\alpha + \varphi + \theta)}{2\pi\cos\varphi}}$$

$$= \frac{220}{10}\sqrt{\frac{2.727}{2 \times 3.14} - \frac{\sin 156.2° \times \cos\left[(2 \times 3.14/3 + 0.6435 + 2.727) \times \dfrac{180}{3.14}\right]}{2 \times 3.14 \times \cos 36.87°}}$$

$$= 13.55 \, (A)$$

负载电流：

$$I_1 = I_o = \sqrt{2} \times I_{\text{Trms}} = 1.414 \times 13.55 = 19.16\,(\text{A})$$

输入功率：

$$P_1 = I_1^2 R = I_o^2 R = 19.16^2 \times 8 = 2\,937\,(\text{W})$$

输入端功率因数：

$$\lambda = \frac{P_1}{U_1 I_1} \approx \frac{P_1}{U_1 I_o} = \frac{2\,937}{220 \times 19.16} = 0.697$$

6.3　三相交流调压电路

6.3.1　基本形式

根据三相联结形式的不同，三相交流调压电路有多种形式，如图 6-7 所示。

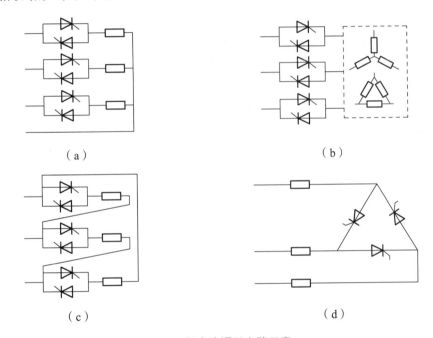

（a）　　　　　　　　　　　　（b）

（c）　　　　　　　　　　　　（d）

图 6-7　三相交流调压电路示意

各种三相交流调压电路的参数及性能特点如表 6-2 所示。

表 6-2　三相交流调压电路参数及性能特点

电路名称	晶闸管工作电压	晶闸管工作电流	移相范围	性能特点
带中性线星形连接图 6-7（a）	$\sqrt{\dfrac{2}{3}}U_1$	$0.45\,I_1$	$0 \sim 180°$	（1）是三个单相电路的组合。 （2）输出电压波形对称。 （3）3 次谐波电流全部流过中性线，$\alpha = 90°$ 时中性线中电流最大接近各相电流有效值，给电源变压器和其他负载带来不利影响，实际中较少采用，只适用在中、小功率场所

续表

电路名称	晶闸管工作电压	晶闸管工作电流	移相范围	性能特点
无中性线星形连接图 6-7（b）	$\sqrt{2}U_1$	$0.45\,I_1$	$0\sim150°$	（1）负载对称且三相皆有电流时，如同三个单相电路组合。 （2）必须采用双窄脉冲串或大于 60° 的宽脉冲触发，否则有部分晶闸管总是不能导通，如表 6-1 所示。 （3）不存在 3 次谐波电流。 （4）适合于各种负载
支路控制三角形连接图 6-7(c)	$\sqrt{2}U_1$	$0.26\,I_1$	$0\sim150°$	（1）是三个单相电路的组合。 （2）输出电压、电流波形对称。 （3）与星形联结比较，在同容量时，可选电流小、耐压高的晶闸管
星形中心控制连接图 6-7（d）	$\sqrt{2}U_1$	$0.68\,I_1$	$0\sim210°$	（1）线路简单，成本低。 （2）适合三相负载星形接法且中性点可以拆开的场合。 （3）线间只有一个晶闸管，属于不对称控制，适用于小功率场合

6.3.2　星形连接三相交流调压电路分析

图 6-8 所示为星形连接三相交流调压电路。它是将三对晶闸管反并联接在三根相线上，负载可接成星形或三角形，如图 6-7（b）所示。

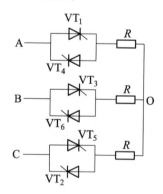

图 6-8　星形连接三相交流调压电路

1. 对触发信号的要求

（1）相位条件。

触发信号应与电源电压信号同步。无论是单相或三相交流调压电路，控制角均从各自电源电压过零点开始算起，即此时的触发角 $\alpha=0°$，这与三相桥式可控整流电路不同（桥式整流电路以自然换相点为起点）。晶闸管 VT_1、VT_3、VT_5 的触发信号应互差 120°，VT_2、VT_4、VT_6 的触发信号也应互差 120°，同一相两个晶闸管的触发信号应互差 180°，这样晶闸管 $VT_1 \sim VT_6$ 的触发信号依次相差 60°.

（2）脉宽条件。

星形连接的三相交流调压电路，由于没有中性线，三相中至少要有两相导通才能构成电流回路，因此单窄脉冲无法启动电路。为了保证起始工作电流的流通并在控制角较大、电流断续的情况下（$\alpha > \varphi$，电流断续）仍然能按要求使电流流通，触发脉冲应采用大于 60°的宽脉冲或采用间隔 60°的双窄脉冲。

2. 阻性负载时的电路工作情况

为了全面深入理解三相交流调压电路的工作原理及其输出波形，下面以星形连接阻性负载为例分析几个不同触发角 α 时的工作情况。以 A 相为例，具体分析触发脉冲的相位与输出电压之间的关系。分析的基本思路是，相应于触发脉冲分配，确定各管的导通区间，再由导通区间判断负载所获得的电压，最后归纳出相应的导通特点。

（1）$\alpha = 0°$。

$\alpha = 0°$ 即 A 相电源电压过零变正时触发正向晶闸管 VT_1 使之导通，至相电压过零变负时受的反压而自然关断，反向晶闸管 VT_4 则在 A 相电压过零变负时导通，变正时自然关断。由于 VT_1 在整个正半周导通，VT_4 在整个负半周导通，负载上获得的电压仍然为完整的正弦波。B/C 两相与此相同。触发脉冲发布、各晶闸管的导通区间及 A 相负载上输出电压波形如图 6-9 所示。由图可见，负载上的输出电压 u_{AO} 等于电源相电压 u_A。

导通特点：（a）每管持续导通 180°；（b）除换相点外，任何时刻都有三个管子导通。

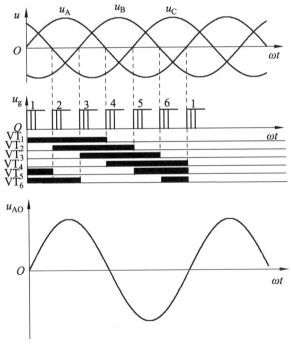

图 6-9 $\alpha = 0°$ 时的波形

（2）$\alpha = 30°$。

将电源的半个周期以 30° 间隔平均分为 6 个区间，下面分别说明各区间的工作情况。

① 0° ～ 30° 区间，$u_A > 0$，VT_4 关断，但 VT_1 因无触发脉冲，不导通，A 相负载电压 $u_{AO} = 0$。

② 30° ～ 60° 区间，在稳态工作情况下，此前 VT_5、VT_6 已处于导通状态。当 $\omega t = 30°$，VT_1 触发导通，此时，电路中 VT_5、VT_6、VT_1 同时导通，各相输出电压均等于电源电压，$u_{AO} = u_A$。

③ 60° ～ 90° 区间，当 $\omega t = 60°$，因 $u_C = 0$，晶闸管电流低于其维持电流，VT_5 关断，但 VT_2 还没有触发脉冲，不导通，只有 A/B 两相的 VT_1、VT_6 导通，A 相负载电压为线电压的一半，$u_{AO} = u_{AB}/2$。

④ 90° ～ 120° 区间，当 $\omega t = 90°$，VT_2 触发导通，此时 VT_6、VT_1、VT_2 同时导通，A 相负载电压等于电源相电压，$u_{AO} = u_A$。

⑤ 120° ～ 150° 区间，当 $\omega t = 120°$，因 $u_B = 0$，晶闸管 VT_6 电流低于维持电流而关断，但 VT_3 还没有触发脉冲，不能导通，只有 A/C 两相的 VT_1、VT_2 导通，同理，A 相的负载电压 $u_{AO} = u_{AC}/2$。

⑥ 150° ～ 180° 区间，当 $\omega t = 150°$，VT_3 触发导通，VT_1、VT_2、VT_3 同时导通，A 相负载电压 $u_{AO} = u_A$。当 $\omega t = 180°$ 时，因 $u_A = 0$，流过 VT_1 的电流低于维持电流而自然断开，A 相正半周结束，波形如图 6-10 所示。

导通特点：（a）每管持续导通 150°；（b）有的区间两个管子同时导通构成两相流通回路，有的区间三个管子同时导通，构成三相流通回路。

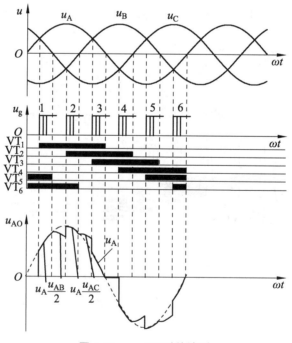

图 6-10　$\alpha = 30°$ 时的波形

（3）$\alpha = 60°$。

具体分析过程与 $\alpha = 30°$ 时相似。此处将电源的半个周期分为以下三个区间：

①0～60°区间，因 $u_A>0$，VT$_4$ 关断，VT$_1$ 无触发脉冲，也不导通，A 相负载电压 $u_{AO}=0$。

②60～120°区间，当 $\omega t=60°$，u_C 过零使 VT$_5$ 关断，VT$_6$ 仍然维持前一个区间的导通状态。当 $\omega t=60°$，VT$_1$ 触发导通，使 VT$_6$、VT$_1$ 同时导通，A 相负载电压 $u_{AO}=u_{AB}/2$。

③120～180°区间，当 $\omega t=120°$，u_B 过零使 VT$_6$ 关断，同时 VT$_2$ 触发导通，即 VT$_1$、VT$_2$ 同时导通，A 相负载电压 $u_{AO}=u_{AC}/2$。当 $\omega t=180°$时，$u_{AO}=0$，VT$_1$ 关断，VT$_3$ 触发导通，此时 VT$_2$、VT$_3$ 同时导通，A 相正半周结束，波形如图 6-11 所示。

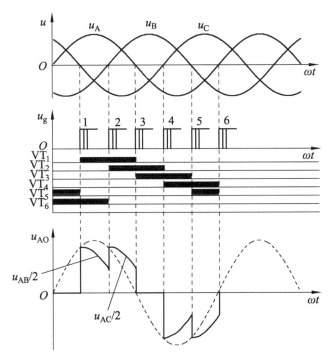

图 6-11　$\alpha=60°$时的波形

（4）$\alpha=90°$。

后面的分析结果可知，VT$_1$ 将在 $\omega t=210°$时关断。由于 VT$_1$、VT$_4$ 互差 180°，VT$_4$ 在 30°时关断，可以认为 A 相输出电压的正半周从 30°开始，到 210°结束。

①30～90°区间，因 VT$_4$ 已关断，VT$_1$ 还未触发，没有导通，A 相负载电压 $u_{AO}=0$。在此区间内，另外两相中 VT$_5$、VT$_6$ 处于导通状态，C 相负载电压 $u_{CO}=u_{CB}/2$，因此，当 $\omega t=60°$时，u_{CB} 仍然为正，VT$_5$ 不会关断，直到 $\omega t=90°$，$u_{CB}=0$，关断 VT$_5$。

②90～150°区间，当 $\omega t=90°$，VT$_5$ 关断的同时，VT$_1$ 触发导通，VT$_1$、VT$_6$ 同时导通，A 相负载电压 $u_{AO}=u_{AB}/2$。当 $\omega t=120°$时，$u_B=0$，但 u_{BA} 仍然为负，VT$_6$ 不会关断，直到当 $\omega t=150°$时，$u_{AB}=0$，VT$_1$、VT$_6$ 同时关断。

③150～210°区间，当 $\omega t=150°$时，虽然 VT$_1$ 刚关断，但因触发脉冲宽度大于 60°，VT$_1$ 的触发脉冲仍然存在，此时 VT$_2$ 得到触发脉冲，使得 VT$_1$、VT$_2$ 同时导通，A 相负载电压 $u_{AO}=u_{AC}/2$。当 $\omega t=210°$时，u_{AC} 过零，使 VT$_1$、VT$_2$ 同时关断，因此 VT$_1$ 的导通区间从 90°延长至 210°，A 相正半周结束。负半周的工作情况相似，波形图如图 6-12 所示。

导通特点：（a）每管导通 120°；（b）每个区间有两个管子导通。

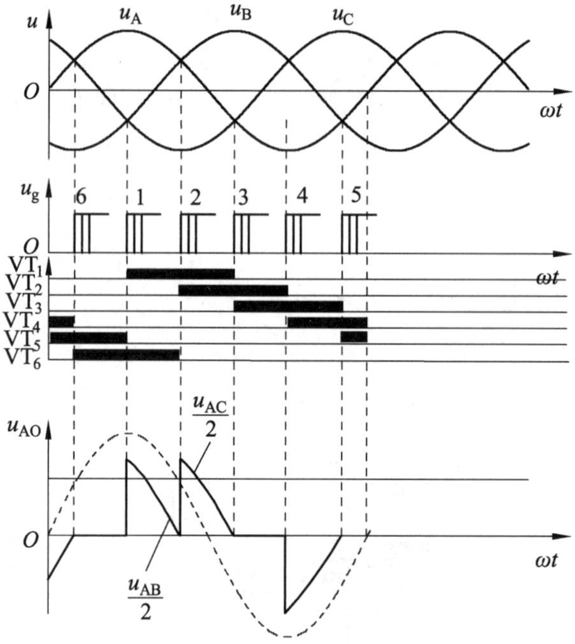

图 6-12　$\alpha = 90°$ 时的波形

（5）$\alpha = 120°$。

A 相输出电压的正半周仍然可以认为从 30° 开始，到 210° 结束。在 30° ~ 120° 区间内，VT_1 未触发，A 相负载电压 $u_{AO} = 0$。

①120 ~ 150° 区间，当 $\omega t = 120°$，VT_1 触发导通，因触发脉冲宽度大于 60°，VT_6 的触发脉冲仍然存在，同时，加在 VT_1、VT_6 上的线电压 $u_{AB} > 0$，满足晶闸管的导通条件，使 VT_1、VT_6 同时导通，$u_{AO} = u_{AB}/2$。当 $\omega t = 150°$，因 u_{AB} 过零，VT_1、VT_6 同时关断，之后电路中的 6 个晶闸管均不导通，$u_{AO} = 0$。

②150 ~ 180° 区间，没有触发脉冲出现，三相输出电压均为零。

③180 ~ 210° 区间，当 $\omega t = 180°$，VT_2 触发导通且 VT_1 触发脉冲仍然存在，因此 VT_1、VT_2 同时导通，A 相负载电压 $u_{AO} = u_{AC}/2$。当 $\omega t = 210°$，u_{AC} 过零，VT_1、VT_2 同时关断，负载电压等于零，A 相的正半周结束。负半周工作情况相似，波形如图 6-13 所示。

导通特点：（a）每管触发后导通 30°，关断 30°，再触发导通 30°；（b）各区间有的是两个管子导通，有的是没有管子导通。

（6）$\alpha = 150°$。

当 $\omega t = 150°$，VT_1 有触发脉冲，VT_6 仍然有触发脉冲，但因 $u_{AB} < 0$，VT_1、VT_6 均无法导通，其他晶闸管的情况也是如此。

因此，在 $\alpha \geqslant 150°$ 时，从电源到负载均不能构成电流回路，输出电压为零。

综上所述，星形连接三相交流调压电路，对阻性负载，其触发角 α 的移相范围为 0° ~ 150°。$\alpha = 0°$ 时输出电压为电源电压，α 增大，输出电压减小，在 $\alpha = 150°$ 时输出电压为零，输出电压的调节范围为 0 ~ U_1。

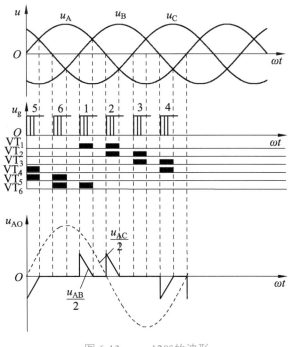

图 6-13　$\alpha = 120°$ 的波形

3. 谐波

星形连接三相交流调压电路对阻性负载所得的负载电压和电流的波形均不是正弦波且随着触发角 α 的增大，电流的不连续性增加，而且正负半周不对称。因此，所含谐波次数为 $6k\pm1$（$k = 1,2,3,\dots$），这和三相桥式整流电路交流侧所含谐波的次数完全相同，而且也是谐波次数越小，含量越大。和单相交流调压电路相比，没有 3 次及其整数倍次谐波，因为这种电路没有 3 次及其整数倍谐波的中性线通路。

对阻感负载，三相交流调压电路的情况要复杂得多，需要同时考虑三相电路的特点及触发角 α 和阻抗角 φ 的大小关系。对异步电动机负载，其功率因数随运行工况而变化，定量分析比较困难。从实验可知，当三相交流调压电路带阻感负载时，同样要求触发脉冲为宽脉冲或双窄脉冲，而移相范围为 $\varphi \sim 150°$。

6.3.3　三相交流调压电路的应用

1. 晶闸管电镀电源

图 6-14 所示为晶闸管电镀电源主电路。图中整流变压器 TR 的一次侧接成星形三相四线制，每相用一个双向晶闸管与 TR 的一次绕组串联，实现交流调压。变压器二次侧采用带平衡电抗器 L 的双反星形整流电路。用 12 个整流二极管并联成六路输出。$EL_1 \sim EL_3$ 为三相晶闸管工作状态指示灯，三灯亮度一样表示工作正常，若某相灯泡较暗或不亮，则该相电路工作不正常。TA 为电流互感器，对主电路过电流采样，采样信号送控制电路。交流输入电压为 380 V/50 Hz，支路输出电压为 0 ~ 180 V，直流输出电流为 0 ~ 1 500 A。

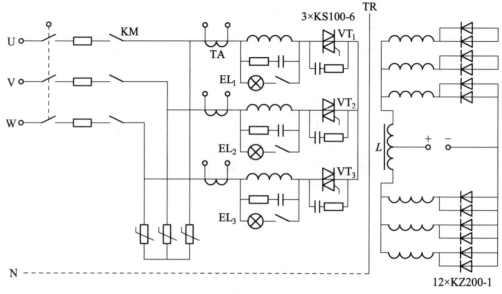

图 6-14　晶闸管电镀电源主电路

2. 晶闸管调压调速系统

图 6-15 所示为高温高压染色机的导辊调压调速系统原理。这是一个由速度外环和电压内环构成的双闭环调速系统。主电路是一个三相半控星形连接的调压电路，在此电路中没有中性线，工作时至少有两相构成通路，才可使负载中通过电流，即在三相电路中至少要有一相的正向晶闸管与另一相的反向晶闸管同时导通。电路采用双脉冲触发，通过控制双向晶闸管的触发角改变电动机的端电压，达到调节速度的目的。

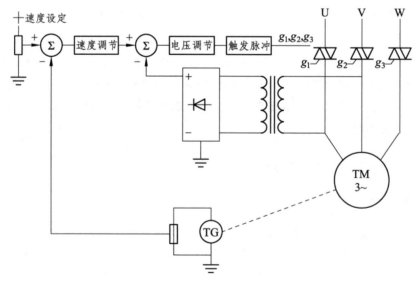

图 6-15　导辊调压调速系统原理

例 6-4　电路如图 6-8 所示，已知交流电源线电压为 380 V/50 Hz，负载 $R = 10\ \Omega$，$L = 25.5\ \text{mH}$，计算晶闸管电流的最大有效值，晶闸管承受的最大电压和触发角 α 的移相范围。

解：

① 负载阻抗角为

$$\varphi = \arctan(\omega L / R) = \arctan(2 \times 3.14 \times 50 \times 25.5 \times 10^{-3} / 10) = 38.7°$$

负载阻抗为

$$Z = \sqrt{R^2 + (\omega L)^2} = \sqrt{10^2 + 8^2} = 12.8 \, (\Omega)$$

② 晶闸管电流的最大有效值发生在 $\alpha = \varphi$ 时，则负载电流最大有效值为

$$I_{\text{omax}} = \frac{U_1}{\sqrt{3}Z} = \frac{380}{\sqrt{3} \times 12.8} = 17.13 \, (\text{A})$$

流过晶闸管的电流有效值为

$$I_{\text{Trms}} = \frac{I_{\text{omax}}}{\sqrt{2}} = \frac{17.13}{1.414} = 12.12 \, (\text{A})$$

③ 触发角 α 的移相范围为 $38.7° \sim 150°$。

6.4　晶闸管交流开关和交流调功电路

6.4.1　晶闸管交流开关

晶闸管交流开关是一种快速、理想的交流开关。晶闸管交流开关总是在电流过零时关断，在关断时，不会因负载或线路电感存储能量而造成暂态过电压和电磁干扰，特别适用于操作频繁，可逆运行等场合。晶闸管交流开关的 3 种基本形式有：单个普通晶闸管交流开关、普通晶闸管反并联交流开关；双向晶闸管交流开关；固态开关。下面分别介绍其工作原理。

1. 普通晶闸管反并联交流开关

图 6-16（a）所示为普通晶闸管反并联交流开关电路。当 S 闭合时，两个晶闸管均以管子本身的阳极电压作为触发信号进行触发，具有强触发性质，即使对触发电流很大的管子也能可靠触发。随着交流电源的交变，两个晶闸管轮流导通，负载上得到正弦电压。

2. 双向晶闸管交流开关

图 6-16（b）所示为双向晶闸管交流开关电路。双向晶闸管工作在 Ⅰ＋、Ⅲ-触发方式。线路比较简单，但工作频率低（小于 400 Hz）。

3. 单个普通晶闸管交流开关

图 6-16（c）所示为单个普通晶闸管交流开关电路，从图中可以看出，该开关包含一个由二极管组成的整流桥。晶闸管只受正向电压。当 S 闭合时，两个晶闸管均以管子本身的阳极电压作为触发信号进行触发，具有强触发性质，即使对触发电流很大的管子也能可靠触发。

其缺点是串联元件多，压降损失大。

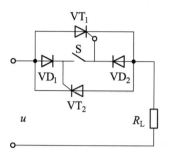 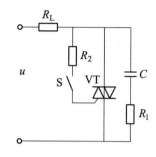 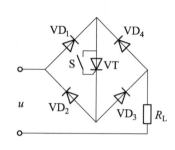

（a）晶闸管反并联交流开关　　（b）双向晶闸管交流开关　　（c）带整流桥晶闸管交流开关

图 6-16　晶闸管交流开关电路的基本形式

4. 固态开关

固态开关也称为固态继电器或固态接触器，它是以双向晶闸管为基础构成的无触点通断组件。

图 6-17（a）所示，采用光电三极管耦合器的"0"压固态开关内部电路。1、2 为输入端，相当于继电器或接触器的线圈；3、4 为输出端，相当于继电器或接触器的一对触点，与负载串联后接到交流电源上。

输入端接上控制电压，使发光二极管发光，光敏三极管 B 阻值减小，使导通的晶体管 V 截止，原来关断的晶闸管 VT_1 通过 R_4 被触发导通。输出端交流电源通过负载- VD_3 - VT_1 - VD_2 - R_5 构成通路，在 R_5 上产生电压降，作为双向晶闸管 VT_2 的触发信号，使 VT_2 导通，负载得电。由于 VT_2 的导通区域处于电源电压"0"的附近，因而具有"0"电压开关功能。

图 6-17（b）所示为光电晶闸管耦合器"0"电压开关。由输入端 1、2 输入信号，光电晶闸管耦合器 B 中的光控晶闸管导通；电流经 3- VD_3 -B- VD_2 - R_4 -4 构成回路；借助 R_4 上的电压触发双向晶闸管导通。由 R_2 、R_3 与 V 组成"0"电压开关功能电路，当电源电压过"0"并升至一定幅值时，V 导通，光控晶闸管则被关断。

图 6-17（c）所示为光电双向晶闸管耦合器非"0"电压开关。由输入端 1、2 输入信号时，光电双向晶闸管耦合器 B 导通；电流经 3- R_2 -B- R_3 -4 形成回路，R_3 提供双向晶闸管 VT 的触发信号。这种电路相对输入信号的任意相位，交流电源均可同步接通，因而称之为非"0"电压开关。

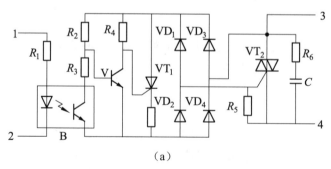

（a）

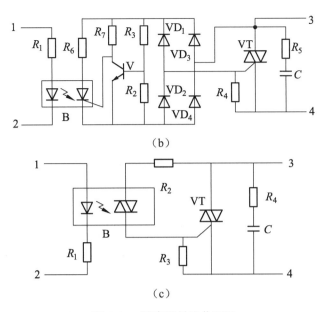

（b）

（c）

图 6-17　固态开关工作原理

5. 晶闸管交流开关应用于电热炉温度控制

图 6-18 所示为三相自动控温电热炉电路。它采用双向晶闸管作为功率开关，与 KT 温控器配合，实现三相电热炉的温度自动控制。控制开关 S 有三个挡位：自动、手动、停止。当 S 拨至"手动"位置时，中间继电器 KA 得电，主电路中三个本相强触发电路工作，$VT_1 \sim VT_3$ 导通，电路一直处于加热状态，需人工控制 SB 按钮来调节温度。当 S 拨至"自动"位置时，KT 温控器自动控制晶闸管的通断，使炉温自动保持在设定温度。若炉温低于设定温度，KT 温控器使常开触点 KT 闭合，触发晶闸管 VT_4，KA 得电，使 $VT_1 \sim VT_3$ 导通，R_L 发热加热炉子。炉温升至设定温度时，温控器控制触点 KT 断开，KA 失电，$VT_1 \sim VT_3$ 关断，停止加热。待炉温降至设定温度以下时，再次加热。如此反复，控制炉温在设定温度附近的小范围内。

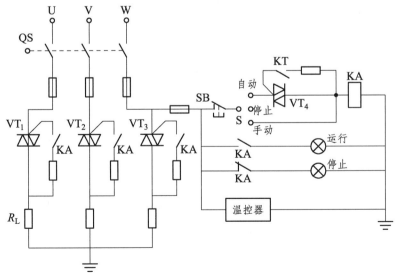

图 6-18　三相自动控温电热炉电路

6.4.2 交流调功电路

交流调功电路以交流电源周波数为控制单位,对电路通断进行控制,改变通断周波数的比值来调节负载消耗的平均功率。与调压电路相比,其电路形式完全相同,但控制方式不同。交流调功电路的直接调节对象是电路的平均输出功率,常用于温度控制。控制对象的时间常数很大,以周波数为单位进行控制;通常晶闸管导通时刻为电源电压过零时刻,负载电压电流都是正弦波,不对电网电压电流构成谐波污染。

对阻性负载,控制周期为 M 倍电源周期,晶闸管在前 N 个周期导通,在后 $M\text{-}N$ 个周期关断;负载电压和负载电流(也是电源电流)的重复周期为 M 倍电源周期。

前述各种晶闸管可控整流电路都是采用移相触发控制,这种触发方式的缺点是其所产生的缺角正弦波中包含很大的高次谐波,对电力系统产生干扰。过零触发方式则克服了这种缺点。晶闸管过零触发开关是在电源电压为零或接近零时的瞬间给出触发信号触发晶闸管,使之导通,利用管子电流小于维持电流使管子自行关断。这样,晶闸管的触发角为 2π 的整数倍,不再出现缺角正弦波,对外界的电磁干扰小。

利用晶闸管的过零控制可以实现交流功率调节,这种装置称为调功器或周波控制器。其控制方式有全周波连续式和全周波断续式,如图 6-19 所示。如果在设定周期内,将电路接通几个周波,然后断开几个周波,通过改变晶闸管在设定周期内通断时间的比例,达到调节负载两端交流电压有效值,也即负载功率的目的。

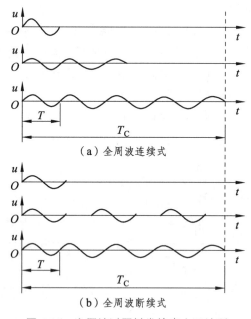

图 6-19 全周波过零触发输出电压波形

设定周期 T_C 内导通的周波数为 n,每个周波的周期为 T(50 Hz 电源时 $T=20$ ms),则调功器的输出功率为

$$P_o = \frac{nT}{T_C} P_n \tag{6-21}$$

调功器的输出电压有效值为

$$U_{\mathrm{o}} = \sqrt{\frac{nT}{T_{\mathrm{C}}}} U_1 \qquad\qquad (6\text{-}22)$$

其中，P_n、U_1 为在设定周期 T_{C} 内晶闸管全导通时调功器输出的功率和电压有效值。显然，改变导通的周波数 n 就可以改变输出电压有效值或输出功率。

6.5　相控式交流-交流变频电路

交-交变频电路是不通过中间直流环节而把电网频率的交流电直接变换成不同频率的交流电的变流电路。若变换电路用晶闸管作开关器件并工作在相控方式，称为相控式交-交变频电路。交-交变频电路也叫周波变流器。这种电路没有中间直流环节，仅用一次变换就实现变频，效率较高。

交-交变频电路广泛应用于大功率低转速的交流电动机调速传动系统、交流励磁变速恒频发电机的励磁电源等，实际使用的主要是三相输出交-交变频电路，但单相输出交-交变频电路是其基础。本节分别介绍单相交-交变频电路和三相交-交变频电路的工作原理和特性。

6.5.1　单相交-交变频电路

1. 基本结构和工作原理

图 6-20 所示为单相交-交变频电路原理。该电路由两组反并联晶闸管变流电路构成，其中的一组称为正组变流器 P，另外一组称为反组变流器 N。只要让两组变流电路按一定频率交替工作，就可以给负载输出该频率的交流电。改变两组变流电路的切换频率，就可以改变输出频率，改变变流电路的触发角，就可以改变交流输出电压的幅值。

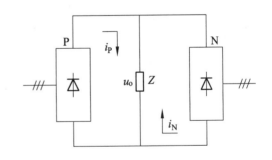

图 6-20　单相交-交变频电路原理

假设在一个周期内触发角 α 固定不变，则输出电压波形为矩形波，如图 6-21（a）所示，矩形波中含大量谐波对电动机的工作很不利。如果触发角 α 不固定不变，如图 6-21（b）所示，在半个周期内，让正组变流器 P 的 α 角按正弦规律从 $\pi/2$ 逐渐变小到 0，然后再逐渐增大到 $\pi/2$。那么，正组变流器 P 在每个控制间隔内的平均输出电压就按正弦规律从 0 逐渐增大到最大，再逐渐减小到 0，如图 6-21（b）中虚线所示。在另外半周期内，对反组变流器 N 进行同样的控制，就可以得到近似正弦波的输出电压。和可控整流电路一样，交-交变频电路的换相属于电网换相。

图 6-21 所示的波形为正、反组变流器都是三相半波相控电路时的波形。从该图可以看出，交-交变频电路的输出电压并不是平滑的正弦波，而是由若干段电源电压拼接而成。在输出电压的一个周期内，所含电源电压越多，其波形越接近正弦波。图 6-21 中的正、反组变流器通

常采用三相桥式电路，在电源电压的一个周期内，输出电压将由 6 组电源线电压组成。如果采用三相半波电路，则电源电压一个周期内的输出电压只由 3 段电源相电压组成，波形差，使用较少。本小节主要对交-交变频电路三相桥式电路进行分析。

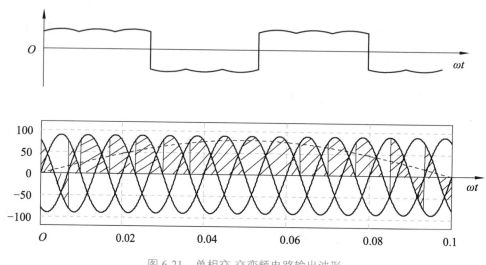

图 6-21　单相交-交变频电路输出波形

2. 工作过程分析

交-交变频电路的负载可以是阻感负载、阻性负载、电容性负载中的任意一种。下面对阻感负载的交-交变频电路工作过程进行说明。

如果把交-交变频电路理想化，忽略交流电路换相时输出电压的脉动分量，可以看成如图 6-22（a）所示的正弦波交流电源和二极管的串联。其中交流电源表示变流电路可输出交流电压，二极管表示变流电路的电流流通方向。

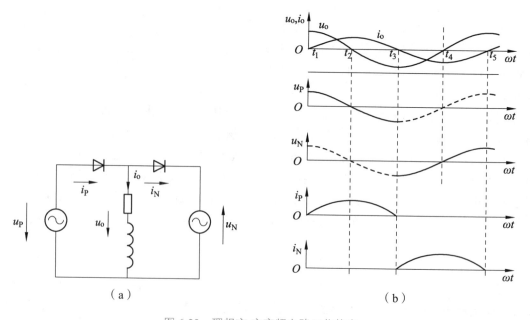

（a）　　　　　　　　　　　　　（b）

图 6-22　理想交-交变频电路工作状态

假设负载的功率因数角为 φ，即输出电流滞后输出电压 φ 角。两组变流器在工作时采取直流可逆调速系统中的无环流工作方式，即一组变流器工作时，另一组变流器的触发脉冲被封锁。

图 6-22（b）给出一个周期内负载电压、电流波形及正反变流电路的电压、电流波形。由于变流电路的单向导电性，在 $t_1 \sim t_3$ 期间的负载电流正半周，只能是正组变流电路工作，反组变流电路被封锁。其中，在 $t_1 \sim t_2$ 阶段，输出电压和电流均为正，这时正组变流电路输出功率为正，工作在整流状态；在 $t_2 \sim t_3$ 阶段，输出电流仍然为正，输出电压为负，正组变流电路输出功率为负，工作在逆变状态。

在 $t_3 \sim t_5$ 期间，负载电流反向，反组变流电路工作，正组变流电路被封锁。其中，在 $t_3 \sim t_4$ 阶段，输出电流和输出电压均为负，反组变流电路工作在整流状态；在 $t_4 \sim t_5$ 阶段，输出电流为负，而输出电压为正，反组变流电路工作在逆变状态。

由上述分析可知，哪组变流电路工作是由输出电流方向决定的，与输出电压极性无关。变流电路是工作在整流状态还是逆变状态，是由输出电压方向与输出电流方向的异同决定的。

3. 输出正弦波电压的调制方法

要使交-交变频电路输出的电压波形接近正弦波，必须在一个控制周期内，不断改变晶闸管触发角 α，使变流电路在每个控制间隔内的输出平均电压按正弦规律变化。其控制的方法很多，最常见的方法是余弦交点法。

晶闸管变流电路在触发角为 α 时的输出电压平均值为

$$\overline{u}_o = U_{do} \cos \alpha \tag{6-23}$$

式中，U_{do} 为 $\alpha = 0$ 时的理想空载整流电压。

对交-交变频电路，每次控制时的 α 角都是不同的。$\overline{u}_o$ 表示每个控制间隔内输出电压的平均值。

设希望得到的正弦波输出电压为

$$u_o = U_{om} \sin \omega_o t \tag{6-24}$$

式中，U_{om} 为输出正弦波电压的幅值，ω_o 是输出正弦波电压的角频率。

由式（6-23）和式（6-24）可得

$$\cos \alpha = \frac{U_{om}}{U_{do}} \sin \omega_o t = \gamma \sin \omega_o t \tag{6-25}$$

式中，γ 为输出电压比，$\gamma = U_{om} / U_{do}(0 \leqslant \gamma \leqslant 1)$。

则

$$\alpha = \arccos(\gamma \sin \omega_o t) \tag{6-26}$$

式（6-26）就是用余弦交点法求变流电路 α 角的基本公式。根据图 6-23，对余弦交点法做进一步说明。图 6-23 中，电网线电压 u_{ab}、u_{bc}、u_{ca}、u_{ba}、u_{ac}、u_{cb} 分别用 $u_1 \sim u_6$ 表示，相邻两个线电压的交点对应 $\alpha = 0$。$u_1 \sim u_6$ 所对应的同步余弦信号用 $u_{a1} \sim u_{a6}$ 表示，$u_{a1} \sim u_{a6}$ 比对应的 $u_1 \sim u_6$ 超前 30°，即 $u_{a1} \sim u_{a6}$ 的最大值正好和相应线电压 $\alpha = 0$ 的时刻对应。设希望输出的电压为 u_o，则各晶闸管的触发时刻由相应的同步电压 $u_{a1} \sim u_{a6}$ 的下降段与 u_o 的交点决定，即本线电压信号与前线电压信号最近的交点为同步参考点，检测本同步余弦信号下降段与 u_o 的交点为触发时刻。

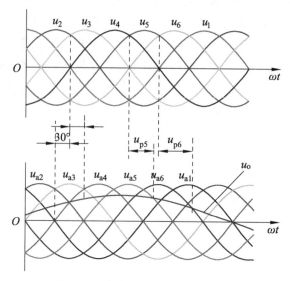

图 6-23　余弦交点法触发时刻原理

图 6-24 给出在不同的输出电压比 γ 情况下，输出电压一个周期内触发角 α 随 $\theta_{\mathrm{o}} = \omega_{\mathrm{o}}t$ 变化的情况。当 γ 较小时，即输出电压较低时，触发角 α 只在 90° 附近变化。

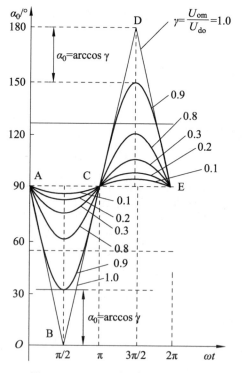

图 6-24　不同 γ 时 α 与 $\omega_{\mathrm{o}}t$ 的关系

上述余弦交点法可以用模拟电路实现，但电路复杂且不易实现准确的控制。现在多用微机实现上述运算。可把事先计算好的数据存入存储器中，运行时，按照所存入的数据进行实时控制。

4. 输入/输出特性

（1）输出上限频率。

交-交变频电路的输出电压是由若干段电网电压拼接而成。当输出频率升高时，输出电压一个周期内电网电压的段数就减少，所含的谐波分量就要增大。这种输出电压的波形畸变是限制输出频率提高的主要因数之一。此外，负载功率因数也对输出特性有一定的影响。就输出波形畸变和输出频率而言，难以确定一个明确的界限。经验得出，变流电路采用 6 脉波的三相桥式电路时，最高输出频率不高于电网频率的 1/3 ~ 1/2，即电网频率为 50 Hz 时，交-交变频电路的输出频率上限为 20 Hz。

（2）输入功率因数。

交-交变频电路的输出是通过相位控制的方法来得到的，因此，在输入端需要提供滞后的无功电流。即使负载功率因数为 1 且输出电压比 γ 也等于 1，输入端也需要提供无功电流。因为，在输出电压的一个周期内，α 角时以 90° 为中心前后变化的，输出电压比 γ 越小，半周期内的 α 的平均值越接近 90°。随着负载功率因数的降低或输出电压比 γ 的减小，所需的无功电流都要增加。另外，无论负载的功率因数是滞后或超前，输入的无功电流总是滞后的。

图 6-25 给出了在不同输出电压比时的输入位移因数和负载功率因数的关系。输入位移因数是输入电压与输出电压中的基波分量相位差的余弦，其值比输入功率因数略大，因此，图 6-25 也大体反映了输入功率因数与负载功率因数的关系。输入功率因数较低是交-交变频电路的一大缺点。

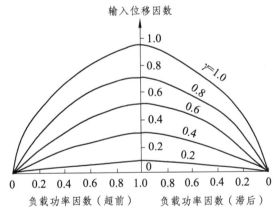

图 6-25　不同 γ 时输入位移因数与负载功率因数的关系

（3）输出电压谐波。

交-交变频电路输出电压的谐波非常复杂，它既与电网频率 f_i 以及变流电路脉波数 m 有关，也与输出频率 f_o 有关。所含谐波频率为

$$f_{om} = mkf_1 \pm (N-1)f_o \qquad (6\text{-}27)$$

式中，$k = 1, 2, 3, \cdots$

$N = 1, 3, 5, \cdots$（mk 为奇数时）

$N = 2, 4, 6, \cdots$（mk 为偶数时）

（4）输入电流谐波。

单相交-交变频电路的输入电流波形和可控整流电路的输入电流波形类似，只是其幅值和相位均按正弦规律被调制。其所含谐波频率为

$$f_{lm} = \left| (mk \pm 1)f_i \pm 2lf_o \right| \qquad （6-28）$$

式中，$k = 1, 2, 3, \cdots$；$l = 0, 1, 2, \cdots$。

5. 环流控制及其运行方式

由于一组变流电路具有单向导电性，为了获得交流输出电能，交-交变频电路必须包含正反两组变流电路。如果两组同时导通，将会在两组间产生很大的短路电流，称之为环流。环流太大可损坏晶闸管。在实际运行过程中，正反两组变流电路工作状态的控制可分为有环流和无环流两种控制方式。

（1）无环流控制方式。

前面的分析都是基于无环流控制方式进行的。在无环流控制方式下，在负载电流反向时必须留出一定的死区时间，这就使输出电压的波形畸变增大。为了减小死区的影响，应在确保无环流的前提下尽量缩小死区时间。另外，在负载电流发生断续时，相同的 α 角的输出电压被抬高，这也造成输出电压波形的畸变，应采取措施对其进行补偿。电流死区和电流断续的影响也限制了输出频率的提高。

图 6-26 所示为三相全控桥式变流电路在阻感负载时，单相交-交变频电路的输出电压和电流波形。考虑到无环流工作方式下负载电流过零时的死区时间，一个周期的波形可分为 6 段，标记为图中下端的 1、2、3、4、5、6。第 1 段，$i_o < 0$，$u_o > 0$，为反组逆变；第 2 段，电流过零，为无环流死区；第 3 段，$i_o > 0$，$u_o > 0$，为正组整流；第 4 段，$i_o > 0$，$u_o < 0$，为正组逆变；第 5 段，电流过零，为无环流死区；第 6 段，$i_o < 0$，$u_o < 0$，为反组整流。

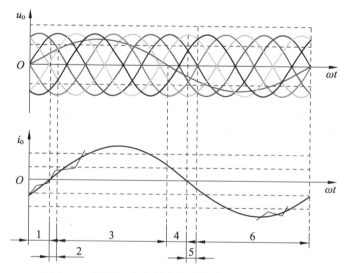

图 6-26　单相交-交变频电路的输出电压与电流波形

（2）有环流控制方式。

交-交变频电路也可采用有环流控制方式。这种方式在运行时，两组变流电路都施加触发

脉冲，且使正组触发角 α_{P} 和反组触发角 α_{N} 保持 $\alpha_{\mathrm{P}} + \alpha_{\mathrm{N}} = 180°$ 的关系，即两组变流电路同时有输出电压加在负载上，但它们输出电压的平均值大小相等，在负载上的方向一致，这时正反组不会发生短路。但两组输出电压的瞬时值不相等，会存在瞬时电压差，这将在两组之间形成环流。为了将环流限制在允许范围内，必须在两组变流电路输出端之间串联一定大小的环流电抗器，如图 6-27 所示。由于两组变流电路之间流过环流，可以避免出现电流断续现象，并可消除死区，从而使变频电路的输出特性得以改善，进而可提高输出电压上限频率。

有环流控制方式可以提高变频电路性能，在控制上也比环流控制方式简单。但在两组变流电路之间要设置环流电抗器，变压器二次侧也需要双绕组，使设备成本上升。另外，在运行时，有环流控制方式的输入功率比无环流控制方式略有增加，使效率有所降低。因此，目前应用较多的还是无环流控制方式。

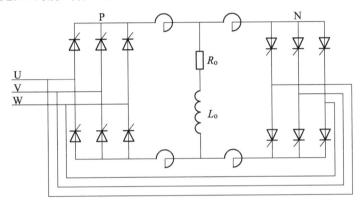

图 6-27　有环流变频电路示意图

6.5.2　三相交-交变频电路

交-交变频电路主要用于交流调速系统，因此，实际使用的主要是三相交-交变频电路。三相交-交变频电路是由三组输出电压相位相差 120° 的单相交-交变频电路组成的。因此，上述的单相交-交变频电路的分析和结论对三相交-交变频电路也是适用的。

1. 电路接线方式

三相交-交变频电路主要有两种接线方式,即公共交流母线进线方式和输出星形连接方式。

（1）公共交流母线进线方式。

图 6-28 所示为公共交流母线进线方式的三相交-交变频电路原理。它由三组彼此独立的、输出电压相位相互错开 120° 的单相交-交变频电路组成，它们的电源进线通过电抗器连接到公共交流母线上。因为电源进线端公用，所以三组单相交-交变频电路的输出端必须隔离。为此，若负载为三相交流电动机，则必须把三个绕组拆开，共引出六根绕组线。公共交流母线进线方式的三相交-交变频电路主要应用于中等容量的交流调速系统中。

（2）输出星形连接方式。

图 6-29（a）所示为输出星形连接方式的三相交-交变频电路原理简。三组单相交-交变频电路的输出端星形连接，电动机的三个绕组也是星形连接，电动机的中性点不和变频电路中性点接在一起，电动机只引出三根线即可。因为三组单相交-交变频电路连接在一起，其电源

进线就必须隔离，所以三组单相交-交变频电路分别用三个变压器供电。

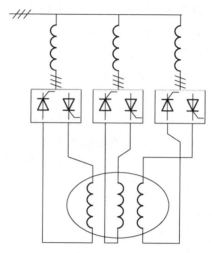

图 6-28　公共交流母线进线方式的三相交-交变频电路原理

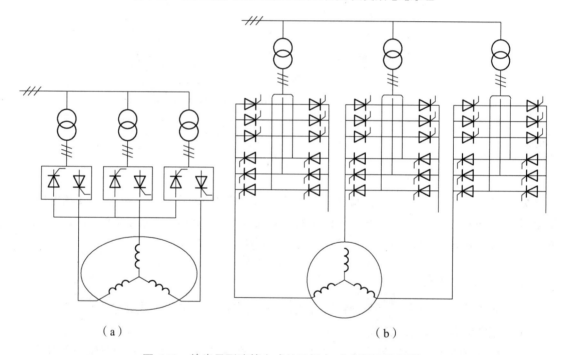

（a）　　　　　　　　　　　　　　　（b）

图 6-29　输出星形连接方式的三相交-交变频电路原理

　　由于变频电路输出端中性点不和负载中性点连接，所以在构成三相变频电路的桥式电路中，至少要有不同相的两组桥中的四个晶闸管同时导通才能构成回路，形成电流。同一组桥内的两个晶闸管靠双触发脉冲保证同时导通。两组桥之间靠足够宽的脉冲来保证同时有触发脉冲。每组桥内两个晶闸管触发脉冲的间隔约为 60°，如果每个脉冲的宽度大于 30°，那么无脉冲的间隔一定小于 30°。这样，尽管两组桥脉冲之间的相对位置是任意变化的，但在每个脉冲持续时间内，总会在其前面或后面与另一组桥的脉冲重合，使四个晶闸管同时有脉冲，形成导通回路。

图 6-29（b）所示为由三相桥式整流电路构成的三相交-交变频电路原理详图。每相变频电路都由两组三相桥式整流电路反并联组成，每组变频电路输出电压的脉波数为 6，因此，交流输出电压的谐波含量较小。变流主电路中无环流电抗器，运行在无环流控制方式下。

2. 输入/输出特性

就输出频率上限和输出电压谐波而言，三相交-交变频电路和单相交-交变频电路是一致的。下面分析输入电流和输入功率因数的一些差别。

因为三相交-交变频电路总的输入电流由三个单相交-交变频电路的同一相输入电流合成，有些谐波因相位关系相互削弱。因此谐波种类减少，总的谐波幅度也有所降低，单相和三相谐波频率为

$$\begin{cases} f_{in} = \left| (mK \pm 1) f_i \pm ml f_o \right| \\ f_{in} = \left| f_i \pm mK f_o \right| \end{cases} \tag{6-29}$$

式中，$K = 1, 2, 3, \cdots$，$l = 0, 1, 2, \cdots$；m 为变流电路脉波数。

当变流电路均采用三相桥式电路时，输入谐波电流的主要频率为 $f_i \pm 6 f_o$、$5 f_i$、$5 f_i \pm 6 f_o$、$7 f_i$、$7 f_i \pm 6 f_o$、$11 f_i$、$11 f_i \pm 6 f_o$、$13 f_i$、$13 f_i \pm 6 f_o$ 等。其中 $5 f_i$ 次谐波的幅值最大。

三相交-交变频电路总输入功率因数为

$$\lambda = \frac{P_\Sigma}{S_\Sigma} \tag{6-30}$$

式中，P_Σ 为三相电路总的有功功率，即各相有功功率之和。视在功率不能简单相加，应由总的输入电流和输入电压有效值相乘来计算。由于三相交-交变频电路输入电流谐波有所减小，三相总的视在功率 S_Σ 比三组单相交-交变频电路之和小，三相交-交变频电路总输入功率因数要高于单相交-交变频电路的输入功率因数。

3. 改变输入功率因数和提高输出电压的措施

对相控式交-交直接变频电路，影响输入功率因数和输出电压的因数是触发角 α 太大。尤其对于电动机负载，在低速运行时，变频电路输出电压很低，各组变流电路的 α 角都接近 90°，因此输入功率因数很低。

对于输出星形接法的三相交-交变频电路，如果三个输出相电压中含有同样的直流分量或 3 倍于输出频率的谐波分量，它们都不会出现在线电压上，因此也就不会加到负载上。利用这一特性可以使输入功率因数得到改善并提高输出电压，具体的措施如下：

（1）直流偏置法。

直流偏置法是指给各相输出电压上叠加相同大小的直流分量，使触发角 α 减小。功率因数得到提高。但变频电路输出线电压并不改变，也就不影响电动机负载的正常运行。对于长期低速运行的交流电动机，这种方法对改善功率因数作用明显。

（2）交流配置法。

交流偏置法是使各相输出电压均为梯形波，如图 6-30 所示。因为梯形波中的主要谐波分

量是 3 次谐波，线电压中的 3 次谐波相互抵消，线电压仍然为正弦波。在这种控制方式下，两组变流电路长时间工作在高电压输出的梯形波平顶区，触发角 α 较小，输入功率因数可以提高 15%左右。

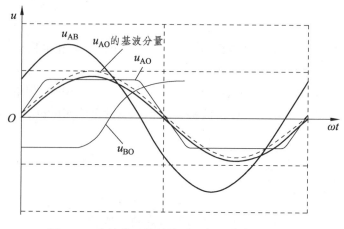

图 6-30　交流偏置法补偿时理想的输出电压波形

4. 相控式交-交变频电路特点

和交-直-交变频电路相比，交-交变频电路有以下优点：

（1）只用一次变流且使用电网换相，变流效率较高。

（2）和交-直-交电压型变频电路相比，便于实现四象限工作。

（3）低频时输出电压接近正弦波。

交-交变频电路主要用于 500 kW 或 1 000 kW 以上，转速在 600 r/min 以下的大功率、低转速的交流调速装置中。目前在矿石破碎机、水泥球磨机、卷扬机、鼓风机及轧机传动装置中获得较多应用，它既可用于异步电动机，也可用于同步电动机。

6.6　交-交变频电路的仿真

交-交变频电路广泛应用于大功率交流电动机调速传动系统，实际使用中主要为三相输出交-交变频电路，三相输出交-交变频电路是由单相交-交变频电路组合而成。本节给出单相交-交变频电路的建模和仿真。

图 6-20 所示为单相交-交变频电路原理，它主要由正组整流电路 P、反组整流电路 N、负载 Z 和两组整流电路共用的三相交流电源组成。其基本原理是在期望正弦波的正半周由正组整流电路给负载供电，在负半周由负组整流电路为负载供电，利用余弦控制方法的触发角随动的正负两组整流电路交替工作，在负载端得到降频的正弦交流电。据此，给出图 6-31 所示的单相交-交变频电路仿真模型。图中，Vsin3 为频率 50 Hz、线电压有效值 120 V、初始相角 0°的输入三相交流电；正组整流桥 PGroup 和反组整流桥 NGroup 采用 PSIM 元件库中的三相晶闸管整流桥，其参数为默认理想值；负载采用阻感负载；三相交流输入侧利用电压传感器检测 ac 线电压，线电压过零点就是自然换相点，也是触发角的起动，以此作为 PSIM 元件库

中触发角模块 α 的计量起点；根据负载端电流传感器 ISEN 使能正负组触发角模块 ACTRLP 触发角 α 和 ACTRLN 触发角 α 输出，从而控制正负组的工作；根据触发角余弦控制法，由单相正弦波电源模块 Vcos 、计算模块 math 和合成模块 SUM 产生随动触发角 α 变量接正反组触发角模块的触发角输入端，从而实现正反组整流桥轮动变频输出交流电给负载的目标。仿真曲线如图 6-32 所示，输出电压和输出电流均是频率为 10 Hz 的正弦波，该频率由模块 Vcos 的设定频率决定。图 6-31 中，为了观察幅值相差较大的信号间的相位关系，采用了比例模块 K，通过该模块，可以放大或缩小信号幅值，使观察的信号显示的幅值相当，便于观察其相位关系。PSIM 仿真软件使用简单方便。

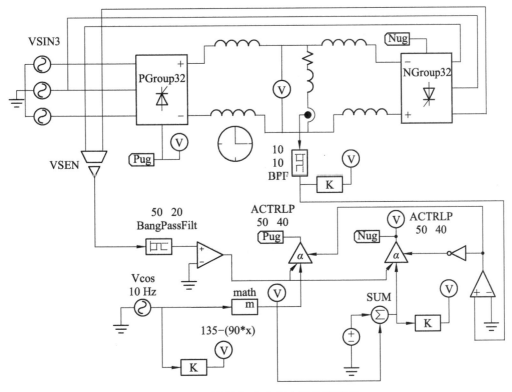

图 6-31　单相交-交变频电路仿真模型

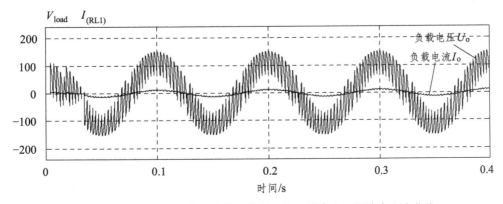

图 6-32　单相交-交变频电路仿真单相正弦波输出电压和输出电流曲线

6.7 三相交流调压电路设计案例

三相交流调压电路的设计要根据负载的特点，供电电源的参数来确定主电路结构，选择和计算主电路元器件及其参数，确定系统的保护及控制电路的方案等。

某三相交流调压电路的负载为三相异步电动机额定功率为 90 kW，额定电压 380 V，额定电流 180 A，三角形接法，最大过载能力为 $2I_N$，$\cos\varphi = 0.8$，$\eta_N = 0.85$。电源为 380 V/50 Hz，输入电压波动±10%。

6.7.1 主电路设计

三相交流调压主电路如图 6-33 所示。

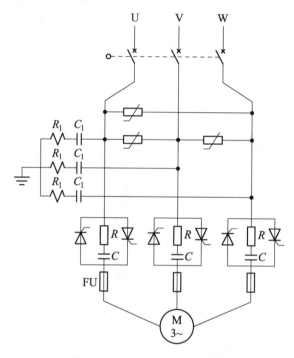

图 6-33　三相交流调压主电路

1. 空气开关的选择

自动空气开关的额定电压和额定电流应不小于电路正常的工作电压和工作电流，可选 RCM1-400 空气开关，其额定电流为 400 A，额定电压为 380 V 且过电流时间大于 0.5~1 ms 时，自动空气开关断开交流电源。

2. 晶闸管器件的选择

（1）晶闸管额定电压。

$$U_{TN} = (2 \sim 3)U_m = (2 \sim 3) \times 1.414 \times 380 = 1074.8 \sim 1\,612.2\,(\text{V})，取 1\,800\,\text{V}。$$

（2）晶闸管额定电流。

晶闸管额定电流根据最大过载能力 $2I_N$ 来选取。

$$I_{TAN} = (1.5 \sim 2) \times 2\,I_N/1.57 = 344 \sim 458（A），取 560\,A$$

选 SKKQ560/18E 型晶闸管。

6.7.2 晶闸管保护

1. 交流电源侧过电压保护

（1）阻容保护。

设电源变压器励磁电流为 6%，阻容保护采用 Y 接。

$$C_1 = 17\,320 \times 0.06/380 = 2.73（\mu F）$$

电容耐压 $\geqslant 1.5\,U_m = 1.5 \times 1.414 \times 380 = 806（V）$

选 3.3μF/1000V 薄膜电容，型号规格为 MMKP84334J1000。

$$R_1 = 0.17 \times 380/(0.06 \times 180) = 6（\Omega）$$

$$I_C = 2\pi f \times C \times U_C = 2 \times 3.14 \times 50 \times 3.3 \times 380 \times 10^{-6} = 0.396（A）$$

$$P_R = (3 \sim 4)\,I_C^2\,R = (3 \sim 4) \times 0.396^2 \times 6 = 2.92 \sim 3.76（W）$$

选取 6 Ω，5 W 的水泥电阻。

若 R、C 采用三角形接法，电容量为计算值的 1/3，电阻值为计算值的 3 倍。电容 C 增大，有利于吸收过电压和减少 du/dt，但 C 增大，电容体积大，增加电容中的损耗，晶闸管导通时电流上升快，对器件不利。R 增大，有利于抑制振荡，但选得太大，影响抑制过电压。一般 R 值选偏小，P_R 值选偏大。

（2）压敏电阻。

Y 接压敏电阻的额定电压：

$$U_{1mA} = 1.1 \times 1.414 \times 380/(0.8 \sim 0.9) = 739 \sim 657（V）$$

选取 1 000 V，通流容量 3 kA 的压敏电阻，型号为 MY-1000/3。

2. 晶闸管两端过电压保护

查晶闸管手册得 $C = 1\ \mu F$，$R = 5\ \Omega$。

电容耐压 $\geqslant 1.5\,U_m = 1.5 \times 1.414 \times 380 = 806（V）$，取电容为 1 μF/1 000 V 薄膜电容。

$$P_R = 2\pi f C U_m^2 = 2 \times 3.14 \times 50 \times 1 \times 380^2 \times 10^{-6} = 45.34（W）$$

选取电阻为水泥电阻 5 Ω/50 W。

3. 晶体管短路过流保护用快速熔断器

熔断器熔体电流有效值：

$$I_{KR} \leqslant 0.833 \times 1.57\,I_{TAV}/6 = 0.833 \times 1.57 \times 400 = 523（A）$$

式中，0.833 是修正系数。

选取快速熔断器：额定电压 500 V，额定电流 600 A，型号 rs0-600。

6.8 实训项目——单相交流调压电路调试

本实训项目主要采用 KJ004 作为单相交流调压电路的移相触发控制器。KJ004 的主要技术指标、电路原理图、波形图和调试方法见本书第 4 章 4.10 节。

1. 实训目的

（1）理解单相交流调压电路的工作原理。
（2）理解单相交流调压电路带阻感负载对脉冲及移相范围的要求。
（3）理解 KJ004 集成触发电路工作原理及应用。

2. 实训所需器件及附件

单相交流调压电路调试所需器件和附件如表 6-3 所示。

表 6-3 单相交流调压电路调试所需器件及附件

序号	器件及附件	备注
1	JDT01 电源控制屏	
2	JDT02-2 晶闸管交流调压主电路板	
3	JDT04 单相晶闸管触发电路板	
4	JDL10-1 阻性负载实验板	
5	JDL10-2 阻感负载实验板	
6	双综示波器	自备
7	万用表	自备

3. 实训接线图及原理

本实训采用 JDT04 单相晶闸管触发电路板作为 JDT02-2 晶闸管单相交流调压主电路实验板的触发控制板。如图 6-34 所示为本实训项目接线，本实训所需器件主要有 JDT01 电源控

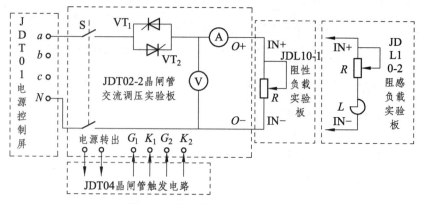

图 6-34 单相交流调压实训接线

制屏、JDT02-2 晶闸管单相交流调压主电路实验板、JDT04 单相晶闸管触发电路板、JDL10-1 阻性负载实验板、JDL10-2 续流二极管可切换阻感负载实验板等，其中，JDT02-2 晶闸管单相桥式整流主电路实验板由电源开关 S、电流表、电压表、2 个反并联晶闸管 VT_1 和 VT_2 及一些接线端子和测试端子组成。图中，JDL10-1 阻性负载实验板上的可调电位器 R_L 的阻值 $R = 1\ 000\ \Omega$；JDL10-2 阻感负载实验板上有电感线圈 L、可调电位器 R_L 等元件，其中，电感 L 的电感量为 200 mH，电位器 R_L 的电阻值为 1 000 Ω。

4. 实训方法

（1）带阻性负载的单相交流调压电路调试。

①准备。

a. 断开 JDT01 电源控制屏的电源开关。

b. 将 JDT04 板的触发脉冲输出端 $G_1 K_1 G_2 K_2$ 分别接到 JDT02-2 板上的晶闸管触发信号输入端 $G_1 K_1$（对应 VT_1 的门极和阴极），$G_2 K_2$（对应 VT_2 的门极和阴极）。

c. 分别将 JDL10-1 阻性负载实验板上的 IN+ 和 IN- 端与 JDT02-2 板上的 O+ 和 O- 端用导线连接；

d. 用电源线将 JDT01 电源控制屏的 a、N 接线端分别和 JDT02-2 板上的一对 a、N 端连接，将 JDT02-1 板上的另一对 a、N 端与 JDT04 板上的 a、N 端连接。

e. 连线检测无误后，先合上 JDT01 电源控制屏的电源开关，再合上 JDT02-2 板上的电源开关 S，最后合上 JDT04 板上的电源开关 S。

②实验并记录。

a. 调节 JDT04 板上的电位器 R_{P2}，改变触发角 α，示波器观察 JDT04 板上观察点 TP_3 的波形并计算波形占空比（有的示波器可以自动计算显示波形的占空比），该点波形占空比为 0.33、0.5、0.67、0.83 时对应触发角 $\alpha = 30°、60°、90°、120°$。记录 $\alpha = 30°、60°、90°、120°$时电源电压 U_2（JDT02-2 板上 TP_7 和 TP_8 两点间电压）和负载电压 U_d（JDT02-2 板上的电压表）的数值，并填入表 6-4 中。

b. 示波器检测 JDT02-2 板上 TP_1 和 TP_2 两点的波形，该波形为 VT_1 阴阳极 A、K 波形，观察并记录 $\alpha = 30°、60°、90°$时的 VT_1 阴阳极波形，并填入表 6-5 中。

c. 用示波器观察 JDT02-2 板上 TP_3 和 TP_4 两点代表整流输出电压的瞬时值的波形，同时用示波器另一通道观察 JDL10-1 阻性负载实验板 TP_1 和 TP_2 两点波形（该波形折算为负载电流波形），比较两个通道的波形并记录于表 6-5 中。

表 6-4　带阻性负载单相桥式整流电路参数测量结果

α	30°	60°	90°	120°
U_2/V				
U_d（测量值）/V				
U_d（计算值）/V				
$U_d = U_1 \sqrt{\dfrac{1}{2\pi}\sin 2\alpha + \dfrac{\pi-\alpha}{\pi}}$				

表 6-5　带阻性负载单相整流电路电压波形

α	30°	60°	90°
u_{d} JDT02-1 TP_3 TP_4	u_{d} O t	u_{d} O t	u_{d} O t
i_{d} JDT010-1 TP_1 TP_2	i_{d} O t	u_{d} O t	u_{d} O t
u_{VT1} JDT02-1 TP_1 TP_2	u_{VT1} O t	u_{VT1} O t	u_{VT1} O t

（2）带阻感负载的单相交流调压电路调试。

①准备。

a. 断开 JDT01 电源控制屏的电源开关。

b. 将 JDT04 板的触发脉冲输出端 G_1 K_1 G_2 K_2 分别接到 JDT02-2 板上的晶闸管触发信号输入端 G_1 K_1（对应 VT_1 和 VT_4 的门极和阴极），G_2 K_2（对应 VT_2 和 VT_3 的门极和阴极）。

c. 用万用表电阻挡测量 JDL10-2 阻感负载实验板上电位器两端点 TP_1 和 TP_2 间电阻得 R，测 JDL10-2 阻感负载实验板上 IN+ 和 IN- 端的电阻得 R_{L}，如下计算负载阻抗角 $\varphi = \arctan \dfrac{\omega L}{R_{\mathrm{L}}} = \arctan \dfrac{314L}{R_{\mathrm{L}}}$，其中 $L = 200\ \mathrm{mH} = 0.2\ \mathrm{H}$，并记录于表 6-7 中。

d. 分别将 JDL10-2 阻感负载实验板上的 IN+ 和 IN- 端与 JDT02-2 板上的 O+ 和 O- 端用导线连接。

e. 用电源线将 JDT01 电源控制屏 "主电路电源输出" 的 a、N 接线端分别和 JDT02-2 板上的一对 a、N 端连接，将 JDT02-2 板上的另一对 a、N 端与 JDT04 板上的 a、N 端连接。

f. 连线检查无误后，先合上 JDT01 电源控制屏的电源开关，再合上 JDT02-2 板上的电源开关 S，最后合上 JDT04 板上的电源开关 S。

②实验并记录。

a. 调节 JDT04 板上的电位器 R_{P2}，改变触发角 α，示波器观察 JDT04 板上观察点 TP_3 的波形并计算波形占空比（有的示波器可以自动计算显示波形的占空比）。记录 $\alpha < \varphi$、$\alpha = \varphi$、$\alpha > \varphi$ 时负载电压 u_{o}（JDL10-2 阻感负载实验板上的 IN+ 和 IN- 交流端电压）和负载电流 i_{o}（JDL10-2 阻感负载实验板上电位器两端点 TP_1 和 TP_2 的交流端电压并除以电位器阻值 R）的数值和波形，并填入表 6-6 和表 6-7 中。

b. 先关断 JDT04 板上的电源开关 S，后关断 JDT02-2 板上的电源开关 S。

表 6-6　带阻感负载单相桥式整流电路参数测量结果

α	$\alpha < \varphi$	$\alpha = \varphi$	$\alpha > \varphi$
$U_{\mathrm{o}}/\mathrm{V}$			
$I_{\mathrm{o}}(I_{\mathrm{o}} = U_R / R)/\mathrm{A}$			

表 6-7　带阻感负载单相整流电路电压波形

α	$\alpha < \varphi$	$\alpha = \varphi$	$\alpha > \varphi$
u_o JDT10-2IN+和 IN-	u_{VT1}　O　t	u_{VT1}　O　t	u_o　O　t
i_o JDT010-2 TP_1 TP_2	u_{VT1}　O　t	u_{VT1}　O　t	i_o　O　t

5. 实训报告

（1）整理、画出实验中所记录的各类波形。

（2）分析阻感负载时，触发角 α 和阻抗角 φ 相应关系的变化对调压器工作的影响。

（3）分析实验中出现的各种问题。

6. 注意事项

由于 G/K 输出端有电容影响，观察触发脉冲电压波形时，需将输出端 G 和 K 分别接到晶闸管的门极和阴极（也可用 100 Ω 左右的电阻接到输出端 G 和 K，来模拟晶闸管门极和阴极两端的阻值），否则，无法观察到正确的脉冲波形。

7. 操作考评

表 6-8　操作考核评分表

学号			姓名		小组		
任务编号	6-1		任务名称		单相交流调压电路调试		
模块	序号		考核点（95分）		分值标准	得分	备注
1　单相桥式整流电路工作原理	1		理解交流调压电路拓扑结构		5		
	2		理解阻性负载的工作波形		5		
	3		理解阻感负载的工作波形		5		
	4		理解负载阻抗角的意义		5		
	5		理解负载阻抗角与触发角的关系对负载电流连续性的影响		5		
	6		理解阻感负载的移相范围		5		
	7		理解阻感负载中电阻电压换算负载电流的方法		5		
2　接线及工具操作	8		正确连接接线图完成实验接线		5		
	9		正确操作各个电源开关		5		
	10		正确使用示波器		10		
	11		正确使用万用表		5		
	12		理解执行安全操作规则		5		

	模块	序号	考核点（95分）	分值标准	得分	备注
3	波形读取	13	根据占空比正确调整触发角	10		
	和实验数	14	正确读取波形	5		
	据处理	15	完成触发角小于负载阻抗角的阻感负载实验	10		
4	互评		小组互评（5分）			
5	总分		合计总分			
学生签字			考评签字			
互评签字			考评时间			

本章小结

交流变换电路是指把交流电能的参数（幅值、频率和相位）加以变换的电路。根据变换参数的不同，交流变换电路可分为交流电力控制电路和交-交变频电路。交流电力控制电路维持频率不变，仅改变输出电压的幅值。交-交变频电路也称为直接变频电路（或称为周波变流器），它是不通过中间直流环节而把电网频率的交流电直接变换成频率较低的交流电的相控直接频率电路。在直接变频的同时也可实现电压变换，即直接实现降频、降压变换。本章主要介绍交流调压电路的基本结构形式、工作原理和控制方式，三相交流调压电路的设计方法，交流调功电路和晶闸管交流开关的控制原理，交-交直接变频电路的接线方式、工作原理和特性。

通过本章的学习，掌握交流调压电路的基本类型、分析方法、调压原理和基本性能，晶闸管交流开关和交流调功电路的控制原理，交-交直接变频电路的拓扑结构、工作原理和特性，学会三相交流调压电路的设计方法。

思考题与习题

1. 在单相交流调压器中，当控制角小于负载功率因数角时，为什么输出电压不可控？
2. 晶闸管相控直接变频的基本工作原理是什么？为什么只能降频、降压，不能升频、升压？
3. 交流调压与交流调功有什么区别？两者各用于什么样的负载？
4. 交-交变频电路的最高输出频率是多少？制约输出频率提高的因数是什么？
5. 三相交-交变频电路有哪两种接线方式？它们有什么区别？
6. 一交流单相晶闸管调压器用作控制从 220 V 交流电源送电到电阻为 0.8 Ω，电感为 2.55 mH 的负载电路，求：

（1）控制角范围；

（2）负载电流的最大有效值；

（3）最大输出功率和功率因数；

（4）画出控制角 $\alpha = 90°$ 时的负载电压和电流波形。

7. 一台 220 V 10 kW 电炉，采用晶闸管单相交流调压器使其工作在 5 kW，求其工作电流和电源侧的功率因数。

8. 单相调功电路采用过零触发，输入交流电源为 220 V AC，负载电阻为 1 Ω，在设定周期内，使晶闸管导通 2 s，关断 4 s。计算：

（1）输出电压有效值；

（2）电阻负载上的功率；

（3）晶闸管全部周波导通时送出的功率。

第 7 章

PWM 控制技术

7.1 PWM 控制的基本原理

在采样控制理论中有一个结论：冲量相等而形状不同的窄脉冲作用于惯性环节时，其效果基本相同。冲量指窄脉冲的面积，这里所说的效果基本相同是指环节的输出响应波形基本相同。如果把各输出波形用傅里叶变换进行分析，则其低频段非常接近，仅在高频段略有差异。这是一个非常重要的结论，它表明惯性环节的输出响应主要取决于激励脉冲的冲量，即窄脉冲的面积，而与窄脉冲的形状无关。

图 7-1 给出了几种典型的形状不同，冲量相同的窄脉冲，当它们分别加在如图 7-2（a）所示的 RL 电路上时，产生的电流响应 $i(t)$ 波形如图 7-2（b）所示。

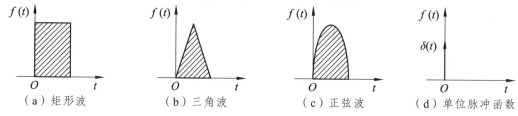

（a）矩形波　　　（b）三角波　　　（c）正弦波　　　（d）单位脉冲函数

图 7-1　几种典型的形状不同冲量相同（面积相同）的窄脉冲

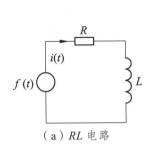

（a）RL 电路

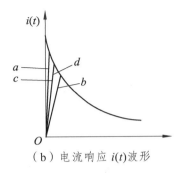

（b）电流响应 $i(t)$ 波形

图 7-2 冲量相同的各种窄脉冲的响应波形

从波形上可以看出，在 $i(t)$ 的上升段，脉冲形状不同时，$i(t)$ 的形状也略有不同，但其下降段则几乎完全相同。如果周期性地施加上述脉冲，则响应 $i(t)$ 也是周期性的。

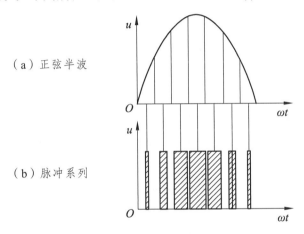

（a）正弦半波

（b）脉冲系列

图 7-3 用 PWM 波代替正弦半波

上述原理称之为面积等效原理，它是 PWM 技术的重要理论基础。

下面用面积等效原理来分析如何用一系列等幅不等宽的脉冲来代替一个正弦半波。

把图 7-3（a）上述的正弦半波分成 N 等分，就可以把正弦半波看成由 N 个彼此相连的脉冲序列所组成的波形。这些脉冲宽度相同，均为 π/N，但幅度不同，而脉冲的顶部不是直线，而是曲线，各脉冲的幅值按正弦规律变化。如果把上述脉冲序列用同样数量的等幅而不等宽的矩形脉冲代替，使矩形脉冲的中点和相应正弦波部分的中点重合，且使矩形脉冲和相应正弦波部分面积（冲量）相等，就得到如图 7-3（b）所示的脉冲序列，这就是 PWM 波形。可以看出，各脉冲的幅值相等，而脉冲宽度是按正弦规律变化的。用同样的方法可以得到正弦波负半周的 PWM 波。像这种脉冲宽度按正弦规律变化，且和正弦波等效的 PWM 波通常称为 SPWM 波形。窄脉冲越多，低次谐波分量越小，越接近正弦波。要改变等效输出正弦波的幅度时，只要按照同一比例系数改变上述各脉冲的宽度即可。

PWM 波形可分为等幅 PWM 波和不等幅 PWM 波。不管是哪一种，都是基于面积等效原理来进行控制的，其本质是相同的。在 DC-DC 和 DC-AC 变换电路中由直流电源供电，产生的 PWM 波通常是等幅 PWM 波。在 AC-DC 和 AC-AC 变换电路中由交流电源供电，产生的 PWM 波通常是不等幅波。

7.2　PWM 逆变电路及其控制技术

把 PWM 控制技术运用到由全控器件构成的逆变电路中就构成 PWM 逆变电路。PWM 逆变电路结构简单，动态响应快，控制灵活，调节性能好，成本低，可以得到相当接近正弦波的输出电压和电流。现在大多数应用中的逆变电路都是 PWM 逆变电路。

面积相等理论是 PWM 控制技术的重要基础，而 PWM 控制的思想来源于通信技术中的调制技术，即把希望输出的波形作为调制信号，把接受调制的信号作为载波，通过信号波的调制得到所希望的 PWM 波形。通常采用等腰三角波或锯齿波作为载波，等腰三角波应用最多，因为等腰三角波上任一点的水平宽度和高度呈线性关系且左右对称，当它与任何一个变化平缓的调制信号波相交时，如果在交点时刻对电路中开关器件的通断进行控制，就可以得到宽度正比于信号波幅值的脉冲，这正好符合 PWM 控制的要求。在调制信号波为正弦波时，所得到的就是 SPWM 波形，这种情况应用最广。当调制波不是正弦波，而是其他所需要的波形时，也可得到相应的 PWM 波。

7.2.1　PWM 逆变电路

1. 单相 PWM 逆变电路

电压型单相桥式 PWM 逆变电路如图 7-4（a）所示。U_d 为恒值直流电压，$V_1 \sim V_4$ 为 IGBT 管，$VD_1 \sim VD_4$ 为电压型逆变电路所需的续流二极管，U_C 为载波纹号，U_r 为调制波纹号。

根据调制脉冲的极性，可分为单极性 PWM 控制方式和双极性 PWM 控制方式。

（1）单极性 PWM 控制方式。

图 7-4（b）所示为单极性 PWM 控制方式工作波形。

设负载为阻感负载，工作时，V_1 和 V_2 通断状态互补，V_3 和 V_4 通断状态也互补。控制规律是，在输出电压 u_o 的正半周，让 V_1 保持导通，V_2 保持关断，V_3 和 V_4 交替通断。由于阻感负载电流比电压滞后，因此在输出电压正半周，输出电流有一段区间为正，一段区间为负。在负载电流为正的区间里，V_1 和 V_4 导通时，负载电压 $u_o = U_d$；V_1 导通，V_4 关断时，负载电流

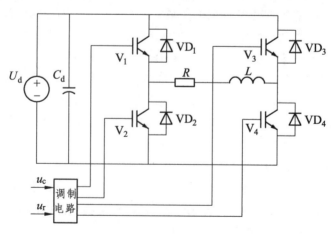

（a）电压型单相桥式 PWM 逆变电路

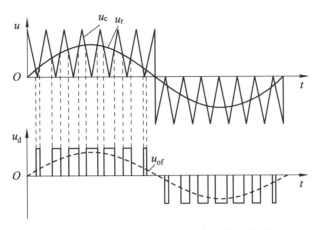

（b）逆变单极性 PWM 控制方式工作工作波形

图 7-4　电压型单相桥式 PWM 逆变电路和波形

通过 V_1 和 VD_3 续流，$u_o = 0$。在负载电流为负的区间，V_1 和 V_4 同时导通时，因 i_o 为负，i_o 实际上从 VD_1 和 VD_4 续流，仍然有 $u_o = U_d$；V_4 关断，V_3 开通后，i_o 从 V_3 和 VD_1 续流，$u_o = 0$。这样，u_o 总可以得到两种电平 U_d 和 0。同样，在 u_o 的负半周，让 V_2 导通，保持导通，V_1 截止，V_3 和 V_4 交替通断，负载电压 u_o 可以得到 $-U_d$ 和 0 两种电平。

控制 V_3 和 V_4 通断的方法如图 7-4（b）所示。调制信号 u_r 为正弦波，在 u_r 的正半周载波 u_C 为正极性的三角波；在 u_r 的负半周，u_C 为负极性的三角波。在 u_r 和 u_C 的交点时刻控制 IGBT 的通断。在 u_r 的正半周，V_1 保持导通，V_2 保持截止，当 $u_r > u_C$ 时，V_4 导通，V_3 关断，$u_o = U_d$；当 $u_r < u_C$ 时，V_4 关断，V_3 导通，$u_o = 0$。在 u_r 的负半周，V_1 保持关断，V_2 保持导通，当 $u_r > u_C$ 时，使 V_3 导通，V_4 关断，$u_o = -U_d$；当 $u_r > u_C$ 时使 V_4 导通，V_3 关断，$u_o = 0$。这样，就得到 SPWM 波形 u_o。图 7-4（b）中虚线 u_{of} 表示 u_o 的基波分量。像这种在 u_r 的半个周期内三角波载波只在正极性或负极性一种极性范围内变化所得到的 PWM 波形也只在单个极性范围内变化的控制方式称为单极性 PWM 控制方式。

（2）双极性 PWM 控制方式。

图 7-5 所示为逆变电路双极性 PWM 控制方式工作波形。采用双极性方式时，在 u_r 的半个周期内，三角波载波不再是单极性的，而是有正有负，所得的 PWM 波也是正负相间。在 u_r 的一个周期里，输出的 PWM 波只有 $\pm U_d$ 两种电平，而不像单极性控制那样有三个电平（$\pm U_d$，0）。仍然是在调制信号和载波信号交点处控制各开关器件的通断。在 u_r 的正负半周，对各开关器件的控制规律相同，即当 $u_r > u_C$ 时，给 V_1 和 V_4 导通信号，给 V_2 和 V_3 关断信号，这时如果 $i_o > 0$，则 V_1 和 V_4 导通，如果 $i_o < 0$，则 VD_1 和 VD_4 导通，不管哪种情况都有 $u_o = U_d$。当 $u_r < u_C$ 时，给 V_2 和 V_3 导通信号，给 V_1 和 V_4 关断信号，这时如果 $i_o > 0$，则 VD_2 和 VD_3 导通，如果 $i_o < 0$，则 V_2 和 V_3 导通，两种情况下都有 $u_o = -U_d$。

可以看出，单相桥式 PWM 逆变电路既可采用单极性调制，也可采用双极性调制，由于对开关器件通断控制的规律不同，它们输出波形也有较大的差别。

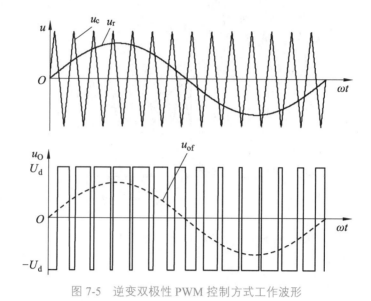

图 7-5　逆变双极性 PWM 控制方式工作波形

2. 三相桥式 PWM 逆变电路

图 7-6 所示为三相桥式 PWM 逆变电路，这种电路采用双极性控制方式。U、V、W 三相的 PWM 控制通常共用一个三角波载波 u_C，三相的调制信号 u_{rU}、u_{rV}、u_{rW} 依次相差 120°。U、V、W 各相功率开关器件的控制规律相同，以 U 相为例说明如下：当 $u_{rU} > u_C$ 时，给上桥臂 V_1 导通信号，给下桥臂 V_4 关断信号，则 U 相相对于直流电源假想中点 N* 的输出电压 $u_{UN*} = U_d/2$.。当 $u_{rU} < u_C$ 时，给 V_4 导通信号，给 V_1 关断信号，则 $u_{UN*} = -U_d/2$。V_1 和 V_4 的驱动信号是互补的。当给 V_1（V_4）加导通信号时，可能是 V_1（V_4）导通，也可能是二极管 VD_1（VD_4）续流导通，这要由阻感负载电流的方向决定，这与单相桥式 PWM 逆变电路在双极性控制时的情况相同。V 相和 W 相都与 U 相控制规律相同。电路波形如图 7-7 所示。

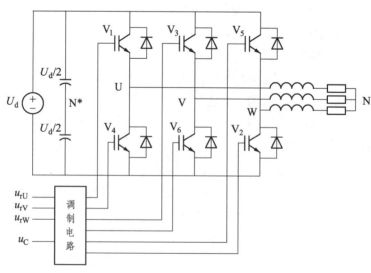

图 7-6　三相桥式 PWM 逆变电路

由图 7-7 可以看出，u_{UN*}、u_{VN*}、u_{WN*} 的 PWM 波形都是只有 $\pm U_d/2$ 两种电平。图中线电

压 u_{UV} 可以由 $u_{UN^*} - u_{VN^*}$ 得出。可以看出，桥臂 1 和桥臂 6 导通时，$u_{UN} = U_d$，当桥臂 3 和 4 导通时，$u_{UV} = -U_d$，当桥臂 1 和 3 或桥臂 4 和 6 导通时，$u_{UV} = 0$。因此，逆变器的输出线电压 PWM 波由 $\pm U_d$ 和 0 三种电平构成。图中负载相电压 $u_{UN} = u_{UN^*} - (u_{UN^*} + u_{VN^*} + u_{WN^*})/3$，图中负载相电压的 PWM 波由 $(\pm 2/3)U_d$、$(\pm 1/3)U_d$ 和 0 共 5 种电平构成。

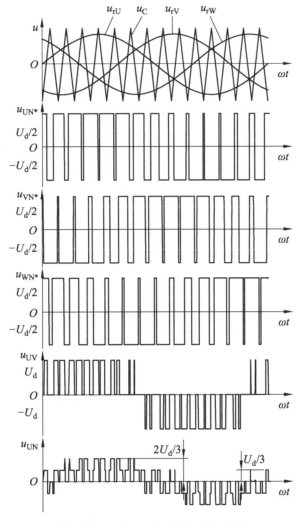

图 7-7　三相桥式 PWM 逆变电路工作波形

在电压型逆变电路的 PWM 控制中，同一相上下两桥臂的驱动信号都是互补的，但实际上为了防止上下两个桥臂开关管都导通而造成短路，在上下两个桥臂通断切换时要留一小段上下桥臂都施加关断信号的死区时间。死区时间的大小主要由功率开关器件的关断时间决定。这个死区时间将会给 PWM 波形带来一定畸变的影响，使其稍稍偏离正弦波波形。

7.2.2　PWM 逆变电路控制技术

1. 异步调制和同步调制

在 PWM 控制电路中，载波频率 f_C 与调制信号频率 f_r 之比定义为载波比 N，即

$$N = f_{\mathrm{c}} / f_{\mathrm{r}} \tag{7-1}$$

把正弦调制波的幅值 U_{rm} 与三角载波的峰值 U_{cm} 之比定义为调制度 M，即

$$M = U_{\mathrm{rm}} / U_{\mathrm{cm}} \tag{7-2}$$

根据载波和调制信号波是否同步及载波比的变化情况，PWM 调制方式分为异步调制和同步调制。

（1）异步调制。

载波信号与调制信号不保持同步关系的调制方式称为异步调制方式。在异步调制方式中，调制信号频率 f_{r} 变化时，通常保持载波频率 f_{c} 固定不变，因而载波比 N 是变化的，如图 7-8（b）所示。这样，在调制信号的半个周期内，输出脉冲的个数不固定，脉冲相位也不固定，正负半个周期的脉冲不对称，同时，半个周期内前后 1/4 周期的脉冲也不对称。

当调制信号频率较低时，载波比 N 较大，半个周期内的脉冲数较多，正负半个周期脉冲不对称和半个周期前后 1/4 周期脉冲不对称的影响较小，输出波形接近正弦波。当调制信号频率增大时载波比 N 变小，半个周期内的脉冲数减少，输出脉冲的不对称性影响就变大，还会出现脉冲的跳动。同时，输出波形和正弦波之间的差异变大，电路输出特性变差。对于三相 PWM 逆变电路来说，三相输出的对称性也变差。因此，在采用异步调制方式时，希望尽量提高载波频率，以使在调制信号频率较高时仍然能保持较大的载波比，来改善输出特性。

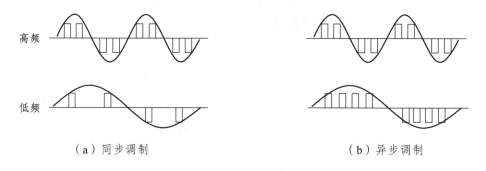

（a）同步调制　　　　　　　　　　（b）异步调制

图 7-8　异步调制和同步调制

（2）同步调制。

载波比等于常数并在变频时使载波信号和调制信号保持同步的调制方式称为同步调制。在基本同步调制方式中，调制信号频率发生变化时，载波比不变。调制信号半个周期内输出的脉冲数是固定的，脉冲相位也是固定的，如图 7-8（a）所示。在三相 PWM 逆变电路中，通常共用一个三角波载波信号且取载波比 N 为 3 的整数倍，以使三相输出波形严格对称，为了使一相的波形正负半周镜对称，N 取奇数。

当逆变电路输出频率较低时，因为在半个周期内输出脉冲的数目是固定的，所以由 PWM 调制而产生的 f_{c} 附近的谐波频率也相应降低了。这种频率较低的谐波通常不易滤除，如果负载是电动机，就会产生较大的转矩脉动和噪声，给电动机的正常工作带来不利影响。

（3）分段同步调制。

为了克服上述缺点，通常都采取分段特别调制的方法，即把逆变电路的输出频率范围划

分成若干个频段，每个频段内保持载波比 N 不变，不同频段的载波比可以不同。在输出频率的高频段采用较低的载波比，以使载波频率不致过高，在功率开关器件允许的频率范围内（在半个周期内也不能有太多的脉冲数，脉冲数过多，开关器件的开关损耗矛盾就突出了）。

在输出频率的低频段采用较高的载波比，以使载波频率不致过低而对负载产生不利影响、各频段的载波比应都取 3 的倍数且尽量取奇数。

图 7-9（a）给出了同步分段调制的示意，各频段的载波比标注在图中。为了防止频率在切换点附近时载波比来回跳动，为此，在各频率切换点采用滞后切换的方法。图中切换点处的实线表示输出频率增高时的切换频率，虚线表示输出频率降低时的切换频率，前者略高于后者，从而形成滞后切换。在不同的频段内，载波频率的变化范围基本一致。提高载波频率可以使输出波形更接近正弦波，但载波频率的提高受到功率开关器件允许最高频率的限制。另外，在采用微机进行控制时，载波频率还受到微机计算速度和控制算法计算量的限制。

同步调制方式比异步调制方式复杂，但使用微机控制时还是容易实现的。也有的电路在低频输出时采用异步调制方式，在高频输出时切换到分段同步调制方式，如图 7-9（b）所示。这种方式能把两者的优点结合起来，和分段同步调制方式的效果接近。

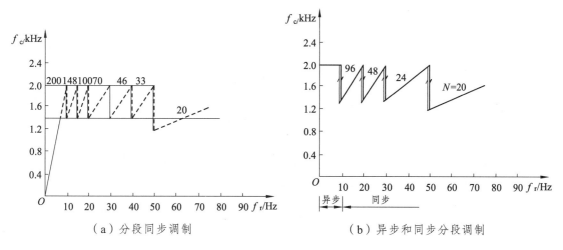

（a）分段同步调制　　　　　　　（b）异步和同步分段调制

图 7-9　分段调制

2. SPWM 波形的生成方法

随着电力电子技术和微机控制技术的飞速发展，PWM 控制信号的产生和工作模式也越来越多。在诸多的脉宽调制方法中，有的侧重于提高输出波形质量，消除或抑制更多的低次谐波；有的侧重于减少逆变器的开关损耗或提高系统综合效率；有的则侧重于系统简化，工作可靠或便于用微机在线计算开关点，进行实时控制，等等。归纳起来，生成 SPWM 波的方法有：计算法（等效面积法、特定谐波消除法等）、调制法（自然采样法、规则采样法、梯形波调制波的 SPWM 控制、叠加 3 次谐波的 SPWM 控制等）、PWM 跟踪控制技术和电压空间矢量 PWM 控制技术。这些方法可以通过电子电路、专用集成电路芯片或微机（包括单片机、数字信号处理器等）来实现。

（1）电子电路生成 SPWM 波形。

按照前述的 SPWM 逆变电路的基本原理和控制方法，可以用电子电路构成三角载波和正弦调制波发生电路，用比较器来确定它们的交点，在交点时刻对功率开关器件的通断进行控制，就可以生成 SPWM 波形，其原理框图如图 7-10 所示。三相对称的参考正弦电压调制信号 u_{rU}、u_{rV}、u_{rW} 由参考信号发生器提供，其频率和幅度均可调节。三角载波信号 u_C 由三角波发生器提供，各相共用。它分别与每相的调制信号在比较器上进行比较，给出"正"或者零的饱和输出，产生 SPWM 脉冲序列波 u_{dU}、u_{dV}、u_{dW}，作为逆变器功率开关器件的驱动信号。

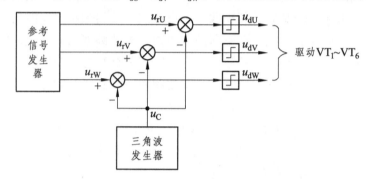

图 7-10　电子电路生成 SPWM 波形的原理框图

（2）微机生成 SPWM 波形。

随着各种微处理器性能不断提高和成本的下降，以及各种应用领域对逆变器性能和功能要求的日益提高，微处理器在逆变电路控制中的应用越来越多，并有厂家开发了高档单片机或数字信号处理器，它们在软件的支持下产生 SPWM 波形。其中高档单片机将 SPWM 信号发生器集成到单片微型计算机里，使单片微型计算机和 SPWM 信号发生器融为一体，从而较好地解决了波形精度低、稳定性差、电路复杂、不易控制等问题。与此同时，也正是借助这些微处理器的强大计算和逻辑处理能力，很多先进的 SPWM 控制策略真正得以实现和实用性推广。利用微处理器产生 SPWM 波形的常用方法有表格法和实时计算法，即可以采用微机存储预先计算好的 SPWM 数据表格，控制时根据指令调出；或者通过软件实时生成 SPWM 波形，下面介绍利用微机生成 SPWM 波的几种常用方法。

①自然采样法。

根据载波调制原理，计算正弦波与三角波的交点，从而计算出脉宽和脉冲间隙，生成 SPWM 波形，这种方法称为自然采样法，如图 7-11 所示。在图中截取任一段正弦调制波与三角载波的相交情况。交点 A 是发出脉冲的时刻，交点 B 是结束脉冲的时刻。T_C 为三角载波的周期；t_1 为在 T_C 时间内、在脉冲发生以前（即 A 点以前）的间隙时间；t_2 为 A、B 之间的脉宽时间；t_3 为 T_C 内，B 点以后的间隙时间，显然 $T_C = t_1 + t_2 + t_3$。

若以单位量 1 代表三角载波的幅值 U_{cm}，则正弦调制波的幅值 U_{rm} 就是调制度 M，正弦调制波为

$$u_r = M \sin \omega t$$

式中，ω 是特征波频率，也就是逆变器的输出角频率。

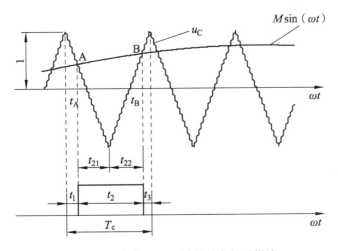

图 7-11　生成 SPWM 波形的自然采样法

由于 A、B 两点对三角载波的中心线并不对称，需要把脉宽时间 t_2 分成 t_{21} 和 t_{22} 两部分（见图 7-11），按相似三角形的几何关系有

$$\frac{2}{T_C/2} = \frac{1 + M\sin\omega t_A}{t_{21}}$$

$$\frac{2}{T_C/2} = \frac{1 + M\sin\omega t_A}{t_{22}}$$

即

$$t_2 = t_{21} + t_{22} = \frac{T_C}{2}\left[1 + \frac{M}{2}(\sin\omega t_A + \sin\omega t_B)\right] \tag{7-3}$$

这是一个超越方程，其中 t_A、t_B 与载波比 N 和调制度 M 都有关系，求解较难，而且当 $t_1 \neq t_3$ 时，分别计算更难。因此，自然采样法虽然能确切反映正弦脉宽调制的原始思想，却不适于微机实时控制。

②规则采样法。

自然采样法的主要问题是 SPWM 波形每一个起始和终了时刻 t_A 和 t_B 对三角载波的中心线不对称，因而解决困难。工程上实用的方法要求算法简单，只要误差不太大，允许做一些近似处理，这样就提出了各种规则采样法。图 7-12 所示为一种规则采样法。它是在三角载波每一周期的负峰值时刻找到正弦调制波上的对应点 E，求得采样电压值 u_{re}。在三角载波上由 u_{re} 水平线截取 A、B 两点，从而确定脉宽时间 t_2。由于 A、B 两点落在三角载波的两侧，减少了脉宽生成误差，得到比较准确的 SPWM 波形。

从图 7-12 可以看出，规则采样法的实质是用阶梯波代替正弦波，从而简化了算法。只要载波比足够大，不同的阶梯波都很逼近正弦波，造成的误差可以忽略不计。

在规则采样法中，三角载波每个周期的采样时刻都是确定的，不必作图就可计算出相应时刻的正弦波值。在规则采样法中，采样值依次为 $M\sin\omega t_E$、$M\sin(\omega t_E + t_C)$、$M\sin(\omega t_E + 2t_C)$……因而脉宽时间和间隙时间都可以很容易计算出来

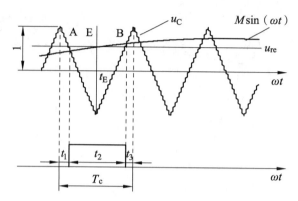

图 7-12　生成 SPWM 波形的规则采样法

脉宽时间：
$$t_2 = \frac{T_C}{2}(1 + M \sin \omega t_E) \tag{7-4}$$

间歇时间：
$$t_1 = t_3 = \frac{1}{2}(T_C - t_2) \tag{7-5}$$

应用于变频器中的 SPWM 逆变器多是三相，因此还应生成三相 SPWM 波形。三相正弦调制波在时间上互差 120°，共用三角载波，这样可得如图 7-13 所示生成的三相 SPWM 波形。

图 7-13 中，每相的脉宽时间 t_{U2}、t_{V2}、t_{W2} 均可根据式（7-4）计算，三相脉宽总和为

$$t_{U2} + t_{V2} + t_{W2} = 3 T_C/2 \tag{7-6}$$

每相间歇同 t_{U1}、t_{V1}、t_{W1} 和 t_{U3}、t_{V3}、t_{W3} 均可根据式（7-5）算出，脉冲两侧间歇时间总和为

$$t_{U1} + t_{V1} + t_{W1} = t_{U3} + t_{V3} + t_{W3} = 3 T_C/4 \tag{7-7}$$

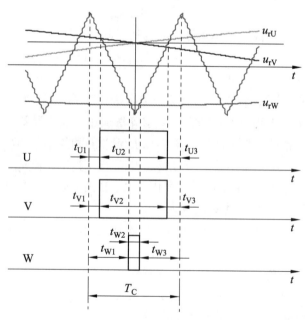

图 7-13　生成三相 SPWM 波形

　　在数字控制中用计算机实时生成 SPWM 波形正是基于上述采样原理和计算公式完成的。一般可以先在计算机上离线算出相应的脉宽 t_2 后写入程序存储器 EPROM，然后通过查表和加减运算求出各相脉宽时间和间歇时间，这种方法称为查表法。也可在内存中存储正弦函数和 $T_\mathrm{C}/2$ 值，与 $M\sin\omega t_\mathrm{E}$ 作乘法运算，然后运用加、减、移位即可算出脉宽时间 t_2 和间歇时间 t_1、t_3，这就是实时计算法。上述计算得出的脉冲数据送入定时器，利用定时中断向接口电路送出相应的高、低电平，从而实时产生 SPWM 波形的一系列脉冲。对于开环控制的调速系统，在某一给定转速下其调制度 M 与角频率 ω 都是确定的，宜采用查表法。对于闭环控制的调速系统，系统运行中调制度 M 需要随时被调节，宜用实时计算法。

　　（3）SPWM 的优化技术。

　　①特定谐波消除法。

　　PWM 的目的是使逆变器输出波形尽量接近正弦波并减少谐波，以满足实际需求。上述应用正弦波调制三角载波的 SPWM 法是一种经典的方法，但不是唯一的方法。

　　特定谐波消除法是通过适当安排开关角，在满足输出基波电压的条件下，消除不希望有的谐波分量。能够消除的谐波分量越多，越接近正弦波。逆变器应用于电动机变频调速时，由于逆变器输出波形中的低次谐波对交流电机的附加损耗和转矩脉动影响最大，消除这种低次谐波的方法称为低次谐波消除法。

　　图 7-14 给出三种在方波上对称地开出一些槽口的波形。显然，开的槽口越多，可以消除的谐波数越多。为了减少谐波并使分析简单，它们都属于四分之一周期对称波形，即同时满足 $u(\omega t)=-u(\pi+wt)$（使正负两半周波镜像对称，可以消除偶次谐波）和 $u(\omega t)=u(\pi-\omega t)$（使波形奇对称，可以消除谐波中的余弦项），这种波形可用傅里叶级数表示为

$$u(\omega t)=\sum_{k=1,3,5,\cdots}^{\infty}U_{\mathrm{km}}\sin k\omega t \tag{7-8}$$

式中，U_{km} 为基波及 k 次谐波电压幅值，其表达式为

$$U_{\mathrm{km}}=\frac{2E}{k\pi}\left[1+2\sum_{i}^{n}(-1)^{i}\cos k\alpha_{i}\right] \tag{7-9}$$

　　在输出电压波形的四分之一周期内，其脉冲开关时刻均是待定，总共有 n 个 α 值，即 n 个待定参数，它们代表了可以用于消除低次谐波次数的自由度。其中，除了必须满足的给定基波幅值 U_{1m} 外，尚有（$n-1$）个可选参数。例如，$n=5$，可消除 4 个谐波；若 $n=11$，则可消除 10 个谐波。以图 7-14（c）说明各开关点的确定方法和谐波消除原理。

　　图 7-14（c）所示，在 PWM 波形中共有 α_1、α_2、α_3、α_4 四个待定参数，即 $n=4$，则可消除 3 个谐波。由四分之一周期对称波形的特点，已能保证不含偶次谐波和 3 的倍数次谐波，从而可以消除 5、7、11 次低次谐波。因此，只要根据式（7-8），取 $n=4$，并令基波幅值为要求值，5、7、11 次谐波幅值为零，就可得一组三角方程，如式（7-10）所示。

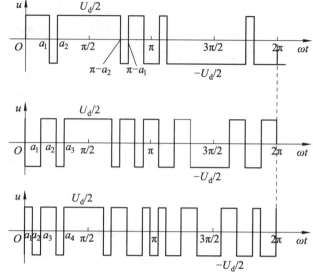

（a）可消除 5 次谐波

（b）可消除 5、7 次谐波

（c）可消除 5、7、11 次谐波

图 7-14　特定谐波消除法电压波形

$$\begin{cases} U_{1m} = \dfrac{2U_d}{\pi}(1 - 2\cos\alpha_1 + 2\cos\alpha_2 - 2\cos\alpha_3 + 2\cos\alpha_4) = C \\[2mm] U_{5m} = \dfrac{2U_d}{5\pi}(1 - 2\cos5\alpha_1 + 2\cos5\alpha_2 - 2\cos5\alpha_3 + 2\cos5\alpha_4) = 0 \\[2mm] U_{7m} = \dfrac{2U_d}{7\pi}(1 - 2\cos7\alpha_1 + 2\cos7\alpha_2 - 2\cos7\alpha_3 + 2\cos7\alpha_4) = 0 \\[2mm] U_{11m} = \dfrac{2U_d}{11\pi}(1 - 2\cos11\alpha_1 + 2\cos11\alpha_2 - 2\cos11\alpha_3 + 2\cos11\alpha_4 = 0 \end{cases} \qquad (7\text{-}10)$$

式中，C 为要求值。

　　求解上述联立方程组可得出一组对应的脉冲开关时刻 α_1、α_2、α_3、α_4，再利用四分之一周期的对称性，就可求出一个周期内剩下的几个脉冲开关时刻。显然，对这组超越方程的求解并不简单。利用这种 PWM 控制对一系列脉冲开关时刻的计算，在理论上能够消除所指定的谐波，但对所指定次数以外的谐波却不一定能减少，甚至反而增大也是有可能的。考虑到它们已属于高次谐波，对电机的工作影响已不大，这种控制模式应用于交流电机变频调速的效果还是不错的。

　　由于求解方程的复杂性以及不同基波频率输出时各个脉冲的开关时刻也不同，特定谐波消除法难以用于实时控制。但它可以方便地用查表法来实现。不过，在低频输出情况下，要消除多个谐波分量，α 角度的数量要增多，而且在变频控制中，每改变一次输出基波电压值，就需要一套 α 角。这样 α 角表格会异乎寻常地庞大。因此，混合式 PWM 控制方案就显得可取了。其中低频、低压区域可采用 SPWM 法，高频、高压区域采用消除谐波法。

　　②叠加 3 次谐波的 SPWM 控制。

　　正弦脉宽调制有许多优点，也有许多缺点，主要是直流电压的利用率低，开关频率高。提高直流电压的利用率可以提高逆变电路的输出能力。在输出电压一定的条件下，直流电压的利用率越高，逆变电路的经济指标越好。由于开关频率直接与开关损耗有关，在逆变电路技术指标不变的前提下，开关频率越低，开关损耗越小，逆变的效率越高，为此，在基本 SPWM 的基础上采取一些改进的办法，既能提高直流电压的利用率，又能确保输出电压执行性变化不大。

　　在正弦调制波中叠加适当大小的 3 次谐波，使之成为马鞍形调制波，如图 7-15 所示。经过 PWM 调制后逆变电路的输出电压也必然包括 3 次谐波，但对三相逆变电路在合成线电压时，各相的 3 次谐波互相抵消，线电压变为正弦波。在马鞍形调制波中，基波正峰值附近恰好是 3 次谐波的负半波，两者互相抵消。在马鞍形调制波的幅值不超过三角载波幅值的条件下，逆变电路输出的 PWM 波包含幅值更大的基波分量，达到提高直流电压的目的。这种改进型的正弦脉宽调制的控制策略更适用于三相逆变电路。

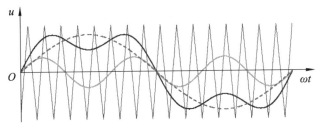

图 7-15　叠加 3 次谐波的 SPWM 控制

　　根据三相逆变电路的特点，在正弦调制波中除叠加 3 次谐波外，还可以叠加其他 3 倍频于正弦波的信号，也可以叠加直流分量，都不影响线电压。

　　（1）PWM 跟踪控制技术。

　　跟踪控制技术是把希望输出的电压或电流波形作为指令信号，把实际的电压或电流波形作为反馈信号，通过两者的瞬时值比较来决定逆变电路各功率开关的通断，使实际输出跟踪指令信号。这不是传统的用载波对信号波进行调制来产生 PWM 波形的方法。

　　跟踪型 PWM 逆变电路中，电流跟踪控制应用最多。它由通常的 PWM 电压型逆变器和电流控制环组成，使逆变电路输出可调的正弦波电流，如图 7-16 所示。其基本控制方法是，给定三相正弦电流信号 i_U^*、i_V^*、i_W^*，并分别与由电流传感器实测的逆变器三相输出电流信号 i_U、i_V、i_W 相比较，其差值通过电流控制器 ACR 控制 PWM 逆变器相应的功率开关器件。若实际电流大于给定值，则通过逆变器开关的动作使之减小；反之，使之增大。这样，实际输出电流将基本按照给定的正弦波电流变化。同时，变频器的输出电压仍为 PWM 波形。当开关器件具有足够高的开关频率时，可以使电动机的电流得到高品质的动态响应。

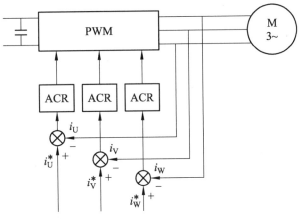

图 7-16　电流跟踪控制原理

电流跟踪控制 PWM 逆变器有多种控制方式，其中最常用的是电流滞环跟踪控制。具有电流滞环跟踪的 PWM 变频器的一相控制原理电路如图 7-17 所示，其波形如图 7-18 所示。

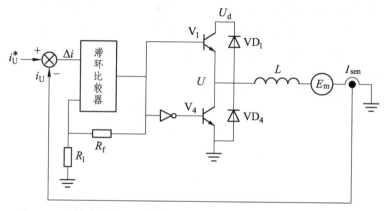

图 7-17　具有电流滞环跟踪控制的 PWM 变频器的一相控制原理电路

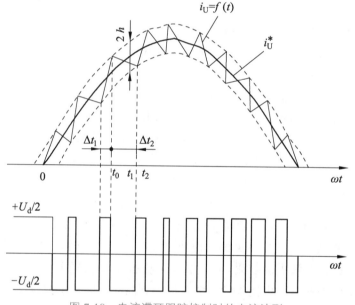

图 7-18　电流滞环跟踪控制时的电流波形

如图 7-17 所示，电流控制器是带滞环的比较器。将给定电流 i_U^* 与输出电流 i_U 进行比较，电流偏差 Δi 经滞环比较后控制逆变器有关相桥臂上下的功率器件。设比较器的环宽为 $2 h$，到 t_0 时刻（见图 7-18），$\Delta i = i_U^* - i_U \geqslant h$，滞环比较器输出正电平信号，驱动上桥臂功率开关器件 V_1 导通，使 i_U 增大。当 i_U 增大到与 i_U^* 相等时，虽然 $\Delta i = 0$，但滞环比较器仍然保持正电平输出，V_1 保持导通，i_U 继续增大。直到 t_1 时刻，$i_U = i_U^* + h$，滞环比较器翻转，输出负电平信号，关断 V_1 并经保护延时后（死区时间）驱动下桥臂器件 V_4。但现在 V_4 未必导通，因为 i_U 并未反向，而是通过二极管 VD_4 维持原方向流通，其数值逐渐减小，直到 t_2 时刻。i_U 降到滞环偏差的下限值，又重新使 V_1 导通。V_1 与 VD_4（或 V_4）的交替工作使逆变器输出电流给定值的偏差保持在 $\pm h$ 的范围里，在给定电流上下做锯齿状变化。当给定电流是正弦波时，输出电流也十分接近正弦波。

图 7-18 绘出了在给定正弦波电流半个周期内电流滞环跟踪控制的输出电流波形 $i_U = f(t)$ 和相应的 PWM 波形。无论在 i_U 的上升段还是下降段，它都是指数曲线的一小段，其变化率与电路参数和电机反电动势有关。当 i_U 上升时，输出电压是 $+U_d/2$；当 i_U 下降时，输出电压是 $-U_d/2$。因此，输出电压仍然是 PWM 波形，但与正弦波的关系比较复杂。

电流控制的精度与滞环比较器的环宽有关，同时还受到功率开关器件允许开关频率的制约。环宽选得较大时，可降低开关频率，但电流波形失真较多，谐波成分较大；如果环宽太小，电流波形虽然较好，却会增大开关频率，有时会引起电流超调，反而增大跟踪误差，所以环宽的正确选择很重要。滞环比较器的环宽控制比较简单，只要改变图 7-17 中滞环比较器的正反馈电阻 R_f 即可方便地调节环宽 $2h$，进而调节脉宽调制的开关频率。值得提出的是，采用电流跟踪控制，逆变器输出电流的检测是重要一环，必须准确快速地检测出输出电流的瞬时值。

（5）电压空间矢量 PWM 控制技术。

前面介绍的逆变电路控制方法不是着眼于输出电压正弦化，就是着眼于输出电流正弦化，但就三相异步电动机而言，无论控制逆变器的输出电压还是输出电流，最终目的是在电动机内部建立圆形旋转磁场，从而产生恒定的电磁转矩。按照圆形旋转磁场为目标来形成 PWM 控制信号，称为磁链跟踪控制。由于磁链的轨迹由电压空间矢量相加得来，所以又称为电压空间矢量 PWM 控制。这种控制方法具有直流电压利用率高、电动机谐波电流和转矩脉动小、电压和频率能同时完成、实现简单等优点。

①基本电压型逆变电路的电压空间矢量。

本书第 5 章讲述的三相桥式电压型逆变电路中，采用 180°导通方式时，对三相开关的导通情况进行组合，共有八种工作状态，即 V_6、V_1、V_2 导通，V_1、V_2、V_3 导通，V_2、V_3、V_4 导通，V_3、V_4、V_5 导通，V_4、V_5、V_6 导通，V_5、V_6、V_1 导通以及 V_1、V_3、V_5 导通，V_2、V_4、V_6 导通。如果把每相上桥臂开关导通标为"1"，下桥臂开关导通标为"0"，并以 ABC 相序依次排列，则上述八种工作状态可相应表示为 100、110、010、011、001、101 及 111 和 000，从实际情况看，前六种状态有输出电压，属于有效工作状态，后两种全部是上管子导通或下管子导通，没有输出电压，是无效零工作状态。所以将这种逆变器称为六拍逆变器。

对于每一个有效的工作状态，三相电压都可用一个合成空间矢量表示，其幅值相等，只是相位不同。如以 u_1、u_2、…、u_6 依次表示 100、110、…、101 六个有效工作状态的电压空间矢量，它们的关系如图 7-19 所示。设逆变器的工作周期从 100 开始，其电压空间矢量 u_1 与 X 轴同向，它所存在的时间为 60°。在这段时间以后，工作状态转为 110，电机电压空间矢量变为 u_2，它在空间上与 u_1 相差 60°。随着逆变器工作状态的不断切换，电机电压空间矢量的相位也跟着做相应的变化。到一个周期结束，u_6 的顶端恰好与 u_1 的尾端衔接，一个周期的六个电压空间矢量共转过 360°，形成一个封闭的正六边形。111 和 000 两个零工作状态，由于它们幅值为零，也无相位，可认为它们位于六边形的原点处，如图 7-19（a）所示。

这样一个由电压空间矢量运动形成的正六边形轨迹可以看成是交流电机定子磁链矢量端点的运动轨迹。对于这个关系，可以进一步说明如下：设在逆变器工作的第一个 60°期间，电机电压空间矢量为图 7-19（b）中的 u_1，此时，定子磁链为 φ_1。逆变器进入第二个 60°期间，电压空间矢量为 u_2。在 $\Delta t = 60°$ 期间内，在 $u_1 \sim u_2$ 的作用下，φ_1 产生增量 $\Delta \varphi_1$，其幅值为

$|u|\Delta t$，方向与 u_2 一致。最终形成如图 7-19（b）所示的新的磁链矢量 $\varphi_2 = \varphi_1 + \Delta\varphi_1$。以此类推可知磁链矢量的顶端轨迹也是以正六边形。这说明异步电机由六拍逆变器供电时所产生的正是正六边形旋转磁场，而不是圆形旋转磁场。

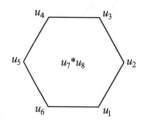
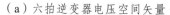

（a）六拍逆变器电压空间矢量

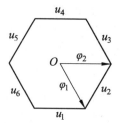

（b）电压空间矢量与磁链矢量的关系

图 7-19　电压空间矢量与磁链矢量

②PWM 型逆变器的电压空间矢量控制。

常规六拍逆变器供电的异步电动机只产生正六边形的旋转磁场，显然不利于电机的匀速旋转。之所以如此，是由于在一个周期内只有六次开关切换，切换后所形成的 6 个电压空间矢量都是恒定不变的。如果想获得更多边形或逼近圆形的旋转磁场，就必须有更多的逆变器开关状态，以形成更多的电压空间矢量。因此，必须对逆变器的控制模式进行改造，PWM 控制适应这种要求。

逆变器的电压空间矢量虽然只有 $u_1 \sim u_8$ 八个，但可以利用它们的线性组合，以获得更多的与 $u_1 \sim u_8$ 相位不同的新的电压空间矢量，最终构成一组等幅不等相的电压空间矢量，从而形成尽可能逼近圆形的旋转磁场。这样，在一个周期内逆变器的开关状态就要超过六个，而有些开关状态会多次重复出现。所以逆变器的输出电压将不是六拍阶梯波，而是一系列等幅不等宽的脉冲波，这就形成了电压空间矢量控制的 PWM 逆变器。由于它们间接控制了电机的旋转磁场，所以也称为磁链跟踪控制的 PWM 逆变器。

将图 7-19（a）中正六边形改画为图 7-20 所示的放射形式，各电压空间矢量的相位关系仍然不变。这样可以把逆变器的六个电压空间矢量划分为六个区域，即Ⅰ，Ⅱ，Ⅲ，Ⅳ，Ⅴ，Ⅵ扇区。每个扇区对应的时间为 60°。在常规六拍逆变器中，一个扇区只有一个开关工作状态，而实现 PWM 控制的做法是把每个扇区再分成若干个对应于时间 T_Z 的子扇区，插入若干个线性组合的电压空间矢量 u_r，以获得优于正六边形的多边形旋转磁场。

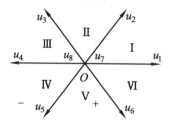

图 7-20　电压空间矢量及六个扇区

一个扇区内所分子扇区越多，就越能逼近圆形旋转磁场。图 7-21 给出了第Ⅰ扇区分成四个子扇区的电压空间矢量序列与逆变器输出三相电压 PWM 波形的示意。图 7-21（a）所示为第一、二两个子扇区的工作状态，它包括 u_1、u_2 和 u_0（u_7 或 u_8）三种状态。为使波形对称，把每个状态的作用时间一分为二，同时把 u_0 分配给 u_7 和 u_8，因而形成电压空间矢量的作用序列为 81277218，其中 8 表示 u_8 的作用，1 表示 u_1 的作用。这样，在此子扇区的 T_z 时间内，逆变器三相的开关状态序列为 000、100、110、111、111、110、100、000。每一小段只表示了功率器件的工作状态，其时间长短可以不同。在一个 T_z 中，不同的状态的顺序不是随便设置的，它应遵守的原则是：每次工作状态切换时，只有一个功率器件做开关切换，这样可以尽量减少开关损耗。图 7-21（b）所示为第三、四两个子扇区的工作状态。

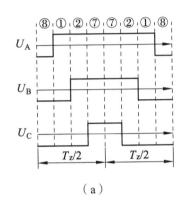 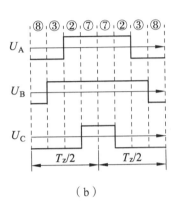

（a）　　　　　　　　　　　　　　　　（b）

图 7-21　第 I 扇区内电压空间矢量序列及逆变器输出三相电压 PWM 波形

电压空间矢量 PWM 控制有以下特点：

a. 每个子扇区均以零电压矢量开始和结束。

b. 在每个子扇区内虽然有多次开关状态切换，但每次切换只涉及一个功率开关器件，这样开关损耗小。

c. 利用电压空间矢量直接生成三相 PWM 波，计算简便。

d. 电机旋转磁场逼近圆形的程度取决于子扇区时间 T_z 的长短，T_z 越小，越逼近圆形，但 T_z 的减小受到所用功率器件允许开关频率的限制。

e. 采用电压空间矢量控制时，逆变器输出线电压基波最大幅值为直流侧电压，这比一般的 SPWM 逆变器输出电压高 15%。

上述的电压空间矢量控制方法称为线性组合法，它并不是唯一的，还有三段逼近式方法、比较判断式方法等。每种方法各有特色，并且新的控制方法还在不断问世。

7.3　PWM 整流电路及其控制技术

本书第 4 章讲述的 AC-DC 变换电路主要是采用晶闸管构成的相控整流电路。相控整流电路有控制简单、成本较低、技术成熟等优点，其缺点是交流侧输入电流谐波含量大，对公用电网产生谐波污染；晶闸管换流引起公用电网电压畸变；触发角大的深控状态，功率因数急剧下降；闭环控制的动态响应较慢等。

PWM 控制技术的应用与发展为改善整流电路性能提供了变革性的思路和手段，结合了 PWM 控制技术的新型整流电路称为 PWM 整流电路，它是一种斩控电路。PWM 整流电路具有以下优点：

（1）交流侧输入电流为正弦波。

（2）功率因数可以控制为任意值。

（3）电能双向传输，既可实现整流，又可实现逆变。

（4）闭环控制的动态响应快。

PWM 整流电路根据生产滤波器的不同分为电压型和电流型。电压型 PWM 整流电路采用电容滤波，直流输出电压稳定；电流型 PWM 整流电路采用电感作为滤波元件，输出电流稳定。目前研究和应用较多的是三角形星形（△Y）PWM 整流电路。因此，本节主要讲述电压型 PWM整流电路及其控制技术。

7.3.1　PWM 整流电路

1. PWM 整流电路的基本原理

PWM 整流电路并非传统意义上的整流电路。当 PWM 整流电路从电网吸取能量时，工作在整流状态。当其向电网传输电能时，工作在有源逆变状态。因此，PWM 整流电路实际上是一个能量可双向流动的变换电路。

图 7-22 所示为 PWM 整流电路原理。PWM 整流电路由交流回路、电力电子开关器件桥路及直流回路组成。其中交流回路包括交流电动势 e 及网测电感 L 等。电力电子开关器件桥路可由电压型或电流型桥路组成。直流回路包括负载电阻 R（为了简化分析，假设为阻性负载）。

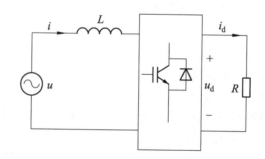

图 7-22　PWM 整流电路原理图

当不计电力电子开关器件桥路损耗时，根据能量守恒定理得

$$ui = u_{\mathrm{d}}i_{\mathrm{d}} \tag{7-11}$$

由式（7-11）可知，通过控制交流侧就可以控制直流侧，反之亦然。

图 7-23 所示为 PWM 整流电路交流侧稳态矢量。为了简化分析，只考虑基波分量忽略谐波分量。当以电网电动势 $\dot{E}$ 为参考矢量时，通过控制交流侧电压矢量 $\dot{U}$ 即可实现 PWM 整流电路四象限运行。

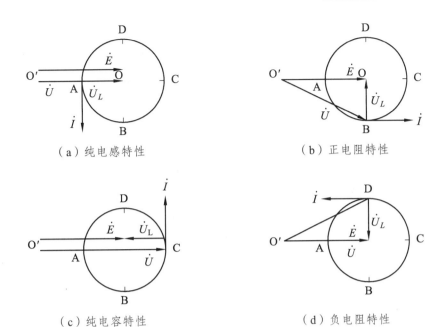

（a）纯电感特性　　　　　　　　（b）正电阻特性

（c）纯电容特性　　　　　　　　（d）负电阻特性

$\dot{E}$：交流电网电动势矢量；$\dot{U}$：交流侧电压矢量；$\dot{U}_L$：交流侧电感电压矢量；$\dot{i}$：交流侧电流矢量。

图 7-23　PWM 整流电路交流侧稳态矢量

假设 $|\dot{i}|$ 不变，则 $|\dot{U}_L| = \omega L |\dot{i}|$ 也不变。在这种情况下，PWM 整流电路交流电压矢量 $\dot{U}$ 端点运动轨迹构成了一个以 $|\dot{U}_L|$ 为半径的圆。当电压矢量 $\dot{U}$ 端点位于圆轨迹 A 点时，电流矢量 $\dot{i}$ 比电动势矢量 $\dot{E}$ 滞后 90°，此时 PWM 整流电路网侧（交流侧）呈现纯电感特性，如图 7-23（a）所示；当电压矢量 $\dot{U}$ 端点运动至圆轨迹 B 点时，电流矢量 $\dot{i}$ 与电动势矢量 $\dot{E}$ 平行且同向，此时 PWM 整流电路呈现正电阻特性，如图 7-23（b）所示；当电压矢量运动至圆轨迹 C 点时，电流矢量 $\dot{i}$ 比电动势矢量 $\dot{E}$ 超前 90°，此时 PWM 整流电路网侧呈现纯电容特性，如图 7-23（c）所示；当电压矢量运动至圆轨迹 D 点时，电流矢量 $\dot{i}$ 与电动势矢量 $\dot{E}$ 平行且方向相反，此时 PWM 整流电路网侧呈现负电阻特性，如图 7-23（d）所示。以上 A、B、C、D 四点是 PWM 整流电路四象限运行时的四个特殊工作状态点，进一步分析可得 PWM 整流电路四象限运行规律如下：

（1）电压矢量 $\dot{U}$ 端点在圆轨迹 AB 上运动时，PWM 整流电路运行于整流状态。PWM 整流电路从电网吸收有功及感性无功功率，电能经 PWM 整流电路由电网传输到直流负载。当 PWM 整流电路运行在 B 点时，则实现单位功率因数整流控制；而当运行在 A 点时，PWM 整流电路不从电网吸收有功功率，而是从电网吸收感性无功功率。

（2）当电压矢量 $\dot{U}$ 运动在圆轨迹 BC 段时，PWM 整流电路运行在整流状态。此时，PWM 整流电路从电网吸收有功功率和容性无功功率，电能将通过 PWM 整流电路从电网传输到直流负载。当 PWM 整流电路运行在 C 点时，PWM 整流电路将不从电网吸收有功功率，而只是从电网吸收容性无功功率。

（3）当电压矢量 $\dot{U}$ 运动在圆轨迹 CD 段时，PWM 整流电路运行在有源逆变状态。此时，

PWM 整流电路向电网传输有功功率和容性无功功率，电能将从 PWM 整流电路直流侧传输到电网。当 PWM 整流电路运行在 D 点时，可实现单位功率因数的有源逆变控制。

当电压矢量 $\dot{U}$ 运动在圆轨迹 DA 段时，PWM 整流电路运行在有源逆变状态。此时，PWM 整流电路向电网传输有功功率和感性无功功率，电能从 PWM 整流电路直流侧传输到电网。

要实现 PWM 整流电路四象限运行，关键在于 PWM 整流电路的网侧电流控制。一方面，可以通过 PWM 整流电路交流侧电压，间接控制其网侧电流；另一方面，也可通过网侧电流的闭环控制，直接控制 PWM 整流电路的网侧电流。当控制 PWM 整流电路运行在 A 点或 C 点时的电路称为静止无功功率发生器 SVD（ Static Var Generator ），一般不再称为 PWM 整流电路。当控制 PWM 整流电路运行在 B（或 D 点）时，可以使其输入电流非常接近正弦波，且和输入电压同相位（或反相位），功率因数近似于 1，这种 PWM 整流电路称为电网功率因数变流器或高功率因数整流器。

2. 单相 PWM 整流电路

图 7-24 给出了常见的一种单相电压型 PWM 整流电路。图中 u_S 为电网电压，u 为交流侧输入电压，$V_1 \sim V_4$ 为 IGBT 功率器件，$VD_1 \sim VD_4$ 为反并联二极管，L 为交流侧电感（或称为进行电抗器）。该电感设计非常重要，其值不仅影响闭环控制时系统的动、静态响应，而且还制约着 PWM 整流电路的输出功率、功率因数和输出电压等。电容 C 的主要作用是缓冲交直流能量交换、稳定直流侧电压及抑制直流侧谐波。

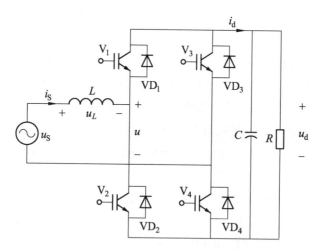

图 7-24　单相桥式电压型 PWM 整流电路

跟 SPWM 逆变电路一样，根据调制脉冲的极性，PWM 整流电路分为单极性 PWM 控制和双极性 PWM 控制。

（1）单极性 SPWM 控制。

按照正弦信号调制波和三角载波相比较的方法对 $V_1 \sim V_4$ 进行单极性 SPWM 控制，就可以在桥的输入端产生一个 SPWM 波 u，u 中含有和正弦波同频率且幅值成比例的基波分量以及和三角波有关的频率很高的谐波，包含低次谐波。由于电感的滤波作用，高次谐波电压会使交流电流 i_S 产生很小的可以忽略的脉动。这样，当正弦信号波的频率与电源频率相同时，i_S 也为与电源频率相同的正弦波。在交流电源电压 u_S 一定的情况下，i_S 的幅值和相位仅由 u 中基波分量 u_1 的幅值及 i_S 与 u_S 的相位差来决定。改变 u_1 的幅值和相位，就可以使 i_S 与 u_S 之间的夹角为所需的角度。图 7-25 给出了 i_S 与 u_S 为同相位时的高功率因数整流器的向量和波形。

由波形图中交流输入电压 u 产生的 SPWM 波可见，采用单极性调制时，单相桥式电压型 PWM 整流电路交流侧输入电压 u 将在 U_d、0 或 0、$-U_d$ 之间切换。其中，在交流侧基波电压正半周，u 将在 U_d、0 之间切换，而在交流侧基波负半周，u 将在 0、U_d 间切换。因此，单极性调制时，单相桥式电压型 PWM 整流电路工作过程存在四种开关模式，可采用三值逻辑开关函数 s 描述，即

$$s = \begin{cases} 1, V_1(VD_1)、 V_4(VD_4) \rightarrow on \\ 0, V_1(VD_1)、 VD_3(V_3) \, or \, V_2(VD_2)、 VD_4(V_4) \rightarrow on \\ -1, V_2(VD_2)、 V_3(VD_3) \rightarrow on \end{cases} \quad (7\text{-}12)$$

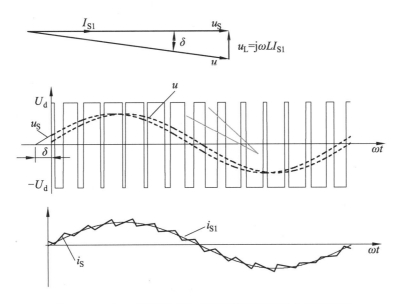

图 7-25　i_S 与 u_S 同相位之高功率因数整流器的向量和波形

（2）双极性 SPWM 控制。

当采用双极性调制时，单相桥式电压型 PWM 整流电路交流侧输入电压 u 波形为幅值在 U_d、$-U_d$ 之间切换的 SPWM 波形。因此，双极性调制时，单相桥式电压型 PWM 整流电路工作过程存在两种开关模式，可采用二值逻辑开关函数 s 描述，即

$$s = \begin{cases} 1, V_1(VD_1)、 V_4(VD_4) \rightarrow on \\ -1, V_2(VD_2)、 V_3(VD_3) \rightarrow on \end{cases} \quad (7\text{-}13)$$

图 7-26 给出了单相双极性 PWM 整流电路两种工作模式下的电流流通方向和回路。

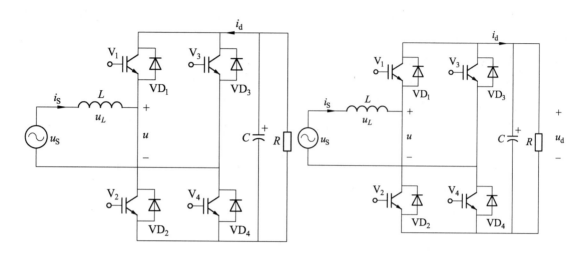

（a）$s = -1$，$i_S > 0$、$i_d < 0$；

电流通路：电源-L-V_2-负载-V_3-电源。

（b）$s = 1$，$i_S > 0$、$i_d > 0$；

电流通路：电源-L-VD_1-负载-VD_4-电源。

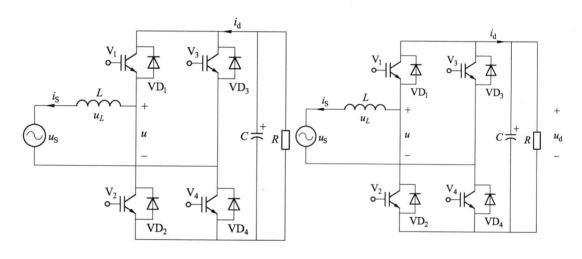

（c）$s = 1$，$i_S < 0$、$i_d < 0$；

电流通路：电源-V_4-负载-V_1-L-电源。

（d）$s = -1$，$i_S < 0$、$i_d > 0$；

电流通路：电源-VD_3-负载-VD_2-L-电源。

图 7-26　双极性 SPWM 不同开关模式时的电流方向及回路

3. 三相 PWM 整流电路

图 7-27 所示为三相桥式电压型 PWM 整流电路，这是最基本的 PWM 整流电路之一，应用也最为广泛。开关管采用六只 IGBT 功率管，三相输入侧串联三相进线电抗器 L_S，直流输出侧并联电容 C，R_S 为网侧等效电阻，包括外接进线电抗器电阻和交流电源内阻。其工作原理与单相全桥整流电路相似，只是从单相扩展到三相。对电路进行 SPWM 控制，在桥的交流输入端 A、B、C 可得到三相 SPWM 电压波，对各相电压进行不同的控制，就可以使各相电流 i_a、i_b、i_c 为正弦波且和电压相位相同、相反、超前 90° 或相位差为所需角度。

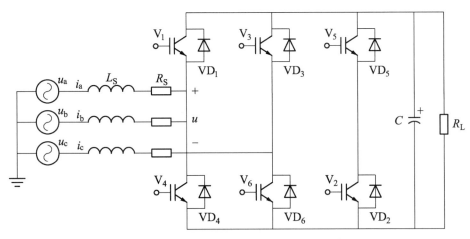

图 7-27　三相桥式电压型 PWM 整流电路

7.3.2　PWM 整流电路的控制方法

为了使 PWM 整流电路在工作时功率因数近似为 1，要求输入电流为正弦波且与输入电压同相位，满足此要求可以有多种控制方法。根据有没有引入电流反馈可以将这些控制方法分为两种，没有引入交流电流反馈的称为间接电流控制，引入交流电流反馈的称为直接电流控制。

1. 间接电流控制

间接电流控制又称为相位和幅值控制。这种方法按图 7-23 中圆轨迹上 B 点（整流状态）或 D 点（有源逆变状态）来控制，使输入电流与电压同相位或反相位，从而得到功率因数为 ±1 的效果。

图 7-28 所示为间接电流控制的系统结构，图中的 PWM 整流电路为图 7-27 的三相桥式 PWM 整流电路。控制系统的闭环是整流器直流侧电压控制环。直流电压给定信号 u_d^* 和实际的直流电压 u_d 比较后送入 PI 调节器，PI 调节器的输出为一直流电流指令信号 i_d，i_d 的大小和整流器交流输入电流的幅值成正比。稳态时，$u_d = u_d^*$，PI 调节器输入为零，PI 调节器的输出 i_d 和整流器负载电流大小相对应，也和整流器交流输入电流的幅值相对应。当负载电流增大时，直流侧电容 C 放电而使电压 u_d 下降，PI 的输入端出现正偏差，使 PI 输出电流 i_d 增大，i_d 的增大使整流器的交流输入电流增大，也使直流侧输出电压 u_d 回升。达到稳态时，u_d 和 u_d^* 又相等了，PI 输入信号又回零了，而 i_d 稳定在新的较大的值，与较大的负载电流和较大的交流输入电流相对应。当负载电流减小时，调节过程与上述过程相反。若整流器要从整流运行变为逆变运行，需要负载电流反向而向直流侧电容 C 充电，使 u_d 抬高，PI 输入出现负偏差，使输出电流 i_d 减小后变为负值，使交流输入电流相位与电压相位相反，实现逆变运行。达到稳态时，u_d 与 u_d^* 仍然相等，PI 调节器输入恢复为零，其输出 i_d 为负，并与逆变电流的大小相对应。

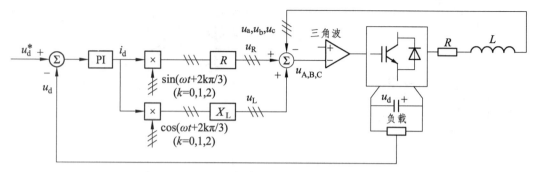

图 7-28　间接电流控制系统结构

下面分析控制系统中其余部分的工作原理。图 7-28 中两个乘法器均为三相乘法器的简单表示，实际上两者均由三个单相乘法器组成。上面的乘法器是 i_d 分别乘以和 a、b、c 三相相电压同相位的正弦信号，再乘以电阻 R，就可以得到各相在 R_S 上的压降 u_{Ra}、u_{Rb}、u_{Rc}；下面的乘法器是 i_d 分别乘以比 a、b、c 三相相电压相位超前 90°的余弦信号，再乘以电感 L 的感抗，就可以得到各相电流在电感 L_S 上的压降 u_{La}、u_{Lb}、u_{Lc}。各相电源相电压 u_a、u_b、u_c 分别减去前面求得的输入电流在电阻 R 和电感 L 上的压降，就可得到所需的整流桥交流输入端各相相电压信号 u_A、u_B、u_C。用该信号对三角波进行调制，得到 PWM 开关信号去控制整流桥，就可得到需要的控制效果。

从控制系统结构图和上述分析可知，这种控制方法在信号运算过程中需用到电路参数 L_S 和 R_S，当 L_S 和 R_S 的运算值和实际值有误差时，必然会影响控制效果，因此，实际中间接电流控制用得比较少。

2. 直接电流控制

直接电流控制中，通过运算求出交流输入电流指令值，再引入交流电流反馈，通过对交流电流的直接控制而使其跟踪指令电流值。直接电流控制中有各种电流跟踪控制方法，图 7-29 给出了一种常用的采样电流滞环比较方式的控制系统结构。

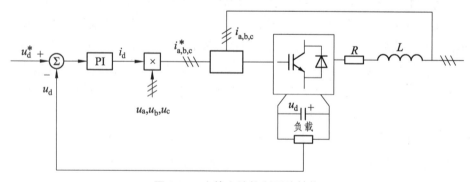

图 7-29　直接电流控制系统结构

图 7-29 所示的控制系统是一个双闭环控制系统。外环为直流电压控制环，内环是交流电流控制环。外环的结构、工作原理与图 7-28 所示的间接电流控制系统相同。外环 PI 调节器的输出为电流信号 i_d，i_d 分别乘以和 a、b、c 三相相电压同相位的正弦信号，得到三相交流电流

的正弦指令信号 i_a^*、i_b^*、i_c^*。可以看出，i_a^*、i_b^*、i_c^*分别和各自的电源电压同相位，其幅值和反映负载电流大小的信号 i_d 成正比，这就是整流器作单位功率因数运行时所需的交流电流指令信号。该指令信号和实际交流电流信号比较后，通过滞环对各开关器件进行控制，可使实际交流输入电流跟踪指令值，其跟踪误差在滞环环宽所决定的范围内。

采用滞环电流比较的直接电流控制系统结构简单，电流响应速度快，控制运算中未使用电路参数，系统鲁棒性好，因而获得较多应用。

本章小结

PWM 控制技术是在电力电子领域有着广泛应用，对电力电子技术产生了深远影响的一项技术。

PWM 技术在晶闸管时代就已经出现，但半波中关断晶闸管需要付出很大的代价，难以推广应用。以 IGBT、电力 MOSFET 等为代表的全控型开关器件的出现和不断完善推动了 PWM 控制技术在整流、逆变、直-直、交-交四大类变流电路中的广泛应用。

直接直流斩波电路实际上就是直流 PWM 电路，这是早已成熟的 PWM 控制技术应用场合。把直流斩波电路应用于直流电机调速系统，就构成广泛应用的直流脉宽调速系统。

交-交变流电路中的斩控式交流调压电路是 PWM 技术在这类电路中的代表，目前暂时应用不多。

PWM 控制技术在逆变电路中的应用最具代表性。正是由于 PWM 控制技术在逆变电路中的广泛应用，奠定了 PWM 控制技术在电力电子技术中的突出地位。除功率很大的逆变装置外，不用 PWM 控制的逆变电路已经很少见了。第 4 章讲述的逆变电路因为尚未涉及 PWM 控制技术，因此是不完整的，学完本章后，才能对逆变电路有一个比较完整的认识。

PWM 控制技术用于整流电路构成 PWM 整流电路，它属于斩控电路的范畴。这种技术可以看成逆变电路中的 PWM 技术向整流电路的延伸。PWM 整流电路已经获得一些应用并有良好的应用前景。PWM 整流电路作为对第三章的补充，可以让我们对整流电路有一个更全面的认识。

虽然第 3 章的相控整流电路和第 6 章的交流调压电路的相控技术在电力电子电路中仍然占据重要地位，但以 PWM 控制技术为代表的斩波控制技术正越来越占据主导地位。相位控制和斩波控制分别简称为相控和斩控。把斩控和相控两种技术结合起来学习，可使我们对电力电子电路的控制技术有更加清晰的认识。

通过本章学习，要求理解 PWM 控制技术基本原理，掌握 PWM 控制技术在 DC-DC、DC-AC、AC-DC、AC-AC 四大类电力电子变换电路中的应用方法，培养运用 PWM 技术分析电力电子变换电路的能力。

思考题与习题

1. 简述 PWM 控制技术的基本原理。
2. SPWM 半周期中的脉冲数为 5，脉冲幅值为正弦波幅值的 2 倍，请用等效面积法计算各个脉冲的宽度。

3. 说明单极性和双极性 PWM 调制有什么区别？

4. 在三相桥式 PWM 逆变电路中，说明输出相电压（相对于直流电源中性点的电压）和线电压 SPWM 各有几种电平？

5. 什么是异步调制法？什么是同步调制法？分段同步调制有什么优点？

6. 什么是 SPWM 规则采样法？与自然采样法相比，规则采样法有什么优缺点？

7. 如何提高 PWM 逆变电路的直流电压利用率？

8. 单相和三相 SPWM 波形中，主要谐波次数是哪些？

9. 什么是电流跟踪型 PWM 变流电路？简述电流滞环跟踪控制的原理。

10. 什么是 PWM 整流电路？它与相控整流电路有什么区别？

11. 什么是间接电流控制整流电路？什么是直接电流控制整流电路？为什么后者应用得比较多？

第 8 章

软开关技术

8.1 软开关的基本概念

8.1.1 硬开关与软开关

在本书前面章节的分析中，总是把电路理想化，特别是把开关理想化，忽略了开关过程对电路的影响。开关过程是客观实际存在的，一定条件下还可能对电路的工作造成严重的影响。

第 3 章讲述的降压型斩波电路中，开关开通和关断过程中的电压和电流波形如图 8-1 所示，开关过程中电压、电流均不为零，出现电压电流的重叠，因此存在显著的开关损耗，而且电压、电流信号变化很快，波形形成明显的过冲，从而产生噪声，这样的开关过程称为硬开关。一个电路中，主要的开关过程为硬开关时，此电路可称为硬开关电路。图 8-1（a）所示电路是典型的硬开关电路，第 3 章讲述的 Boost、Buck-Boost 等其他几种非隔离电路和半桥、全桥、推挽等隔离型电路都是硬开关电路，第 7 章讲述的 PWM 逆变电路和 PWM 整流电路也是硬开关电路。

开关损耗与开关频率呈线性关系，因此，当硬电路的开关频率不高时，开关损耗占总损耗的比例并不大，但随开关频率的提高，开关损耗越来越显著，这时必须采取软开关技术来降低开关损耗。

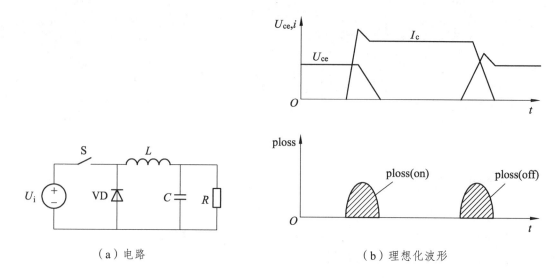

（a）电路 （b）理想化波形

图 8-1　硬开关降压型电路及电压电流波形

8.1.2　软开关特性

如图 8-2 给出了典型的降压型零电压开关准谐振电路及其理想化波形。软开关电路中增加了谐振电感 L_r 和谐振电容 C_r。与滤波电感 L 和滤波电容 C 相比，L_r 和 C_r 小得多。另一个差别是，开关 S 增加了反并联二极管 VD_Q，而硬开关不需要这个二极管。

软开关电路中 S 关断后 L_r 和 C_r 间发生谐振，电路中电压和电流波形类似正弦半波。

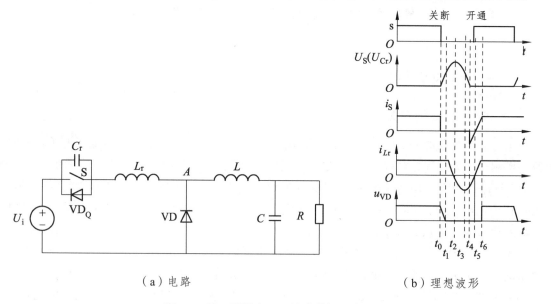

（a）电路 （b）理想波形

图 8-2　降压型零电压开关准谐振电路及波形

在开关过程前后引入谐振过程，使开关管关断前流过开关管的电流为零，实现零电流关断，或开关管开通前其电压为零，实现零电压开通。这样，就可以消除开关过程中电压和电流的重叠，降低它们的变化率，从而大大减少甚至消除开关损耗和开关噪声。零电流关断和零电压开通要靠电路中的谐振来实现，把这种谐振开关技术称为软开关技术，具有这种谐振开关过程的开关称为软开关。

图 8-3 给出了开关管实现软开关的详细波形。

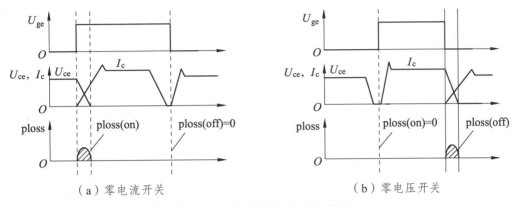

图 8-3　开关管实现软开关的波形

1. 减少开通损耗有两种方法

（1）开关管开通时，使其电流保持为零并限制电流的变化率，从而减少电流与电压的重叠区域，这就是所谓的零电流开通，如图 8-3（a）所示，开通损耗大大减少。

（2）在开关管开通前，使其电压先降至零，从而消除开通过程中电压与电流的重叠，这就是零电压开通，如图 8-3（b）所示，开关损耗为零。

2. 减少关断损耗也有两种方法

（1）在开关管关断前，使其电流先下降为零，从而消除关断过程中电压和电流的重叠区域，这就是零电流关断。如图 8-3（a）所示，关断损耗为零。

（2）在开关管关断时，使其电压保持为零并限制电压的变化率，从而减小电压和电流的重叠区域，这就是零电压关断。如图 8-3（b）所示，关断损耗大大减小。

缓冲电路可以降低电压和电流变化率，从而降低开关损耗，具体缓冲电路在本书第 9 章讲述。

8.1.3　零电流开关和零电压开关的实现

根据开关管与谐振电感和谐振电容的不同组合，软开关方式分为零电流开关（ZCS）和零电压开关（ZVS）两种。

1. 零电流开关

图 8-4 给出了零电流开关的原理电路，它有两种电路形式：L 型和 M 型，其工作原理是一样的。从图中看出，谐振电感 L_r 与功率开关管串联。其基本思路是，在 S 开通之前，L_r 的电流为零；当 S 开通时，L_r 限制 S 中的电流上升率，从而实现 S 的零电流开通，如图 8-3（a）所示开通部分；当 S 关断时，L_r 和 C_r 谐振工作使 L_r 的电流回到零，从而实现 S 的零电流关断，

相应的波形如图8-3（a）所示关断部分，由此可见，L_r与C_r为S提供了零电流开关的条件。

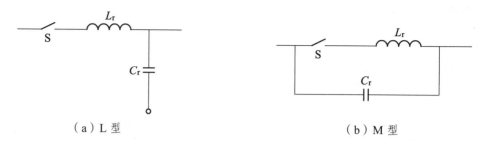

（a）L型　　　　　　　　　　　　　（b）M型

图8-4　零电流开关电路原理

根据功率开关S是单方向导通还是双方向导通，可将零电流开关分为半波模式和全波模式，如图8-5所示。图8-5（a）所示为半波模式，功率开关S由一个开关管V_Q和一个二极管VD_Q相串联构成。二极管VD_Q使功率开关S的电流只能单方向流动，而V_Q承受反向电压。这样，谐振电感L_r的电流也只能单方向流动。图8-5（b）所示为全波模式，功率开关S由开关管V_Q及其反并联二极管VD_Q构成，可以双方向流过电流，VD_Q提供反向电流通路。谐振电感L_r的电流也可以双方向流动，L_r和C_r可以自由地谐振。零电流开关利用了电感电流不能突变的特性。

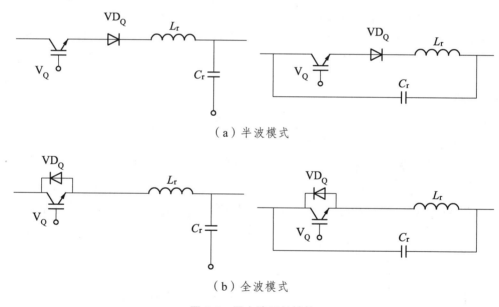

（a）半波模式

（b）全波模式

图8-5　零电流开关结构

2. 零电压开关

图8-6给出了零电压开关电路原理，它也有两种电路方式：L型和M型，其工作原理是一样的。从图中看出，谐振电容C_r与功率开关管并联。其基本思路是，在S开通时，C_r的电压为零；当S关断时，C_r限制S中的电压的上升率，从而实现S的零电流电压关断，如图8-3（a）所示关断部分；而当S再次开通前，L_r和C_r谐振工作使C_r的电压回到零，从而实现S的零电压开通，相应的波形如图8-3（b）所示开通部分，由此可见，L_r与C_r为S提供了零电压

开关的条件，零电压开关利用了电容电压不能突变的特性。

（a）M 型　　　　　　　　　　　　（b）L 型

图 8-6　零电压开关电路原理

　　同样，根据谐振电容电压极性可否改变，可将零电压开关分为半波模式和全波模式，如图 8-7 所示。图 8-7（a）所示为半波模式，S 功率开关 S 由开关管 V_Q 及其反并联二极管 VD_Q 构成。这样，谐振电容 C_r 上的电压只能为正，不能为负，因此电容 C_r 上的电压被 VD_Q 钳位在零电位。图 8-7（b）所示为全波模式，功率开关 S 由开关管 V_Q 和并联二极管 VD_Q 串联构成，二极管 VD_Q 使功率开关 S 的电流只能单方向流动，而 V_Q 承受反向电压。谐振电容 C_r 的电压既可为正，又可为负，L_r 和 C_r 可以自由地谐振。

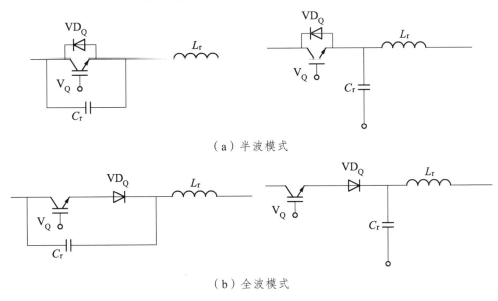

（a）半波模式

（b）全波模式

图 8-7　零电压开关结构

8.1.4　软开关电路分类

　　软开关技术问世以来，经历了不断发展和完善，前后出现了许多软开关电路，目前为止，新的软开关电路仍然在不断出现。由于存在众多的软开关电路，且各自有不同的特点和应用场合，有必要对这些电路进行分类。

　　根据电路中主要功率开关元件是零电流开关还是零电压开关，可以将软开关电路分为零电流电路和零电压电路两大类。通常，一种软开关电路要么是零电流电路，要么是零电压电路。

　　根据软开关技术发展历程，可将软开关电路分成：

　　（1）准谐振电路。

（2）零开关 PWM 电路。

（3）零转换 PWM 电路。

8.2 准谐振电路

准谐振电路是在基本变换电路中加入谐振电感和谐振电容实现开关管的软开关目的。因为谐振元件参与能量变换的某一个阶段，其电压或电流的波形为正弦半波，所以称为准谐振。准谐振电路可分为：

（1）零电流开关准谐振电路（ZCS QRC）。

（2）零电压开关准谐振电路（ZVS QRC）。

（3）零电压开关多谐振电路（ZVS MRC）。

图 8-8 给出了上述准谐振电路结构。

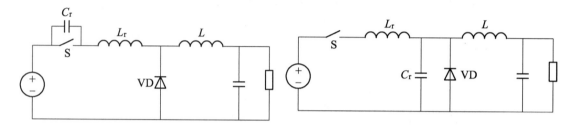

（a）零电压开关准谐振电路   （b）零电流开关准谐振电路

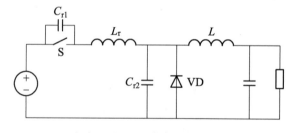

（c）零电压开关多谐振电路

图 8-8　准谐振电路结构

8.2.1　零电流开关准谐振电路

图 8-9 所示为 L 型全波模式 Buck ZCS QRC 的电路图及主要工作波形。

为了分析做假设如下：

①所有开关管、二极管均为理想器件。

②所有电感、电容和变压器均为理想器件。

③滤波电感 $L_f \gg$ 谐振电感 L_r。

④L_f 足够大，在一个开关周期中，其电流保持不变，为 I_o。这样 L_f 和 C_f 及电阻 R_L 可以看成一个电流为 I_o 的恒流源。

在一个开关周期里，分 4 个时段，每个时段对应 1 种开关状态，分析如下：

（1）时段 01：电感充磁阶段，$t_0 \leqslant t < t_1$ [对应图 8-9（b）中 $t_0 \sim t_1$]。

在 t_0 时刻之前，开关管 V_Q 处于关断状态，输出滤波电感电流 I_o 通过续流二极管 VD 续流。谐振电感电流 i_{Lr} 为零，谐振电容电压 u_{Cr} 也为零，这时由 L_f 为 C_f 充电并提供负载所需能源。

在 t_0 时刻，V_Q 开通，加在 L_r 上的电压为 E，其电流从零线性上升，因此 V_Q 为零电流开通。随着 L_r 中电流的上升，二极管 VD 中的电流下降，两者电流之和为 I_o。

在 t_1 时刻，i_{Lr} 上升到 I_o，此时，VD 中的电流下降到零，自然关断，进入下一个工作状态。

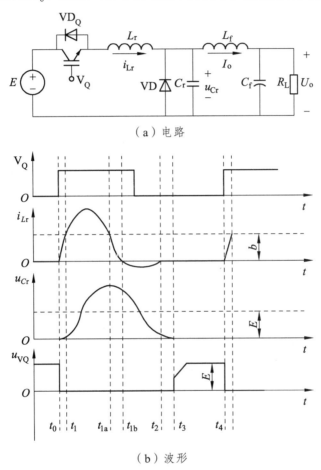

（a）电路

（b）波形

图 8-9　L 型全波模式 Buck ZCS QRC 的电路及主要工作波形

（2）时段 12：谐振阶段，$t_1 \leqslant t < t_2$ [对应图 8-9（b）中 $t_1 \sim t_2$]。

从 t_1 时刻开始，L_r 和 C_r 开始谐振工作，经过二分之一谐振周期到达 t_{1a} 时刻，i_{Lr} 减少到 I_o，此时，u_{Cr} 达到最大值 $U_{Cr\,max} = 2E$。

在 t_{1b} 时刻，i_{Lr} 下降到零，此时，V_Q 的反并联二极管 VD_Q 导通，i_{Lr} 继续反方向流动。在 t_2 时刻，i_{Lr} 再次增大到零，谐振段结束。在 $t_{1b} \sim t_2$ 段，VD_Q 导通，V_Q 中的电流为零，只有这时关断 V_Q，方可实现 V_Q 的零电流关断。

（3）时段 23：电容放电阶段，$t_2 \leqslant t < t_3$ [对应图 8-9（b）中 $t_2 \sim t_3$]。

在此开关状态中，由于 $i_{Lr} = 0$，输出滤波电感电流 I_o 全部流过谐振电容 C_r，谐振电容放电。在 t_3 时刻，u_{Cr} 减小到零，续流二极管 VD 导通，电容 C_r 放电结束。

（4）时段 34：自然续流阶段，$t_3 \leq t < t_4$ [对应图 8-9（b）中 $t_3 \sim t_4$]。

在此开关状态中，输出滤波电感电流 I_o 经过续流二极管 VD 续流。在 t_4 时刻，零电流开通 V_Q，开始下一个开关周期。

8.2.2 零电压开关准谐振电路

图 8-10 给出了 M 型半波模式的 boost ZVS QRC 电路及主要工作波形。

假设如下：

①所有开关管、二极管均为理想器件。

②所有电感、电容和变压器均为理想器件。

③滤波电感 $L_f \gg$ 谐振电感 L_r。

④L_f 足够大，在一个开关周期内，其电流基本保持不变，为 I_i。这样 L_f 和输入电压 E 看成一个电流为 I_i 的恒流源。

⑤滤波电容 C_f 足够大，在一个开关周期内，其电压基本保持不变，为 U_o，这样，C_f 和负载 R_L 可以看成一个电压为 U_o 的恒压源。

在一个开关周期内，分 4 个时段，每个时段对应 1 种开关状态，分析如下：

（1）时段 01：电容充电阶段，$t_0 \leq t < t_1$ [对应图 8-10（b）中 $t_0 \sim t_1$]。

在 t_0 之前，开关管 V_Q 导通，输入电流 I_i 通过 V_Q 续流，谐振电容 C_r 上的电压为零。VD 处于关断状态，谐振电感 L_r 中的电流为零。C_f 给负载 R_L 供电。

在 t_0 时刻，关断 V_Q，输入电流 I_i 从 V_Q 转移到 C_r 中，给 C_r 充电，电压 u_{Cr} 从零开始线性上升，由于 C_r 的电压是缓慢上升的，因此 V_Q 是零电压关断。

在 t_1 时刻，u_{Cr} 上升到输出电压 U_o，电容充电结束，进入下一个开关状态。

（2）时段 12：谐振阶段，$t_1 \leq t < t_2$ [对应图 8-10（b）中 $t_1 \sim t_2$]。

从 t_1 时刻起，VD 导通，L_r 和 C_r 谐振工作，谐振电感电流 i_{Lr} 从零开始增加，经过二分之一谐振周期到达 t_{1a}，i_{Lr} 增加到 I_i，此时 u_{Cr} 到达最大 $U_{Cr\,max}$。

$$U_{Cr\max} = U_o + I_i \sqrt{\frac{L_r}{C_r}} \qquad (8\text{-}1)$$

从 t_{1a} 开始，i_{Lr} 大于 I_i，此时，C_r 开始放电，其电压开始下降。在 t_2 时刻，u_{Cr} 下降到零，此时 V_Q 的反并联二极管 VD_Q 导通，将 V_Q 钳位为零，此后，开通 V_Q 方可实现 V_Q 的零电压开通。

（3）时段 23：电感放电阶段，$t_2 \leq t < t_3$ [对应图 8-10（b）中 $t_2 \sim t_3$]。

在 t_2 时刻之后，VD_Q 的导通使加在谐振电感 L_r 两端的电压为 $-U_o$，i_{Lr} 开始线性减小，当 i_{Lr} 减小到 I_i 时，V_Q 导通，输入电流 I_i 开始流经 V_Q。到 t_3 时刻，i_{Lr} 减小到零，由于 VD 的阻断作用，i_{Lr} 不能反方向流动，输入电流 I_i 全部流经 V_Q。

（4）时段 34：自然续流阶段，$t_3 \leq t < t_4$ [对应图 8-10（b）中 $t_3 \sim t_4$]。

在此开关状态中，谐振电感 L_r 和谐振电容 C_r 停止工作，输入电流 I_i 经过 V_Q 续流，负载由输出滤波电容提供能量。在 t_4 时刻，V_Q 零电压关断，开始下一个开关周期。

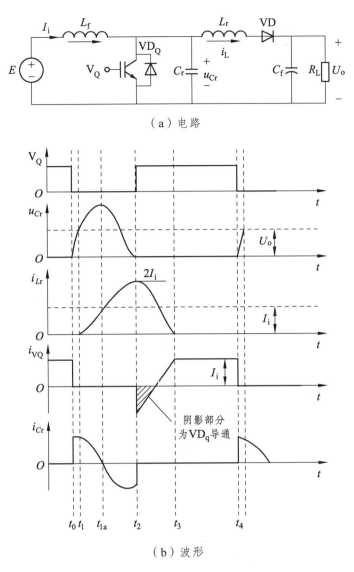

（a）电路

（b）波形

图 8-10　M 型半波模式的 Boost ZVS QRC 的电路及主要工作波形

8.2.3　零电压多谐振电路

多谐振变换电路 MRC 可以同时改善多个开关器件（开关管 V_Q 和二极管 VD）的开关特性，图 8-11 给出了两种多谐振开关的电路结构。

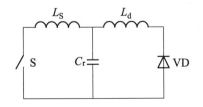

（a）零电流多谐振开关 ZC MRS

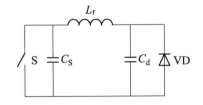

（b）零电压多谐振开关 ZV MRS

图 8-11　多谐振开关的拓扑结构

图 8-11（a）所示为零电流多谐振开关电路 ZCS MRS，它的谐振元件构成一个 T 型网络，谐振元件 L_s 和 L_d 分别与功率开关 S 和二极管 VD 串联，C_r 为谐振电容。图 8-11（b）所示为零电压多谐振开关电路 ZVS MRS，它的谐振元件构成 Π 型网络，谐振元件 C_s 和 C_d 分别与功率开关 S 和二极管 VD 并联，L_r 为谐振电感。从图 8-11 可以看出 ZCS MRS 和 ZVS MRS 是对偶的，从实际应用来说，ZVS MRS 更合理一些，它直接利用了 S 和 VD 的结电容，而 ZCS MRS 没有利用这两个结电容并且在 ZCS MRS 中，这两个结电容还会造成与谐振电感 L_r 的不利谐振振荡，影响电路的正常工作。图 8-12 给出了降压 ZVS MRS 的原理和工作波形。

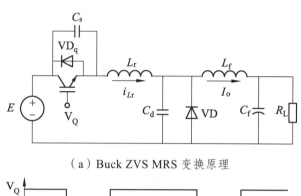

（a）Buck ZVS MRS 变换原理

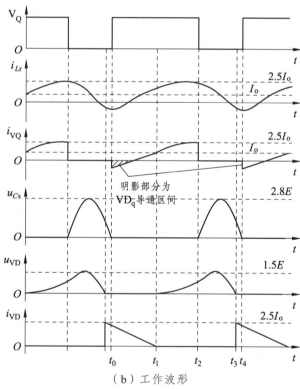

（b）工作波形

图 8-12　降压 ZVS MRS 的原理和工作波形。

为分析假设如下：

①所有开关管、二极管均为理想器件。

②所有电感、电容和变压器均为理想器件。

③滤波电感 $L_f \gg$ 谐振电感 L_r。

④L_f 足够大，在一个开关周期中，其电流保持不变，为 I_o。这样 L_f 和 C_f 及电阻 R_L 可以看成一个电流为 I_o 的恒流源。

由图 8-12 可知，电容 C_s 两端的电压等于 V_Q 开关管两端电压，电容 C_d 两端电压等于续流二极管 VD 两端电压即 $u_{Cs} = u_{VQ}$，$u_{Cd} = u_{VD}$。

$t < t_0$ 时，V_Q 处于截止状态，VD 导通续流，C_s 和 L_r 谐振到 t_0 时刻有 $u_{Cs} = u_{Cd} = 0$。

（1）时段 01：电感充磁阶段，$t_0 \leqslant t < t_1$，[对应图 8-12（b）中 $t_0 \sim t_1$]

在 $t = t_0$ 时刻，主开关管 V_Q 上的电压降到零，$u_{Cs} = u_{Cd} = 0$。这时 V_Q 可以零电压触发导通。在此期间，主开关 V_Q 和续流二极管 VD 都导通，加在谐振电感 L_r 上的电压等于电源电压 E，电感 L_r 中的电流 i_{Lr} 线性增加，直到 $i_{Lr} = I_o$。在此开关状态中，i_{Lr} 小于输出电流 I_o，两者差值从续流二极管中流过。

（2）时段 12：第一次谐振阶段，$t_1 \leqslant t < t_2$ [对应图 8-12（b）中 $t_1 \sim t_2$]。

在 $t = t_1$ 时刻，$i_{Lr} = I_o$，续流二极管 VD 截止，L_r 和 C_d 进入谐振状态。

（3）时段 23：第二次谐振阶段，$t_2 \leqslant t < t_3$ [对应图 8-12（b）中 $t_2 \sim t_3$]。

$t = t_2$ 时刻，关断 V_Q，C_d、L_r 和 C_s 进入谐振状态，该阶段期间，主开关管 V_Q 两端电压 u_{VQ} 按振荡半个周期规律变化，续流二极管 VD 两端电压也按振荡半个周期规律变化，直到 $t = t_3$ 为止。

（4）时段 34：第三次谐振阶段，$t_3 \leqslant t < t_4$ [对应图 8-12（b）中 $t_3 \sim t_4$]。

$t = t_3$ 时刻，续流二极管 VD 上电压下降到零，VD 导通，C_d 退出谐振状态，电路进入 C_s 和 L_r 谐振阶段，这时，u_{VQ} 未下降到零，直到 t_4 时刻，u_{VQ} 才下降到零，V_Q 的反并联二极管导通并钳位 V_Q 电压为零。此时可零电压开通 V_Q 并进入下一个工作周期。

上述可知，多谐振变换器在一个工作周期中经历三个谐振阶段，分别是①C_d 和 Lr 谐振；②C_d、C_s 和 L_r 谐振；③C_s 和 L_r 谐振。每个阶段参与谐振的元件不同，谐振的频率不同。因为一个工作周期存在多个谐振阶段，所以将这类谐振变换器称为多谐振变换器。

8.3 零开关 PWM 电路

上面讲述的准谐振电路，由于谐振的引入使开关损耗和开关噪声大大降低，也带来一些负面问题，例如，谐振电路峰值很高，要求器件耐压必须提高；谐振电流的有效值很大，电路中存在大量的无功功率交换，造成电路导通损耗增大；谐振周期随输入电压、负载变化而变化，因此电路只能采用脉冲频率调制方案，且不易控制。变化的开关频率使得变换器的高频变压器、输入滤波器和输出滤波器的优化设计变得十分困难。为了能够优化设计这些器件，必须采用恒定频率控制，即 PWM 控制。在准谐振变换器中加入一个辅助开关，就可以得到 PWM 控制的准谐振变换器，即零开关 PWM 电路。零开关 PWM 电路分为：零电流开关 PWM 电路（ZCS PWM 变换器）和零电压开关 PWM 电路（ZVS PWM 变换器）。

8.3.1 零电流开关 PWM 电路

图 8-13 给出了 Buck ZCS PWM 变换器的电路和主要工作波形，其中输入电源 U_i、主开关

管 V_Q（包括反并联二极管 VD_Q）、续流二极管 VD、输出滤波电感 L_f、输出滤波电容 C_f，负载电阻 R_L、谐振电感 L_r、谐振电容 C_r 构成全波模式 Buck ZCS QRC。V_{Qa} 是辅助开关管，VD_a 是 V_{Qa} 的反并联二极管。Buck ZCS PWM 变换器实际是在 Buck ZCS QRC 基础上，给谐振电容 C_r 串联一个辅助开关管 V_{Qa}（包括其反并联开关管 VD_a）。

假设如下：

①所有开关管、二极管均为理想器件。

②所有电感、电容和变压器均为理想器件。

③滤波电感 L_f 谐振电感 L_f。

④L_f 足够大，在一个开关周期中，其电流保持不变，为 I_o。这样 L_f 和 C_f 及电阻 R_L 可以看成一个电流为 I_o 的恒流源。

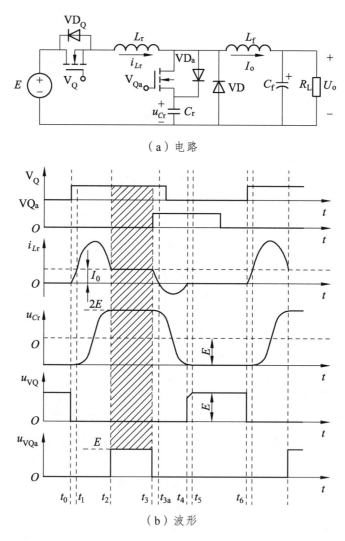

（a）电路

（b）波形

图 8-13　Buck ZCS PWM 变换器的电路和主要工作波形

在一个开关周期里，分 6 个时段，每个时段对应 1 种开关状态，分析如下：

（1）时段 01：电感充磁阶段，$t_0 \leqslant t < t_1$ [对应图 8-13（b）中 $t_0 \sim t_1$]。

在 t_0 时刻之前，主开关管 V_Q 和辅助开关管 V_{Qa} 均处于关断状态，输出滤波电感电流 I_o 通过续流二极管 VD 流动。谐振电感电流 $i_{Lr} = 0$，谐振电容电压 $u_{Cr} = 0$。

在 t_0 时刻，主开关管 V_Q 导通，加在 L_r 上的电压为 E，其电流从零开始线性上升，因此 V_Q 是零电流开通。而 VD 中的电流相应线性下降。

在 t_1 时刻，i_{Lr} 上升到输出电流 I_o，续流二极管 VD 中的电流下降到零，VD 自然关断。

（2）时段 12：第一次谐振阶段，$t_1 \leqslant t < t_2$ [对应图 8-13（b）中 $t_1 \sim t_2$]。

从 t_1 时刻开始，辅助二极管自然导通，L_r 和 C_r 开始谐振工作，经过二分之一谐振周期到达 t_2 时刻，i_{Lr} 经过最大值后又减小到 I_o，此时的 u_{Cr} 到达最大值 $u_{Cr\,max} = 2E$。

（3）时段 23：恒流阶段，$t_2 \leqslant t < t_3$ [对应图 8-13（b）中 $t_2 \sim t_3$]。

在此开关状态中，辅助二极管 VD_a 自然关断，谐振电容 C_r 无法放电，其电压保持在最大值 $2E$，谐振电感电流保持恒定不变，$i_{Lr} = I_o$。这段时间电路将以标准的 PWM 模式运行，可以通过改变辅助开关 V_{Qa} 的开通时刻 t_3 来改变阴影宽度，在此期间对 V_Q 的占空比实施 PWM 控制，就可以调控输出电压。

（4）时段 34：第二次谐振阶段，$t_3 \leqslant t < t_4$ [对应图 8-13（b）中 $t_3 \sim t_4$]。

在 t_3 时刻，零电流开通辅助开关管 V_{Qa}。L_r 和 C_r 又开始谐振工作，C_r 通过 V_{Qa} 放电。

在 t_{3a} 时刻，i_{Lr} 减小到零，此时 V_Q 的反并联二极管 VD_Q 导通，i_{Lr} 反向流动并将电能馈回电源。

在 t_4 时刻，i_{Lr} 再次增大到零。在 $t_{3a} \sim t_4$ 时段，由于 i_{Lr} 流经 VD_Q，V_Q 中的电流为零，因此可以在该时段实现主开关管 V_Q 的零电流关断。为了使 V_Q 零电流关断，必须选择满足下列关系式的谐振参数：

$$L_r \leqslant \frac{1}{2\pi f_r} \frac{E}{I_{o\,max}} \tag{8-2}$$

$$C_r \geqslant \frac{1}{2\pi f_r} \frac{I_{o\,max}}{E} \tag{8-3}$$

式中，f_r 为谐振电路的谐振频率；$I_{o\,max}$ 为负载电流最大值。

（5）时段 45：电容放电阶段，$t_4 \leqslant t < t_5$ [对应图 8-13（b）中 $t_4 \sim t_5$]。

在此开关状态中，由于 $i_{Lr} = 0$，输出滤波电感电流 I_o 全部流过谐振电容，谐振电容放电。

到 t_5 时刻，谐振电容电压减小到零，续流二极管 VD 导通。

（6）时段 6：自然续流阶段，$t_5 \leqslant t < t_6$ [对应图 8-13（b）中 $t_5 \sim t_6$]。

在此开关状态中，输出滤波电感电流 I_o 经过续流二极管 VD 续流，辅助开关管 V_{Qa} 零电压、零电流关断。

在 t_6 时刻，零电流开通 V_Q，开始下一个开关周期。

如上所述可知，Buck ZCS PWM 变换器是对 Buck ZCS QRC 的改进。

它们的区别是：

①Buck ZCS PWM 变换器通过控制辅助开关管 V_{Qa}，将 Buck ZCS QRC 的谐振过程拆分为

两个阶段，谐振阶段之一和谐振阶段之二，并且在这两个开关状态之间还插入了一个恒流阶段，如图 8-13 阴影部分所示。这样，谐振电感和谐振电容只在主开关管开通、关断时产生谐振，谐振工作时间相对于开关周期来说很短，谐振元件的损耗较小；同时，开关管的通态损耗比 Buck ZCS QRC 小。

②Buck ZCS QRC 采取频率调制策略，而 Buck ZCS PWM 变换器可以实现变换器的 PWM 控制。

它们的相同之处是：

①主开关管实现零电流开关的条件完全相同。

②主开关管与谐振 L_r 和谐振电容 C_r 的电流和电压应力也是完全相同的。

同时，在 Buck ZCS PWM 变换器中，辅助开关管 V_{Qa} 也实现了零电流开关。

虽然这里是对 Buck ZCS PWM 变换器与 Buck ZCS QRC 比较，实际上，Buck ZCS PWM 变换器与 Buck ZCS QRC 的区别和相同之处就是所有 ZCS PWM 变换器与其对应的 ZCS QRC 的区别和相同之处。只要给零电流开关准谐振电路族中的谐振电容串联一个辅助开关管（包括其反并联开关管），就可以得到一族零电流开关 PWM 电路。

8.3.2　零电压开关 PWM

上述的 ZCS PWM 变换器是在 ZCS QRC 基础上，给谐振电容串联一个辅助开关管（包括其反并联二极管）。根据电路对偶原理，如果在 ZVS QRC 的基础上，给谐振电感并联一个辅助开关管（包括其反并联二极管），就可得到一族 ZVS PWM 变换器。下面以 Buck ZVS PWM 变换器为例来分析它们的工作原理。

图 8-14 给出了 Buck ZVS PWM 变换器的电路和主要工作波形。其中输入电源 E、主开关管 V_Q（包括反并联二极管 VD_Q）、续流二极管 VD、输出滤波电感 L_f、输出滤波电容 C_f，负载电阻 R_L、谐振电感 L_r、谐振电容 C_r 构成半波模式 Buck ZVS QRC。V_{Qa} 是辅助开关管，VD_{Qa} 是 V_{Qa} 的串联二极管。Buck ZVS PWM 变换器实际是在 Buck ZVS QRC 基础上，给谐振电感 L_r 并联一个辅助开关管 V_{Qa}（包括其反并联开关管 VD_a）。

假设如下：

①所有开关管、二极管均为理想器件。

②所有电感、电容和变压器均为理想器件。

③$L_f \gg L_r$。

④L_f 足够大，在一个开关周期中，其电流保持不变，为 I_o。这样 L_f 和 C_f 及电阻 R_L 可以看成一个电流为 I_o 的恒流源。

在一个开关周期里，分 5 个时段，每个时段对应 1 种开关状态，分析如下：

（1）时段 01：电容充电阶段，$t_0 \leq t < t_1$ [对应图 8-14（b）中 $t_0 \sim t_1$]。

在 t_0 时刻之前，主开关管 V_Q 和辅助开关管 V_{Qa} 均处于导通状态，续流二极管 VD 处于关断状态，谐振电容电压 $u_{Cr} = 0$，谐振电感电流 $i_{Lr} = I_o$。

在 t_0 时刻，主开关管 V_Q 关断，其电流立即转移到谐振电容中，给谐振电容充电。在此工作状态中，谐振电感电流 i_{Lr} 保持 I_o 不变。因此谐振电容的充电电流为输出电流 I_o，电容电压线性上升。因为 C_r 的电压是从零开始上升的，所以 V_Q 为零电压关断。

在 t_1 时刻，u_{Cr} 上升到输入电压 E，续流二极管 VD 导通，电容充电结束。

（2）时段 12：自然续流阶段，$t_1 \leqslant t < t_2$ [对应图 8-14（b）中 $t_1 \sim t_2$]。

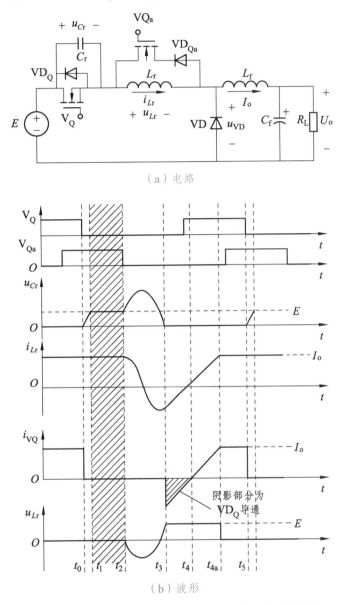

（a）电路

（b）波形

图 8-14　Buck ZVS PWM 变换器的电路和主要工作波形

在此开关状态中，谐振电感电流 i_{Lr} 通过辅助开关管 V_{Qa} 续流，其电流值保持不变为输出电流 I_o，输出电流 I_o 通过续流二极管 VD 续流。这段时间电路将以标准的 PWM 模式运行，可以通过改变辅助开关 V_{Qa} 的关断时刻 t_2 来改变阴影宽度，在此期间对 V_Q 的占空比实施 PWM 控制，就可以调控输出电压。

（3）时段 23：谐振阶段，$t_2 \leqslant t < t_3$ [对应图 8-14（b）中 $t_2 \sim t_3$]。

在 t_2 时刻，辅助开关管 V_{Qa} 关断，谐振电感 L_r 和谐振电容 C_r 开始谐振工作，而输出电流 I_o 依然通过续流二极管续流。由于 V_{Qa} 关断之前 $u_{Cr} = E$，所以 V_{Qa} 关断时，其两端的电压为零，实现零电压关断。

在 t_3 时刻，u_{Cr} 经过最大值后回到零，VD_Q 导通，将 V_Q 钳位于零电位，此后开通 V_Q 可实现 V_Q 的零电压开通。

（4）时段 34：电感充电阶段，$t_3 \leqslant t < t_4$ [对应图 8-14（b）中 $t_3 \sim t_4$]。

在此开关状态中，主开关管 V_Q 处于导通状态，输出电流 I_o 通过 VD 续流，此时加在谐振电感上的电压为输入电压 E，谐振电感电流 i_{Lr} 线性增加，而 VD 中的电流对应线性减小。

到 t_4 时刻，i_{Lr} 上升到输出电流 I_o，此时 VD 中电流为零，VD 自然关断。

（5）时段 45：恒流阶段，$t_4 \leqslant t < t_5$ [对应图 8-14（b）中 $t_4 \sim t_5$]。

在此开关状态中，主开关管 V_Q 处于导通状态，VD 处于关断状态，谐振电感电流 $i_{Lr} = I_o$。辅助开关管 V_{Qa} 在主开关管 V_Q 关断之前开通，即 t_4 时刻开通 V_{Qa}。由于谐振电感电流不能突变，t_4 之前一瞬间，谐振电感电流 $i_{Lr} = I_o$，因此开通 V_{Qa} 时刻，仍然有 $i_{Lr} = I_o$，没有流过 V_{Qa} 的电流。所以 V_{Qa} 是零电流开通。

在 t_5 时刻，V_Q 零电压关断，开始另一个开关周期。

Buck ZVS PWM 变换器是对 Buck ZVS QRC 的改进，两者不同点和相同点与 Buck ZCS PWM 和 Buck ZCS QRC 的不同点和相同点相似，可以参考上面的说明。

8.4　零转换 PWM 电路

上述的零开关 PWM 电路通过控制辅助开关管实现了频率固定的 PWM 控制方式，但由于谐振电感串联在主功率回路中，损耗较大。同时，开关管和谐振元件的电压应力和电流应力与准谐振电路完全相同。为了克服这些缺陷，出现零转换 PWM 电路，这是软开关技术的一次飞跃。这类软开关电路也是采用辅助开关管控制谐振的开始时刻，从而实现频率固定的 PWM 控制方式。所不同的是谐振电路与主开关电路并联，因此输入电压和负载电流对电路的谐振过程影响不大，而且电路中无功功率的交换被消减到最小，这提高了电路效率。

零转换 PWM 电路分为：零电压 PWM 转换器（ZVT PWM）和零电流 PWM 转换器（ZCT PWM）

8.4.1　零电压转换 PWM 电路

1. 基本型 ZVT PWM 电路的构成和工作原理

ZVT PWM 变换器的基本思路是：为了实现主开关管的零电压关断，可以给它并联一个缓冲电容，用来限制开关管的电压上升速率。而在主开关管开通时，必须要将其缓冲电容上的电荷释放到零，以实现开关管的零电压开通。为了在主开关管开通之前将其缓冲电容上的电荷释放到零，可以附加一个辅助电路来实现。而当主开关管零电压开通后，辅助电路也停止工作。即辅助电路只是在主开关管开通之前很短的一段时间内工作，在主开关管开通之后辅助电路立即停止工作，而不是在变换器工作的所有时间都参与工作。

图 8-15 给出了 ZVT PWM 变换器的电路图和主要工作波形。其中输入电源 E、主开关管 V_Q（包括反并联二极管 VD_Q）、升压二极管 VD、升压电感 L_f、滤波电容 C_f 组成基本的 Boost

变换器，C_r 是 V_Q 的缓冲电容，它包括 V_Q 的结电容。图 8-15 中虚框内的辅助开关管 V_{Qa}、辅助二极管 VD_a 和辅助电感 L_a 构成辅助电路。

假设如下：

①所有开关管、二极管均为理想器件。

②所有电感、电容和变压器均为理想器件。

③升压电感 L_f 足够大，在一个开关周期中，其电流基本保持不变，为 I_i。

④滤波电容 C_f 足够大，在一个开关周期中，其电流基本保持不变，为 U_o。

在一个开关周期里，可分七个时段，每个时段对应一种开关状态，分析如下：

（1）时段 01，$t_0 \leqslant t < t_1$ [对应图 8-15（b）中 $t_0 \sim t_1$]。

在 t_0 之前，主开关管 V_Q 和辅助开关管 V_{Qa} 处于关断状态，升压二极管 VD 处于导通状态。在 t_0 时刻，开通 V_{Qa}，此时辅助电感电流 i_{La} 从零开始线性上升，而 VD 中的电流开始线性下降。

到 t_1 时刻，i_{La} 上升到升压电感电流 I_i，VD 中的电流降为零而自然关断。

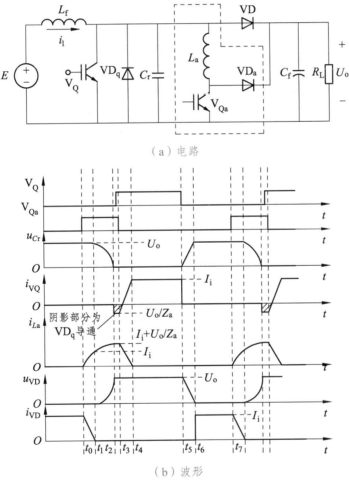

（a）电路

（b）波形

图 8-15　基本型 ZVT PWM 变换器的电路和主要工作波形

（2）时段 12，$t_1 \leqslant t < t_2$ [对应图 8-15（b）中 $t_1 \sim t_2$]。

在此开关状态中，VD 关断后，辅助电感 L_a 开始与电容 C_r 谐振，i_{La} 继续上升，而 C_r 上的

电压 u_{Cr} 开始下降。当 u_{Cr} 下降到零时，V_Q 反并联二极管 VD_Q 导通，将 V_Q 钳位于电位零，电路进入下一个开关状态。

（3）时段 23，$t_2 \leqslant t < t_3$[对应图 8-15（b）中 $t_2 \sim t_3$]。

在该开关状态中，VD_Q 导通，电流通过 VD_Q 续流，此时，开通 V_Q 就是零电压开通。为了实现 V_Q 的零电压开通，V_Q 开通时刻应滞后于 V_{Qa} 的开通时刻，滞后时间为

$$t_d > t_{o1} + t_{12} = \frac{L_a I_i}{U_o} + \frac{\pi}{2}\sqrt{L_a C_r} \tag{8-4}$$

（4）时段 34，$t_3 \leqslant t < t_4$[对应图 8-15（b）中 $t_3 \sim t_4$]。

在 t_3 时刻，关断 V_{Qa} 时其电流不为零而且当它关断后 VD_a 导通，V_{Qa} 上的电压立即上升到 U_o，因此 V_{Qa} 为硬关断。当 V_{Qa} 关断后。加在 L_a 两端的电压为 $-U_o$，L_a 中的能量转移到负载中，L_a 中的电流线性下降，V_Q 中的电流线性上升。

在 t_4 时刻，L_a 中的电流下降到零，V_Q 中的电流上升到 I_i。

（5）时段 45，$t_4 \leqslant t < t_5$[对应图 8-15（b）中 $t_4 \sim t_5$]。

在此开关状态中，V_Q 导通，VD 关断。升压电感电流 I_i 流过 V_Q，滤波电容 C_f 给负载供电。

（6）时段 56，$t_5 \leqslant t < t_6$[对应图 8-15（b）中 $t_5 \sim t_6$]。

在 t_5 时刻，V_Q 关断，此时升压电感电流 I_i 给 C_r 充电，C_r 的电压从零开始上升。到 t_6 时刻，C_r 的电压升至 U_o，此时，VD 自然导通。由于 C_r，V_Q 零电压关断。

（7）时段 67，$t_6 \leqslant t < t_7$[对应图 8-15（b）中 $t_6 \sim t_7$]。

该开关状态与不加辅助电路的 Boost 电路一样，L_f 和 E 给 C_f 和负载提供能量。在 t_7 时刻，V_{Qa} 开通，开始另一个开关周期。

2. 基本型 ZVT PWM 电路的优缺点

该电路的优点有：

（1）实现了主开关管 V_Q 和升压二极管 VD 的软开关功能。

（2）辅助开关管是零电流开通，但有容性开通损耗。

（3）主开关管和升压二极管中的电压、电流应力与不加辅助电路一样。

（4）辅助电路的工作时间很短，其电流有效值很小，损耗小。

（5）在任意负载和输入电压范围内均可实现 ZVS。

（6）实现恒频工作。

其缺点是辅助开关管的关断损耗很大，比不加辅助电路时主开关管的关断损耗还要大，有必要改善辅助开关管的关断条件，对电路进行改进。

3. 改进型 ZVT PWM 电路

图 8-16 所示为改进型 Boost ZVT PWM 变换器的电路和主要工作波形。与图 8-15 比较改进型 Boost ZVT PWM 变换器增加了虚框部分，即一个辅助电容 C_a 和一个辅助二极管 VD_b。

改进型 Boost ZVT PWM 变换器的工作原理与基本型 Boost ZVT PWM 变换器基本相同，不同之处有两点，如图 8-16（b）所示的阴影部分所示：

（1）将图 8-15 中的时段 34 开关状态分成 $t_3 \sim t_a$ 和 $t_a \sim t_4$ 两个开关状态，即时段 3a 和时段 a4。

（2）修改时段 56，即 $t_5 \sim t_6$ 时段的开关状态。

下面分析这三段开关状态，其他时段的开关状态与基本型相同，不再讲述。

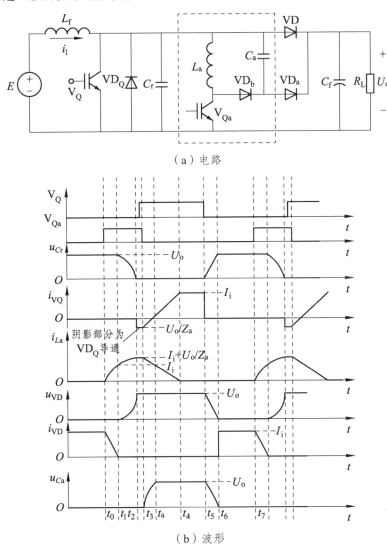

（a）电路

（b）波形

图 8-16　改进型 Boost ZVT PWM 变换器的电路和主要工作波形

（1）时段 3a，$t_3 \leqslant t < t_a$ [对应图 8-16（b）中 $t_3 \sim t_a$]。

在 t_3 时刻，关断辅助开关管 V_{Qa}，i_{La} 给 C_a 充电，u_{Ca} 从零开始上升。由于有 C_a，改善了 V_{Qa} 的关断条件，实现了 V_{Qa} 的零电压关断。到 t_a 时刻，u_{Ca} 上升到 U_o，VD_a 导通，将 u_{Ca} 钳位于 U_o。

（2）时段 a4，$t_a \leqslant t < t_4$ [对应图 8-16（b）中 $t_a \sim t_4$]。

在此开关状态中，加在 L_a 上的电压为 $-U_o$，i_{La} 线性下降，V_Q 中的电流线性上升。到 t_4 时刻，L_a 中的电流下降到零，V_Q 中的电流上升到 I_i。

（3）时段 56，$t_5 \leqslant t < t_6$ [对应图 8-16（b）中 $t_5 \sim t_6$]。

在 t_5 时刻，主开关管 V_Q 关断，同时升压电感电流 I_i 给 C_r 充电、给 C_a 放电，由于有 C_r 和 C_a，V_Q 是零电压关断。到 t_6 时刻，u_{Cr} 上升到 U_o，u_{Ca} 下降到零，VD 自然导通，VD_a 自然关断。

上述可知，C_a 起到两个作用，一是当辅助开关管 V_{Qa} 关断时，C_a 充电，对 V_{Qa} 的关断起到缓冲作用；二是当主开关管 V_Q 关断时，C_a 放电，对 V_Q 的关断起到缓冲作用。因此 V_Q 的缓冲电容 C_r 可以很小，只利用其结电容就足够了，不必另加电容。

改进型 ZVT PWM 变换器不但保留了基本型 ZVT PWM 变换器的所有优点，还另加以下优点：

（1）辅助开关管是零电压关断；

（2）辅助电容既作为主开关管的缓冲电容，又作为辅助开关管的缓冲电容；

（3）主开关管的缓冲电容直接利用其结电容就可以了，不必另加缓冲电容；

（4）辅助电感的峰值电流减小了。

8.4.2　零电流转换 PWM 电路

1. 基本型 ZCT PWM 电路及工作原理

ZCT PWM 电路工作原理与上述 ZVT PWM 电路基本类似。其基本思路是，当开关管将要关断时，使其电流减小到零，从而实现主开关管的零电流关断。为了这个目的，需要在基本的 PWM 变换器中增加一个辅助电路，该辅助电路在主开关管将要关断前工作，使主开关管的电流减到零，当主开关管关断后，辅助电路停止工作，即辅助电路只是在主开关管关断时工作一小段时间，其他时间停止工作。

以 Boost ZCT PWM 变换器为例，介绍 ZCT PWM 变换器的工作原理。基本型 Boost ZCT PWM 变换器的工作原理及主要工作波形如图 8-17 所示。其中输入电源 E、主开关管 V_Q（包括反并联二极管 VD_Q）、升压二极管 VD、升压电感 L_f、滤波电容 C_f 组成基本的 Boost 变换器。虚框内的辅助开关管 V_{Qa}、辅助二极管 VD_a 和辅助电感 C_a 构成辅助电路。VD_{Qa} 为 V_{Qa} 的反并联二极管。

假设如下：

①所有开关管、二极管均为理想器件。

②所有电感、电容和变压器均为理想器件。

③升压电感 L_f 足够大，在一个开关周期中，其电流基本保持不变，为 I_i。

④滤波电容 C_f 足够大，在一个开关周期中，其电流基本保持不变，为 U_o。

在一个开关周期里，分 6 个时段，每个时段对应一种开关状态，分析如下：

（1）时段 01，$t_0 \leqslant t < t_1$ [对应图 8-17（b）中 $t_0 \sim t_1$]。

在 t_0 时刻之前，主开关管处于导通状态，辅助开关管处于关断状态，升压电感电流 I_i 流过 V_Q，负载由输出滤波电容供电。此时辅助电感电流 $i_{La} = 0$，辅助电容电压 $u_{Ca} = -U_{Ca\max}$。

$$U_{Ca\max} = \sqrt{2E_a / C_a} \tag{8-5}$$

式中，E_a 为 L_a 和 C_a 组成的辅助支路的能量。

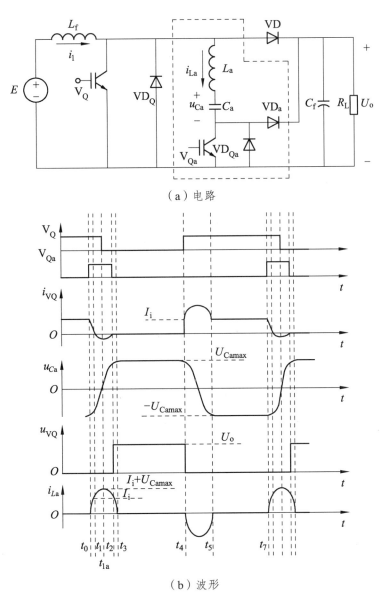

（a）电路

（b）波形

图 8-17　基本型 Boost ZCT PWM 变换器的工作原理及主要工作波形

在 t_0 时刻，开通辅助开关管 V_{Qa}，此时，加在 L_a 和 C_a 支路上的电压为零，L_a 和 C_a 开始谐振工作，L_a 的电流 i_{La} 从零开始上升，V_{Qa} 为零电流开通。C_a 被反向放电，u_{Ca} 由负的最大值开始上升，同时，主开关管 V_Q 中的电流 i_{VQ} 开始下降。到 t_1 时刻，i_{La} 上升到升压电感电流 I_i，i_{VQ} 下降至零。

（2）时段 12，$t_1 \leqslant t < t_2$［对应图 8-17（b）中 $t_1 \sim t_2$］。

在 t_1 时刻，主开关管电流 i_{VQ} 下降到零，其反并联二极管 VD_q 导通，辅助电感和辅助电容继续谐振工作，L_a 的电流继续上升，C_a 继续被反向放电。到 t_{1a} 时刻，辅助电容电荷反向释放到零，即 $u_{Ca} = 0$，辅助电感电流上升到最大值，即 $i_{La} = U_{Ca\,max} / Z_a$，此时关断主开关管。由于其反并联二极管 VD_Q 导通，则 V_Q 为零电流关断。V_Q 关断后，升压二极管 VD 导通，升压电

感电流 I_i 通过升压二极管 VD 流入负载。

在 t_{1a} 时刻之后，辅助电感和辅助电容继续谐振工作，L_a 电流开始下降，辅助电容被正向充电，其电压 u_{Ca} 从零开始继续上升，主开关管的反并联二极管 VD_q 继续导通。

在稳态工作时，由于 L_a 和 C_a 支路的能量具有自我调节功能，在整个开关周期中，L_a 和 C_a 组成的辅助之路是封闭的，与外界没有能量交换。所以，在 t_2 时刻，关断辅助开关管 V_{Qa}，i_{La} 必然减小到 I_i，VD_q 关断，VD_a 导通，电路进入下一个开关状态。

（3）时段 23，$t_2 \leqslant t < t_3$ [对应图 8-17（b）中 $t_2 \sim t_3$]。

在 t_2 时刻，V_{Qa} 关断后，由于 VD 和 VD_a 均导通，此时，加在 L_a 和 C_a 支路上的电压依然为零，L_a 和 C_a 继续谐振工作，L_a 的电流继续减小，C_a 继续正向充电。到 t_3 时刻，L_a 和 C_a 的半个谐振周期结束，i_{La} 减小到零，u_{Ca} 上升到最大值 $U_{Ca\,max}$。

（4）时段 34，$t_3 \leqslant t < t_4$ [对应图 8-17（b）中 $t_3 \sim t_4$]。

在此开关状态中，辅助电路停止工作，输入直流电压和升压电感同时向负载提供能量，与基本的 Boost 电流工作情况一样。

（5）时段 45，$t_4 \leqslant t < t_5$ [对应图 8-17（b）中 $t_4 \sim t_5$]。

在 t_4 时刻，主开关管 V_Q 开通，升压二极管 VD 关断，输入电流 i_i 流过 V_Q，负载由输出滤波电容 C_f 供能。辅助电路的 L_a 和 C_a 通过 V_{Qa} 的反并联二极管 VD_{Qa} 开始谐振工作。由于 V_Q 开通是硬开通，而 VD 存在反向恢复问题。在 t_5 时刻，L_a 和 C_a 完成半个谐振周期，此时，i_{La} 减小到零，C_a 被反向充电到最大电压，即 $u_{Ca} = -U_{Ca\,max}$，辅助电路停止工作。

（6）时段 56，$t_5 \leqslant t < t_6$ [对应图 8-17（b）中 $t_5 \sim t_6$]。

在此开关状态中，升压电感电流流经 V_Q，负载由输出滤波电容供能，这与基本的 Boost 电路完全一样。在 t_6 时刻，V_{Qa} 开通，开始另外一个开关周期。

2. 基本型 ZCT PWM 电路的优缺点

该电路的优点是：

（1）在任意输入电压和负载范围内，均可实现主开关管的零电流关断；

（2）辅助支路的能量随着负载的变化而调整，从而减小了辅助支路的损耗；

（3）辅助支路的工作时间很短，损耗小；

（4）实现了恒频控制。

该电路的缺点是：

（1）主开关管不是零电流开通；

（2）升压二极管存在反向恢复问题。

3. 改进型 ZCT PWM 电路

为了克服基本型 ZCT PWM 电路的缺点，使主开关管既能实现零电流关断，又能实现零电流开通，消除升压二极管的反向恢复，可以对图 8-17 中的基本型 ZCT PWM 电路作些改进，同时对辅助开关管的开关时序作适当调整。图 8-18 给出了改进型 Boost ZCT PWM 变换器的电路图和主要工作波形。从图中看出，改进型 Boost ZCT PWM 变换器与基本型 Boost ZCT PWM 变换器的区别在于将辅助开关管 V_{Qa} 和辅助二极管 VD_a 交换了位置，而辅助开关管在一个开关周期内开通两次。

假设如下：

①所有开关管、二极管均为理想器件。

②所有电感、电容和变压器均为理想器件。

③升压电感 L_f 足够大，在一个开关周期中，其电流基本保持不变，为 I_i。

④滤波电容 C_f 足够大，在一个开关周期中，其电流基本保持不变，为 U_o。

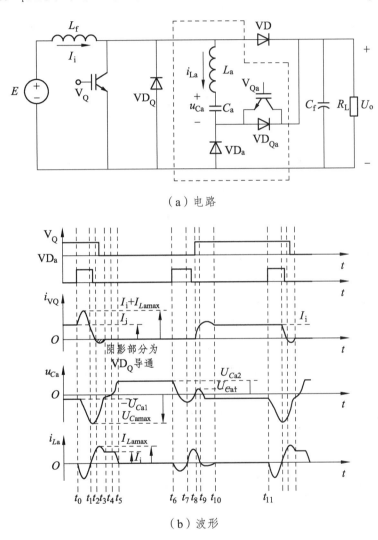

（a）电路

（b）波形

图 8-18　改进型 Boost ZCT PWM 变换器的电路和主要工作波形

在一个开关周期里，分 11 个时段，每个时段对应 1 种开关状态，分析如下：

（1）时段 01，$t_0 \leqslant t < t_1$ [对应图 8-18（b）中 $t_0 \sim t_1$]。

在 t_0 之前，主开关管 V_Q 处于导通状态，升压二极管 VD 关断，I_i 流过 V_Q，辅助电路停止工作，$i_{La} = 0$，C_a 上的电压为 $-U_{Ca1}$。

$$U_{Ca1} = U_o \left[\sqrt{1 + \left(\frac{I_i Z_a}{U_o} \right)^2} - 1 \right] \tag{8-6}$$

在 t_0 时刻，辅助开关管 V_{Qa} 开通，加在谐振支路的电压为 U_o，辅助电感 L_a 和辅助电容 C_a 通过 V_{Qa} 和 V_Q 谐振工作，负的辅助电感电流 i_{La} 流过 V_Q、C_f、R_L、V_{Qa}，从零开始反向增加，C_a 被反向充电。经过半个谐振周期，到达 t_1 时刻。此时，u_{Ca} 达到负的最大值 $-U_{Ca\,max}$，而 $i_{La} = 0$。

$$U_{Ca\,max} = -2U_o + U_{Ca1} \tag{8-7}$$

（2）时段 12，$t_1 \leqslant t < t_2$ [对应图 8-18（b）中 $t_1 \sim t_2$]。

从 t_1 时刻开始，L_a 和 C_a 继续谐振工作，C_a 被反向放电，而 i_{La} 变为正向流动，从零开始增加，流过 VD_{Qa}。同时，V_Q 中电流 i_{VQ} 开始减小。在此开关状态中，辅助开关管 V_{Qa} 可以零电压关断。在 t_2 时刻，i_{La} 增加到 I_i，VD_Q 开始开通。

（3）时段 23，$t_2 \leqslant t < t_3$ [对应图 8-18（b）中 $t_2 \sim t_3$]。

在此开关状态中，谐振支路的等效电路没有变化，L_a 和 C_a 继续谐振工作，由于 $i_{La} > I_i$，此时 VD_Q 导通，V_Q 可以零电流关断。在 t_3 时刻，i_{La} 减小到 I_i，VD_Q 自然关断。

（4）时段 34，$t_3 \leqslant t < t_4$ [对应图 8-18（b）中 $t_3 \sim t_4$]。

在此开关状态中，升压二极管 VD 处于关断状态，I_i 通路为 L_a、C_a、VD_{Qa}，i_{La} 恒定在 I_i，C_a 被恒流反向放电，C_a 的电压 u_{Ca} 反向线性减小，在 t_4 时刻，u_{Ca} 减小到零。

（5）时段 45，$t_4 \leqslant t < t_5$ [对应图 8-18（b）中 $t_4 \sim t_5$]。

t_4 时刻之后，u_{Ca} 变为正电压，VD 导通，L_a 和 C_a 通过 VD_{Qa} 和 VD 谐振工作，i_{La} 减小，u_{Ca} 增大。在 t_5 时刻，i_{La} 减小到零，u_{Ca} 达到正的最大值 $U_{Ca2} = I_i \times Z_a$，VD_{Qa} 自然关断。

（6）时段 56，$t_5 \leqslant t < t_6$ [对应图 8-18（b）中 $t_5 \sim t_6$]。

在此开关状态中，辅助电路停止工作，主电路的工作情况与基本的 Boost 变换器相同，输入电压和升压电感共同通过 VD 向负载供能。

（7）时段 67，$t_6 \leqslant t < t_7$ [对应图 8-18（b）中 $t_6 \sim t_7$]。

为了实现主开关管 V_Q 的零电流开通。在 t_6 时刻再次开通辅助开关管 V_{Qa}，由于此时 L_a 上的电流 $i_{La} = 0$，因此 V_{Qa} 是零电流开通。V_{Qa} 开通后，L_a 和 C_a 通过 VD 和 V_{Qa} 谐振工作。经过半个谐振周期，到 t_7 时刻，C_a 上的电压从 $+U_{Ca2}$ 变成 $-U_{Ca2}$，L_a 的电流 i_{La} 从零到最大值又减小到零。

（8）时段 78，$t_7 \leqslant t < t_8$ [对应图 8-18（b）中 $t_7 \sim t_8$]。

在此开关状态中，L_a 和 C_a 继续谐振工作，但 i_{La} 从零开始增加，变成正方向流过 VD_{Qa}，从而 V_{Qa} 可以零电流关断。此时，随着 i_{La} 的增加，流过 VD 的电流越来越小。在 t_8 时刻，u_{Ca} 减小到零，i_{La} 上升到最大值 I_i，VD 中的电流减小到零而自然关断。

（9）时段 89，$t_8 \leqslant t < t_9$ [对应图 8-18（b）中 $t_8 \sim t_9$]。

在 t_8 时刻，由于 $i_{La} = I_i$，VD 自然关断。由于 L_f 和 L_a 的电流不能突变，所以，此时可以零电流开通 V_Q。V_Q 开通后，i_{La} 继续正向流动，流过 VD_{Qa}、C_f、R_L、V_Q。此时，L_a 和 C_a 谐振支路中串入了输出滤波电容 C_f 和负载 R_L，因此，i_{La} 迅速减小，其能量大部分消耗在负载 R_L

上，只有少部分能量存储在 C_a 中。到 t_9 时刻，i_{La} 减小到零，C_a 上的电压变为 U_{Ca1}。

（10）时段 0910，$t_9 \leqslant t < t_{10}$[对应图 8-18（b）中 $t_9 \sim t_{10}$]。

从 t_9 时刻开始，L_a 和 C_a 通过 V_Q 和 VD_a 谐振工作。经过半个谐振周期，到达 t_{10} 时刻，i_{La} 减小到零，而 C_a 的电压 u_{Ca} 从 $+U_{Ca1}$ 变为 $-U_{Ca1}$，VD_a 自然关断。

（11）时段 1011，$t_{10} \leqslant t < t_{11}$[对应图 8-18（b）中 $t_{10} \sim t_{11}$]。

在此开关状态中，辅助电路停止工作，主电路的工作情况与基本的 Boost 变换器的工作情况完全相同。I_i 流经 V_Q，输出滤波电容向负载提供能量。在 t_{11} 时刻，V_{Qa} 导通，开始另外一个开关周期。

上述可知，改进型 ZCT PWM 变换器的优点是：

①在任意输入电压范围和负载范围内均可实现主开关管的零电流开通和零电流关断；

②辅助开关管工作在软开关状态；

③辅助电路工作时间很短，损耗小；

④实现恒频控制。

该变换器的缺点是在实现主开关管的零电流关断时，辅助电路谐振工作，其电流流过主开关管，主开关管中额外增加了一个电流，其峰值电流变大。

本章小结

硬开关电路存在开关损耗和开关噪声，随着开关频率的提高，这些问题更加严重。通过在电路中引入谐振电路，软开关技术很大程度上解决了这些问题。

软开关技术可分为零电压和零电流两类，也可分为准谐振电路、零开关 PWM 电路和零转换 PWM 电路。每一类都包含基本拓扑结构和众多的派生拓扑结构。

准谐振电路，包含零电流开关准谐振电路、零电压开关准谐振电路和零电压多谐振电路。准谐振电路采用频率调制方案，频率可达几十 MHz。但其开关频率是变化的，给优化设计带来麻烦，并且电压、电流应力大，一般只应用于小功率、低电压场合。

在 ZCS QRC 和 ZVS QRC 基础上，增加辅助开关管电路得到零开关 PWM 电路，即 ZCS PWM 电路和 ZVS PWM 电路。零开关 PWM 电路通过控制辅助开关管的开关来控制谐振电感和谐振电容的谐振工作过程，谐振工作又让功率开关管实现零电流和零电压软开关功能。零开关 PWM 电路中谐振元件的谐振时间相对于开关周期来说很短并工作在恒频状态。但零开关 PWM 的电压电流应力仍然很大，也只适用于小功率、低电压场合。

通过辅助谐振网络与主电路的并联，零转换 PWM 电路获得了较小的电压电流应力并广泛应用于 IGBT 为主开关管的中大功率变换器场所。零转换 PWM 电路的出现是软开关技术的一次飞跃。

思考题与习题

1. 高频化的意义是什么？为什么提高开关频率可以减小滤波器和变压器的体积和质量？

2. 什么是软开关技术？零电流开关和零电压开关的含义是什么？

3. 分析 Buck ZCS QRC 电路并画出图 8-9 所示电感充电阶段 $[t_0 \sim t_1]$ 的等效电路，解释开关管 V_Q 为什么是零电流开通。

4. 分析 Boost ZVS QRC 电路并画出图 8-10 所示谐振阶段 $[t_1 \sim t_2]$ 的等效电路，说明为什么开关管 V_Q 是零电压开通。

5. 在移相全桥零电压开关 PWM 电路中，如果没有谐振电感 L_r，电路的工作状态会发生哪些变化，哪些开关会变成硬开关？

6. 在零电压转换 PWM 电路中，辅助开关管 V_{Qa} 和 VD_a 是硬开关还是软开关？为什么？

7. 根据图 8-17 和图 8-18，回答基本型 ZCT PWM 电路和改进型 ZCT PWM 电路中的主开关管是软开关还是硬开关，为什么？

第 9 章

电力电子器件辅助电路和变流器工程设计

9.1 电力电子器件的驱动电路

9.1.1 驱动电路概述

电力电子器件的驱动电路是电力电子主电路与控制电路之间的接口，是电力电子装置的重要环节，对整个装置的性能有很大的影响。采用性能良好的驱动电路，可使电力电子器件工作在较理想的开关状态，缩短开关时间，减小开关损耗，对装置高效、可靠、安全运行具有重要意义。

驱动电路的基本任务是将信息电子控制信号（弱电）按照其控制要求，转换为加在电力电子器件控制端和公共端之间并可以使其开通或关断的信号。对半控型器件只需提供开通控制信号，对全控型器件既需提供开通控制信号，又要提供关断控制信号。

驱动电路还需提供弱电控制电路与主电路之间的电气隔离环节，弱电控制信号只有几伏或几十伏，而主电路信号可高达数千伏，这样的电气隔离环节是必须的。一般采用光电隔离或电磁隔离，如图 9-1 所示。光电隔离一般采用光电耦合器，光电耦合器由发光二极管和光敏晶体管组成，封装在一个外壳内，主要有普通速度、高速和高传输比三种类型，一般选用高速、高传输比的光电耦合器用于电力电子器件驱动电路中。一般选脉冲变压器作电磁隔离器件，当脉冲宽度较宽时，为避免铁心饱和，常采用高频调制和解调的方法。

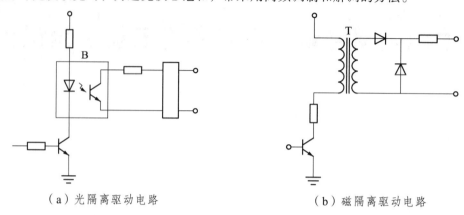

（a）光隔离驱动电路   （b）磁隔离驱动电路

图 9-1　常用的弱电控制信号与主电路的电气隔离电路

根据驱动电路加在电力电子器件控制端和公共端之间信号的性质，将电力电子器件分为电流驱动型和电压驱动型两类。半控型的晶闸管、全控型的 GTO 和 GTR 都属于电流驱动型，电力 MOSFET 和 IGBT 属于电压驱动型。

驱动电路的具体形式可以是分立元件构成的驱动电路，但对一般电力电子器件使用者来说最好采用由专业厂家提供的专用驱动电路，其形式可能是集成驱动芯片，也可能是将多个芯片和器件集成在内的 IPM 智能驱动模块，对大功率器件还可能是将所有驱动电路都封装在一起的驱动模块。而且为了优化参数，一般应首先选用电力电子器件生产厂家专门为其器件开发的专用驱动电路。

9.1.2　晶闸管的触发电路

晶闸管触发电路的任务是产生符合要求的门极触发脉冲，保证晶闸管在需要的时刻由关断转为导通。晶闸管触发电路还包括对其触发时刻进行控制的相位控制电路，这里专指触发脉冲的放大和输出环节，相位控制已在介绍整流电路时进行了研讨。

晶闸管触发电路应满足下列要求：

（1）触发脉冲的宽度应保证晶闸管的可靠导通，对感性或反电动势负载的变流器应采用宽脉冲或脉冲串进行触发，对变流器的起动，双星形带平衡电抗器电路的触发脉冲应宽于 30°，三相全桥电路应采用 60°宽度触发脉冲或相隔 60°的双窄脉冲。

（2）触发脉冲应有足够的幅度，户外寒冷场合，脉冲电流的幅度应增大到器件最大触发电流的 3~5 倍，脉冲前沿的陡度也需增加，一般需达 1~2 A/μs。

（3）所供的触发脉冲应不超过晶闸管门极的电压、电流和功率的额定值，且门极伏安特性应满足可靠触发的要求。

（4）应有良好的抗干扰性能、温度稳定性能及与主电路的电气隔离性能。

理想的晶闸管脉冲触发电流波形如图 9-2 所示。其具有几个主要的技术指标，脉冲前沿上升时间（$t_2 \sim t_1 < 1$ μs）、强脉冲宽度（$t_3 \sim t_2$）、强脉冲幅值（$I_M = 3 \sim 5 I_{GT}$）、脉冲宽度（$t_4 \sim t_3$）和脉冲平顶幅值（$I = 1.5 \sim 2 I_{GT}$），其中 I_{GT} 表示门极触发电流。

常用的晶闸管触发电路如图 9-3 所示。它由 V_1、V_2 构成的脉冲放大器及脉冲变压器 T 和附属电路构成的脉冲输出环节两部分组成。V_1、V_2 导通时，通过脉冲变压器向晶闸管的门极和阴极之间输出触发脉冲。VD_1 和 R_3 是为了使 V_1、V_2 由导通变为截止时，脉冲变压器 T 释放所存储的能量而设。为了获得触发脉冲波形中的强脉冲部分，还需附加其他电路环节。

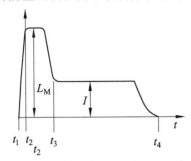

$t_1 \sim t_2$：脉冲前沿上升时间（$<1\ \mu s$）；

$t_1 \sim t_3$：强脉冲宽度；I_M：强脉冲幅值；

$t_1 \sim t_4$：脉冲宽度；I：脉冲平顶幅值。

图 9-2　理想晶闸管触发脉冲电流波形

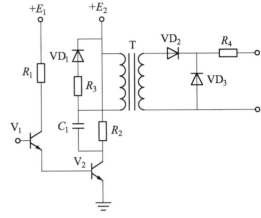

图 9-3　常用的晶闸管触发电路

9.1.3　典型全控型器件的驱动电路

1. 电流驱动型器件的驱动电路

前述 GTO 和 GTR 属于电流驱动型器件。

GTO 的开通控制和电流驱动的普通晶闸管相似，但其对触发脉冲前沿的幅值和陡度要求更高，一般需在整个导通期间施加正门极电流，即 GTO 属于电流驱动电平触发型全控器件。关断 GTO 需施加负门极电流，对其幅值和陡度要求更高，幅值需达阳极电流的 1/3 左右，陡度需达 $10 \sim 50\ A/\mu s$，强负脉冲宽度约 $30\ \mu s$，负脉冲总宽约 $100\ \mu s$，关断后还应在门极和阴极之间施加约 5V 的负偏压，以提高抗干扰能力。推荐的 GTO 门极电压电流波形如图 9-4 所示。

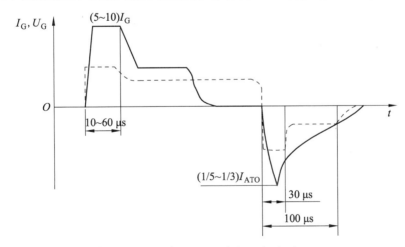

I_c 为 GTO 额定直流触发电流；I_{dTO} 为最大可关断阳极电流。

图 9-4　理想的 GTO 门极驱动信号波形

GTO 一般用于大功率场合，其驱动电路通常包括开通驱动电路、关断驱动电路和门极反偏电路三部分，可分为脉冲变压器耦合式和直接耦合式两种类型。直接耦合式驱动电路可避免电路内部的相互干扰和寄生振荡，可得到较陡的脉冲前沿，目前应用较广，但功耗大，效率较低。图 9-5 所示为典型的直接耦合式 GTO 驱动电路。该电路的电源由高频电源经二极管整流后提供，经二极管 VD_1 和电容 C_1 提供+5 V 电压，由 VD_1、VD_3、C_2、C_3 构成倍压整流电路并提供+15 V 电压，经 VD_4 和 C_4 提供-15 V 电压。V_1 开通时，输出正的强脉冲；V_2 开通时，输出负脉冲；V_3 关断后经电阻 R_3 和 R_4 提供门极负偏压。

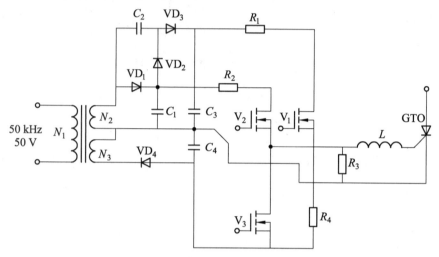

图 9-5　直接耦合式 GTO 驱动电路

使 GTR 开通的基极驱动电流应使其处于准饱和状态，使其不进入放大区和深饱和区。关断 GTR 时，施加一定的负基极电流有利于减少关断时间和关断损耗，关断后，同样应在基射极间施加 6 V 左右的负偏压。GTR 驱动电流的前沿上升时间应小于 1 μs，以保证它能快速开通和关断。理想的 GTR 基极驱动电流波形如图 9-6 所示。

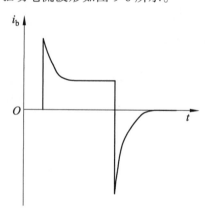

图 9-6　理想的 GTR 基极驱动电流波形

图 9-7 给出了 GTR 的一种驱动电路，包括电气隔离和晶体管放大电路两部分。其中二极管 VD_2 和电位补偿二极管 VD_3 构成贝克钳位电路，它起抗饱和的作用，可使 GTR 导通时处于临界饱和状态。当负载较轻时，如果 V_5 的发射极电流全部注入 V，会使 V 过饱和，关断时退

饱和时间延长。有了贝克抗饱和电路后，当 V 过饱和时会使 V 的集电极电位低于基极电位，使 VD_2 导通，分流多余的基极驱动电流，维持 $U_{bc} \approx 0$，从而使 V 处于临界饱和状态。C_2 为加速开通电容，由于电容两端电压不能突变，开通时 R_5 被 C_2 短路，这样可实现驱动电流的过冲，增加驱动前沿的陡度，加快开通。

THOMSON 公司的 UAA4002 和三菱公司的 M57215BL 是两款常见的集成 GTR 驱动模块。

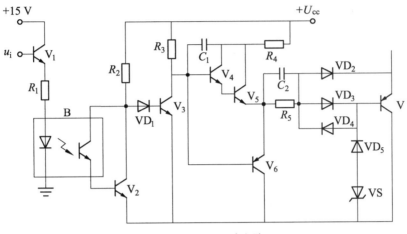

图 9-7   GTR 驱动电路

2. 电压驱动型器件的驱动电路

IGBT 和电力 MOSFET 是电压驱动型器件。电力 MOSFET 的栅源极之间和 IGBT 的栅射极之间都有数千皮法左右的极间电容。为加快建立驱动电压，要求驱动电路具有较小的输出电阻。使电力 MOSFET 开通的栅源间的驱动电压在 10～15 V，使 IGBT 开通的栅射间的驱动电压在 15～20 V。关断时，在上述两极间施加-15～-5 V 的负电压可减少关断时间和关断损耗。在栅极串接一个几十欧姆的电阻可以减小寄生振荡。该电阻阻值随器件额定电流的增大而减小。

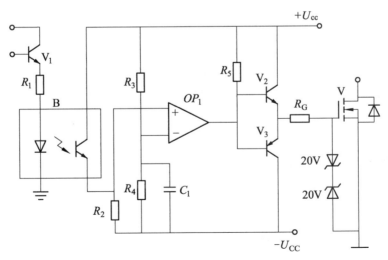

图 9-8   电力 MOSFET 驱动电路

图 9-8 给出了电力 MOSFET 的一种驱动电路，包括电气隔离和放大电路。当无输入信号时，高速放大器 A 输出负电平，V_3 导通输出负驱动电压。当有输入信号时 A 输出正电平，V_2 导通输出正驱动电压。

专为驱动电力 MOSFET 的集成驱动电路很多，三菱公司的 M57918L 是其中之一。其输入信号电流幅值为 16 mA，输出最大脉冲电流为+2 A 和-3 A，输出驱动电压为+15 V 和-10 V。

IGBT 的驱动电路多采用专用混合集成电路，例如，三菱公司的 M57962L 和富士公司的 EXB841 等。图 9-9 给出了 M57962L 型 IGBT 驱动电路原理。这些混合集成驱动器内部都有退饱和检测和保护环节，当发生过电流时能快速响应但慢速关断 IGBT 并向外界输出故障信号。M57962L 输出的正驱动电压为+15 V，负驱动电压为-10 V。对大功率 IGBT 器件，一般采用由专业厂家或生产该器件的厂家提供的专用驱动模块。

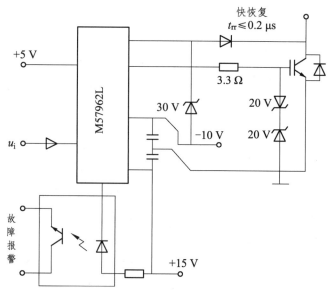

图 9-9　M57962L 型 IGBT 驱动器原理

9.2　电力电子器件的保护

在电力电子电路中，除了选择合适的器件参数、设计良好的驱动电路外，采取合适的过电压保护、过电流保护、$\mathrm{d}u/\mathrm{d}t$ 保护和 $\mathrm{d}i/\mathrm{d}t$ 保护也是必要的。

9.2.1　过电压的产生和过电压保护

1. 过电压产生及其保护措施

电力电子装置中可能发生的过电压分为外因过电压和内因过电压。

外因过电压主要来自雷击和系统中的存在过程引起，包括：

（1）操作过电压：由分闸、合闸等开关操作引起的过电压。电网侧的操作过电压会由供电变压器电磁感应耦合而来，或由变压器绕组间分布电容静电耦合而来。

（2）雷击过电压：由雷电引起的过电压。

内因过电压主要由电力装置内部器件的开关过程引起，包括：

（1）换相过电压：由于晶闸管或与全控型器件反并联的续流二极管在换相结束后不能立即恢复阻断能力，有较大的反向电流流过，使残存的载流子恢复，而当恢复了阻断能力时，反向电流急剧减小，这样的电流突变会因线路电感而在晶闸管阴阳极间或与续流二极管反并联的全控型器件两端产生过电压。

（2）关断过电压：全控型器件在较高频率下工作，当器件关断时，因正向电流的迅速降低而由线路电感在全控型器件两端产生的过电压。

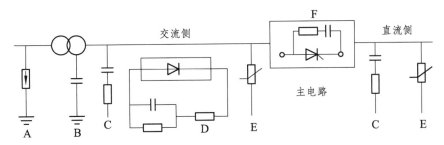

A—避雷器；B—接地电容；C—阻容保护；D—整流式阻容保护；

E—压敏电阻保护；F—器件侧阻容保护。

图 9-10　过电压抑制措施及配置位置

图 9-10 所示各种过电压保护措施及其配置位置，各电力电子装置可视具体情况只采取其中的几种。对于雷击过电压，一般可在变压器的高压侧加设避雷器或火花间隙，如图 9-10 中 A 所示。由高压电源经降压变压器供电的变流器，在变压器两侧合闸的瞬间，由于变压器一次侧和二次侧绕组间存在分布电容，一次侧绕组的高压电经分布电容耦合到二次侧绕组，造成感应过电压，其值可能大大超过二次侧正常过电压。此时，可采取附加屏蔽绕组的变压器或在变压器和地之间附加电容器，如图 9-10 中 B 所示。为了限制操作过电压，可以设置阻容保护或整流式阻容保护，以吸收回路中电感器件的磁场能量，限制过电压的值，把操作过电压限制在可接受范围内，如图 9-10 中 C、D、F 所示。为抑制交流侧浪涌过电压的幅值，应采用非线性元件保护，如图 9-10 中 E 所示。

直流侧可以设置与交流侧相同的过电压保护措施。但对快速性要求较高的系统，尽量不要采用直流侧阻容保护，以免影响快速性指标。直流侧过电压保护主要是抑制或限制滤波电感的磁场储能产生的过电压。

对于元件换相引起的过电压，通常在晶闸管两端并联 RC 电路实现换相过电压保护功能。

2. 阻容保护及参数计算

（1）交流侧阻容保护参数计算。

为吸收变压器释放出来的磁场能量，可在变压器二次侧并联阻容吸收保护电路，其接线方法如图 9-11 所示。由于电容两端电压不能突变，电容可以快速吸收造成过电压的磁场能量；电阻起到阻尼作用，并可在电磁过程中消耗造成过电压的磁场能量。交流侧阻容保护元件为 C_a、R_a，其参数计算与整流器容量有关。

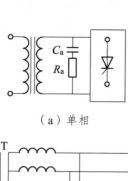

（a）单相

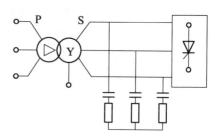

（b）三相星形连接

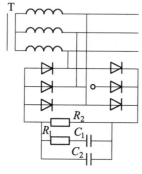

（c）整流式阻容连接

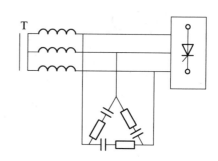

（d）三相三角形连接

图 9-11　交流侧 RC 阻容保护电路

①单相变压器或三相小容量变压器（5 kV·A 以下）。

电容 C_a 计算公式为

$$C_a = K_{gs} \frac{S_T}{U_{rm}^2} (\mu F) \qquad (9\text{-}1)$$

式中，U_{rm} 为桥臂反向峰值电压，单位为 V；K_{gs} 如表 9-1 所示，可按整流电路和阻容保护接线方式选取。

阻尼电阻 R_a 计算公式为

$$R_a = 100 \sqrt{\frac{U_d}{I_d C_a \sqrt{f_s}}} \ (\Omega) \qquad (9\text{-}2)$$

当阻容保护电路接在整流变压器的一次侧时，仍然可用式（9-1）计算 C_a 值，只是 U_{rm} 为电网电压幅值。如果整流变压器为降压型，RC 吸收电路安装于一次侧时，C_a 的容量减小，耐压增大。

表 9-1　计算系数 K_{gs}

电路形式	单相		三相星形保护			三相三角形保护		
	<200 V·A	>200 V·A	YY 双拍	Yd 双拍	单拍	YY 双拍	Yd 双拍	单拍
K_{gs}	700	400	150	300	900	450	900	2 700

②大容量整流器。

大容量整流器阻容吸收电容 C_a 计算公式为

$$C_a = K_{g1} \frac{\xi I_2}{f_s U_{21}} (\mu F) \tag{9-3}$$

大容量整流器阻容吸收阻尼电阻 R_a 计算公式为

$$R_a = K_{g2} \frac{U_{21}}{\xi I_2} (\Omega) \tag{9-4}$$

R_a 的功率 P_{Ra} 计算公式为

$$P_{Ra} = (K_{g3} \xi I_2)^2 R_a （W） \tag{9-5}$$

式中，U_{21} 为变压器二次侧空载线电压，单位为 V；I_2 为变压器二次侧线电流，单位为 A；K_{g1}、K_{g2}、K_{g3} 为计算系数，如表 9-2 所示；ξ 为变压器励磁电流对额定电流的标幺值，一般取 0.02～0.05。

表 9-2　计算系数 K_{g1}、K_{g2}、K_{g3}

电路形式	单相桥式	三相桥式	三相半波	三相双反星形
K_{g1}	29 000	17 320	13 860	12 120
K_{g2}	0.3	0.17	0.21	0.24
K_{g3}	0.25	0.25	0.25	0.2

三相 RC 保护电路可为星形连接，也可为三角形连接。当为三角形连接时，电容取值为上述计算值的 1/3，电阻为上述计算值的 3 倍。

阻容保护电路中，电阻发热量较大，不利于限制晶闸管电流上升率。图 9-11（c）所示的整流式阻容保护电路可以克服上述缺点。正常工作时，保护的三相桥式整流器输出端电压为变压器二次侧电压的峰值，输出电流很小，从而减小了保护元件的发热。过电压出现时，该整流桥提供吸收过电压能量的通道，电容将吸收的过电压能量转换为电场能量；过电压消失后，电容经 R_1、R_2 放电，将存储的电场能量释放，逐渐将电压恢复到正常值。电容 C 的计算公式为

$$C = C_1 + C_2 = （43\,000 \sim 121\,244） \frac{\xi I_2}{f_s U_{21}} (\mu F) \tag{9-6}$$

$$C_2 = 0.1C \tag{9-7}$$

R_1 用于限制 C_1 的充电电流，其计算公式为

$$R_1 = (0.4 \sim 0.8) \sqrt{\frac{2L_T}{C}} \tag{9-8}$$

R_2 提供放电回路，$R_2 C$ 近似为电路放电时间常数 τ，则有

$$R_2 = \tau / C \qquad\qquad (9\text{-}9)$$

为使保护电路尽快恢复正常状态，时间常数 τ 越小越好，一般取 $\tau = 2\,\text{s}$。

（2）直流侧阻容保护。

直流侧有可能发生过电压。图 9-12 给出了直流侧 RC 阻容保护电路，此图中，当快速熔断器熔断或直流快速开关关断时，因直流侧电抗器释放磁能，会在整流器直流侧输出端造成过电压，因此需要设置直流侧阻容保护。

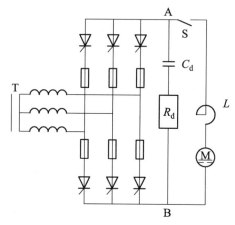

图 9-12 直流侧 RC 阻容保护电路

直流侧过电压抑制电路元件参数计算方法如表 9-3 所示。

表 9-3 直流侧 RC 保护参数计算公式

电路形式	$C_d / \mu F$	R_d / Ω	P_{Rd} / W
单相桥式	$120\,000\dfrac{\xi I_{am}}{f_d U_{am}}$	$0.25\dfrac{U_{am}}{\xi I_{am}}$	$\dfrac{U_{am}^2 R_d}{(10^6 / 2\pi f_d C_d) + R_d^2}$
三相桥式	$121\,244\dfrac{\xi I_{am}}{f_d U_{am}}$	$0.058\dfrac{U_{am}}{\xi I_{am}}$	$\dfrac{U_{am}^2 R_d}{(10^6 / 2\pi f_d C_d) + R_d^2}$

3. 非线性元件保护

用于抑制过电压的非线性元件具有类似于稳压管的伏安特性，若能把过电压值限制在一定范围内，对于浪涌过电压具有非常有效的抑制作用。常用的非线性保护元件有压敏电阻、硒堆、转折二极管和对称硅过电压抑制器等。

压敏电阻是一种常见的非线性保护元件，因伏安特性对称于原点，所以具有双向限压作用。压敏电阻是由氧化锌、氧化铋烧结而成的非线性电阻元件，具有明显的击穿电压。在施加电压低于击穿电压时，漏电流仅为微安级，损耗小；在施加电压超过击穿电压时，压敏电阻被击穿，可以通过很大的浪涌电流，几乎呈现恒压特性，其接线如图 9-13 所示。

由于是多晶结构，压敏电阻内部寄生电容较大，高频下电容电流将产生附加损耗，不宜用于高频电路。压敏电阻被击穿并流过较大的浪涌电流后，其标称电压有所下降，多次击穿后标称电压将迅速降低，所以不宜用于频繁出现过电压的场合。

压敏电阻的主要参数有：

标称电压 U_{1mA}：漏电流为 1mA 时的端电压值，单位为 V；

残压 U_y：放电电流达到规定值时的端电压，单位为 V；

残压比：U_y/U_{1mA}；

允许通流量 I_y：在规定的波形下允许通过的浪涌电流，单位为 kA。

在使用压敏电阻时，参数的选择是很重要的。应保证在 U_{1mA} 下降到原来值的 10%时，即使电源电压波动达到最大允许值，压敏电阻漏电流也不超过 1 mA。

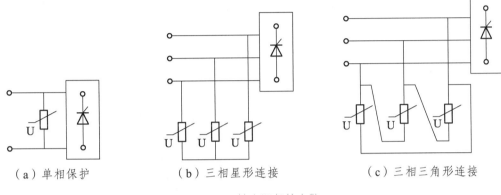

（a）单相保护　　　　　（b）三相星形连接　　　　　（c）三相三角形连接

图 9-13　压敏电阻保护电路

当压敏电阻为星形连接时，U_{1mA} 的计算公式为

$$U_{1mA} \geqslant \frac{\sqrt{2}}{0.9} \frac{K_b U}{K_y} \tag{9-10}$$

当压敏电阻为三角形连接时，其计算关系为

$$U_{1mA} \geqslant \frac{1}{0.9} \sqrt{6} K_b U \tag{9-11}$$

式中，K_y 为计算系数，通常取 0.8 ~ 0.9，在选配使用时取 $K_y = 0.90 \sim 0.95$；K_b 为电网电压上升系数，取 1.05 ~ 1.10；U 为压敏电阻保护装置外接相电压有效值。

压敏电阻吸收的过电压能量应小于压敏电阻的通流容量，中、小型整流器的操作过电压保护可取 3 ~ 5 kA，防雷保护选择 5 ~ 20 kA。

9.2.2　过电流的产生和过电流保护

1. 过电流的产生与过电流保护的设置

电力电子装置在运行中产生过电流的原因包括生产机械的过载、负载侧短路、逆变器的逆变失败、器件损坏等。因电力电子器件的热容量很小，承受过电流的能力比其他电力装置小得多，如果过电流数值过大而切断稍慢，就会使其结温超过允许值而损坏。因此，为了在故障状态下保护电力电子装置的安全，必须采用适当的过电流保护措施，在发生过载和短路时快速切断电路或使电流迅速下降，保证电力电子装置免受损坏。

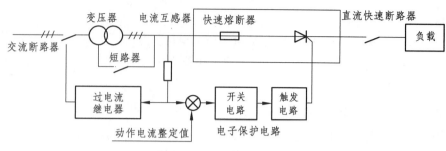

图 9-14　过电流保护措施

图 9-14 给出了几种过电流保护措施。对整体系统过电流保护，采取交流侧应设置作用于电源开关自动跳闸的过电流继电器措施；对晶闸管的保护，应设进线电抗器限流并设快速熔断器；大中晶闸管变流器可用直流快速开关作为直流侧过载、过电流保护，发生故障时，要求先于快速熔断器动作，保护器件和快速熔断器。在比较重要或易发生故障的装置中，交流或直流侧设电子过流保护，作用于触发脉冲快速移相或封锁触发脉冲。

在上述过电流保护中，采用快速熔断器、快速开关、交流断路器等是比较简单的手段，但它们动作较慢，快速熔断器通常需要 20 ms，而交流断路器需要 0.1 ~ 0.2 s，这些保护措施主要用于限制过电流状态的进一步扩大。采用电子电路进行过流保护具有灵活、快速的特点，其工作原理是先检测流过器件的电流信号，如果发生过电流，再去控制功率电路中的控制电路或器件驱动电路，有效关断电力电子器件。

2. 快速熔断器的接线方法和参数计算

快速熔断器是目前广泛应用的保护措施，在发生过电流时，利用其快速熔断特性和晶闸管过载特性的配合，使其先期熔断电路，保护晶闸管。快速熔断器具有通过电流越大，熔断时间越短的特点，适合作短路保护，但不适合作过载保护。

图 9-15 给出了快速熔断器的接线方法。图 9-15（a）所示为直流输出侧串联快速熔断器方式，对外部故障引起的短路电流起保护作用，对元件保护能力较差；图 9-15（b）所示为交流电源进线串联快速熔断器的接线方法，熔断器用量较少，对整流器内部、外部故障引起的短路电流均有保护作用，但对元件保护的能力较差；图 9-15（c）所示为每只晶闸管串联快速熔断器方式，该方式对所有故障或过载引起的过电流均有保护作用，但要求的熔断器数量较多。

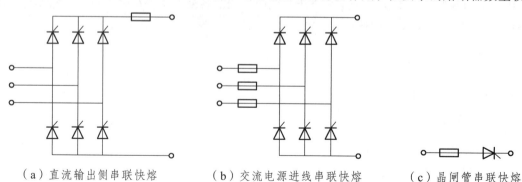

（a）直流输出侧串联快熔　　（b）交流电源进线串联快熔　　（c）晶闸管串联快熔

图 9-15　快速熔断器的接线方式

在选择快速熔断器的额定参数时，应尽量使其额定电压等于或略大于工作电压。快速熔断器的额定电流 I_{RN} 为有效值，当通过快速熔断器的电流为 $1.1I_{RN}$ 时，在 4 h 内不会熔断；如果通过的电流为 $6I_{RN}$ 时，在 20 ms 内就可以熔断。I_{RN} 按式（9-12）进行选择，即

$$I_R < I_{RN} < 1.57I_{T(AV)} \tag{9-12}$$

式中，I_R 为电路正常工作状态时通过快速熔断器电流的有效值；$I_{T(AV)}$ 为晶闸管的额定电流（通态平均电流）。注意，$I_{T(AV)}$ 不是实际流过晶闸管的电流，而是所选晶闸管的标称额定电流，快速熔断器的作用是保护运行中的晶闸管。

快速熔断器为一次性使用器件，不能重复使用，通常作为过电流保护的一种可靠保护措施。在一般电控系统中，常采用过流信号切除触发脉冲，再配以快速熔断器保护的保护方法。

3. 电子过电流保护装置

利用电子装置组合具有继电器特性的电子过电流保护装置包括电流检测环节、检测的电流与设定电流的比较环节和控制封锁触发信号环节等组成，如图 9-14 所示，使晶闸管快速阻断或将触发脉冲后移，整流器进入有源逆变状态，释放在电感中的能量，直到逆变结束，整流器停止工作。在正常工作情况下，电流信号小于设定值，电压比较器输出低电平，控制门开放，触发系统受给定信号控制，工作处于正常状态。电子保护电路的特点是动作迅速，动作时间不超过 10 ms。随着新型电力传感器的应用，电子保护更加完善。

4. 直流快速开关

在大容量的变流器装置中常用直流快速开关作为直流侧的过载或短路保护。直流快速开关的动作时间只有 2 ms，全部分断电弧的时间不会超过 25～30 ms，是目前较好的直流侧保护装置，其额定电压、额定电流应不小于变流装置的额定值。

5. 过电流继电器和自动开关

在交流侧或直流侧都可以接入过电流继电器，在发生过电流故障时动作，切断交流端的自动开关。由于过电流继电器的动作和自动开关的跳闸都需要一定的时间（100～200 ms），所以必须设置短路保护措施。

9.2.3　电力电子器件的保护

1. 晶闸管的保护

（1）换相过电压的抑制。

晶闸管元件在反向阻断能力恢复前，将在反向电压作用下流过相当大的反向恢复电流。当阻断能力恢复后，因反向恢复电流很快截止，通过恢复电流的电感会因高的电流变化率而产生过电压，这就是换相过电压。为使器件免受换相过电压的危害，一般在晶闸管两端并联 RC 吸收电路，如图 9-22（b）所示，图中 C_b、R_b 用于吸收换相过电压能力。其中 C_b 参数与晶闸管的通态电流有关，通态电流越大，产生的过电压越高，C_b 容量越大。C_b 的计算公式也

可为

$$C_b = (2 \sim 4) \, I_{T(AV)} \, (\mu F) \tag{9-13}$$

R_b 通常取 $10 \sim 30 \, \Omega$，其功率计算公式为

$$P_{Rb} \geq f_s C_b \left(\frac{U_m}{n_s} \right)^2 \, (W) \tag{9-14}$$

式中，U_m 为桥臂工作电压幅值；n_s 为串联均压节数。

RC 电路兼作均压和抑制换相过电压保护时，按式（9-13）和式（9-14）计算的值应与根据瞬态均压按式（9-41）和式（9-42）计算的值相比较，两者兼顾进行确定。

（2）电压变化率 du / dt 的限制。

电压上升率过大的原因有：电网侵入的过电压和晶闸管换相结束后的端电压。在晶闸管阻断状态下，施加的正向电压上升率很大时，由于结电容充电电流具有触发电流的作用，会引起晶闸管的误导通，造成装置的失控，因此必须在电路方面采取抑制 du / dt 的措施。

电容电压、电感电流不能突变，均可用于抑制 du / dt 的电路中。并联于晶闸管阴阳极两端的 C_b、R_b 就兼顾了抑制 du / dt 的作用；在电源输入端串入电抗器或在晶闸管每个桥臂上串联电抗器，可以有效降低 du / dt 上升率。

采用空心电抗器抑制 du / dt 时，串联的电感量为

$$L_{S1} = \frac{\sqrt{3} U_{21} R_b}{6\sqrt{2}(du / dt)} \tag{9-15}$$

式中，U_{21} 为变流变压器二次侧线电压。

（3）电流变化率 di / dt 的抑制。

由于晶闸管的结构特点，在开通过程中，最初瞬时电流集中在门极附近，随后才逐步扩展到全部导通结面。如果 di / dt 过大，门极附近电流密度很大，会引起门极附近过热，造成晶闸管损坏。尽管生产厂家从结构上采取措施提高了晶闸管承受 di / dt 的能力，但因换相时阻容保护的电容储能突然释放，仍然会出现危及晶闸管安全的 di / dt，所以需要设置抑制 di / dt 的电路来保护晶闸管，在晶闸管回路串联电感是抑制 di / dt 的有效方法。

当采用 RC 进行过电压保护时，变压器漏感将被短路，此时，抑制 di / dt 所需的支路电感 L_{S2} 为

$$L_{S2} = \frac{\sqrt{3} U_{21}}{di / dt} \tag{9-16}$$

当阀侧采用反向阻断型 RC 电路作为抑制过电压措施时，变压器的换相电感起到桥臂电感的作用，此时支路（或桥臂）的电感 L_{S2} 为

$$L_{S2} = \frac{\sqrt{2} U_{21}}{di / dt} - 2L_T \tag{9-17}$$

式中，L_T 为整流变压器折算到二次侧的电感量，可按式（9-38）计算。

用于限制 du / dt、di / dt 的电感量不大，约为几到几十微亨，一般采用导线绕一定圈数构成空心电抗器，或者在导线上套上一个或几个磁环构成小体积电抗器。

2. 全控型器件的保护

全控型器件的保护电路也叫作缓冲电路，缓冲电路又称为吸收电路。其作用是抑制电力电子电路中的内因过电压、du/dt、di/dt 等，减小器件开关损耗。缓冲电路分为关断缓冲电路和开通缓冲电路，如图 9-16 所示。图 9-16（a）中电路利用电感 L_S 的电流不能突变的原理来抑制 IGBT 开通时的 di/dt；图 9-16（b）中电路利用电容 C_S 两端电压不能突变的原理来抑制 IGBT 关断时的 du/dt。关断缓冲电路又称为 du/dt 抑制电路，用于吸收器件的关断过电压和换相过电压，抑制 du/dt，减小开关损耗。开通缓冲电路又称为 di/dt 抑制电路，用于抑制器件开通时的电流过冲和 di/dt，减小器件的开通损耗。可将关断缓冲电路和开通缓冲电路综合到一起，称为复合缓冲电路。

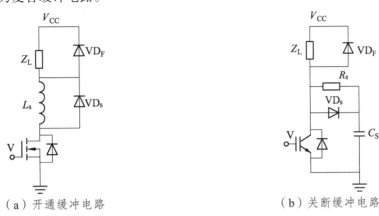

（a）开通缓冲电路　　　　　　　　（b）关断缓冲电路

图 9-16　开通和关断缓冲电路

也有另外的分类方法，缓冲电路中储能元件的能量如果消耗在吸收电阻上，称为耗能式缓冲电路，如果缓冲电路能够将储能元件的能量馈送给负载或电源，称为馈能式缓冲电路，又称为无损吸收电路，如图 9-17 所示。图 9-17（a）中，当 IGBT 关断时，负载电流经 L_S、VD_S 向 C_S 充电，减小 IGBT 两端的 du/dt；当 IGBT 开通时，L_S 抑制 di/dt，C_S 上的储能经 R_S、L_S、IGBT 放电，能量消耗在 R_S 上，所以称为耗能式缓冲电路。图 9-17（b）中，缓冲电路的能量以适当的方式回馈给电源，所以称为回馈式缓冲电路。

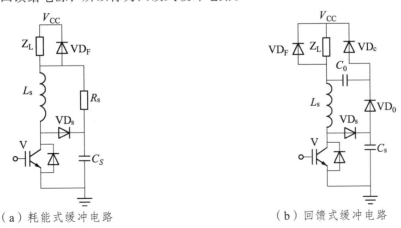

（a）耗能式缓冲电路　　　　　　　　（b）回馈式缓冲电路

图 9-17　耗能与回馈式复合缓冲电路

通常讲缓冲电路专指关断缓冲电路，而将开通缓冲电路称为 di/dt 抑制电路。图 9-18（b）给出了开关过程集电极电压 u_{CE} 和集电极电流 i_C 的波形。图中虚线表示无 di/dt 抑制电路和无缓冲电路的情形。

在无缓冲电路情况下，绝缘栅双极晶体管 V 开通时电流迅速上升， di/dt 很大，关断时， du/dt 很大，出现很高的过电压。在有缓冲电路时，V 开通时，缓冲电容 C_S 先通过 R_S 向 V 放电，时 i_C 先上个台阶，以后因为 di/dt 抑制电路的 L_i ， i_C 的上升速度减慢。 R_i 、 VD_i 是 V 关断时为 L_i 中的磁场能量提供放电回路而设。在 V 关断时，负载电流通过 VD_S 向 C_S 分流，减轻 V 的负担，抑制了 du/dt 和过电压。因为关断时电路中电感的能量需要释放，所以还会出现一定的过电压。

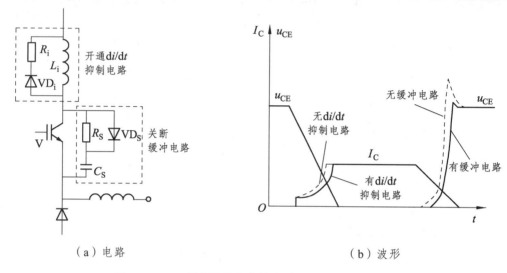

（a）电路　　　　　　　　　　（b）波形

图 9-18　di/dt 抑制电路和充放电型 RCD 缓冲电路波形

图 9-19 所示为关断时的负载曲线。关断前工作点在 A 点。无缓冲电路时， u_{CE} 迅速上升，在负载 L 上的感应电压使续流二极管 VD 导通，工作点从 A 点移到 B 点，之后 i_C 才下降到漏电流大小。负载线移到 C 点。有缓冲电路时，由于 C_S 的分流使 i_C 在 u_{CE} 开始上升的也同时下降，因此负载线经过 D 点到达 C 点。可以看出，负载线在达到 B 点时很可能超出安全区，使 V 受到损害，而负载线 ADC 就比较安全。而且， ADC 经过的都是小电流、小电压区域，器件的关断损耗比无缓冲电路降低很多。

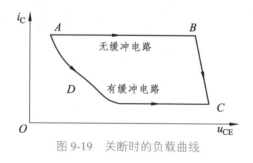

图 9-19　关断时的负载曲线

图 9-18 所示缓冲电路称为充放电型 RCD 缓冲电路，适用于中等容量的场合。图 9-20 给出了另两种常见的缓冲电路。其中 RC 缓冲电路主要用于小容量场合，而放电阻止型 RCD 缓冲电路用于中大容量电路。

缓冲电路 C_S 和吸收电阻 R_S 的取值可用实验方法确定或参考有关工程手册。吸收二极管 VD_S 必须选择快恢复二极管，其额定电流应不小于主电路器件额定电流的 1/10。此外，应尽量减小线路电感且应选用内部电感小的吸收电容。在中小容量场合，若线路电感较小，可只在直流侧总的设一个 du/dt 抑制电路，对 IGBT 甚至可以仅并联一个吸收电容。

晶闸管在实际应用中一般只承受换相过电压，没有关断过电压的问题，关断时，也没有较大的 du/dt，因此采用 RC 吸收电路即可。

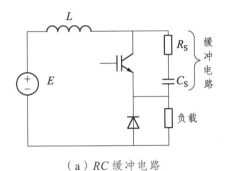
（a）RC 缓冲电路

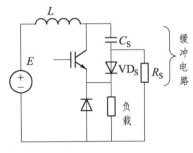
（b）放电阻止型 RCD 缓冲电路

图 9-20　两种常用的缓冲电路

9.3　变流器工程设计

9.3.1　晶闸管整流设备技术指标与工程设计基本内容

1. 晶闸管整流设备技术指标指标

（1）效率。

整流效率 = 直流侧输出功率/交流侧输入功率。

逆变效率 = 交流侧输出功率/直流侧输入功率。

整流设备输出电压每周期脉动次数 $m>6$ 时，直流侧脉动成分很小，整流效率与逆变效率非常接近，$m<6$ 时，必须考虑两者的区别。

（2）功率因数。

变流器的功率因数是指网侧功率因数，网侧电流波形为非正弦波，必须考虑谐波成分对功率因数的影响，或者采用功率因数修正技术（PFC）措施。变流器的功率因数为网侧有功功率与视在功率之比，即

$$\lambda = \frac{P}{S} = \frac{UI_1 \cos \varphi_1}{UI} = \frac{I_1 \cos \varphi_1}{I} = \mu \cos \varphi_1 \tag{9-18}$$

式中，μ 为电流畸变系数，表示电流有效值中基波有效值的含量，网侧电流波形越接近正弦波，μ 越接近 1；$\cos\varphi$ 为位移因数，或称为基波功率因数，是输入基波有功功率与输入基波视在功率之比。

2. 整流器工程设计的基本内容

进行整流器工程设计时，需要考虑负载功率、用途和工作环境等因素。这里介绍整流器

工程设计的通用内容，实际应用中，可视具体技术要求对相关内容进行适当处理。整流器工程设计的基本程序如下：

①掌握原始数据和资料，了解负载参数、电源参数、工作环境及特殊要求。

②确定直流输出额定电压、直流输出额定电流等整流器主要参数。

③按性能指标和经济技术指标选择整流器主电路。

④计算二次侧电压、和视在功率电流 U_2、I_2、S_2，一次侧电流电流和视在功率 I_1、S_1 和整流变压器等值容量 S_T。

⑤完成发热计算和冷却系统设计。

⑥确定串并联形式、计算各器件参数额定值，进行器件选型。

⑦确定触发相位、进行触发电路设计。

⑧进行过电压、过电流保护系统设计和 $\mathrm{d}u/\mathrm{d}t$、$\mathrm{d}i/\mathrm{d}t$ 限制设计。

⑨平波电抗器、电压电流检测设备等主要部件的计算和选用。

⑩继电器操作电路、故障检测和报警电路设计。

⑪结构布置设计，保证性能指标和安全性、可维护性，布局美观。

（1）原始数据及资料。

原始数据和资料包括负载参数、电源参数、工作环境及特殊要求。其中负载参数包括负载额定电流 I_{dL}、额定电压 U_{dL} 和负载额定功率 $P_{dL}=U_{dL}I_{dL}$。负载参数中有时还包括负载电压调节范围、调节精度、调节速度等特殊要求；电源参数包括电源电压和波动范围；工作环境包括环境温度、环境湿度、海拔高度、振动与冲击、烟雾与霉菌、设备安装尺寸与维护等

（2）整流器选型额定电流 I_{TN}、额定电压 U_{TN}。

U_{TN} 和 I_{TN} 的选择原则如下：

①与负载的额定值相当，满足负载额定工作条件。整流器件的额定电压 U_{TN} 应根据器件实际承受幅值电压 U_m 乘以 2~3 的安全系数得到，即 $U_{TN}=(2\sim3)U_m$。各种电路的 U_m 查表 9-9 可得；整流器额定电流 I_{TN} 应根据流过该整流器件的电流有效值 I_{VT} 除以与导通角有关的波形系数 K_{ff}，再乘以 1.5~2 的安全系数得到，即 $I_{TN}=(1.5\sim2)I_{VT}/K_{ff}$，或者根据流过该整流器件的电流平均值 I_{dVT} 乘以安全系数 1.5~2 得到，即 $I_{TN}=(1.5\sim2)I_{dVT}$。波形系数 K_{ff} 可查表 9-4 得到。

②符合 GB 3859 有关直流电压电流额定值等级的规定。

表 9-4　不同正弦波导通角 λ 时的波形系数 K_{ff}

导通角 λ	30°	60°	90°	120°	150°	180°
波形系数 K_{ff}	3.99	2.78	2.23	1.88	1.66	1.57

（3）整流器主电路接线方式。

根据电源情况、整流设备容量和纹波要求等确定整流器主电路接线方式。对 3 kW 以下的多采用单相桥式整流电路；3 kW 以上的多采用三相桥式整流电路。对应低压大电流整流器，可采用带平衡电抗器的双反星形整流电路。要求直流侧有较小电流脉动时，可采用每周期脉动次数 $m \geqslant 12$ 的整流电路，如双三相桥式整流电路带平衡电抗器并联电路或双三相桥式整流电路串联电路。各种整流器的优缺点如表 9-5 所示

表 9-5　各种整流器的比较

	单相双半波	单相桥式	三相半波	三相桥式	双反星形带平衡电抗器	六相半波	双三相桥式带平衡电抗器
变压器利用率（$\frac{P_{dN}}{S_T}$）	差（0.75）	较好（0.9）	差（0.74）	好（0.95）	一般（0.79）	差（0.65）	好（0.97）
直流侧脉动情况	一般（$m=2$）	一般（$m=2$）	一般（$m=3$）	较小（$m=6$）	较小（$m=6$）	较小（$m=6$）	小（$m=12$）
元件利用率（最大导通时间）	好（180°）	好（180°）	较好（120°）	较好（120°）	较好（120°）	差（60°）	较好（120°）
直流磁化	无	无	有	无	无	有	无
波形畸变（畸变因数）	一般（0.9）	一般（0.9）	严重（0.827）	较小（0.955）	较小（0.955）	较小（0.955）	小（0.985）

如上表所示，遵循以下原则选择主电路：

①晶闸管电压和电流容量应得到充分利用，晶闸管导通角越大越好。

②整流器输出电压脉动应尽量小，以减小平衡电抗器的电感量。

③网侧交流电流的畸变因数数值越大越好，以提高功率因数和效率。

④整流变压器等值容量应尽量接近负载直流容量，使变压器得到充分利用。

⑤在满足电气指标条件下，应尽量采用结构简单、投资少的方案。

（4）晶闸管的发热计算和冷却系统选型。

在工作过程中，晶闸管会产生功率损耗，其损耗包括正向平均功率损耗和反向功率损耗。若晶闸管导通时正向电压为 u_T，通态电流为 i_{VT}，则正向平均功率损耗 P_T 为

$$P_T = \frac{1}{2\pi}\int_0^{2\pi} u_T i_{VT} \mathrm{d}(\omega t)$$

正向电压可以表示为门槛电压和线性电阻 r_T 上的电压降之和，即

$$u_T = U_{TO} + r_T i_{VT}$$

$$P_T = \frac{1}{2\pi}\int_0^{2\pi} u_T i_T \mathrm{d}(\omega t) = \frac{1}{2\pi}\int_0^{2\pi}(U_{TO}r_{VT} + r_{VT}i_{VT}^2)\mathrm{d}(\omega t) \tag{9-19}$$
$$= U_{TO}I_{dVT} + r_T I_{VT}^2 = U_{TO}I_{dVT} + r_T K_{ff}^2 I_{dVT}^2$$

式中，I_{dVT} 为晶闸管平均电流，I_{VT} 为晶闸管支路的电流有效值。

在没有 r_T 的具体数据时，可以用下式近似，即

$$P_T = U_T I_{dVT} \tag{9-20}$$

式中，U_T 为晶闸管通态平均电压；I_{dVT} 为晶闸管平均电流。

通态反向功耗为

$$P_R = (0.05 - 0.1)P_T \tag{9-21}$$

晶闸管总功耗为

$$P_{\mathrm{H}} = P_{\mathrm{T}} + P_{R} \qquad (9\text{-}22)$$

整流器中晶闸管总的功耗为

$$P_{\mathrm{NH}} = NP_{\mathrm{H}} \qquad (9\text{-}23)$$

整流器中晶闸管发热量为

$$Q = 3.6 P_{\mathrm{NH}} \qquad (9\text{-}24)$$

式中，Q 的单位为 kJ/h。变流设备的冷却方式主要有自冷、风冷、水冷、油冷及油侵冷等。各种冷却方式的热交换系数及适用范围如表 9-6 所示。

表 9-6　各种冷却方式的热交换系数及适用范围

冷器方式	散热效率 kJ/（K·h·m²）	适用范围
自冷	20～55	20 A 以下器件
风冷	140～260	200～500 A 器件
水冷	830～8 300	400 V 以上的中高压设备及低压大电流设备
循环水冷	830～8 300	200～400 V 的低压器件
油冷	3 000～3 300	电解设备
油侵自冷	830～1 250	电镀设备

（5）触发电路和检测元件。

①触发电路。

触发电路的种类很多，主要有分立元件式、集成式和数字式。分立元件式触发电路结构简单，但存在稳定性较差且调试不方便的问题，主要应用在小容量且对触发性能要求不高的场合。集成触发电路具有性能可靠、调试方便等优点，应用比较广泛。数字式触发电路利用了微处理器编程功能，控制精度高、触发不对称度小的优点。

应根据系统要求合理选择触发电路。对于单相、三相半波和三相桥式半控整流电路，应选择单窄脉冲触发电路，如采用单结晶体管触发电路、KJ001 等集成触发电路。对于三相全控桥式等需要两只晶闸管同时导通才能形成电流回路的整流电路，应选择双窄脉冲或宽脉冲触发电路。如同步信号为锯齿波的触发电路、由 KJ004 和 KJ041 组成的三相触发电路、TC787 三相集成触发电路等。控制精度要求高时，可选择微处理数字触发电路。

为改善晶闸管变流器串并联的动态均压或均流性能，要求触发脉冲有足够陡的上升沿和足够大的幅值，其陡度通常达 1 A/us，为此，触发环节应具有强触发性能。触发电路主要有同步信号、脉冲输出放大、隔离等环节。

②电压和电流检测电路。

为便于实时显示有关电量及构成闭环控制系统，需要检测整流器的输入输出电压电流信号。电流检测通常采用线圈电流互感器或霍尔电流传感器，线圈电流互感器是一种成熟的电流检测器件，具有与主电路隔离、功耗小、检测精度高等优点。霍尔电流传感器的线性度范围宽、结构简单、性能优良的优点，但抗电磁干扰的能力较弱，需采取措施防止外界的电磁干扰。电压检测主要采用电压互感器的方式。

整流电路网侧交流电流、电压和阀侧直流电流、电压中均含有谐波分量，用普通互感器和检测仪表会产生明显的误差。对重要设备均应选用测量频带宽、响应快的新型传感器和数字检测仪表。在设计检测电路时，应从检测精度、安全性、维护性、投资性等方面综合考虑，确定检测电路。

（6）整流器调试注意事项。

①正确选择检测电路和仪器。

②测定交流电源相序，确定同步变压器的极性和接法，正确选择同步电压。

③检查触发电路是否满足要求，如脉冲顺序、波形、移相范围等，保证正确触发晶闸管，满足调压范围的要求。

④使用双综示波器同时观察两个波形时，应注意两探头的地线同电位，防止短路。

9.3.2　整流器参数计算

1. 整流变压器额定参数计算

根据负载所要求的直流电压和电流，选择晶闸管整流器主电路的类型。确定主电路形式后，根据要求的直流电压确定整流变压器二次侧电压有效值 U_2，工作中，只允许 U_2 有较小的波动范围。U_2 值选择过高，运行中，晶闸管触发角 α 会比较大，造成功率因数过低，无功功率增加。U_2 选择过低，运行中，可能出现触发角 $\alpha = \alpha_{\min}$ 时仍然不能满足负载的电压要求，也达不到负载的功率要求。通常，为了使整流器交流侧电压与负载电压相匹配，使晶闸管变流器与电网隔离，抑制整流装置进入电网的谐波电流，减少对的为电网污染，需要配置整流变压器。对于晶闸管整流装置电压与电网电压相当时，也可以不配置整流变压器，这时，应在晶闸管整流电路与电网之间加装进线电抗器。

根据整流器主电路的类型，电源和负载要求的电压和电流，可以计算出整流变压器的额定参数：变压器二次侧的相电压 U_2、相电流 I_2 和二次侧容量 S_2；变压器一次侧相电流 I_1、一次侧容量 S_1。根据计算结果，便可以选择整流变压器。

（1）二次侧相电压 U_2 的计算。

整流器主电路有多种接线类型，在理想状态下，阻感负载输出直流电压 U_d 与变压器二次侧相电压 U_2 之间的关系可表述为

$$U_d = K_{UV} U_2 K_B \tag{9-25}$$

式中，K_{UV} 为与主电路类型相关的常数；K_B 为与触发角 α 相关的函数；表 9-7 给出了该两常数的参数值。

在下面的计算中会给出各计算系数的含义和应用。

在实际运行中，整流器输出平均电压还受下列因素影响：

①电源电压波动。若电源电压允许波动范围为-10% ~ 5%，则电网电压波动系数 ε 的变化范围为 0.9<ε<1.05。通常，采用电源电压最低时恰好满足负载要求的策略并作为选择变压器二次侧额定电压 U_2 的依据，设计中常取 $\varepsilon_{\min} = 0.9 ~ 0.95$。

表 9-7　整流变压器计算系数

电路形式	K_x	K_{UV}	K_{fb}	K_{12}	K_{11}	K_{TL}	K_B
单相双半波	0.450	0.9	0.45	0.707	1	1	$\cos\alpha$
单相半控桥	0.637	0.9	0.45	1	1	1	$(1+\cos\alpha)/2$
单相全控桥	0.637	0.9	0.45	1	1	1	$\cos\alpha$
三相半波	0.827	1.17	0.368	0.577	0.471	1.732	$\cos\alpha$
三相半控桥	1.170	2.34	0.368	0.816	0.816	1.22	$(1+\cos\alpha)/2$
三相全控桥	1.170	2.34	0.368	0.816	0.816	1.22	$\cos\alpha$

②整流元件正向压降。整流元件为非线性元件，导通时，两端的门槛电压使输出平均电压下降。若整流回路中串联整流元件数为 n，则产生的正向电压降为 nU_T。

③直流回路的杂散电阻。直流回路中，接线端子、引线、熔断器、电抗器等均存在电阻，这些电阻称为杂散电阻。工作中，在杂散电阻上将产生电压降 $\sum\Delta U_r$，在额定工作条件下，其值一般取为 $(0.2\% \sim 0.25\%)U_{dN}$。

④交流电源系统电抗引起的换相过程电压损失。对 n 相半波电路，该换相电压损失为 $\Delta U_d = K_g \dfrac{n}{2\pi}\dfrac{u_k\%}{100}U_2\sqrt{n}$；对于 n 相桥式电路，$\Delta U_d = K_g \dfrac{n}{\pi}\dfrac{u_k\%}{100}U_2\sqrt{n}$。其中 K_g 为负载系数，$u_k\%$ 为变压器短路电压百分比，根据变压器容量不同，其值如表 9-8 所示。

表 9-8　变压器短路电压百分比

变压器容量/kV·A	$u_k/\%$	变压器容量/kV·A	$u_k/\%$
<100	5	>1 000	7 ~ 10
100 ~ 1 000	5 ~ 7		

⑤整流变压器电阻的影响。交流电压损失受负载系数的影响，计算时，假定功率因数为 1，则有 $\Delta U_a = K_g \dfrac{P_{Cu}}{S_2}U_2$，其中 P_{Cu} 为铜损。由此引起的整流输出电压损失为

$$\Delta U_{ad} = K_{UV}K_B\Delta U_a = K_{UV}K_B K_g \frac{P_{Cu}}{S_2}U_2$$

综合上述各种因素影响后，整流电路输出整流电压为

$$U_d = \varepsilon_{min}K_{UV}K_B U_2 - n_s U_T - \Delta U_d - \sum\Delta U_r - \Delta U_{ad}$$

整理得

$$U_2 = \frac{U_d + n_s U_T + \sum\Delta U_r}{\varepsilon_{min}K_{UV}K_B - K_g K_x \dfrac{u_k\%}{100} - K_{UV}K_g K_B \dfrac{P_{Cu}}{S_2}} \tag{9-26}$$

式中，S_2 为变压器二次侧容量；K_x 为换相压降计算系数，n 相半波整流电路中，$K_x = \dfrac{n}{2\pi}\sqrt{n}$。

n 相桥式整流电路中，$K_x = \dfrac{n}{2\pi}\sqrt{n/2}$。单相桥式整流电路和单相双半波整流电路相同，$n = 2$。$K_x$，可由表 9-7 查出。

（2）二次侧相电流 I_2 的计算。

变压器二次侧相电流 I_2 与其直流负载电流 I_{dN} 的关系是

$$I_2 = K_{12}I_{dN} \tag{9-27}$$

式中，K_{12} 为二次侧电流变换系数，可由表 9-7 查出。

（3）一次侧电流 I_1 的计算。

整流变压器一、二电流都是非正弦波，两者的关系受到变流器主电路接线方式的影响。对于桥式电路，一、二次相电流波形相同，其有效值之比为变压器的匝比 k_n。对半波电路，通过变压器二次侧的电流是单方向的，其中包括直流分量 I_{d2} 和交流分量 i_{a2}，即 $i_2 = I_{d2} + i_{a2}$，其一次侧相电流 i_1 仅与 i_{a2} 有关，$i_1 = i_{a2}/k$。

下面是三相半波电路的相关计算为例。设电路负载为大电感负载，i_2 的波形如图 9-21 所示，i_2 的有效值 $I_2 = I_d/\sqrt{3}$，i_2 中的直流分量为 $I_{d2} = I_d/3$，其交流分量有效值为

$$I_{a2} = \sqrt{I_2^2 - I_{d2}^2} = \frac{\sqrt{2}}{3}I_d \tag{9-28}$$

一次侧相电流有效值 i_1 为

$$I_1 = \frac{I_{a2}}{k_n} = \frac{1}{k_n}\frac{\sqrt{2}}{3}I_d \tag{9-29}$$

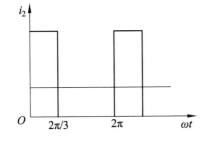 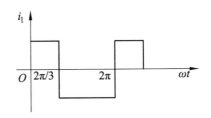

图 9-21　三相半波电路变压器电流波形

当 $k_n = 1$ 时，i_1 与 I_d 之比称为网侧电流变换系数 K_{11}，各种电路的 K_{11} 可由表 9-7 查出。由此

$$I_1 = \frac{K_{11}}{k_n}I_d \tag{9-30}$$

（4）变压器容量计算。

对于半波电路，一、二次相电流有效值之比不等于变压器的匝比 k_n。变压器一、二次侧相数为 m_1、m_2 时，一次侧容量 $S_1 = m_1 U_1 I_1$，二次侧容量为 $S_2 = m_2 U_2 I_2$。变压器的等值容量 S_T 为

$$S_T = \frac{S_1 + S_2}{2} \tag{9-31}$$

对于桥式电路，其一、二次相电流有效值之比等于变压器的匝比 k_n，变压器一、二次容量和变压器等值容量相同，即

$$S_T = S_1 = S_2 = m_2 U_2 I_2 \tag{9-32}$$

2. 平波电抗器参数计算

为了限制输出电流脉动和保证最小负载时电流连续，整流器主电路中常要串联平波电抗器。电流脉动和电流连续就是设计平波电抗器电感量的依据。

（1）限制负载电流脉动的电感量 L_m。

整流器输出电压为脉动波形，相应的负载电流也为脉动波形，该电流可分解为直流分量和各次谐波分量。有的负载只需要直流分量，交流分量不但不能产生有效的能量转换，而且对负载运行还会产生不良影响。串联平波电抗器可以减少负载中的交流分量，使负载获得比较平稳的直流分量。

输出脉动电流中最低频率的交流分量幅值 I_{am} 与输出脉动电流平均值 I_d 之比称为电流脉动系数 γ_m，即 $\gamma_m = I_{am}/I_d$。根据允许的 γ_m，可以计算限制输出电流脉动的电感量 L_m。一般三相整流电路 $\gamma_m = 5\% \sim 10\%$，单相整流电路 $\gamma_m \leqslant 20\%$。

输出电压 u_d 用傅里叶级数展开后，可得最低频率交流电压分量的幅值 U_{am}。下面以三相半波电路计算为例。

三相半波电路负载电流交流分量中谐波最低为 3 次谐波，其电压幅值为

$$U_{am} = \frac{3\sqrt{6}U_2}{8\pi}\sqrt{8\sin\alpha^2 + 1}$$

由此可知，U_{am} 与控制角 α 有关。当 $\alpha = 90°$ 时，其最大值为 $U_{am} = 0.88U_2$。

表 9-9 给出了平波电抗器电感量计算系数。交流电流分量最低谐波频率的幅值为

$$I_{am} = \frac{U_{am}}{2\pi f_d L_m} \tag{9-33}$$

限制输出电流脉动的临界电感量为

$$L_m = \frac{U_{am}}{2\pi f_d I_{am}} = \frac{\dfrac{U_{am}}{U_2}}{2\pi f_d}\frac{U_2}{\gamma_m I_d}\times 10^3 \ (\text{mH}) \tag{9-34}$$

式中，f_d 为输出电压或电流交流分量中最低次谐波频率值。

表 9-9 平波电抗器电感量的计算系数

主电路类型	K_L	f_d	U_m	U_{am}/U_2
单相全控桥	2.84	100	$\sqrt{2}U_2$	1.2
三相半波	1.46	150	$\sqrt{6}U_2$	0.88
三相全控桥	0.693	300	$\sqrt{6}U_2$	0.46
带平衡电抗器的双反星形	0.348	300	$\sqrt{6}U_2$	0.46

（2）使输出电流连续的临界电感量。

当可控整流电路负载电流低到一定程度时，会出现输出电流不连续的问题，对电动机等负载的运行产生不利影响。当负载最小电流为 I_{dmin} 时，为保证电流连续所需的回路总电感量 L_L 为

$$L_L = K_L \frac{U_2}{I_{dmin}} (\text{mH}) \tag{9-35}$$

式中，K_L 为临界电感计算系数，其值如表 9-9 所示。

（3）平波电抗器电感量计算

在工程设计中，为满足限制电流脉动和电流连续两方面的要求，电感量 L_Z 为

$$L_Z = \max[L_m, L_L] \tag{9-36}$$

式中，L_Z 为电路中总电感量，包括平波电抗器电感量 L_p，电动机电感量 L_{Ma}，整流变压器折算到二次侧的电感量 L_T。

电动机电感量 L_{Ma} 为

$$L_{Ma} = \frac{K_D U_D}{2pnI_D} \times 10^3 (\text{mH}) \tag{9-37}$$

式中，U_D 为电动机额定电压，单位为 V；I_D 为串动机额定电流，单位为 A；p 为电动机磁极对数；n 为电动机额度转速，单位为 r/min；K_D 为计算系数，对于无电容补偿电动机取 8～12，有电容补偿电动机取 5～6。

整流变压器折算到二次侧的电感量 L_T 为

$$L_T = K_{TL} \frac{U_2}{\omega I_{dN}} \frac{u_k}{100} \times 10^3 (\text{mH}) \tag{9-38}$$

式中，K_{TL} 为整流变压器漏感计算系数，可由表 9-7 查出；ω 为电源角频率，$\omega = 2\pi f$，单位为 rad/s。

最后，满足设计要求的平波电抗器电感量 L_p 为

$$L_p = L_Z - L_{Ma} - L_T \tag{9-39}$$

计算时应注意，对于三相桥式整流电路，整流回路中整流变压器为两相串联，因此计算变压器电感量时取 $2L_T$，对于双反星形整流电路取 $L_T/2$。

3. 晶闸管参数选择和串并联应用

（1）晶闸管额定参数计算。

整流器件额定参数的选择主要指合理选择器件的额定电流和额定电压。

①整流器件的额定电压 U_{TN}。额定电压 U_{TN} 应根据器件实际承受电压 U_m 乘以 2～3 倍的安全系数来确定。各种电路的 U_m 如表 9-9 所示。

②整流器件的额定电流 I_N。选择整流器件的额定电流 $I_N = (1.5～2)/1.57 I_{VT}$。

③其中，I_{VT} 为实际流过晶闸管的电流有效值。流过器件的电流有效值等于波形系数 K_f 乘

以流过器件的电流平均值 I_{dVT}，即 $I_{VT}=K_f I_{dVT}$。

选择整流器件的额定电流还需要考虑：

①环境温度超过 40 ℃时，应提高选择整流器件的额定电流或降低已选择器件的额定使用电流。

②器件的冷却条件低于标准时，也要降低器件的额定使用电流。

③对于阻性负载，当控制角 α 增大时，波形系数 K_f 会增大，为此，允许输出的整流电流平均值要比 $\alpha=0°$ 时小。

（2）晶闸管的串联应用。

在高电压整流设备中，当一只晶闸管的额定电压不能满足实际需要时，就需要多只晶闸管串联使用。由于晶闸管参数的分散性，必须采取措施实现串联晶闸管的均压。

图 9-22 给出了晶闸管串联均压。静态特性差异带来晶闸管串联静态均压问题。特性差异越大，均压程度越差，分担电压过高的器件有可能被击穿损坏。为了解决静态均压问题，除了选用特性尽量一致的器件外，还应为串联的每只晶闸管并联均压电阻 R_j。当均压电阻 R_j 远小于晶闸管的漏电阻时，电压分配主要决定于 R_j。R_j 按下式取值，即

$$R_j \leqslant \left(\frac{1}{K_U}-1\right)\frac{U_{TN}}{I_m} \qquad (9\text{-}40)$$

式中，I_m 等于额定电压为 U_{TN} 的晶闸管的断态反向重复峰值电压施加于晶闸管时的漏电流；K_U 为均压系数，取 0.8 ~ 0.9。

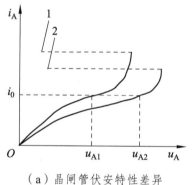

（a）晶闸管伏安特性差异

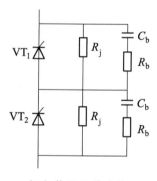

（b）均压元件连接

图 9-22　晶闸管串联均压

为了使关断过程中电压分配均匀，配置并联于晶闸管阴阳极两端的 R_b、C_b 阻容吸收电路。C_b 取值应满足下式

$$C_b \geqslant \frac{\Delta Q_{max}(n_s-1)}{U_m\left(\frac{1}{K_U}-1\right)} \qquad (9\text{-}41)$$

式中，ΔQ_{max} 为各晶闸管之间反向恢复电荷最大差值，可取 $(0.2 \sim 0.7)I_N$，单位为 μC；U_m 为桥臂端工作电压幅值。

R_b 的作用是抑制 C_b 与回路电感形成的振荡和抑制晶闸管导通瞬间的电流，取值在 10 ~

30 Ω。

电容 C_b 的交流耐压略大于 $\dfrac{U_m}{n_s}$，其中 n_s 为串联的晶闸管数量。

R_b 的功率按式（9-42）计算，即

$$P_{Rb} = f_s C_b \left(\frac{U_m}{n_s} \right)^2 \times 10^{-6} \ (\text{W}) \qquad (9\text{-}42)$$

器件串联后的电压关系为 $(0.8 \sim 0.9)\, n_s\, U_{TN} = (2 \sim 3)\, U_m$，因此选择晶闸管的额定电压为

$$U_{TN} = (2.2 \sim 3.8) \frac{U_m}{n_s} \qquad (9\text{-}43)$$

由于晶闸管开通时间的差异，串联晶闸管在开通过程中也会出现电压不均衡现象，当门极触发电流不足时，最容易出现这种情况。为实现开通过程的动态均压，要求晶闸管采取强脉冲触发，强触发脉冲的幅值通常为触发电流的 5 倍，上升沿不小于 1 A/μs。

（3）晶闸管的并联应用。

一只晶闸管的通态平均电流不能满足负载要求时，可将多只晶闸管并联使用。由于通态状态下并联的各晶闸管伏安特性不同，会出现均流问题。为此，除尽量选用特性一致的晶闸管外，还应采用串联电阻、电抗器等均流措施。

①串联电阻。

每只并联的晶闸管都串联一只阻值相同的电阻，然后再并联，只要串联电阻电压显著大于晶闸管通态压降，就可实现均流，如图 9-23 所示。这种均流措施虽然简单，但因串联电阻通过主电流，产生较大功率损耗，并且对动态均流不起作用，应用很少。

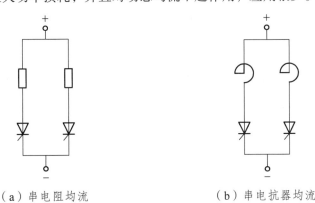

（a）串电阻均流　　　　　　　　　（b）串电抗器均流

图 9-23　晶闸管并联均流

②均流电抗器。

一般通过晶闸管的电流为周期性脉动电流，可以用电抗器与晶闸管串联使用，以达到均流的目的。由于每只晶闸管串联的电感比母线电感大很多，各支路并联电感又近似相等，所以换流期间各并联器件的电流上升率近似相等，这种电路具有动态均流功能。适当选择电抗器的电感量还可以限制电流上升率 di/dt，以防 di/dt 过大损坏晶闸管。串联电抗器对于换流

期间均流作用明显，一般采用铁心或空心电抗器，其中空心电抗器使用得更多。因为，空心电抗器不会出现磁饱和现象，在过载和故障时仍然能起均流作用。该方法功率损耗小，适于大容量变流装置。

均流系数为 $K_I = \dfrac{I_d}{n_p I_{dmax}}$，其中，$I_d$ 为并联后支路平均电流；I_{dmax} 为并联支路中最大的支路电流；n_p 为并联的支路数。

最不利情况下的，串联电抗器的电感量 L_j 为

$$L_j = \frac{t\Delta U_T (n_p - 1)}{2(1 - K_I)I_N} \times 10^3 \, (\mu H) \tag{9-44}$$

式中，t 为臂的导通时间，当频率为 50 Hz 时，三相电路 $t = 6.67$ ms，单相桥式整流或半波整流电路 $t = 10$ ms；ΔU_T 为并联支路各晶闸管通态压降之差的最大值，单位为 V。

由式 9-44 可知，要求均流系数 K_I 越接近 1，所需电抗器电感量 L_j 越大。

本章小结

本章讨论了电力电子器件的驱动、缓冲、保护、串并联使用和器件散热问题。本章的要点如下：

①电力电子器件驱动电路的基本要求及典型驱动电路的基本原理。

②电力电子器件缓冲电路的概念、分类、典型电路及基本原理。

③电力电子器件过电压产生的原因和过电压保护的主要方法电路原理。

④电力电子器件过电流保护的主要方法和电路原理。

⑤电力电子器件串并联使用目的，基本要求和注意事项。

⑥以变流器工程设计为例，介绍了主电路工程设计方法，为进一步学习其他电力电子电路设计打好基础。

通过本章的学习要求熟悉电力电子器件驱动电路的要求和特点，掌握常用驱动电路的工作原理；了解缓冲电路的作用和分类，熟悉缓冲电路的基本结构和工作原理；熟悉电力电子器件的保护方法和措施；掌握电力电子器件的串联和并联技术；了解变流器工程设计方法。

思考题与习题

1. 说明晶闸管、GTO、GTR、电力 MOSFET 和 IGBT 等器件对触发信号有哪些要求。

2. GTO 门极驱动电路包括哪几部分？

3. 电力电子器件过电压产生的原因有哪些？

4. 电力电子器件过电压保护和过电流保护各有哪些主要方法？

5. 电力电子器件缓冲电路是如何分类的？全控型器件的缓冲电路主要作用是什么？试分析 RCD 缓冲电路中各元件的作用。

6. 说明晶闸管件在串联使用中需要注意哪些问题？

7. 说明电力 MOSFET 和 IGBT 在并联使用中需要注意哪些问题？

8. 某三相桥式整流电路，阻感负载，额定直流输出电压为 200 V DC，额定直流输出电流为 68 A DC，过载倍数为 1.5，整流变压器一次侧线电压为 380 V AC，最小控制角为 30°，晶闸管通态平均电压为 1 V。忽略变压器铜损，请计算变压器额定电压和额定电流。

9. 有一直流电动机由三相桥式全控整流电路供电，电动机负载电流为 1 000 A，无过载要求。整流变压器二次侧相电压为 750 V。每桥臂由两串 6 并共 12 只晶闸管组成，求晶闸管的额定电压和额定电流。

10. 三相半波可控整流电路，阻感负载，最大负载电流为 100 A，每只晶闸管串联快速熔断器作为过流保护，请计算熔断器的电流参数。

第 10 章

电力电子技术应用

10.1 电力传动方面的应用

10.1.1 晶闸管-直流电机调速系统

根据电力拖动原理，可以通过调节直流电动机电枢回路电流和改变励磁电流来调节直流电机转速。直流电动机负载（电枢绕组）除本身有电阻和电感外，还存在电动机转动切割磁力线产生的反电动势 E_m，忽略电枢绕组电感，只有当晶闸管导通相的变压器二次侧电压瞬时值大于反电动势时，直流电动机才处于电动机工作状态，电枢绕组才流过正向电流，这种情形与本书第 4 章已经介绍的单相全桥整流电路带反电动势负载的工作情形一样，此时负载电流是断续的，这种断续对整流电路和电动机负载的平稳运行都是不利的。为此，通常在电枢回路串联一平波电抗器，保证整流电流在较大的范围内连续。

当电动机负载减小时，平波电抗器中的电感储能减小，使电枢电流不再连续。根据电力拖动和电力电子技术可知在触发角 $\alpha \leqslant 60°$ 时，电动机的实际空载反电动势为 $\sqrt{2}U_2$；$\alpha > 60°$ 时，空载反电动势为 $\sqrt{2}U_2\cos(\alpha - \pi/3) = C_e\phi n$。图 10-1 给出了电流断续时触发角 α 与反电动势的特性曲线，由此可见，当电流断续时，电动机的机械特性变软，负载电流变化很小也会引起反电动势 E_m 的较大变化，也即转速的较大变化。

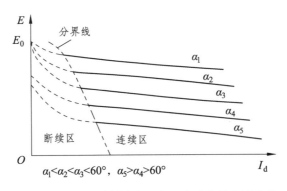

图 10-1　电流断续触发角 α 与反电动势的特性曲线

由图 10-1 可知，触发角 α 越大，电流断续区越宽，电抗器电感越大，电流断续区越小。只要主电路电感足够大，电流断续区就变得很小，就可以只考虑电流连续段，完全按线性进行处理。

对于整流电路为三相半波，在最小负载电流 I_{dmin} 时，为保证电流连续所需的主电路最小电感为

$$L_{\min} = 1.46 \frac{U_2}{I_{\mathrm{dmin}}} \tag{10-1}$$

对于三相桥式全控整流电路带电动机负载的系统，有

$$L_{\min} = 0.693 \frac{U_2}{I_{\mathrm{dmin}}} \tag{10-2}$$

L 中包括整流变压器的漏电感、电枢电感和平波电抗器的电感。漏电感较小，可以忽略不计。I_{dmin} 一般取电动机额定电流的 5% ~ 10%。

10.1.2　直流可逆调速系统

图 10-2 给出了两组变流器反并联连接的直流电动机可逆调速系统，其中图 10-2（a）所示为三相半桥反并联电路，图 10-2（b）所示为三相全桥反并联电路。两组变流器由同一交流电源供电，采用反并联连接，即正组晶闸管的电流流出端接反组晶闸管的电流流入端。若两组变流器只允许一组晶闸管处于工作状态，另一组晶闸管触发脉冲被封锁，处于阻断状态，即始终只有一组晶闸管触发导通，这种控制方式称为逻辑无环流控制；若两组晶闸管同时都有触发脉冲触发，处于连续导通状态，这时，两组晶闸管间出现交流或直流环流，称为有环流系统。由于环流不流经负载而只在两组晶闸管间流动，造成附加功率损耗，需要限制它的大小。采取的措施是在两组晶闸管间串接电感线圈 L_1 和 L_2。

反并联组成的直流电动机可逆调速系统工作时，两组变流器间虽然不存在直流环流，但存在交流环流。图 10-2（c）给出了该可逆调速系统可使电动机实现四象限运行。为使文字表达方便，将图 10-2 中正组变流器称为 1#组变流器，相应的触发角和整流输出电压分别为 α_1 和 U_{d1}；反组变流器称为 2#组变流器，相应的触发角和整流输出电压分别为 α_2 和 U_{d2}。如果在任意时刻都只有一组变流器工作，则可根据电动机需要运行在哪一象限来控制两组变流器

的工作状态。图 10-2（c）所示的电动机四象限运行时两组变流器的工作情况。

第一象限：电动机正转，电动机工作在电动状态，$\alpha_1 < 90°$，1#组变流器工作在整流状态，阻断 2#组变流器工作，电动机反电动势 $E_m < U_{d1}$。

第二象限：电动机正转，电动机工作在发电状态，$\alpha_2 > 90°$，2#组变流器工作在逆变状态，阻断 1#组变流器工作，电动机反电动势 $E_m > U_{d2}$。

第三象限：电动机反转，电动机工作在电动状态，$\alpha_2 < 90°$，2#组变流器工作在整流状态，阻断 1#组变流器工作，电动机反电动势 $E_m < U_{d2}$。

第四象限：电动机反转，电动机工作在发电状态，$\alpha_1 > 90°$，1#组变流器工作在逆变状态，阻断 2#组变流器工作，电动机反电动势 $E_m > U_{d1}$。

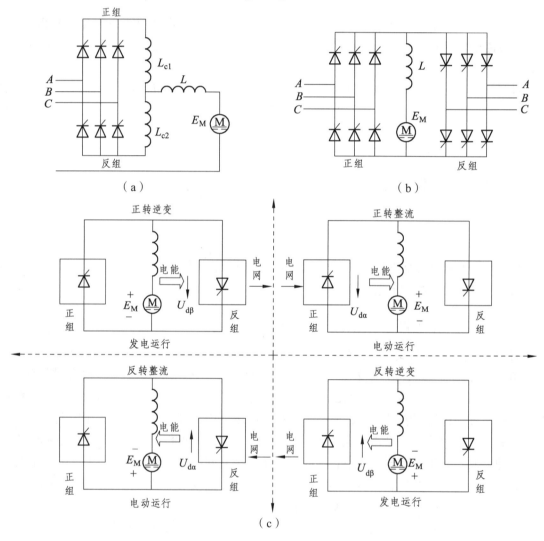

图 10-2 两组变流器反并联连接直流电动机可逆调速系统

10.1.3 变频器与交流调速系统

以前调速传动的主要方式是晶闸管-直流电动机传动系统，但直流电动机存在换向电刷需要定期维护、最高速度和容量受限等固有的缺点。采用交流调速传动系统除克服了直流调速传动的缺点外，还具有结构简单、可靠性高、快速响应等优点。随着电力电子技术和控制技术的发展，交流调速系统得到迅速的发展，其应用已在逐步取代传统的直流调速系统。

1. 交-直-交变频器

变频调速系统中的电力电子变流器（简称为变频器），除了交-交变频器外，实际应用最广的是交-直-交变频器。交-直-交变频器由 AC-DC、DC-AC 组合而成，即先将交流整流为直流，再把直流逆变为交流。因此把这类变换称为间接交流变流电路。

根据应用场合和负载的要求，变频器有时需要处理再生反馈电能的能力。当电动机需要频繁起动、快速制动时，通常要求变频器具有处理再生反馈电能的能力。图 10-3 所示的是不能处理再生反馈电能的电压型间接交流变流电路。该电路中，整流部分采用的是不可控二极管整流电路，电容直流电压和直流电流极性不变，只能由电源向直流电路输送电能，而不能由直流电路向电源反馈电能。图中逆变电路的电能是可以双向流动的，若负载能量反馈到中间直流电路，将导致电容电压升高，称为泵升电压。由于该电能不能反馈回交流电源，电容只能承担少量的反馈能量，否则，泵升电压过高会危及整个电路的安全。

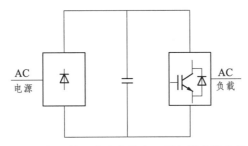

图 10-3　不能反馈再生电能的电压型间接交流变流电路

图 10-4 给出了可以再生反馈电能的电流型间接交流变流电路。图中实线表示由电源向负载输送电能时中间直流电路电压极性、电流方向，负载电压极性及功率流向等。当电动机制动时，中间直流电路的极性不能改变，要实现再生制动，只需调节可控整流电路的触发角，使中间直流电路的电压极性反转就行，如图中虚线所示。

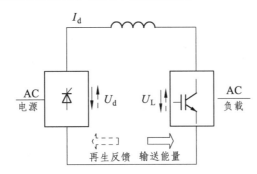

图 10-4　可再生反馈电能的电流型间接交流变流电路

2. 交流电动机变频调速的控制方式

鼠笼交流异步电动机定子频率控制方式目前有恒定压频比（U/f = 常数）控制、转差频率控制、矢量控制方式和直接转矩控制方式等，这些方式各有优缺点。

（1）恒定压频比控制。

异步电动机的转速主要由电源频率和电机极对数决定，电源频率也就是电机定子频率，改变电源频率就可宽范围地调节异步电动机的转速，也能获得足够的转矩。为了不使电动机因频率变化导致磁饱和而造成励磁电流增大，引起功率因数和效率的降低，需对变频器输出电压和输出频率的比率进行恒定控制以维持气隙磁通为额定值，这就是恒定压频比（VVVF）控制策略。恒定压频比控制相对比较简单，大量用于空调等家用电器产品中。

图 10-5 所示为使用 PWM 控制交-直-交变频器恒定压频比控制方式系统框图。转速给定既作为调节加减速度的频率 f 指令值，经过适当分压，又作为定子电压的指令值，这个分压比就是压频比率 U/f。由于输出到定子的频率和输出到定子的电压由同一个给定值确定，因此可以保证压频比率恒定。

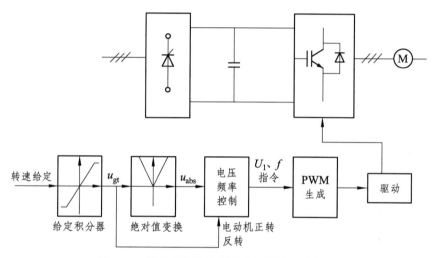

图 10-5　恒定压频比控制的变频调速系统框图

如图 10-5 所示，为防止电动机起动电流过大，在给定信号之后加一个积分器，可以将阶跃给定信号 u_{co}^* 转换为按设定斜率逐渐变化的斜坡信号 u_{gt}，从而使电动机的电压和转速给定值都平缓地变化。其控制方法是先用绝对值变换器将给定值 u_{gt} 变换为信号 u_{abs}，u_{abs} 经过电压和频率控制环节处理后，得出频率和电压的指令信号 f 和 U_1，这两个参数是确定 PWM 信号工作周期和占空比的依据，再经 PWM 生成环节形成控制逆变器的 PWM 信号，PWM 信号通过驱动放大控制 IGBT 功率器件的通断，使变频器输出所需的频率和电压，从而控制交流电动机的转速。为使电动机实现正反转，通过给定信号正负极性来设定电动机的旋转方向。由于电动机的转向由变频器输出电压的相序决定，也就是说由输出接线决定。当输出接线已经确定后，为使电动机实现正反转，只能通过改变给定信号正负极性来实现。给定信号的正负并不决定 PWM 信号的工作周期和占空比，给定信号的正负只决定逆变电路 IGBT 功率器件的触发控制顺序。改变逆变电路功率器件的触发控制顺序就改变了变频器输出电压的相序，从而改变电机旋转的方向。

（2）转差频率控制。

恒定压频比控制是一种转速开环控制方式，可满足一般平滑调速的要求，但其静态和动态性能并不理想，要提高调速系统的动态性能，需采取转速闭环的控制方式。其中一种常用的闭环控制方式就是转差频率控制方式。

从异步电动机的稳态模型可以证明，当稳态气隙磁通恒定时，电磁转矩近似与转差角频率 ω_s 成正比。如果能保证稳态转子全磁通恒定，则转矩准确地与 ω_s 成正比，控制 ω_s 就是控制转矩。采用转速闭环的转差频率控制，使定子频率 $\omega_1 = \omega_r + \omega_s$，则 ω_1 随动实际角转速 ω_r，得到平滑而稳定的转速，保证较高的调速范围和动态性能。

（3）矢量控制。

异步电动机的模型是高阶、非线性、强耦合的多变量系统，前述的转差频率控制仍然不太理想，关键在于采用了电动机的稳态数学模型，调节器参数的设计也只是沿用了单变量控制系统的概念，没有考虑非线性、多变量的本质。

矢量控制方式基于异步电动机的按转子磁链定向的动态数学模型，将定子电流分解为励磁分量和与此垂直的转矩分量，参照直流调速系统的控制方式，分别独立地对两个电流分量进行控制，类似于直流调速系统中的双闭环控制方式。该方式需要实现转速和磁链的解耦，控制系统较为复杂，矢量控制方式的控制性能与被认为控制性能最好的直流电动机电枢电流控制方式的控制性能相当。随着该方式的实用化，异步电动机变频调速系统的应用范围迅速扩大。

（4）直接转矩控制。

矢量控制方式的稳态和动态性能都不错，但控制算法复杂。为此又有学者提出了直接转矩控制方式。直接转矩控制方式同样是基于电动机的动态模型，其控制闭环的内环直接采用了转矩反馈控制，并采用 bang-bang 控制策略，可以得到转矩的快速动态响应并且控制算法相对简单。

10.2　电源方面的应用

10.2.1　不间断电源

不间断电源 UPS 是一种利用 AC-DC 和 DC-AC 两级电力变换及整流器、逆变器，附加大功率半导体开关和储能环节所构成的交流恒压恒频电源。UPS 的作用是当输入交流电源（市电）发生异常或断电时，它还能及时继续向负载供电，并能保证供电质量，使负载用电不受影响。

如图 10-6 所示，该不间断电源主要由整流器、逆变器、晶闸管开关 S_1 和 S_2、输入变压器、输出变压器、蓄电池及其充电器等组成。其工作原理是：当市电正常时，市电经输入变压器的整流器实现 AC-DC 变换，逆变器实现 DC-AC 变换，由逆变器经输出变压器输出恒定频率和恒定电压的交流电，再经晶闸管开关 S_1 为负载供电。同时市电经输入变压器到充电器，由充电器输出可控的直流电压、电流对蓄电池充电，使蓄电池储足能量，蓄电池充满电后，处于浮充电状态，其充电电流很小并可维持自身等效的自由放电。当市电故障停电后，整流器停止工作，蓄电池经逆变器给负载供电。当逆变器故障时，由市电经晶闸管旁路开关 S_2 直接向负载供电。

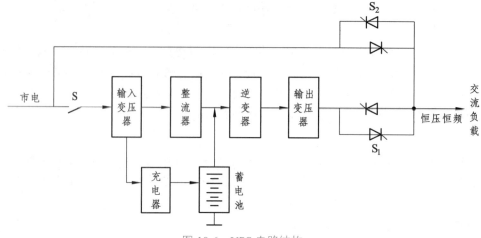

图 10-6　UPS 电路结构

按工作方式的不同，UPS 可分为在线式（on line）和离线式（off line）两类，无论是在线式还是离线式，其结构基本相似，只是在工作方式和为负载供电的质量上有一定的区别。

1. 在线式 UPS

如图 10-6 所示，市电经开关 S 到输入变压器，一路经整流器实现 AC-DC 变换后，提供直流电给逆变器，逆变器实现 DC-AC 变换，再经输出变压器和晶闸管开关 S_1，最后，给负载提供恒压恒频的交流电。另一路经充电器输出直流电给蓄电池控压、控流地充电。市电正常时，连接市电和负载的旁路开关 S_2 断开，使负载与市电隔离。

当市电出现如过压、欠压、断电等异常情况时，监控系统自动断开开关 S，切断市电与 UPS 的联系，蓄电池为逆变器提供直流电能。逆变器继续经输出变压器和开关 S_1 向负载供电。因此，在线式 UPS 在市电正常或异常时都经逆变器、输出变压器和开关 S_1 向负载供电。如果市电停电时间较长，蓄电池容量又不大时，可在蓄电池尚未放完电的情况下，起动一台交流柴油发电机组替代市电交流电源，如图 10-7 所示。

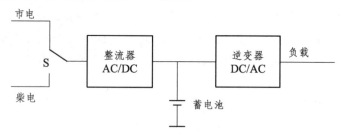

图 10-7　柴油发电机组作为后备电源的 UPS

尽管市电是发电厂输出的干净的高质量电源，但经过输配电，受天气、用电设备和人为因素损坏等影响，电压过冲、跌落、中断、共模噪声、各次谐波等电源质量问题比较突出，尤其在工业环境中电源质量可能更差，造成市电质量不好，出现电压波动较大、电压波形畸变、频率稳定度不够等问题，经整流器、逆变器、输出变压器等整形后，可以输出恒压恒频高质量的交流电给负载，所以，在线式 UPS 广泛应用在为重要交流负载供电的领域，如数据中心、通信中心等场合。

2. 后备式 UPS

后备式 UPS 的工作过程是：市电供电正常时，市电一方面经旁路开关 S_2 直接向负载供电，另一方面，经输入变压器和充电器给蓄电池充电。一旦市电异常，监控系统立即自动断开旁路开关 S_2，切断市电与负载的联系，同时晶闸管开关 S_1 立即导通，由蓄电池供电逆变器，逆变器经输出变压器和开关 S_1 向负载供电。如果市电正常，市电立即经 S_2 向负载供电，这时，逆变器处于空载运行状态，只是开关 S_1 是断开的，使逆变器不向负载供电。这种后备式 UPS 称为热后备式 UPS。如果市电正常，市电经 S_2 向负载供电，这时，如果逆变器处于停机状态，只在市电异常时在监控系统的控制下逆变器才进入工作状态，经输出变压器和开关 S_1 向负载供电，这种后备式 UPS 称为冷后备式 UPS。冷后备式 UPS 存在一定的停电转换时间，但冷后备式 UPS 在市电正常时是不工作的，这样，减少了功耗，提高了效率。无论冷后备式 UPS，还是热后备式 UPS，在市电正常时，都是由市电直接给负载供电，其供电质量不如在线式 UPS。

后备式 UPS，特别是冷后备式 UPS 常用于不太重要的负载供电。图 10-6 中的整流器既可采用二极管不可控整流电路，又可采用晶闸管相控整流电路。逆变器一般都是采用自关断器件的 SPWM 恒压恒频逆变器。输入、输出变压器用于电气隔离和交、直流电压匹配，根据使用要求、整流器类型和选用的直流蓄电池电压高低等不同情况，输入、输出变压器可要可不要。有时充电器也可省去，由整流器同时完成对蓄电池的充电任务。

3. UPS 主要技术指标

UPS 有十几项技术指标，主要有下列技术指标：

（1）输入电压，一般为 176~253 V AC。对后备式 UPS，当输入电压低于 176 V AC 或高于 253 V AC 就投入后备工作状态。

（2）输出电压，正弦波输出的 UPS 输出电压一般为 $220 \times (1 \pm 3\%)$V AC，指标优于市电。另一方面，由于逆变器的内阻比市电大，所以，瞬态响应是考核 UPS 逆变器性能的重要指标。动态电压波动范围为 $220 \times (1 \pm 10\%)$V AC，瞬态响应恢复时间应小于 100 ms。

（3）电流，输入输出电流是选用 UPS 的重要指标，输入电流大小和波形反映了 UPS 效率和功率因数，输出电流直接反映 UPS 逆变器的输出能力。对相同功率来说，输入电流越小，效率越高。传统工频在线式 UPS 输入回路采用晶闸管整流，电流峰值高，有效电流大，其功率因数只有 0.6~0.7。新一代 UPS，输入回路用功率因数修正 PFC 算法和 IGBT 整流，功率因数达到 0.98 以上，消除了谐波电流对电网的污染，是新一代绿色电源。输出电流反映了 UPS 输出能力的大小，例如 MUI3000UPS，其输入功率为 3 000 W，输出功率为 2 000 W，输出电流为 13.6 A，输出功率因数为 0.67，峰值因数为 1/3，输入电流为 10.7，输入功率因数为 0.98。

（4）后备供电时间，一般 UPS 后备供电时间设计值为 5~10 min，但用户实际使用总会留有一定功率余量，实际后备时间会大于上述后备时间值。

10.2.2　线性电源

图 10-8 给出了线性电源的基本电路结构，主要包括工频变压器、二极管整流器、整流滤波电容、稳压器和输出滤波电容组成。该电路结构简单、可靠性高、输出纹波很小，输出电

压稳定度和动态响应指标均较好。其中的稳压器一般用集成的 78XX、79XX 等序列三端稳压器，例如 7805/7812/7915 等。选择工频变压器副边电压时，只需要保证整流器滤波后的稳压器输入电压高出稳压器输出电压 4 V 以上就行。由于负载电流全部流过串联的晶体管，损耗较大，整个电路的效率不高，一般只有 35%~60%。另外工频变压器用材主要是矽钢片，存在体积大、质量大的问题。这种电源一般用于小功率、纹波要求小的场合。

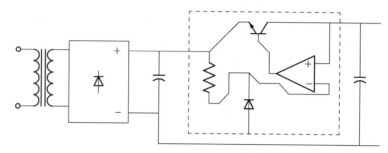

图 10-8　线性电源的基本电路结构

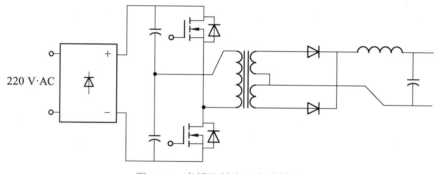

图 10-9　半桥开关电源电路结构

10.2.3　开关电源

在各种电子设备中，需要多路不同直流电压供电，如数字电路需要 5 V、3.3 V、2.5 V 等，模拟电路需要 ±12 V、±15 V 等。这就需要专门设计电源装置来提供这些电压，通常要求电源装置能达到一定的稳定精度，能够提供足够大的输出电流。

这个电源装置起到电能变换作用，它将电网提供的交流电（通常为 220 V AC）变换为各路直流输出电压。有两种办法实现这个转换，一是上述的线性电源，二是如图 10-9 所示的开关电源。开关电源主要由二极管整流器、输入滤波电容、高频逆变器、铁氧体高频变压器、输出整流器和输出滤波器等组成。相比线性电源，开关电源省去了质量大的工频变压器。

在转换效率、体积、质量等方面，开关电源都远远优于线性电源，在许多场合代替了线性电源，成为电子设备供电的主要电源形式。

1. 开关电源的结构

交流输入直流输出开关电源的能量转换过程如图 10-10 所示。其中整流电路普遍采用全桥二极管整流电路，采用大电解电容并联小涤纶电容完成输入整流滤波。该结构简单、可靠但存在输入电流谐波含量大、功率因数低的问题。因此较为先进的开关电源这部分会采用有源功率因数校正电路（PFC）。高频逆变-高频变压器-高频整流电路是开关电源的核心部分，具体的电路就是 DC-DC 电路。针对不同的功率等级和输入电压，可以选择不同的电路；针对不同的输出电压等级，可以选择不同的高频整流电路。

图 10-10　开关电源能量转换过程

DC-DC 电路分为隔离型和非隔离型两类，隔离型多采用反激式、正激式和半桥式等隔离电路，非隔离型采用 Buck、Boost、Buck-Boost 等电路。

为专门元件供电的 DC-DC 变换器称为负载点稳压器（POL），例如，计算机主板上给 CPU 和存储器供电的电源就是 POL。非隔离的 DC-DC 变换器，尤其是 POL 的输出电压很低，如给计算机 CPU 供电的 POL，其输出电压只有 1V 左右，但电流很大，为了提高效率，通常采用图 10-11 所示的电路。该电路的结构为 Buck，但二极管采用 MOSFET 开关管 Va，利用其低导通电阻的特点来降低电路中的通态损耗，其原理与同步整流电路原理类似，因此该电路又称为同步 Buck 电路，与此类似的还有同步 Boost 电路。

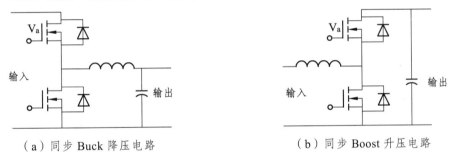

（a）同步 Buck 降压电路　　　　　　（b）同步 Boost 升压电路

图 10-11　同步降压电路和同步升压电路

2. 开关电源的控制方式

典型的开关电源控制系统如图 10-12 所示。在该控制系统中，开关电源的输出电压 u_f 与参考电压 u^* 进行比较，得到的误差信号 e 表明输出电压偏离参考电压的程度和方向，控制器根据误差 e 来调整控制量 u_c。控制量 u_c 与锯齿波进行比较得到 PWM 波，根据 PWM 波去控制功率器件的开关，再经过输出滤波得到输出电压。

（1）电压模式控制。

图 10-12 所示的反馈控制系统中只有一个输出电压反馈控制环，因此将这种控制方式称为电压模式控制。电压模式控制结构简单，但有一个显著的缺点是不能有效地控制电路中的电流，在电路短路和过载时，通常需要利用过电流保护电路来保护整个开关电源。

（2）电流模式控制。

图 10-13 给出了电流模式控制系统框图，图中表明在电压反馈环内增加了一个电流反馈控制环，电压控制器的输出信号作为电流环的参考信号，给该参考信号设置限幅，就能限制电路中的最大电流，到达短路和过载保护的目的。

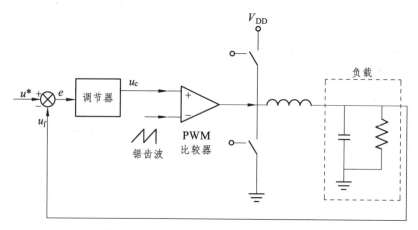

图 10-12　开关电源的电压模式控制系统

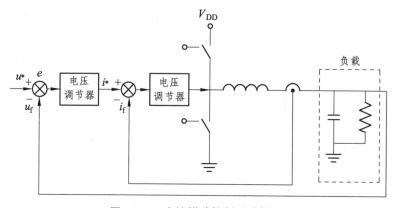

图 10-13　电流模式控制系统框图

电流模式控制方式有多种不同的类型,其中最常见的是峰值电流模式和平均电流模式控制。

（3）峰值电流模式控制。

峰值电流模式控制系统中电流控制环的结构如图 10-14 所示。其原理是:开关的开通由时钟 CLK 信号控制,CLK 信号每隔一定时间就使 RS 触发器置位,使开关开通;开通后,电感电流上升,当 i_L 到达电流给定值 i_r 后,比较器输出信号翻转并复位 RS 触发器,关断开关。

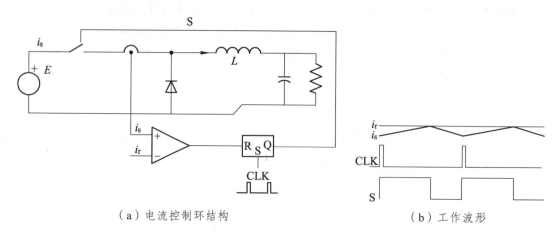

（a）电流控制环结构　　　　　　　　（b）工作波形

图 10-14　峰值电流模式控制环结构

（4）平均电流模式控制。

峰值电流模式控制较好地解决了系统稳定性和快速响应的问题，得到了推广应用，但该控制方式仍然存在一些不足：该方法控制电感电流的峰值，而不是电感电流平均值。两者的差值随着开关周期中上升和下降的速率不同而改变，这对需要精确控制电感电流平均值的开关电源来说是不允许的。另外，峰值电流模式电路中将电感电流直接与电流给定信号相比较，但电感电流中通常会存在一些尖峰干扰杂波，容易造成比较器的误动作，是电感电流出现不规则的波动。针对这些问题，出现平均电流模式控制，其原理如图 10-15 所示。从图 10-15（a）看出，平均电流模式控制采用 PI 调节器作为电流调节器，并将调节器的输出控制信号 u_c 与锯齿波信号 u_S 相比较，得到周期固定，占空比变化的 PWM 信号，用于控制开关的通断。

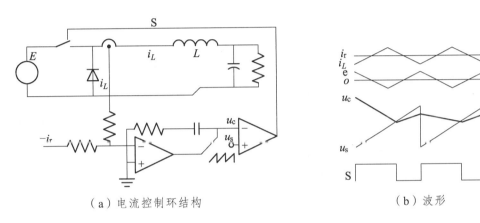

（a）电流控制环结构　　　　　　　　　（b）波形

图 10-15　平均电流模式控制原理

10.3　新能源发电方面的应用

10.3.1　并网光伏发电及逆变器技术

1. 并网光伏发电系统

光伏系统按与电力系统的关系分为离网光伏发电系统和并网光伏发电系统。离网光伏发电系统不与电力系统连接，作为一种移动式电源，主要用于边远无电地区发电。并网光伏发电系统与电力系统连接，作为电力系统的一部分，可为电力系统提供有功无功电能。

光伏发电系统中的光伏电池包括电池组件和电池阵列，其中电池组件是由若干单体太阳电池串并联并经严密封装而成的单块光伏电池板，电池组件的输出功率通常在数百瓦以内；电池阵列是由若干个光伏电池串并联组成太阳电池阵列，通常每个电池阵列的输出功率在数十千瓦以内。通过将太阳电池组件或太阳电池阵列与逆变器连接输出，就组成了光伏发电系统。

并网光伏发电系统主要分为大型地面光伏发电系统和分布式光伏发电系统。对于需要接入高压电网的光伏发电系统，除配电系统外，主要由光伏电池（组件或阵列）、逆变器、升压变压器、电网等部分组成，如图 10-16 所示。

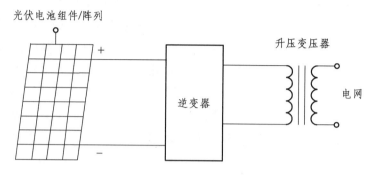

图 10.16 光伏系统结构

光伏发电系统追求最大的发电功率输出，系统架构对发电功率有着直接的影响。光伏系统结构主要分为集中式结构、组串式结构、集散式结构及交直流组件四种结构。图 10-17 所示为集中式结构，图 10-18 所示为直流组件式结构。四种结构各有优缺点，适用的场合不同，一般大功率光伏发电系统采用集中式结构、组串式结构、集散式结构等结构形式，分布式小功率光伏系统采用交流组件或直流组件结构形式。

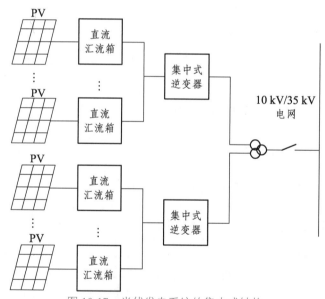

图 10-17 光伏发电系统的集中式结构

图 10-17 所示，集中式结构中，多块光伏阵列经直流汇集箱接入一台集中式逆变器，两台集中式逆变器经箱式变压器升压后接入电网。

图 10-18 所示直流组件式结构中，通常将高增益的 DC-DC 变换器和光伏电池通过合理的设计集成为一体，构成具有直流升压和 MPPT 功能的即插即用光伏电池，这种智能组件是今后光伏发电技术发展的一个重要方向。通过多个直流组件输出连接到一台集中式逆变器，集中式逆变器主要功能是将多个并联在共用直流母线上的直流组件发出的直流电能逆变为交流电能，实现并网运行，同时控制直流母线电压恒定，以保证各个光伏直流组件

正常并联运行。

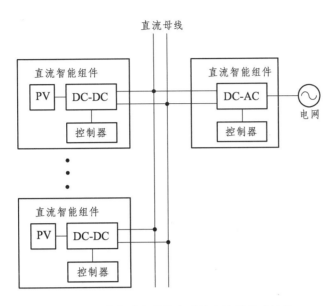

图 10-18　分布式光伏发电系统直流组件式结构

2. 并网逆变器及其控制

并网逆变器的控制策略是新能源并网系统并网控制的关键，无论采取何种新能源并网发电系统都不能缺少网侧的 DC-AC 变换单元。并网逆变器一般分为电压型并网逆变器和电流型并网逆变器。在新能源发电系统中，主要采用电压型并网逆变器。电压型并网逆变器有多种分类方法，单相电压型并网逆变器和三相电压型并网逆变器，两电平并网逆变器和三电平并网逆变器，隔离和非隔离逆变器，工频和高频逆变器等等，还有一种特殊的微型光伏并网逆变器。

（1）三相隔离型并网光伏逆变器。

图 10-19 所示为工频隔离三相并网股份逆变器结构，一般采用桥式逆变器拓扑结构，包括二电平和三电平主电路结构。这类采用工频变压器的并网光伏逆变器常用于 10～500 kW 功率等级的三相并网光伏系统，对应最大直流电压为 1 kV 的并网光伏系统，其直流侧的 MPPT 电压范围为 400～800 V，工作效率可达 98% 以上。早期的三相工频隔离型并网光伏逆变器主拓扑结构如图 10-19（b）所示，主要是成本和结构简单等因素。为了进一步适应更高的直流电压，减少输出谐波及损耗，进一步减少滤波器体积，原有的两电平主电路结构被 I 型和 T 型三电平结构所代替，如图 10-19（b）和图 10-19（c）所示。对于大功率工频隔离光伏逆变器系统，通常采用组合式隔离型结构，即两台大功率逆变器输出连接一台分裂式变压器，如图 10-19（d）所示。这种三相组合工频隔离型结构，当两台逆变器同时工作时，一方面可以利用变压器二次绕组△/Y 连接消除低次谐波电流，另一方面可以采用移相多重化技术来提高等效开关频率，进一步降低并网电流的高次谐波。

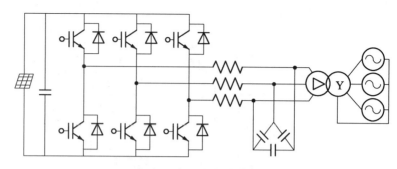

（a）两电平主电路结构

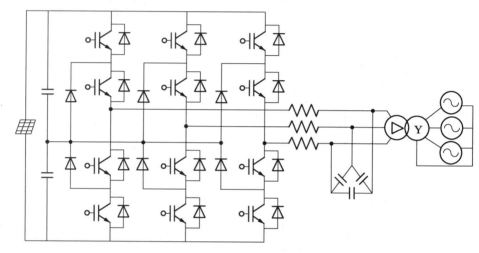

（b）I型三电平主电路结构

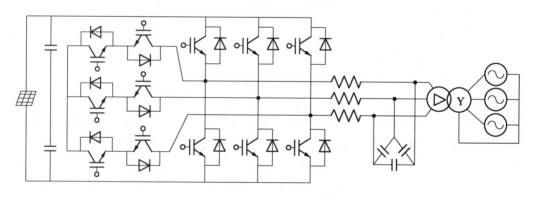

（c）T型三电平主电路结构

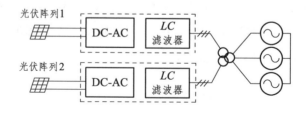

（d）组合隔离型主电路结构

图 10-19　工频隔离型三相并网光伏逆变器结构

（2）三相非隔离式双级并网光伏逆变器。

图 10-20 所示为非隔离式双级并网光伏逆变器结构，图中可知光伏阵列经过 DC-DC 斩波器进行电压幅值变换，然后通过逆变器将直流电变换为交流电，实现并网。斩波器可以采取多种变换电路，既可采用基本斩波电路，也可采用复合斩波电路。基本斩波电路包括 Buck 斩波电路、Boost 斩波电路、Boost-Buck 斩波电路、Cuk 斩波电路、Sepic 斩波电路、Zeta 斩波电路等。Buck 斩波电路输入电流不连续，若不加入储能电容，光伏发电系统的工作时断时续，不能处于最佳工作状态。而在大功率情况下，储能电容始终处于大电流充放电状态，对其可靠性不利。而且通常光伏阵列的输出电压较低，经过 Buck 斩波电路降压后逆变器可能无法正常工作。因此，实际系统中一般选用 Boost 斩波电路，这样既可保证光伏阵列始终工作在输入电流连续状态，又可升压保证逆变器正常工作。

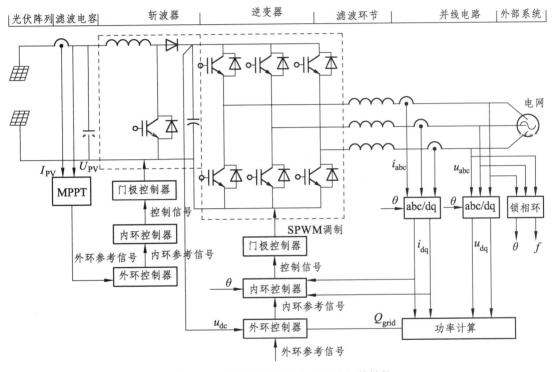

图 10-20　双级光伏并网发电系统拓扑结构

图 10-20 所示的双级光伏并网系统主要包括光伏阵列、滤波电容器、Boost 斩波器、逆变器、电感滤波器、并网线路和交流电网等。当斩波器的输入电感足够大时，电感上的电流接近平滑的直流电流，这时，可以省去滤波电容器，避免加入电容器带来的种种弊端。

通过控制斩波器的开关器件动作策略，可以实现光伏阵列最大功率点跟踪（MPPT）。双级光伏系统的斩波器和逆变器分别具有独立的控制目标和拓扑结构，因此，控制器的设计比较简单。但双级光伏并网系统包含较多的独立元件，使整个系统的转换效率有所下降。

（3）微型光伏并网逆变器。

微型逆变器 MI 是对用于独立光伏发电系统 DC-AC 功率变换单元的统称。由于单一光伏组件的功率仅有几百瓦，且要求组件与电网隔离，所以微型逆变器实际上是一种隔离型微小功率并网逆变器。

传统的组串式和集中式光伏并网系统无法实现每块组件的最大功率点运行，且若任意一组件故障会影响整个系统的正常运行，甚至瘫痪，另外较高直流电压的系统还存在安全性和绝缘问题。微型光伏并网逆变器是一种用于独立光伏组件并网发电系统的逆变器，也称为光伏交流模块。微型逆变器与单个光伏组件相连，每个光伏组件有独立的 MPPT，不存在光伏组件间的不匹配损耗，无热斑问题，可以实现发电量最大化。

微型逆变器 MI 要求先将光伏组件的低直流电压升压后再转化为交流电并入电网，其拓扑结构要求由 DC-DC 和 DC-AC 变换电路组成。每种变换电路的主电路拓扑结构存在多种形式，比如 DC-DC 变换电路，它可分为非隔离的 Buck、Boost、Buck-Boost、Cuk、Sepic、Zete 变换电路和隔离的正激、反激、推挽、半桥、全桥变换电路，而 DC-AC 逆变电路可分为推挽、半桥和全桥逆变电路，所以说 MI 的拓扑结构很多。

目前，一般根据功率变换级数和有无直流母线进行 MI 分类，其中，根据功率变换级数可分为单极式 MI 和两极式 MI，根据有无直流母线可分为含直流母线结构的 MI、伪直流母线MI 和无直流母线 MI。各种形式的 MI 拓扑结构各有优缺点，可以参考相关资料和积极实践进行相应的学习和研究。下面介绍一种有源钳位反激式交错并联微型逆变器，它属于单级伪直流母线拓扑结构。

图 10-21 给出了有源钳位反激式交错并联微型逆变系统结构，图中可见，该逆变系统主要由光伏组件、两路交错并联有源钳位反激电路和全桥工频变换电路等组成。反激逆变器对应的主开关 V_1、V_2 工作于高频 SPWM 调制，实现光伏组件的 MPPT，高频隔离，并网功率控制和正弦波调制功能，其中 V_{11}、V_{21} 为钳位开关管。开关管 V_3、V_4、V_5、V_6 构成全桥电路，它们的驱动时序与电网换相一致，工作于工频状态，实现反激输出波形与电网电压的同步反转，即完成一正弦半波到正弦另外半波的工频反转，最后经滤波电路 L_f 和 C_f 并入电网。

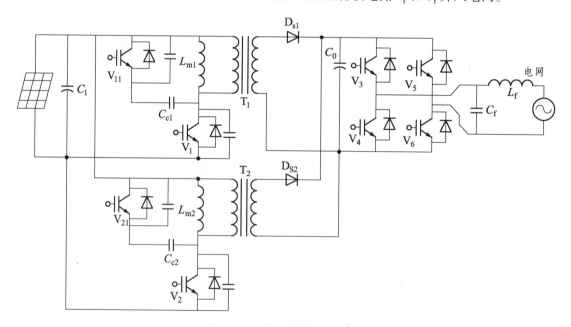

图 10-21　微型逆变器系统结构

图 10-22 给出了 MI 的控制框图，整个 MI 系统包括 4 个控制环，即数字锁相环 PLL、最大功率跟踪环 MPPT、电流环和两路反激均流环。PLL 实现输出电流与电网电压相位的同步，即得到电流基准的相位信息，在图 10-22 中由过零比较（ZCD）和上升沿捕捉（CAP）两部分组成；MPPT 环跟踪光伏组件的输出特性曲线，保证光伏组件向电网提供最大功率，得到电流基准的幅值信息；电流环是整个控制系统最重要的环节，控制并网电流准确跟踪电流基准，优化系统的动态响应性能和稳态性能，并抑制系统中各扰动项对并网电流的影响；在两路反激硬件参数或工作差别原因造成不均流的情况下，均流环在两路的驱动上叠加均衡量，调节两路反激以相同的电流工作，防止一路过热导致器件损坏的发生。

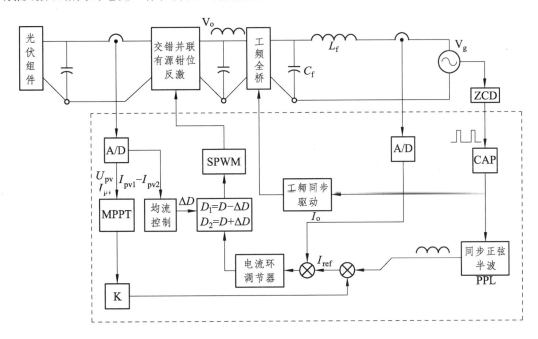

图 10-22 微型逆变器控制框图

10.3.2 风电变流器及其控制

随着风力发电技术的发展，风力发电出现了不同的机型和并网结构，目前有以下种类的风力发电机：

①根据可用发电量的大小可分为小容量发电机（2 kW 以下）、中容量发电机（2~100 kW）和大容量发电机（100 kW 以上）。

②根据风机转速是否变化分为恒频恒速风力发电机和恒频变速风力发电机，其中变速风力发电机又分为全功率型风力发电机和双馈型风力发电机。

③根据风机轴向的不同，分为竖直轴风力发电机和水平轴风力发电机。

④根据风机叶片的多少，分为双叶风力发电机、三页风力发电机和多页风力发电机。

在恒频恒速风力发电机中，发电机直接与电网连接，风速变化时，采用失速控制维持发电机转速恒定，这种发电机一般以异步发电机直接并网的形式为主，图 10-23 所示为异步恒频恒速发电机直接并网风力发电机组结构。恒频恒速风力发电机主要由异步感应发电机模块、桨距控制模块、空气动力系统模块和轴系模块组成。这种类型的风力发电机具有结构简单、成本低的优点,但存在无功不可控,需要电容器组或 SVC 进行无功补偿;输出功率波动大;风速改变时风机偏离最佳运行转速,降低运行效率等缺点。

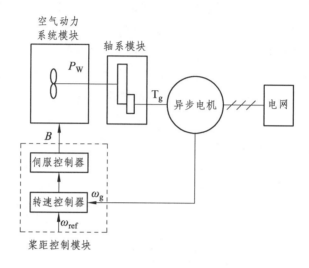

图 10-23　恒频恒速风力发电机组

在恒频变速风力发电机系统中,根据风速的状态可实时调节发电机的转速,使风机运行在最佳速比附近,优化风机的运行效率,通过控制手段可以保证发电机向电网输出频率恒定的电能。这种风力发电机常见的有双馈风力发电机组和永磁同步直驱风力发电机组。

1. 双馈风力发电并网系统

图 10-24 给出了双馈风力发电并网系统结构。发电机一般为三相绕线式异步发电机,定子绕组直接并网,转子绕组外接变频器,实现交流励磁。变频器连接到电网,变频器可以改变发电机转子输入电流的频率,进而保证发电机定子输出与电网频率同步,实现变速恒频运行。双馈风力发电系统的最大特点是转子侧能量可双向流动,当风机转速超过同步转速时,功率从转子流向电网,当运行在次同步速度时,功率从电网流向转子。转子侧通过变频器并网,可对有功和无功进行控制,无须加装无功补偿装置。风机采用变桨距控制,可以跟踪最大风能功率,提高风能利用率。

根据 $f = pf_m \pm f_1$ 的关系(f 为定子电流频率, p 为发电机极对数, f_m 为转子机械转速对应的频率, f_1 为转子电流频率),当发电机的转速 n 低于气隙旋转磁场的转速 n_1 时,发电机处于亚同步转速运行状态,变频器向发电机转子提供交流励磁,发电机由定子发出电能到电网,该式取正号,即 $f = pf_m + f_1$;当发电机的转速 n 高于气隙旋转磁场的转速 n_1 时,发电机处于超同步转速运行状态,发电机同时由定子和转子发出电能到电网,该式取负号,即 $f = pf_m - f_1$;当发电机的转速 n 等于气隙旋转磁场的转速 n_1 时,发电机处于同步转速运行状态,变频器向发电机转子提供直流励磁, $f_1 = 0$,即 $f = pf_m$ 。因此,当风速变化引起发电机转速 n 变化时,即 pf_m 变化时,应控制转子电流的频率 f_1 使定子电流频率 f 恒定。由 $f_1 = sf$ 可知,控制转差率 s 就可控制 f_1 ,进而实现输出频率 f 的恒定。

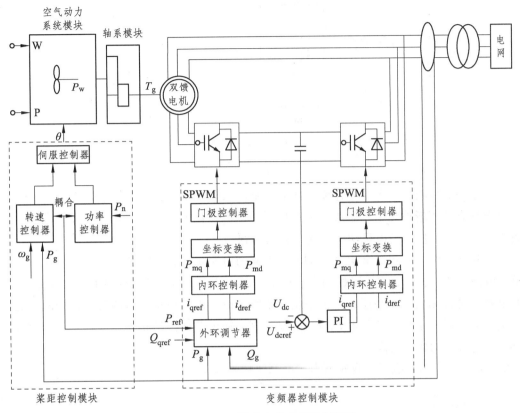

图 10-24　双馈风力发电机控制系统

2. 永磁同步直驱风力发电系统

图 10-25 所示为永磁同步直驱风力发电系统并网结构。该风力发电机一般有三种并网结构，如图 10-25（a）、（b）、（c）所示。

一是通过不可控整流器接 PWM 逆变器并网，如图 10-25（a）所示，采用二极管整流，结构简单，在中小系统中应用较多。但在低风速时，发电机输出电压较低，能量无法回馈到电网。

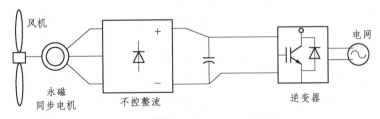

（a）不可控整流器+PWM 逆变器

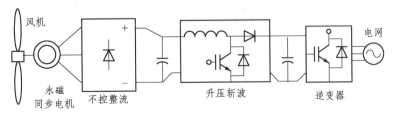

（b）不可控整流器+升压斩波+PWM 逆变器

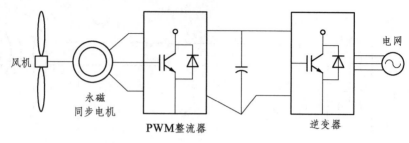

（c）双 PWM 变流器

图 10-25　永磁同步直驱风力发电系统并网结构

二是在一的基础上，在二极管整流电路后加入 Boost 升压斩波电路，如图 10-25（b）所示。由于具有升压斩波环节，解决了风速低时输出电压低的问题。但仍然存在发电机侧功率因数不为 1 且不可控，发电机功率损耗较大的问题。

三是并网结构采用两个全功率 PWM 变频器与电网相连，如图 10-25（c）所示。与二极管整流电路相比，这种方式可以控制有功功率和无功功率，调节发电机功率因数为 1；不需要并联电容器进行无功功率补偿；风机采用变桨距控制可以追踪最大风能功率，提高风能利用率；定子通过两个全功率变频器并网，可以与直流输电的换流站相连，以直流电的形式向电网供电。这种结构成本较高。

图 10-26 所示为永磁同步直驱风力发电系统仿真框图。

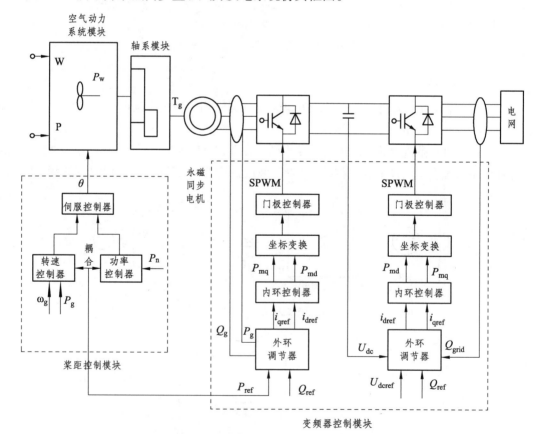

图 10-26　永磁同步直驱风力发电系统仿真框图

10.4　电力系统方面的应用

10.4.1　有源电力滤波器

以非线性负载为主产生的谐波会对电力系统形成很大的危害。抑制电力电子装置和其他谐波源造成的电力系统谐波基本方法有两个：一是装设补偿装置，设法补偿其产生的谐波；二是对电力电子装置进行改造，使其不产生或少产生谐波，同时又不消耗无功功率，或对功率因数进行校正，采用高功率因数变流器。

传统的谐波抑制和无功功率补偿采用无源谐波技术，即用电容和电感构成的无源滤波器与需要补偿的非线性负载并联，为谐波提供一个低阻抗通道的同时也为负载提供所需的无功功率。无源滤波器虽然简单可靠，但也存在滤波效果有限、体积大等缺陷。随着电力电子器件与技术及瞬时无功功率理论和 PWM 技术的飞速发展，使有源电力滤波器 APF 得到大力的发展，在工业领域得到的实际应用，成为电力电子技术应用于电力系统进行谐波抑制的一个热点。

1. 有源电力滤波器的分类

（1）按 PWM 的性质分。

按 PWM 的性质分为电压型和电流型两种。电压型有源电力滤波器采用的是电压型 PWM 逆变器，直流侧接有大电容，在正常工作时，直流电压基本保持不变，可以看成电压源，它的输出电压是 PWM 波。电流型有源滤波器采用的是电流型 PWM 逆变器，它的直流侧接大电感，在正常工作时，其电流基本保持不变，可以看成电流源，它的输出电流是 PWM 波。由于电流型有源电力滤波器的直流侧大电感上始终有电流流过，损耗较大，目前已很少使用。

（2）按接入电网的方式分。

按接入电网的方式分为并联型有源电力滤波器和串联型有源电力滤波器。并联型有源电力滤波器主要用于补偿可以看成为电流源的谐波源。例如，直流负载为感性负载的整流电路。工作时，有源电力滤波器向电网注入补偿电流，以抵消谐波源产生的谐波，使电源电流成为正弦波。在这种情况下，并联型有源电力滤波器本身表现出电流源的特性。

串联型有源电力滤波器主要用于补偿可看成电压源的谐波源。例如，采用电容滤波的整流电路。针对这种谐波源，串联型有源电力滤波器输出补偿电压以抵消由负载产生的谐波电压，使供电点电压波形为正弦波。串联型和并联型之间的关系可以看成对偶关系。

在并联型和串联型有源电力滤波器中又可分为单独使用方式和与 LC 无源滤波器混合使用方式两种。混合使用的目的主要是减小有源电力滤波器的容量。LC 无源滤波器的优点是结构简单、容易实现、成本低，而有源电力滤波器的优点是补偿特性好。两者结合起来，既可克服有源电力滤波器容量大成本高的缺点又可以得到良好的系统性能。

（3）按电力系统的情况分。

按电力系统的情况分为单相和三相有源电力滤波器。在实际应用中，三相有源滤波器占大多数。

2. 单独使用的电压型有源电力滤波器

在实际应用中，电压型有源电力滤波器约占 93.5%，电流型有源电力滤波器占 6.5%。在各种有源电力滤波器中单独使用的并联型电压型有源电力滤波器是最基本的一种，也是工业实际中应用最多的一种，它体现了电压型有源电力滤波器的特点，因此本节主要讲述并联型电压型有源电力滤波器。串联型电压型有源电力滤波器损耗大，应用较少，在此不作介绍。

图 10-27 给出了单独使用的电压型有源电力滤波器原理，图中 i_{sa}、i_{sb}、i_{sc} 为电网电流，非线性负载为谐波源，例如，各类电力电子装置等；i_{La}、i_{Lb}、i_{Lc} 为负载侧电流 i_L 各相分量，i_L 也可表示为 $i_L = i_{Lf} + i_{Lh}$，其中 i_{Lf} 为负载基波电流，i_{Lh} 为负载谐波电流；检测模块实时检测负载电流中的谐波分量 i_{Lh}，并将其反极性后作为有源电力滤波器的指令电流 i_{af}^*、i_{bf}^*、i_{cf}^*；最终由电流控制器控制有源电力滤波器 APF 的网侧电流产生与 i_{Lh} 大小相等、方向相反的补偿电流 i_{af}、i_{bf}、i_{cf}，从而补偿电网电流中的谐波，使流入电网的电流 i_s 只含有基波分量 i_{Lf}。电压型有源滤波器实质就是一个 PWM 变换器。

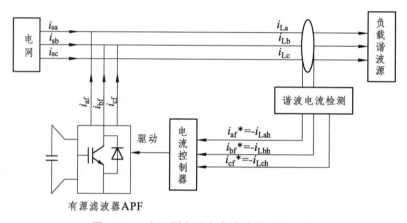

图 10-27　电压型有源电力滤波器系统原理

3. 与 LC 无源滤波器混合使用方式

上述单独使用的有源电力滤波器，由于交流电源的基波电压直接施加到 PWM 变流器上，且补偿电流基本上由变流器提供，故要求变流器要有较大的容量。为了克服这一缺点而提出了与 LC 无源滤波器混合使用方式。其基本思路是利用 LC 无源滤波器来分担有源滤波器的部分补偿任务。由于 LC 无源滤波器结构简单、成本低、易实现，而有源电力滤波器的补偿性能好。两者结合同时使用，既可克服 APF 容量大，成本高的缺点，又可使系统获得良好性能。所以，从经济角度出发，就当前技术水平而言，这种结合是切实可行的。

并联型有源滤波器 APF 与 LC 无源滤波器混合使用的方式分两种，一是有源滤波器 APF 与 LC 无源滤波器并联使用，如图 10-28 所示；二是 APF 与 LC 无源滤波器串联使用，如图 10-29 所示。

图 10-28 给出了 APF 与 LC 并联使用的原理。在这种方式中，LC 无源滤波器包括多组单调调谐滤波器和高通滤波器，承担了绝大部分补偿谐波和无功的任务。APF 的作用是改善整个系统的性能，其所需的容量与单独使用方式相比可大幅度降低。

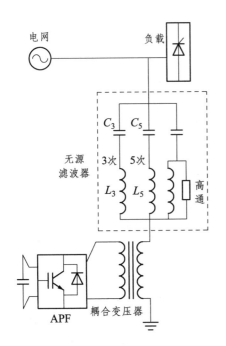

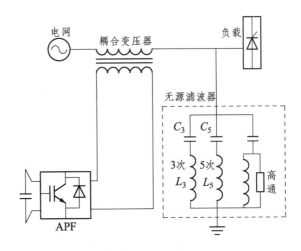

图 10-28　并联使用混合型 APF 结构　　　　图 10-29　串联使用混合型 APF 结构

10.4.2　静止无功补偿器 SVC

静止无功补偿器 SVC 一般有两种基本连接方式，如图 10-30 所示。

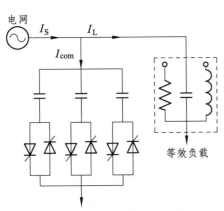

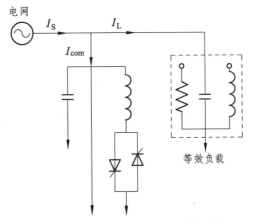

（a）晶闸管投切电容器 TSC 连接方式　　　　（b）晶闸管控制电抗器 TCR 连接方式

图 10-30　SVC 的两种基本连接方式

1. 晶闸管投切电容器 TSC

这种方式只能分级控制，可调节进相无功，补偿速度也可以做得很高。如图 10-30（a）所示，它是通过晶闸管开关开闭多组电容、分阶段提供超前相位无功的方式。理论上讲，最高响应速度为 1/2 周期，所以不适合用于抑制闪变的场合。但它的优点是损耗小，不会产生自身的高次谐波。

2. 晶闸管控制电抗器 TCR

这种方式一般与固定电容补偿相结合，如图 10-30（b）所示。通常情况下，先投入固定电容，当出现过补现象时，再投入可控电感，以抵消部分过补的电容电流，这种补偿方式在用电低谷是非常有效的，能够实现由滞后到超前无功电流补偿的连续控制。TCR 的响应速度一般在 1/4 周期以内，速度较高，所以广泛应用于由负荷引起的电压波动、闪变及电力系统稳定控制等方面。

图 10-31 给出了 SVC 控制系统构成框图。图中所见，TSC 系统是由若干组电容组成，三相系统则由三个电容组构成。每个电容组包括若干个电容，每个电容的具体数值和每组电容的个数则需要根据补偿容量和补偿精度的要求来确定。图中假设每个电容组均由三个电容组成，同时认为 C_1、C_2、C_3 互不相同，这样可在一定程度上保证补偿精度。TSC 中的每个电容均与两个反并联晶闸管相连，它们主要起无触点开关的作用，只要控制电路发出触发控制信号，就可以将所在分支的电容投入补偿运行。TSC 的控制器一般由单片机系统组成，它应能根据负载电流、电压、功率因数角等计算出系统所需的补偿容量，同时确定哪个开关器件触发导通，以提高系统的功率因数。控制模块中的控制计算可以有很多种，主要是以快速、有效和安全为目标。TSC 的控制模式有三种，即根据无功给定值确定的无功控制；根据电压给定值确定的恒定压力控制；按照有功电力与系统频率变化增量确定的稳定度控制。借助计算机与通信系统，上述控制都可数字化，并具备多重化处理的功能。

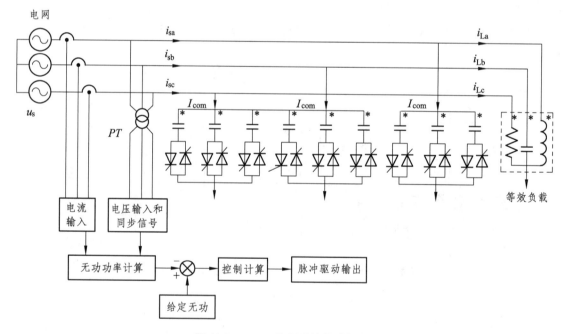

图 10-31　SVC 控制系统构成框图

TCR 的工作原理与 TSC 基本相似，只是它的输出补偿电流为滞后性质，通常 TCR 与固定电容器 FC 一起使用，这种 TCR+FC 方式是目前最理想的 SVC 补偿方式。由于晶闸管的控制角可以连续调节，所以接入的补偿容量可以连续跟踪负载的变化；对各相导通角分别控制，可以对三相不平衡负载进行平衡化补偿。由于其具有连续调节的性能且响应迅速，使得它在校正动态无功负荷的功率因数、改善电压调整、提高电力系统的静态和动态稳定性、阻尼功率振荡、降低过电压、阻尼次同步振荡、减少电压和电流不平衡方面都有较好的作用，而且维护简单、成本较低。因此，晶闸管控制电抗器 TCR 在电力系统中得到了广泛应用。

由 3 个单相 TCR 按三角形联结就构成一个 6 脉波三相 TCR。如果三相电压是平衡的，3 个电抗器是相同的且所有晶闸管是对称触发的，那么在正半周和负半周就会出现对称的电流脉冲，因而，只产生奇次谐波。实际中的三相电抗器的参数不可能完全相同，三相供电也不一定完全平衡。这些不对称、不平衡就会导致非特征谐波的产生，包括 3 倍数次谐波，扩散到电网中。因此 6 脉波三相 TCR 会产生大量的谐波注入电网，必须采用措施将这些谐波消除或削弱，下面介绍的 12 脉波 TCR 就能很好地消除特征谐波。

下面介绍 12 脉波 TCR+FC 在矿热炉无功功率补偿和谐波治理方面的应用，图 10-32 给出了 TCR+FC 应用原理框图。图中可知，通过变压器二次侧一个星形联结和一个三角形联结实现相位差 30°的 2 组三相电向 2 个 6 脉波 TCR 供电；这种联结方式将使 12 脉波 TCR 中的谐波含量大大减少，减轻了对滤波器的要求，不需要向 6 脉波 TCR 那样采取 5 次和 7 次单独调谐滤波器。在某钢铁公司 6 300 kV·A 矿热炉应用 TCR+FC 装置，功率因数从该套装置投运前的 0.8，提升到 0.95，PCC 点各次谐波全部满足国家标准要求，产生良好的经济效益和社会效益。

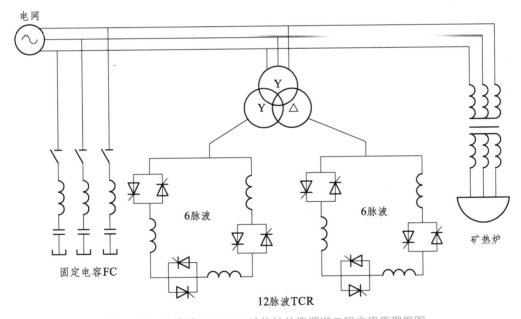

图 10-32　12 脉波 TCR+FC 矿热炉补偿调谐工程应用原理框图

10.4.3　高压直流输电技术

1. 直流输电系统的结构

如图 10-33 所示，直流输电系统由整流站、直流线路和逆变站三大部分组成。图中交流电力系统 1 和 2 通过直流输电系统相连。交流电力系统 1、2 分别是送、受端交流系统。送端交流系统送出交流电经变流变压器和整流器变换成直流电，然后由直流输电线路把直流电输送给远方的逆变站，经逆变站内逆变器和换流变压器再将直流电变换为交流电，最后，送入受端交流系统。图 10-33 中完成交、直流变换的站称为换流站，将交流电换为直流电的换电站称为整流站，将直流电换为交流电的换流站称为逆变站。

直流输电系统按照其与交流系统的接口数量分为两大类，即两端（或端到端）直流输电系统和多端直流输电系统。两端直流输电系统是只有一个整流站和一个逆变站的直流输电系统，是世界上已经运行的直流输电工程普遍采用的方式。多端直流输电系统与交流电力系统有三个及以上的接口，它由多个整流站和逆变站，以实现多个电源系统向多个受端交流系统的输电。目前，只有意大利-撒丁岛三端和魁北克-新英格兰五端直流输电工程为多端直流输电系统。

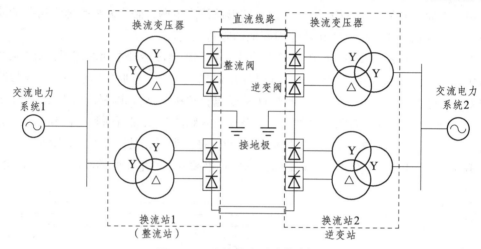

图 10-33　直流输电系统接线框图

两端直流输电系统又可分为单极、双级和背靠背直流输电系统三种类型。

2. 单极直流输电系统

单极直流输电系统中换流站出线端对地电位为正的称为正极，为负的称为负极。与正极或负极相连的输电导线称为正极导线或负极导线，或称为正极线路或负极线路。单极直流架空线路通常多采用正极接地的负极性方式，这是因为正极导线电晕的电磁干扰和可听噪声均比负极导线的高。单极直流输电系统运行的可靠性和灵活性不如双级直流输电系统好，因此，单极直流输电工程不多。

单极直流输电系统的接地方式可分为单极大地（或海水）回线方式和单极金属回线方式两种。另外，当双级直流输电工程在单极运行时，还可以接成双导线并联大地回线方式运行。图 10-34 给出了这三种接线方式示意图。

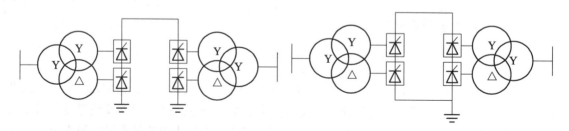

（a）单极大地（或海水）回线方式　　　　　　（b）单极金属回线方式

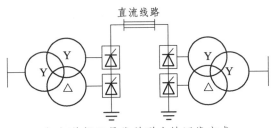

（c）单极双导线并联大地回线方式

图 10-34　单极直流输电系统接线示意图

（1）单极大地（或海水）回线方式。

单极大地（或海水）回线方式是两端换流器的一端通过极导线相连，另一端接地，利用大地（或海水）作为直流的回流电路，如图 10-34（a）所示。这种方式的线路结构简单，利用大地（或海水）作为回线，省去一根导线，线路造价低。但大地（或海水）长期有大直流电流流过，大地电流所经之处，将引起埋设于地下或放置在地面的管道、金属设施发生电化学腐蚀，使中性点接地变压器参数直流偏磁而造成变压器磁饱和等问题。因此，这种方式主要用于高压海底电缆直流工程，如瑞典-丹麦的康梯-施勘工程、瑞典-芬兰的芬娜-施勘工程、瑞典-德国的波罗的海工程、丹麦-德国的康特克工程等。

（2）单极金属回线方式。

单极金属回线方式如图 10-34（b）所示，采用低绝缘的导线（也称为金属返回线）代替单极大地（或海水）回线方式中的大地（或海水）回线。在运行中，地中无电流流过，可以避免由此产生的电化学腐蚀和变压器磁饱和等问题。为了固定直流侧的对地电压和提高运行的安全性，金属返回线的一端接地，其不接地端的最高运行电压为最大直流运行电流在金属返回线上的压降。这种方式的线路投资和运行费用均较单极大地（或海水）回线方式的高，通常只在不允许利用大地（或海水）为回线或选择接地极比较困难以及输电距离又较短的单极直流输电工程中采用，但在双极运行方式中需要单极运行时可以采用。

（3）单极双导线并联大地回线方式。

单极双导线并联大地回线方式如图 10-34（c）所示。这种方式是双极运行方式中需要单极运行时采用的特殊方式，与单极大地（或海水）回线方式相比，由于极导线采用两极并联，极导线电阻减小一半，因此，线路损耗也减小一半。

3．双极直流输电系统

双极直流输电系统接线方式是直流输电系统工程中普遍采用的接线方式，可分为双极两端中性点接地方式、双极一端中性点接地方式和双极金属中性线方式三种类型。图 10-35 给出了双极直流输电系统接线示意图。

（1）双极两端中性点接地方式。

双极两端中性点接地方式（简称为双极方式）的正、负两极通过导线相连，双极两端换流站的中性点接地，如图 10-35（a）所示。实际上，它可以看成两个独立的单极大地回线方式。正、负两极在回路中的电流方向相反，地中电流为两极电流的差值。双极对称运行时，地中无电流流过，或仅有少许不平衡电流流过，通常小于额定电流的1%。因此，双极对称方式运行时，可以消除由于地中电流所引起的电化学腐蚀等问题。当需要时，双极可以不对称运行，这时，两极中的电流不相等，地中电流为两极电流之差。运行时间的长短由接地极寿命决定。

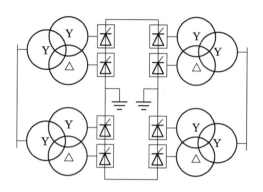 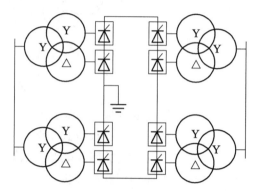

（a）双极两端中性点接地方式　　　　　　　（b）双极—端中性点接地方式

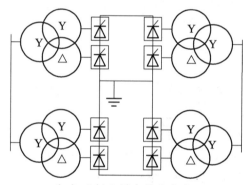

（c）双极金属中性线方式

图 3-35　双极直流输电系统接线示意图

对双极两端中性点接地方式的直流输电工程，当一极故障时，另一极可正常并带负荷运行，可减小送电损失。双极对称运行时，一端接地极系统故障，可将故障换流器的中性点自动转换到换流站内的接地网临时接地，同时断开故障的接地极，以便进行检查和检修。当一极设备故障或检修停运时，可转换成单极大地回线方式、单极金属回线方式或单极双导线并联大地回线方式运行。由于此方式运行灵活、可靠性高，大多数直流输电工程都采用此种接线方式。

（2）双极一端中性点接地方式。

这种接线方式只有一端换流器的中性点接地，如图 10-35（b）所示。它不能利用大地作为回线。当一极故障时，不能自动转为单极大地回线方式运行，必须停运双极。在双极停运后，可以转换成单极金属回线方式运行。因此，这种接线方式的运行可靠性和灵活性均较差。其主要优点是可以保证在运行中无地电流流过，从而可以避免由此所产生的一系列问题。这种系统构成方式在实际工程中少见，只在英法海峡直流输电工程中得到了应用。

（3）双极金属中性线方式。

双极金属中性线方式是在两个换流站中性点之间增加一条低绝缘的金属返回线。它相当于两个可独立运行的单极金属回线方式，如图 10-35（c）所示。为了巩固直流侧各种设备的对地电位，通常中性线的一端接地，另一端中性点的最高运行电压为流经金属线中最大电流时的电压降。这种方式在运行中无地电流流过，它既可避免因地电流而产生的电化学腐蚀等问题，又具有较高的可靠性和灵活性，当一极线路发生故障时，可自动转为单极金属回线方式运行。当换流站的一极发生故障停运时，可首先自动转为单极金属回线方式运行，然后还可以转为单极双导线并联金属回线方式运行。其运行的可靠性和灵活性与双极两端中性点接地方式类似。由于采用三根导线组成输电系统，其线路结构较复杂，线路造价较高。通常是在不允许地中电流流过直流电流或接地极极址很难选择时才采用。英国伦敦的金斯若斯地下电缆直流工程、日本纪伊直流工程、加拿大-美国魁北克-新英格兰多端直流输电工程的一部分采用这种系统接线方式。

4. 背靠背直流输电系统

背靠背直流输电系统是输电线路长度为零（无直流输电线路）的两端直流输电系统，它主要用于两个异步运行（不同频率或频率相同但异步）的交流电力系统之间的联网或送电，也称为异步联络站。如果两个被联电网的额定频率不同（如 50 Hz 和 60 Hz），也可称为变频站。背靠背直流输电系统的整流站和逆变站的设备装设在一个站内，也称为背靠背换流站。在背靠背换流站内，整流器和逆变器的直流侧通过平波电抗器相连。而其交流侧分别与各自的被联电网相连，从而形成两个交流电网的联网。两个被联电网之间的交换功率的大小和方向均由控制系统进行快速的控制。为降低换流站产生的谐波，通常选择 12 脉动换流器作为基本换流单元。图 10-36 给出了背靠背换流站原理。换流站内的接线方式有换流器组的并联方式和串联方式。

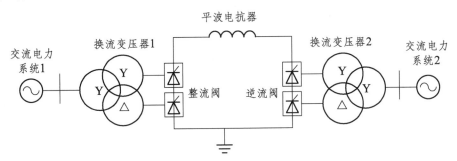

图 10-36　背靠背换流站原理

因无直流输电线路，直流侧损耗很小，背靠背直流输电系统的主要特点是直流侧可选择低电压、大电流，可充分利用大截面晶体管的流通能力，同时，直流侧设备如换流变压器、换流阀、平波电抗器等也因直流低电压而使其造价相应降低。由于整流器和逆变器均装设在一个阀厅内，直流侧谐波不会造成对通信线路的干扰，因此可省去直流滤波器，减小平波电抗器的电感值。由于上述因素，背靠背换流站的造价比常规换流站的造价低 15% ~ 20%。

5. 多端直流输电系统

多端直流输电系统是由三个及以上换流站以及连接换流站之间的高压直流输电线路组

成。它与交流系统有三个及以上接口。多端直流输电系统可解决多电源供电或多落点受电的问题，它还可以联系多个交流系统或将交流系统分成多个孤立运行的电网。在多端直流输电系统中的换流站，可以作为整流站来运行，也可以作为逆变站来运行，但作为整流站运行的换流站总功率与作为逆变站运行的总功率必须相等，即整个多端直流输电系统的输入和输出功率必须平衡。根据换流站在多端直流输电系统之间的连接方式可以将其分为并联方式和串联方式，连接换流站之间的输电线路可以是分支形或闭环形，如图 10-37 所示。

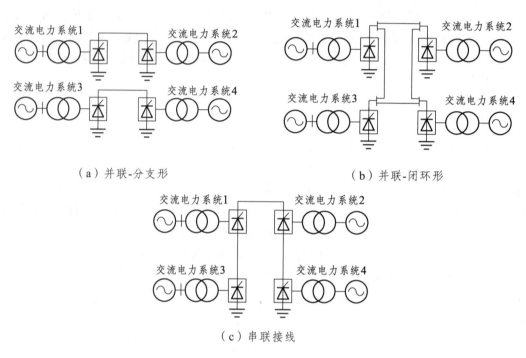

（a）并联-分支形　　　　　　　　　　　　（b）并联-闭环形

（c）串联接线

图 10-37　多端直流输电系统接线

（1）串联方式。

串联方式的特点是各换流站均在同一直流电流下运行，换流站之间的有功调节和分配主要是靠改变换流站的直流电压来实现。串联方式的直流侧电压较高，运行中的直流电流也比较大，因此，其经济性没有并联方式好。当换流站需要改变潮流方向时，串联方式只需改变换流器的触发角，使原来的整流站变为逆变站、逆变站变为整流站，不需改变直流侧的接线，潮流反转操作快速方便。当某一换流站发生故障时，可投入旁通开关，使其退出工作，其余的换流站经自动调整后，仍然能继续运行，不需要用直流断路器来断开故障。当某一段直流线路发生瞬时故障时，需要将整个系统的直流电压降到零，待故障消除后，直流输电系统可以自动再启动。当一段直流线路发生永久性故障时，则整个多端直流输电系统需要停运。

（2）并联方式。

并联方式的特点是各个换流站在同一个直流电压下运行，换流站之间的有功调节和分配主要靠改变换流站的直流电流来实现的。由于并联方式在运行中保持直流电压不变，负荷的减小是用降低直流电流来实现，因此，系统损耗小，运行经济性好。

由于并联方式具有以上优点，目前已运行的多端直流输电系统均采用并联方式。并联方式的缺点是当换流站需要改变潮流方向时，除了改变换流器的触发角，使原来的整流站变成逆变站，逆变站变成整流站外，还必须把换流器直流侧两个端子的接线倒换过来接入直流网络才能实现。因此，并联方式对潮流变化频繁的换流站很不方便。另外，在并联方式中，当某一换流站发生故障需退出工作时，需要用直流断路器来断开发生故障的换流站。在目前高电压、大功率直流断路器尚未发展到实用阶段的情况下，只能借助于控制系统的调节装置与高速自动隔离开关两者的配合操作来实现。即故障时，将直流站变为逆变站运行，从而使直流电压和电流均快速降到零，然后，用高速自动隔离开关将发生故障的换流站断开，最后对健全部分进行自动再启动，使直流系统在新的工作点恢复运行。

多端直流输电系统比采用多个两端直流输电系统要经济一些，但其控制保护系统及运行操作要复杂一些。今后随着具有关断能力的换流阀（如 IGBT、IGCT 等）的应用及在实际工程中对控制保护手段的改进，采用多端直流输电系统的工程会更多。

本章小结

本章在前面各章基础上介绍电力电子技术的应用场合，电力电子技术已经渗透到工业和民用的各个角落。本章讲述电力电子技术在电力传动、交直流电源、新能源发电、电力系统等各方面的应用。通过本章学习，了解和理解电力电子技术在电气工程领域应用特点。

参 考 文 献

[1] 叶斌. 电力电子应用技术[M]. 北京：清华大学出版社，2006.

[2] 王兆安，刘进军. 电力电子技术[M]. 5 版. 北京：机械工业出版社，2009.

[3] 林渭勋. 现代电力电子技术[M]. 北京：机械工业出版社，2005.

[4] 叶慧贞，杨兴洲. 开关稳压电源[M]. 北京：国防工业出版社，1993.

[5] 张兴，张崇巍. PWM 整流器及其控制[M]. 北京：机械工业出版社，2003.

[6] 张兴，黄海宏. 电力电子技术[M]. 2 版. 北京：科学出版社，2010.

[7] 刘燕. 电力电子技术[M]. 北京：机械工业出版社，2021.

[8] 周渊深，宋永英，吴迪. 电力电子技术[M]. 北京：机械工业出版社，2016.

[9] 游志宇，戴锋，张珍珍. 电力电子 PSIM 仿真与应用[M]. 北京：清华大学出版社，2020.

[10] 周渊深. 电力电子技术与 MATLAB 仿真[M]. 北京：中国电力出版社，2018.

[11] 天津电气传动设计研究所. 电气传动自动化技术手册[M]. 3 版. 北京：机械工业出版社，2011.

[12] 王成山. 微电网分析与仿真理论[M]. 北京：科学出版社，2013.

[13] 张兴. 新能源发电变流技术[M]. 北京：机械工业出版社，2018.

[14] 吕勇军，鞠振河. 太阳能应用检测与控制技术[M]. 北京：人民邮电出版社，2013.

[15] 韩民晓，文俊，徐永海. 高压直流输电原理与运用[M]. 北京：机械工业出版社，2013.

[16] 李建林，许洪华. 风力发电中的电力电子变流技术[M]. 北京：机械工业出版社，2008.

[17] 薛佃旭，苏见徽. 基于光伏储能系统的软开关 Buck 变换器设计[J]. 传感器与微系统，2021，40（10）：94-97.

[18] 程松，张颖超. 一种适用于混合储能系统的双向软开关同步 Buck 电路研究[J]. 电源学报，2014, 7: 62-67.

[19] 叶飞. DC-DC 变换器并联运行的研究[D]. 上海：上海交通大学，2012.

[20] Pahlevaninezhad M, Das P, Drobnik, et al. A novel ZVZCS full-bridge DC/DC cpnverter used for electric Vehicles[J]. Power Electronices, IEEE Transactions on, 2012, 27(6): 2752-2769.

[21] Pavlovsky M, Guidi G, Kawamnra A. Buck/boost DC-DC converter lopology with soft switching in the whole operation region[J]. Power Electronics, IEEE transactions on, 2014, 29(2): 851-862.

[22] 王升鑫. 高频链全桥 AC-AC 变换器的研究[D]. 哈尔滨：哈尔滨工业大学，2019.

[23] 杨玉岗，杨威. 面向蓄电池储能的双向 AC-DC 系统设计[J]. 电源技术，2015，39（10）：2215-2217，2243.

[24] 唐智，夏泽中，黄刚，等. 单周期控制的双向半桥 AC-DC 变换器[J]. 电气传动，2017，

47（10）：29-32.

[25]　王强，李兵. 新型单相软开关 AC-DC-AC 变换器[J]. 电子学报，2020，48（3）：616-620.

[26]　刘振亚. 特高压直流输电理论[M]. 北京：中国电力出版社，2009.

[27]　王琦，孙黎霞. 现代电力系统中的电力电子技术[M]. 北京：中国电力出版社，2020.

[28]　南余荣. 电力电子技术[M]. 北京：电子工业出版社，2018.

[29]　王云亮. 电力电子技术[M]. 5 版. 北京：电子工业出版社，2021.

[30]　王兆安，张明勋. 电力电子设备设计和应用手册[M]. 北京：机械工业出版社，2009.

[31]　潘再平，唐益民. 电力电子技术与运动控制系统实验[M]. 杭州：浙江大学出版社，2008.